Ai nostri Allievi,

di ieri, oggi e domani ...

Francesco Della Torre • Gianluca Sapienza • Marco Mauri • Maria Stefania Carmeli

ESERCITAZIONI DI ELETTROTECNICA

Società Editrice
ESCULAPIO

ISBN 978-88-7488-915-0

Società Editrice Esculapio s.r.l.
Via Terracini, 30 – 40131 Bologna
www.editrice-esculapio.com – info@editrice-esculapio.it

Ristampa 2020

Impaginazione: Carlotta Lenzi, Laura Tondelli, Laura Brugnoli

Società Editrice
ESCULAPIO

Indice dei contenuti

1: Reti elementari in regime stazionario (Parte I) 1

2: Reti elementari in regime stazionario (Parte II) 17

3: Reti complesse in regime stazionario (Parte I) 33

4: Reti complesse in regime stazionario (Parte II) 47

5: Reti complesse in regime stazionario (Parte III) 61

6: Confronto fra i metodi di risoluzione 77

7: Reti magnetiche elementari 97

8: Reti magnetiche con materiali ferromagnetici lineari 113

9: Reti magnetiche con materiali ferromagnetici non lineari 133

10: Azioni meccaniche 153

11: Transitori del primo ordine (Parte I) 179

12: Transitori del primo ordine (Parte II) 201

13: Reti in regime alternato monofase sinusoidale 231

14: Potenze in regime alternato monofase sinusoidale 253

15: Reti trifase 271

16: Trasformatori 297

Appendici 363

Appendice A: Inversione di matrici 365

Appendice B: Metodo di Kramer 369

Appendice C: Caratteristiche dei materiali 373

Appendice D: Numeri complessi e trasformata di Kennelly-Steinmetz 379

Riferimenti bibliografici 387

Lista delle grandezze elettromagnetiche ed elettrotecniche e delle relative unità di misura

Grandezza		Unità di misura	
Nome	**Simbolo**	**Nome o denominazione**	**Unità MKS**
Ammettenza	$\overline{Y}$	siemens	S
Angolo di sfasamento	δ	radianti	rad
Campo elettrico	$\mathbf{e}$	"volt al metro"	V/m
Campo magnetico	$\mathbf{h}$	"ampere al metro"	A/m
Capacità	C	farad	F
Carica elettrica	q	coulomb	C
Conducibilità elettrica	σ	"siemens al metro"	S/m
Conduttanza	G	siemens	S
Coefficiente di temperatura	α	"uno su grado Kelvin"[1]	1/K
Coppia dovuta al campo magnetico	c_μ	"newton per metro"	N·m
Corrente di conduzione elettrica	i	ampere	A
Costante dielettrica assoluta	ε	"farad al metro"	F/m
Costante dielettrica relativa	ε_r	(adimensionale)	
Costante di tempo	τ	secondi	s
Densità di corrente di conduzione elettrica	$\mathbf{j}_\sigma$	"ampere al metro quadro"	A/m^2
Densità volumetrica di carica elettrica libera	ρ_L	"coulomb al metro cubo"	C/m^3
Differenza di potenziale elettrico	Δv	volt	V
Differenza di potenziale magnetico	Δu	ampere	A
Elastanza	S	"uno su farad"	1/F
Energia	W	joule	J
Fattore di potenza	FP	(adimensionale)	
Flusso dielettrico	ψ_ε	farad	F
Flusso magnetico	φ	weber	Wb
Flusso magnetico concatenato	ψ	weber	Wb
Forza elettromotrice	e	volt	V
Forza magnetomotrice[2]	m	ampere	A

(segue...)

[1] Spesso, nei casi pratici, si impiega l'unità di misura 1/°C ("uno su grado centigrado"), la quale non fa però parte del sistema MKS.
[2] In passato alla forza magnetomotrice veniva associata l'unità di misura Asp ("ampere-spire").

Grandezza		Unità di misura	
Nome	**Simbolo**	**Nome o denominazione**	**Unità MKS**
Forza dovuta al campo magnetico	f_μ	newton	N
Frequenza	f	hertz	Hz
Pulsazione angolare	ω	"radianti al secondo"	rad/s
Impedenza	$\bar{Z}$	ohm	Ω
Induttanza	L	henry	H
Induzione dielettrica	$\mathbf{d}$	"coulomb al metro quadro"	C/m^2
Induzione magnetica[3]	$\mathbf{b}$	tesla	T
Inertanza	Γ	"uno su henry"	1/H
Lavoro	L	joule	J
Momento di inerzia	J	"chilogrammi metro quadro"	$kg \cdot m^2$
Numero di spire	N	(adimensionale)	
Periodo	T	secondi	s
Permeabilità magnetica assoluta	μ	"henry al metro"	H/m
Permeabilità magnetica relativa	μ_r	(adimensionale)	
Permeanza	Λ	henry	H
Potenza apparente	$\bar{S}$	"volt-ampere"	VA
Potenza attiva	P	watt	W
Potenza istantanea	p	watt	W
Potenza reattiva	Q	"volt-ampere reattivi"	VAr
Pulsazione	ω	"radianti al secondo"	rad/s
Reattanza	X	ohm	Ω
Resistenza	R	ohm	Ω
Resistività elettrica	ρ	"ohm per metro"[4]	Ωm
Riluttanza	ϑ	"uno su henry"	1/H
Suscettanza	B	siemens	S
Tensione	v	volt	V
Temperatura	T	kelvin[5]	K
Vettore di Poynting	$\mathbf{s}$	"watt al metro quadro"	W/m^2

[3] Nel sistema Giorgi l'induzione magnetica è misurata in "weber al metro quadro": 1 Wb/m^2 = 1 T.
[4] Spesso, nei casi pratici, viene utilizzata l'unità $\Omega mm^2/m$ ("ohm per millimetro quadro su metro"), la quale non fa parte del sistema MKS.
[5] È d'uso comune l'unità di misura °C ("grado centigrado"), la quale non fa parte del sistema MKS.

Lista dei simboli adottati

Viene nel seguito riportata la lista dei simboli adottati nel testo. La lettera "y" (ipsilon) indica una generica grandezza.

Simbolo	Significato
Y	Grandezza costante
Y	Valore efficace
Y_M	Valore massimo
$< Y >$	Valore medio
y	Valore istantaneo[6]
$\overline{Y}$	Grandezza complessa o operatore fasoriale
$\underline{Y}$	Grandezza complessa coniugata
$\lvert\overline{Y}\rvert$	Modulo di una grandezza complessa
$\sqrt{-1} \triangleq \mathrm{j}$	Unità immaginaria
$\mathrm{Re}\{\overline{Y}\}$	Parte reale di una grandezza complessa
$\mathrm{Im}\{\overline{Y}\}$	Parte immaginaria di una grandezza complessa
$\mathrm{p} = \frac{d}{dt}$	Operatore di Heaviside

Costanti fondamentali

Nella tabella sottostante vengono elencate due costanti fondamentali derivate dalla Fisica Classica ed impiegate anche in Elettrotecnica.

Denominazione	Simbolo e valore
$\mu_0 = 4\pi \times 10^{-7}$ H/m	Permeabilità magnetica del vuoto
$\varepsilon_0 = 8{,}86 \times 10^{-12}$ F/m	Costante dielettrica del vuoto

[6] A volte il valore istantaneo viene indicato come $y(t)$ in modo da indicarne esplicitamente la dipendenza dal parametro temporale t.

Simboli elettrotecnici

La storia dell'Elettrotecnica è segnata da innumerevoli "dispute" più o meno scientifiche riguardanti la miglior simbologia adottabile per il disegno dei circuiti e delle reti elettriche. È convinzione degli autori che tali dispute abbiano poco senso: l'Elettrotecnica è bella perché è varia…proprio come accade per la popolazione mondiale (ciascuno con il suo linguaggio e le proprie tradizioni).

Ciononostante, sia per una mera questione di "scuderia di appartenenza" sia per tener conto del "bacino di utenza" a cui è maggiormente dedicato il presente volume, si è scelto di adottare la simbologia della Scuola Elettrotecnica Milanese, la gloriosa "Carlo Erba", Dipartimento del Politecnico di Milano ormai definitivamente chiuso. Si riporta nella seguente tabella una lista dei principali simboli circuitali adottati.

Simbolo	Significato
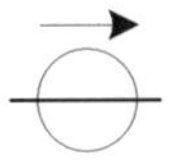	Generatore ideale di tensione
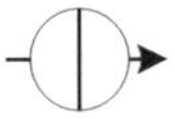	Generatore ideale di corrente
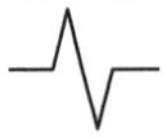	Resistenza
	Induttanza
	Capacità
	Nodo
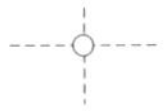	Morsetto
	Corrente
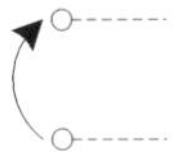	Tensione
	Flusso di potenza
	Corrente ciclica
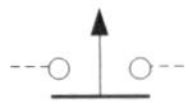	Contatto (interruttore) normalmente aperto
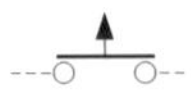	Contatto (interruttore) normalmente chiuso

Introduzione

Il presente volume è destinato ai corsi di Elettrotecnica Generale tenuti presso le differenti facoltà del Politecnico di Milano. Data la generalità e completezza degli argomenti trattati, esso può anche essere proficuamente utilizzato sia dagli studenti delle scuole superiori – con particolare riferimento agli Istituti Tecnici Industriali – sia dalle facoltà di altre università a carattere tecnico-scientifico.

Il testo è stato suddiviso in 16 Esercitazioni, ciascuna corrispondente a circa tre ore di lezione frontale in aula. Tutti gli esercizi sono proposti in ordine crescente di difficoltà e per ciascuno di essi, prima di passare alla risoluzione vera e propria, vengono esposte per sommi capi le metodologie impiegate per la stessa.

Le esercitazioni sono state pensate come "modulari", di modo da rendere il volume adatto al percorso didattico personale che ciascuno studente vorrà seguire. Per agevolare la scelta di tale percorso (che sarà, inevitabilmente, spesso da adattare alle specificità del Corso seguito in aula) anche le Esercitazioni sono state ordinate secondo un livello crescente di difficoltà, a partire dai concetti basilari sino ad arrivare all'applicazione di tali concetti ai casi pratici.

I richiami teorici sono stati ridotti al minimo, essendo il presente volume un eserciziario e non un trattato di teoria. Essi sono limitati a tutti quei casi ove occorre "ripassare" metodologie di calcolo e concetti prima di affrontare la risoluzione degli esercizi.

Unica eccezione è costituita dall'Esercitazione 16, la quale riguarda il trasformatore: in questo caso si è ritenuto opportuno premettere alla parte applicativa una cospicua trattazione teorica che, nello spirito degli autori, intende guidare passo a passo lo studente nella comprensione teorica e pratica dell'argomento.

Tutti gli esercizi presenti nel volume sono stati utilizzati, a partire dal 2009 e sino ad oggi, per le esercitazioni numeriche di alcuni corsi di Elettrotecnica, Principi di Ingegneria Elettrica e simili proposti dal Politecnico di Milano. La maggior parte degli esercizi è stata predisposta dagli autori ed ha carattere del tutto originale. La rimanente parte è costituita da quesiti adattati da temi d'esame, preparati dai medesimi autori, che sono stati proposti negli anni durante gli appelli d'esame dei corsi sopra citati.

Ciononostante, la scrittura di un eserciziario non può, naturalmente, essere esente da errori; desideriamo quindi ringraziare fin d'ora tutti gli Allievi che in questi anni ci hanno segnalato le "sviste" presenti negli esercizi (talora "veniali", la maggior parte delle volte "sostanziali") e quelli che ci segnaleranno eventuali sviste, omissioni ed imprecisioni, sia tipografiche sia di contenuto, nonché quelli che forniranno suggerimenti utili per migliorare eventuali prossime edizioni del lavoro.

Un ringraziamento particolare è senz'altro dovuto al collega ed amico ing. Michael Metzger, per il "certosino" impegno con il quale ha rivisto l'intero testo, suggerendoci alcune migliorie e segnalandoci qualche errore.

Desideriamo inoltre ringraziare la Società Editrice Esculapio per la consueta complicità e per l'incoraggiamento datoci durante la stesura del presente volume.

Gli autori

Maggio 2020

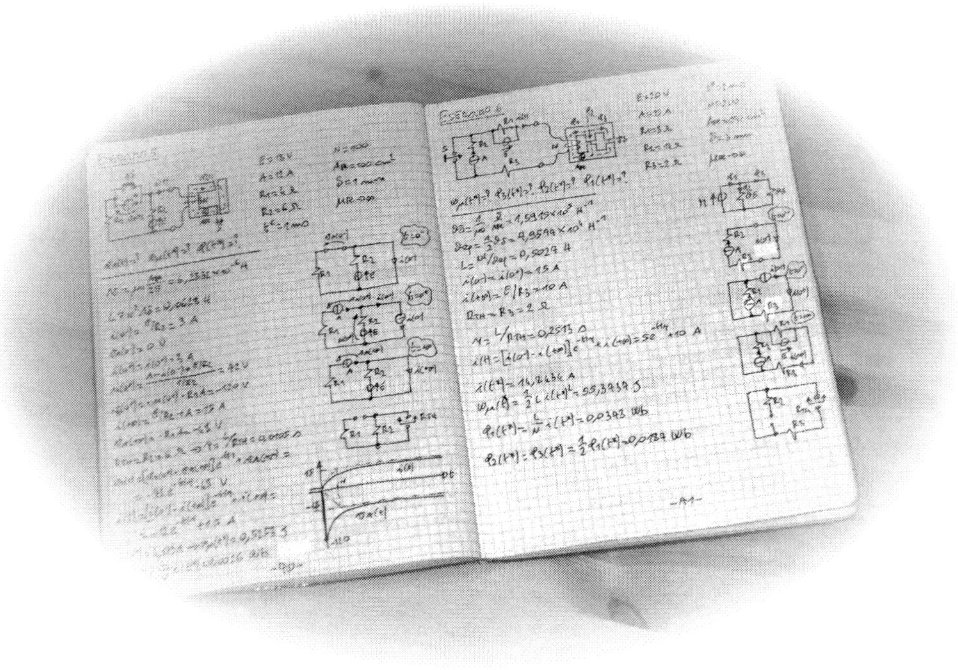

Anno 2005, la "prima edizione"...

Esercitazione 1

Reti elementari in regime stazionario (Parte I)

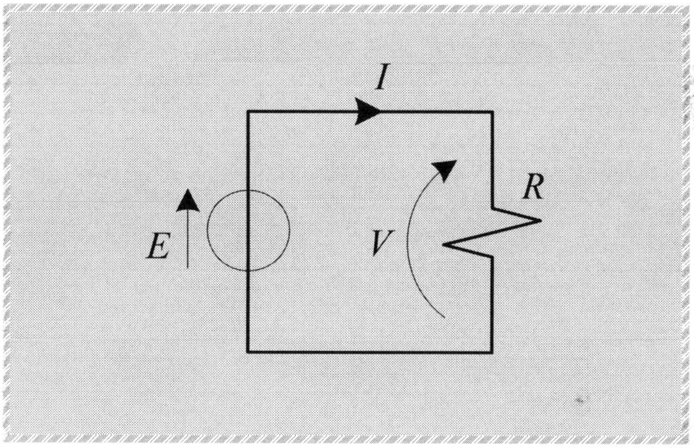

Esercizio 1-1

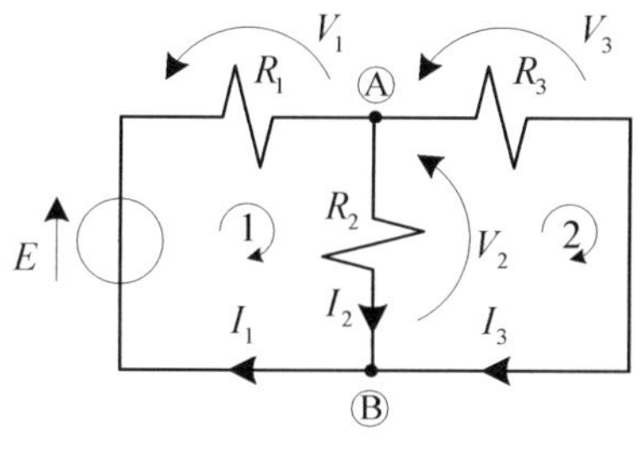

Fig. 1-1.1.

$E = 10$ V
$R_1 = 4$ Ω
$R_2 = 5$ Ω
$R_3 = 1$ Ω

Assegnata la rete in figura, in regime stazionario, determinare le tensioni V_1, V_2, V_3 ai capi delle resistenze R_1, R_2, R_3 e le correnti I_1, I_2, I_3.

Poiché la rete proposta è alimentata da un unico generatore, il modo più semplice per *risolverla* (ossia per determinare tensioni e correnti descrittive dei bipoli passivi presenti) è quello di semplificare il più possibile la parte passiva, giungendo così ad un'unica *maglia primitiva*, facilmente risolvibile. Fatto questo, sarà infine possibile, procedendo "a ritroso", ricavare le grandezze richieste.

Tale metodo ha valenza generale nel caso in cui la rete allo studio presenti un unico generatore (di tensione o di corrente) che la alimenta.

Una prima riduzione riguarda (cfr. Fig. 1-1.2) le resistenze R_2 ed R_3, che si trovano in parallelo fra loro, essendo sottoposte alla medesima tensione V_2. La loro resistenza equivalente alla porta elettrica costituita dai nodi A e B vale:

$$R_{23} = \frac{R_2 R_3}{R_2 + R_3} = 0,8333\ \Omega$$

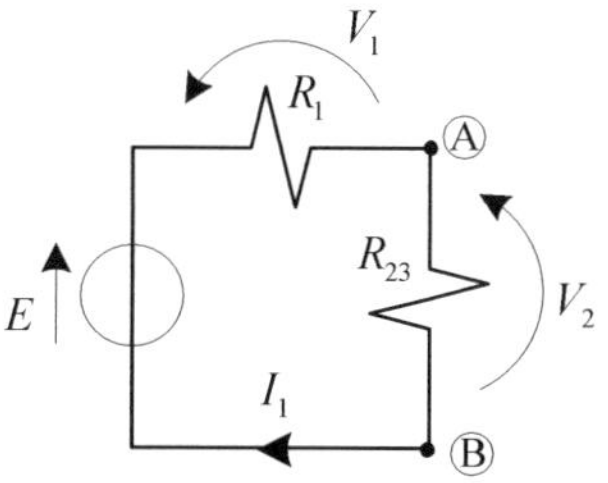

Fig. 1-1.2.

Una seconda riduzione riguarda la resistenza R_{23} e la resistenza rimanente, ossia R_1. Le resistenze R_{23} e R_1 sono in serie in quanto attraversate dalla medesima corrente I_1; la resistenza equivalente complessiva vale dunque:

$$R_{tot} = R_1 + R_{23} = 4,8333\ \Omega$$

la quale costituisce, insieme al generatore ideale di tensione E, la maglia primitiva cercata (cfr. Fig. 1-1.3).

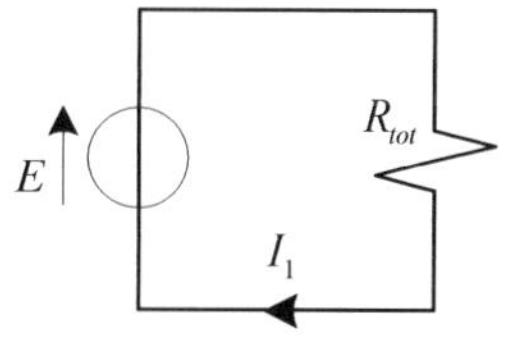

Fig. 1-1.3.

In base alla relazione di Ohm, si ha poi:

$$I_1 = \frac{E}{R_{tot}} = 2,0690 \text{ A}$$

Procedendo ora "a ritroso", è possibile ricavare le cadute di tensione V_1 e V_2 sulle resistenze R_1 ed R_2:

$$V_1 = R_1 I_1 = 8,2759 \text{ V}$$

$$V_2 = R_{23} I_1 = 1,7241 \text{ V}$$

Quanto alla corrente I_2, è sufficiente applicare nuovamente la relazione di Ohm alla resistenza R_2 ed ottenerne, così, il valore numerico:

$$I_2 = \frac{V_2}{R_2} = 0,3448 \text{ A}$$

Per il calcolo della corrente I_3, essendo ora note entrambe le correnti I_1 ed I_2, è possibile applicare la legge delle correnti ad uno dei due nodi presenti. Scegliendo, ad esempio, il nodo A e considerando convenzionalmente positive le correnti entranti in tale nodo e negative quelle uscenti da esso, si ottiene:

$$I_1 - I_2 - I_3 = 0 \Rightarrow I_3 = I_1 - I_2 = 1,7241 \text{ A}$$

L'approccio duale vale, infine, per la tensione V_3. Sono infatti già state calcolate le tensioni V_1 e V_2 e sarà dunque sufficiente scrivere la legge delle tensioni alla maglia, scelta fra le due presenti, in cui l'unica incognita è proprio la tensione V_3. Con i versi di positività indicati in Fig. 1-1.1 per le maglie 1 e 2 e scegliendo, in base alle considerazioni esposte, la maglia 2, si ottiene:

$$V_2 - V_3 = 0 \Rightarrow V_3 = V_2 = 1,7241 \text{ V}$$

È importante osservare come il calcolo della tensione V_3. potrebbe essere ancora più immediato: ricordando, come osservato in precedenza, che le resistenze R_2 ed R_3 risultano in parallelo, si conclude immediatamente che le cadute di tensione V_2 e V_3 sono identiche.

■

Esercizio 1-2

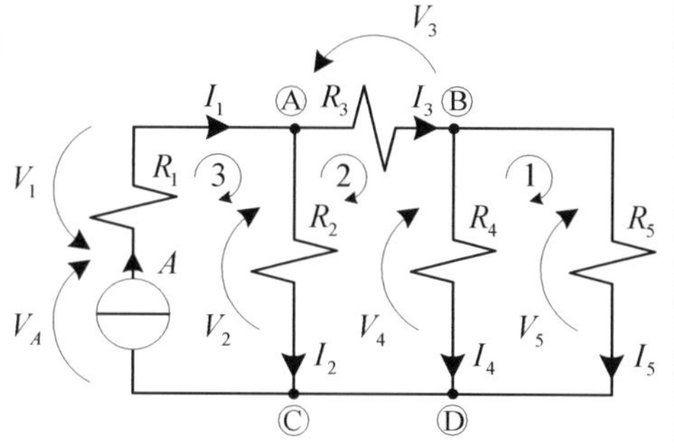

$A = 10\ \text{A}$
$R_1 = R_2 = 5\ \Omega$
$R_3 = 10\ \Omega$
$R_4 = 16\ \Omega$
$R_5 = 0\ \Omega$

Fig. 1-2.1.

Assegnata la rete in figura, in regime stazionario, determinare le tensioni V_1, V_2, V_3, V_4, V_5 ai capi delle resistenze R_1, R_2, R_3, R_4, R_5 , la tensione V_A ai capi del generatore ideale di corrente A e le correnti I_1, I_2, I_3, I_4, I_5.

Come per il precedente esercizio 1-1, anche in questo caso si procederà riducendo la parte passiva della rete. Nel far questo, è necessario tener conto della presenza del *corto circuito* rappresentato dalla resistenza R_5, di valore nullo.

La presenza della resistenza nulla R_5 implica che la resistenza equivalente fra i nodi B e D sia un corto circuito; risulta infatti:

$$R_{45} = \frac{R_4 R_5}{R_4 + R_5} = 0\ \Omega$$

In presenza di resistenza nulla si è soliti omettere tale resistenza, indicando soltanto, nella rete ridotta, la presenza di un lato a resistenza nulla (ossia di un *corto circuito*), così come mostrato in Fig. 1-2.2. Tale riduzione permette inoltre di ottenere:

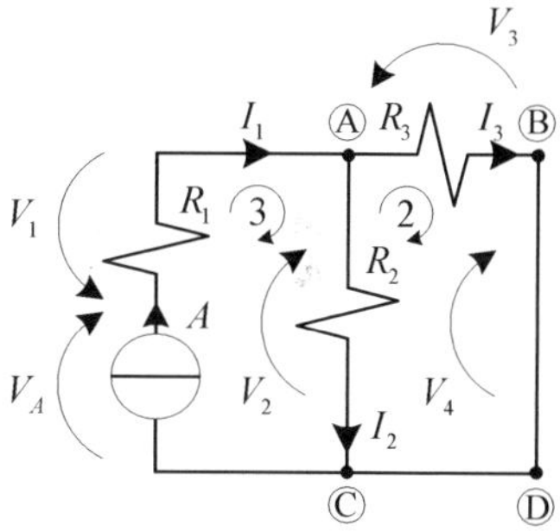

Fig. 1-2.2.

$$V_4 = V_5 = R_{45} I_3 = 0 \cdot I_3 = 0\ \text{V}$$

Osservando, ora, il lato della rete ridotta contenente il generatore A, è immediato dedurre che:

$$I_1 \equiv A = 10\ \text{A}$$

e quindi, per la relazione di Ohm applicata alla resistenza R_1:

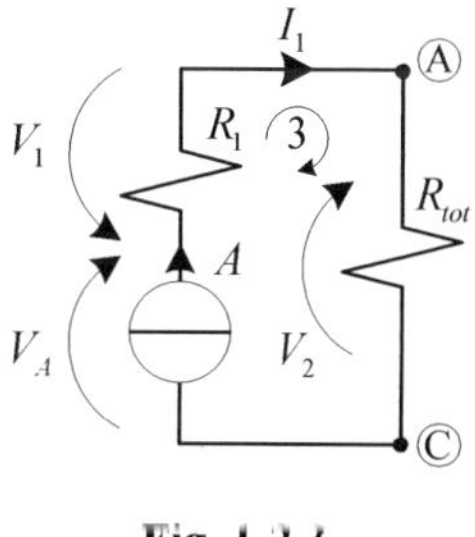

Fig. 1-2.3.

$$V_1 = R_1 I_1 = 50 \text{ V}$$

È a questo punto possibile effettuare un'ulteriore riduzione della rete (cfr. Fig. 1-2.3), giungendo alla resistenza totale:

$$R_{tot} = \frac{R_2 R_3}{R_2 + R_3} = 3,3333 \ \Omega \quad ,$$

la quale, assieme alla resistenza R_1 ed al generatore ideale A, costituisce la maglia primitiva.

Applicando opportunamente la relazione di Ohm alle resistenze R_{tot} ed R_2 rappresentate in Fig. 1-2.3, si ottiene:

$$V_2 = R_{tot} I_1 = 33,3333 \text{ V}$$

$$I_2 = \frac{V_2}{R_2} = 6,6667 \text{ A}$$

Il calcolo della tensione V_A ai capi del generatore ideale di corrente A può essere effettuato considerando la scrittura della legge delle tensioni alla maglia 3 e tenendo conto del verso di positività indicato in Fig. 1-2.3 per tale maglia:

$$V_A - V_1 - V_2 = 0 \Rightarrow V_A = V_1 + V_2 = 83,3333 \text{ V}$$

La corrente I_3 si ricava dalla scrittura della legge delle correnti al nodo A:

$$I_1 - I_2 - I_3 = 0 \Rightarrow I_3 = I_1 - I_2 = 3,3333 \text{ A}$$

Data la presenza di un corto circuito, rappresentato dalla resistenza nulla R_5, in parallelo alla resistenza di valore finito R_4, la corrente I_4 risulta essere nulla. Ne segue, considerando la scrittura della legge delle correnti al nodo B:

$$\begin{cases} I_3 - I_4 - I_5 = 0 \\ I_4 = 0 \end{cases} \Rightarrow I_5 = I_3 = 3,3333 \text{ A}$$

da cui, infine:

$$V_3 = R_3 I_3 = 33,3333 \text{ V}$$

■

Esercizio 1-3

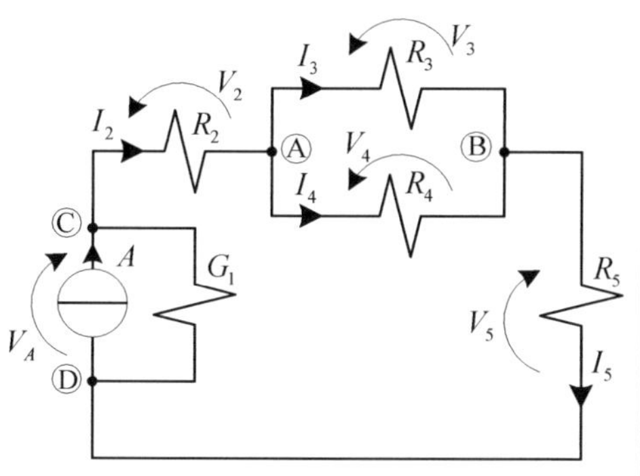

$A = 3$ A
$G_1 = 0{,}1$ S
$R_2 = 5\ \Omega$
$R_3 = 3\ \Omega$
$R_4 = 8\ \Omega$
$R_5 = 12\ \Omega$

Fig. 1-3.1.

Assegnata la rete in figura, in regime stazionario, determinare le tensioni V_2, V_3, V_4, V_5 ai capi delle resistenze R_2, R_3, R_4, R_5, la tensione V_A ai capi del generatore ideale di corrente A e le correnti I_2, I_3, I_4, I_5.

Anche in questo caso si procederà riducendo la parte passiva della rete. Il generatore reale di corrente connesso fra i nodi C e D verrà "trasformato" nel generatore equivalente reale di tensione.

Prima di procedere alla riduzione della parte passiva della rete, si sceglie di trasformare il generatore reale di corrente costituito dai bipoli elementari A e G_1 in un generatore reale di tensione, costituito dai bipoli elementari (Fig. 1-3.2):

$$R_{eq} = \frac{1}{G_1} = 10\ \Omega$$

$$E_{eq} = \frac{A}{G_1} = 30\ \text{V}$$

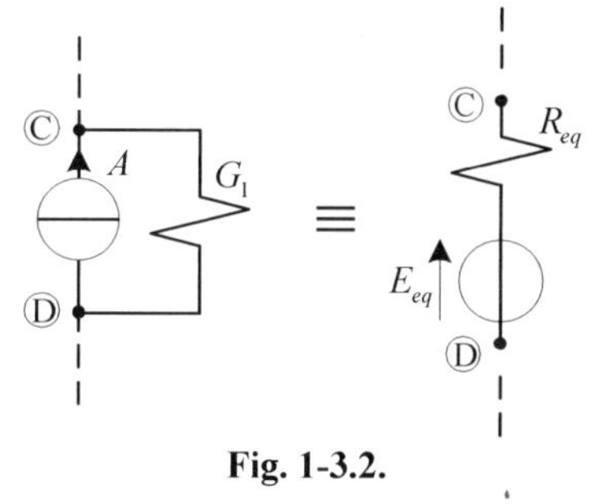

Fig. 1-3.2.

Si ricava una prima riduzione della rete (cfr. Fig. 1-3-3) osservando che le resistenze R_3 ed R_4 sono poste in parallelo; la loro resistenza equivalente, vista dai nodi A e B, vale dunque:

$$R_{34} = \frac{R_3 R_4}{R_3 + R_4} = 2{,}1818\ \Omega$$

Una seconda riduzione, illustrata in Fig. 1-3.4, si basa sull'osservazione che la resistenza R_{34} appena calcolata è posta in serie alla resistenze R_2, R_5 ed R_{eq}. Si ottiene quindi:

$$R_{tot} = R_2 + R_{34} + R_5 + R_{eq} = \\ = 29{,}1818\ \Omega$$

la quale rappresenta la resistenza della maglia primitiva alla quale si è ridotta l'intera rete assegnata (cfr. Fig. 1-3.4).

Da tale maglia si ricava che la corrente I_2 e la corrente I_5 sono, in realtà, la medesima corrente, calcolabile, mediante la relazione di Ohm, come:

$$I_2 = I_5 = \frac{E_{eq}}{R_{tot}} = 1{,}0280\ \text{A}$$

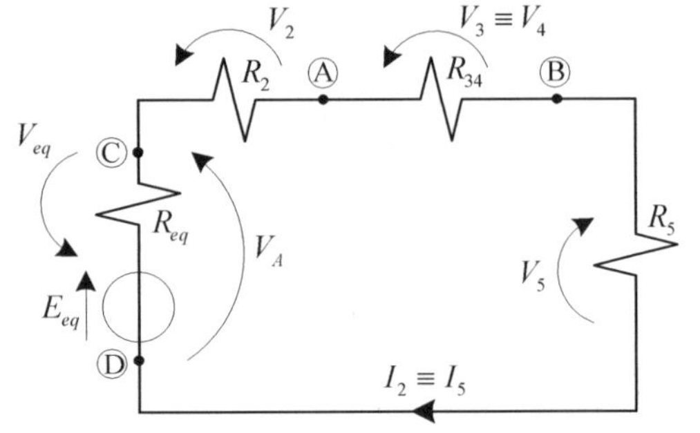

Fig. 1-3.3.

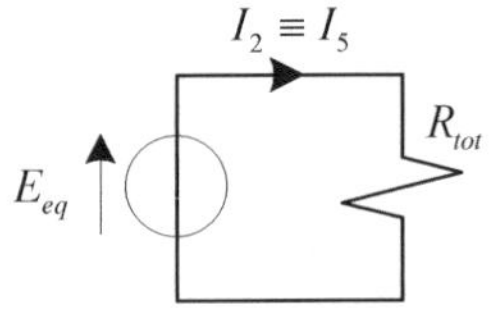

Fig. 1-3.4.

Note tali correnti, è possibile, applicando la relazione di Ohm ai bipoli assegnati o equivalenti, ottenere le seguenti tensioni:

$$V_2 = R_2 I_2 =$$

$$V_3 = V_4 = R_{34} I_2 = 2{,}2430\ \text{V}$$

$$V_5 = R_5 I_5 = 12{,}336\ \text{V}$$

$$V_{eq} = R_{eq} I_2 = 10{,}2804\ \text{V}$$

La tensione V_A ai capi del generatore ideale di corrente (o, equivalentemente, ai capi del relativo generatore equivalente reale di tensione) è calcolabile considerando la scrittura della legge delle tensioni sul lato della rete compreso fra i nodi C e D (Fig. 1-3.3):

$$V_A + V_{eq} - E_{eq} = 0 \Rightarrow V_A = -V_{eq} + E_{eq} = 19{,}7196\ \text{V}$$

La corrente I_3 è ora ricavabile applicando la relazione di Ohm alla resistenza R_3:

$$I_3 = \frac{V_3}{R_3} = 0{,}7477\ \text{A}$$

Infine, la corrente I_4 è calcolabile considerando la formulazione della legge delle correnti al nodo A:

$$I_2 - I_3 - I_4 = 0 \Rightarrow I_4 = I_2 - I_3 = 0{,}2804\ \text{A}$$

Esercizio 1-4

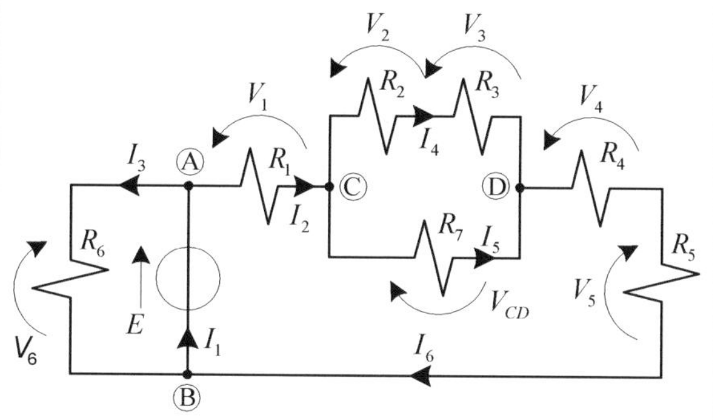

Fig. 1-4.1.

$E = 24$ V
$R_1 = 1\ \Omega$
$R_2 = 10\ \Omega$
$R_3 = R_4 = 5\ \Omega$
$R_5 = R_6 = 12\ \Omega$
$R_7 = 0\ \Omega$

Assegnata la rete in figura, in regime stazionario, determinare le tensioni V_1, V_2, V_3, V_4, V_5 e V_6 e le correnti I_1, I_2, I_3, I_4, I_5 e I_6.

La soluzione ai quesiti proposti verrà ricavata, anche in questo caso, mediante una preventiva semplificazione della parte passiva della rete.

La resistenza R_7, di valore nullo, costituisce un corto circuito. Essa è posta in parallelo alla serie delle resistenze R_2 ed R_3; ne segue che la resistenza equivalente vista dalla porta elettrica costituita dalla coppia di nodi C e D vale:

$$R_{CD} = \frac{R_7 \cdot (R_2 + R_3)}{R_7 + R_2 + R_3} = 0\ \Omega$$

Questo significa che il lato equivalente fra i nodi C e D è anch'esso un corto circuito. Di conseguenza $V_{CD} = 0$ e quindi, applicando la relazione di Ohm alla serie delle resistenze R_2 ed R_3:

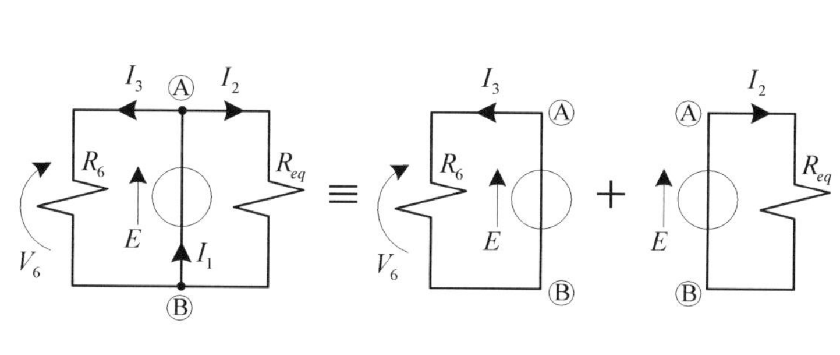

Fig. 1-4.2.

$$I_4 = \frac{V_{CD}}{R_2 + R_3} = 0 \text{ A}$$

da cui, immediatamente:

$$V_2 = R_2 I_4 = 0 \text{ V}$$
$$V_3 = R_3 I_4 = 0 \text{ V}$$

La resistenza complessiva della parte di destra della rete, vista dalla coppia di morsetti A e B, vale poi:

$$R_{eq} = R_1 + R_{CD} + R_4 + R_5 = 18 \ \Omega$$

cui segue (cfr. Fig. 1-4.2):

$$I_2 = \frac{E}{R_{eq}} = 1{,}3333 \text{ A}$$

e, essendo il lato CD un corto circuito:

$$I_5 = I_6 = I_2 = 1{,}3333 \text{ A}$$

Quanto alla parte di rete posta a sinistra della coppia di morsetti A e B, risulta:

$$I_3 = \frac{E}{R_6} = 2 \text{ A}$$

Infine, la corrente I_1 è calcolabile direttamente attraverso la scrittura della legge delle correnti al nodo A:

$$I_1 = I_3 + I_2 = 3{,}3333 \text{ A}$$

Sono ora note tutte le correnti richieste; in base a queste è, infine, possibile calcolare, attraverso l'applicazione delle relative relazioni di Ohm, le rimanenti cadute di tensione richieste:

$$V_1 = R_1 I_2 = 1{,}3333 \text{ V}$$
$$V_4 = R_4 I_6 = 6{,}6667 \text{ V}$$
$$V_5 = R_5 I_6 = 16 \text{ V}$$
$$V_6 = R_6 I_3 = 24 \text{ V}$$

■

Esercizio 1-5

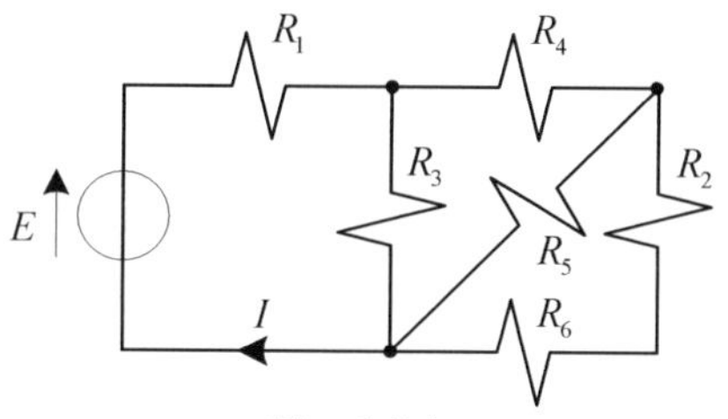

Fig. 1-5.1.

$E = 3$ V
$R_1 = 8\ \Omega$
$R_2 = 1\ \Omega$
$R_3 = 4\ \Omega$
$R_4 = 12\ \Omega$
$R_5 = 6\ \Omega$
$R_6 = 7\ \Omega$

Assegnata la rete in figura, alimentata in regime stazionario, determinare la corrente I.

Il calcolo della corrente richiesta verrà eseguito riducendo preventivamente la parte passiva della rete, in modo da ricondurre questa ad una maglia primitiva. Tale operazione verrà eseguita attraverso una serie di riduzioni successive.

La riduzione della parte passiva della rete avviene attraverso quattro successive riduzioni intermedie, rappresentate in Fig. 1-5.2. Queste portano al calcolo delle seguenti resistenze equivalenti:

$$R_{eq1} = R_2 + R_6 = 8\ \Omega$$

$$R_{eq2} = \frac{R_{eq1} \cdot R_5}{R_{eq1} + R_5} = 3{,}4286\ \Omega$$

$$R_{eq3} = R_{eq2} + R_4 = 15{,}4286\ \Omega$$

$$R_{eq4} = \frac{R_{eq3} \cdot R_3}{R_{eq3} + R_3} = 3{,}1765\ \Omega$$

La resistenza R_{eq4}, la resistenza R_1 (ad essa in serie) ed il generatore ideale di tensione E costituiscono la maglia primitiva cercata. La corrente I è ricavabile per mezzo della relazione di Ohm applicata a tale maglia:

$$I = \frac{E}{R_1 + R_{eq4}} = 0{,}2684\ \text{A}$$

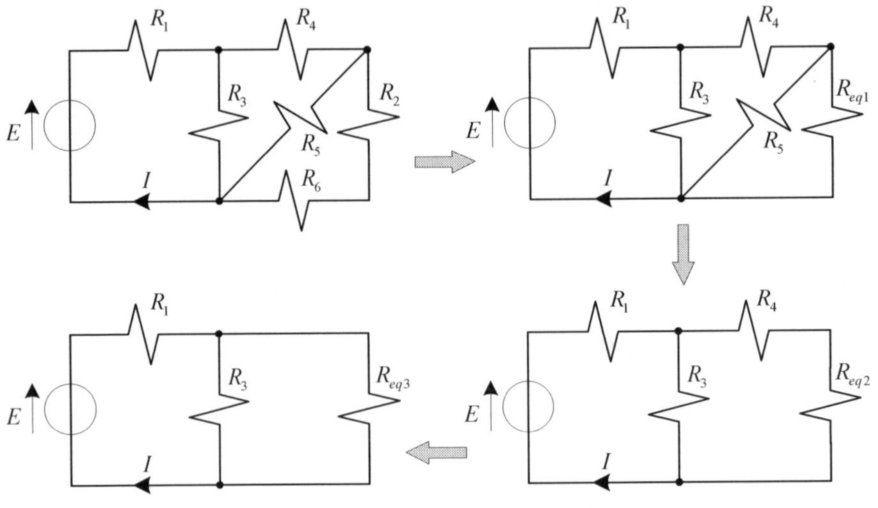

Fig. 1-5.2.

Esercizio 1-6

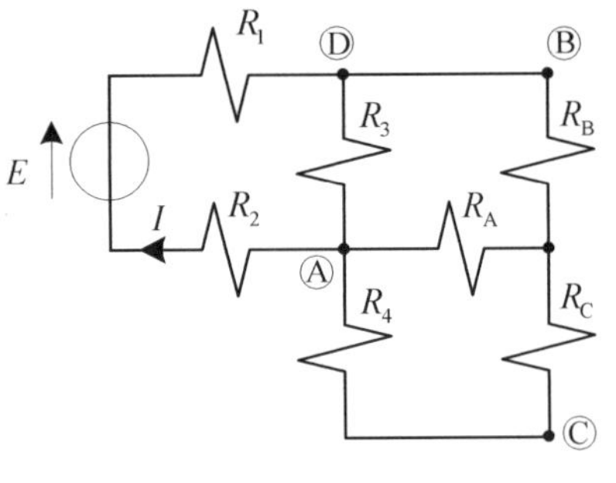

Fig. 1-6.1.

$E = 100\ \text{V}$
$R_1 = 10\ \Omega$
$R_2 = 20\ \Omega$
$R_3 = 15\ \Omega$
$R_4 = 16\ \Omega$
$R_A = 40\ \Omega$
$R_B = 12\ \Omega$
$R_C = 11\ \Omega$

Assegnata la rete in figura, in regime stazionario, determinare la corrente I.

La soluzione al quesito proposto viene ottenuta mediante una semplificazione della parte passiva della rete, realizzata avvalendosi della trasformazione stella-triangolo.

La riduzione della parte passiva della rete può essere condotta applicando la trasformazione stella-triangolo. Quest'ultima e la sua inversa (trasformazione triangolo-stella) sono richiamate, in guisa di regola mnemonica, in Fig. 1-6.2.

Per quanto riguarda la rete qui proposta, è immediato verificare che la tripla di resistenze R_A, R_B ed R_C costituisce una stella. Si converte innanzitutto tale stella nel suo triangolo equivalente, ottenendo (Cfr. Fig. 1-6.3):

$$R_{AB} = 95,6364 \ \Omega$$
$$R_{BC} = 26,3 \ \Omega$$
$$R_{CA} = 87,6667 \ \Omega$$

Una seconda riduzione si ricava (cfr. Fig. 1-6.4) osservando che la resistenza R_3 è in parallelo alla resistenza R_{AB} e che la resistenza R_4 è in parallelo alla resistenza R_{CA}; si ottengono in tal modo le seguenti resistenze equivalenti:

$$R_{eq1} = \frac{R_3 R_{AB}}{R_3 R_{AB}} = 12,9663 \ \Omega$$
$$R_{eq2} = \frac{R_4 R_{CA}}{R_4 + R_{CA}} = 13,5305 \ \Omega$$

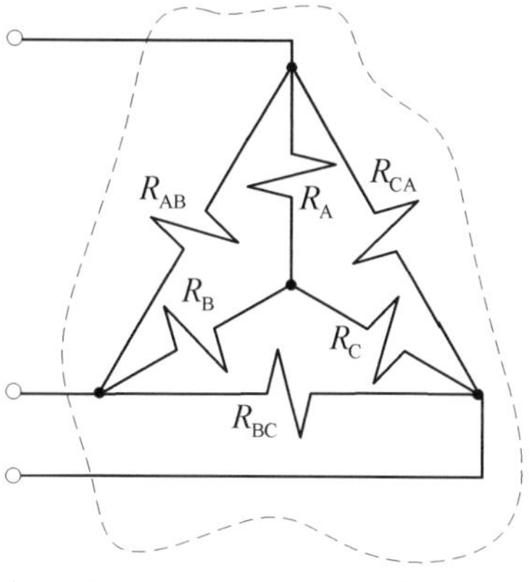

Stella-triangolo

$$\begin{cases} \left(\dfrac{1}{R_A} + \dfrac{1}{R_B} + \dfrac{1}{R_C}\right)^{-1} \triangleq D \\ R_{AB} = \dfrac{R_A R_B}{D} \\ R_{BC} = \dfrac{R_B R_C}{D} \\ R_{CA} = \dfrac{R_C R_A}{D} \end{cases}$$

Triangolo-stella

$$\begin{cases} R_{AB} + R_{BC} + R_{CA} \triangleq S \\ R_A = \dfrac{R_{AB} R_{AC}}{S} \\ R_B = \dfrac{R_{AB} R_{BC}}{S} \\ R_C = \dfrac{R_{BC} R_{CA}}{S} \end{cases}$$

Fig. 1-6.2.

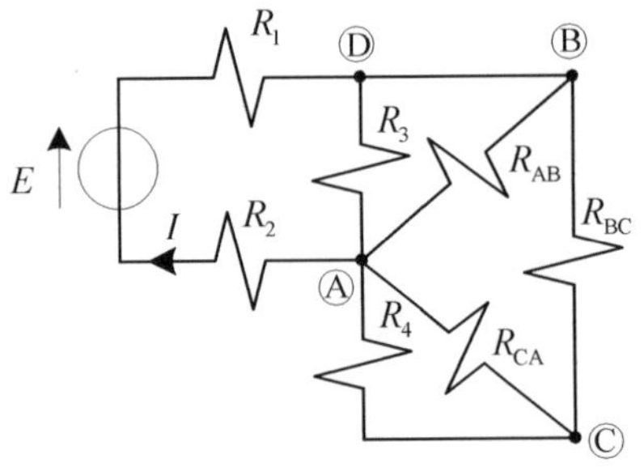

Fig. 1-6.3.

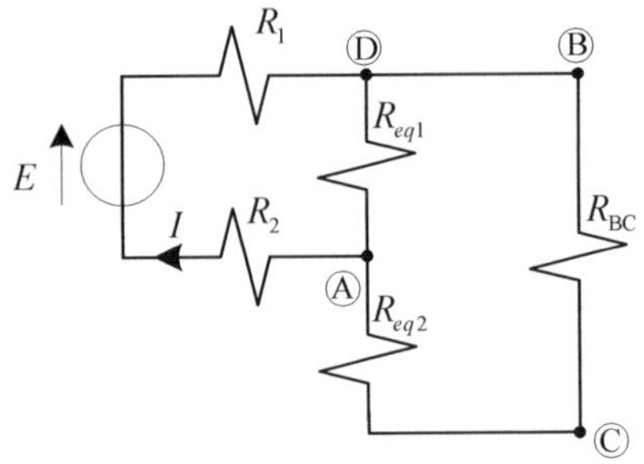

Fig. 1-6.4.

Si nota ora che la resistenza R_{eq2} appena calcolata è in serie con la resistenza R_{BC}; la loro resistenza equivalente vale dunque:

$$R_{eq3} = R_{eq2} + R_{BC} = 39{,}8305\ \Omega$$

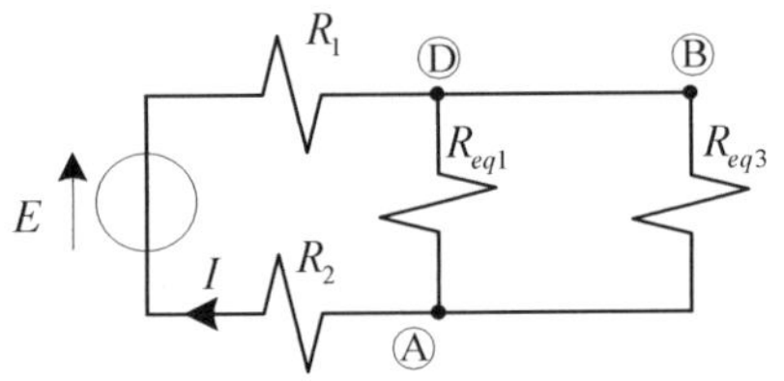

Fig. 1-6.5.

Quest'ultima si trova, infine, in parallelo con la resistenza R_{eq3} (cfr. Fig. 1-6.5). Si ottiene così, in definitiva:

$$R_{eq4} = \frac{R_{eq1} R_{eq3}}{R_{eq1} + R_{eq3}} = 9{,}7819\ \Omega \quad ,$$

la quale, assieme al generatore ideale di tensione E ed alla serie delle resistenze R_1 ed R_2, costituisce una maglia primitiva. La corrente I è immediatamente determinabile applicando a tale maglia la relazione di Ohm:

$$I = \frac{E}{R_1 + R_2 + R_{eq4}} = 2{,}5137\ \text{A}$$

■

Esercizio 1-7

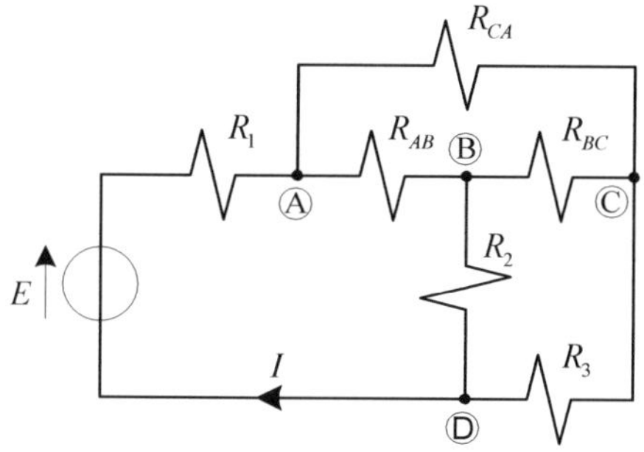

Fig. 1-7.1.

$E = 15 \text{ V}$
$R_1 = 8 \ \Omega$
$R_2 = 5 \ \Omega$
$R_3 = 2 \ \Omega$
$R_{AB} = 1 \ \Omega$
$R_{BC} = 3 \ \Omega$
$R_{CA} = 7 \ \Omega$

Assegnata la rete in figura, in regime stazionario, determinare la corrente I.

La soluzione al quesito proposto viene ottenuta mediante una semplificazione della parte passiva della rete, realizzata avvalendosi della trasformazione triangolo-stella.

La riduzione della parte passiva della rete avviene avvalendosi della trasformazione del triangolo composto dalle resistenze R_{AB}, R_{BC}, R_{CA} nella corrispondente stella equivalente di resistenze R_A, R_B, R_C, come illustrato in Fig. 1-7.2. Si ottiene così:

$$R_A = 0,6364 \ \Omega$$
$$R_B = 0,2727 \ \Omega$$
$$R_C = 1,9091 \ \Omega$$

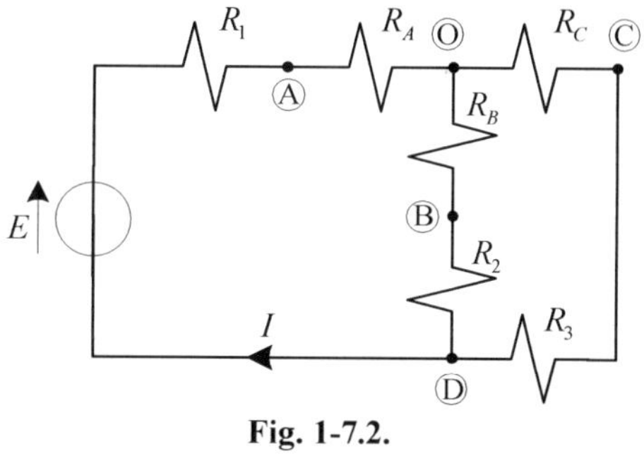

Fig. 1-7.2.

Le resistenze R_B ed R_2 risultano essere in serie, così come le resistenze R_C ed R_3. Le relative resistenze equivalenti valgono allora (Fig. 1-7.3):

$$R_{eq1} = R_2 + R_B = 5,2727 \ \Omega$$
$$R_{eq2} = R_3 + R_C = 3,9091 \ \Omega$$

Le due resistenze appena ricavate risultano essere in parallelo ed equivalgono quindi alla resistenza:

$$R_{eq3} = \frac{R_{eq1} R_{eq2}}{R_{eq1} + R_{eq2}} = 2,2448 \ \Omega$$

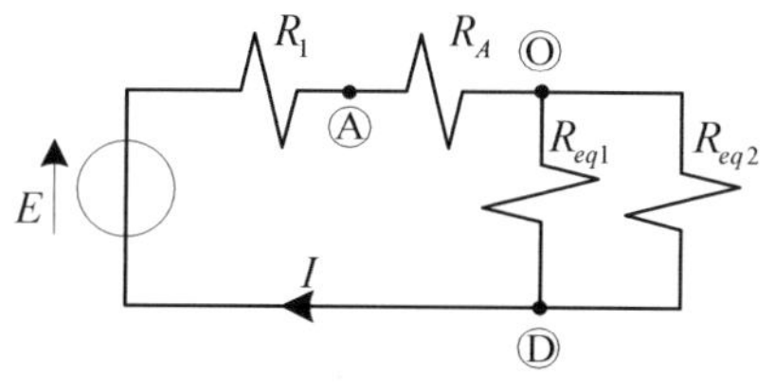

Fig. 1-7.3.

Infine, le resistenze R_1 ed R_A risultano essere in serie, dando luogo alla resistenza equivalente:

$$R_{eq4} = R_1 + R_A = 8,6364\ \Omega$$

Le resistenze R_{eq3} ed R_{eq4} ed il generatore ideale di tensione E costituiscono la maglia primitiva equivalente alla rete assegnata per il calcolo della corrente I (cfr. Fig. 1-7.4). Per determinare tale corrente è sufficiente applicare a tale maglia la relazione di Ohm, ottenendo così :

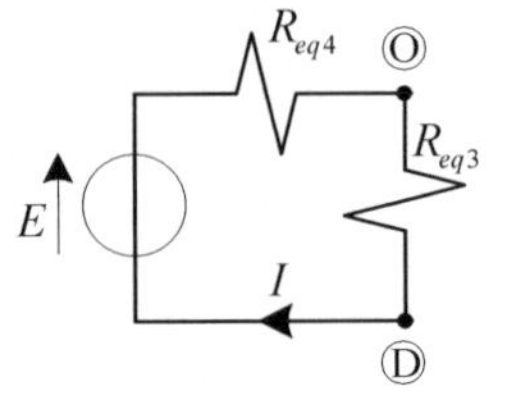

Fig. 1-7.4.

$$I = \frac{E}{R_{eq3} + R_{eq4}} = 1,3785\ \text{A}$$

■

Reti elementari in regime stazionario (Parte II)

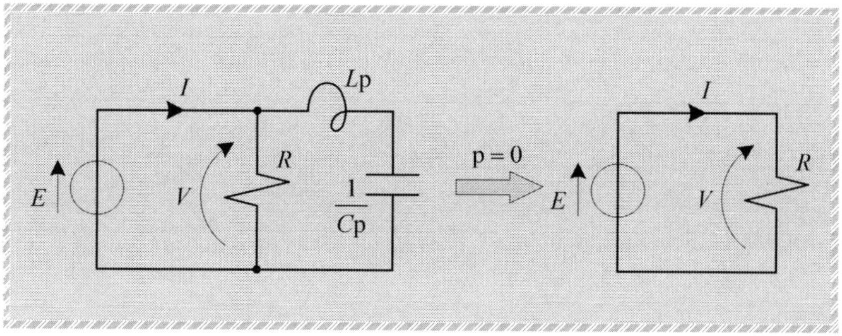

Esercizio 2-1

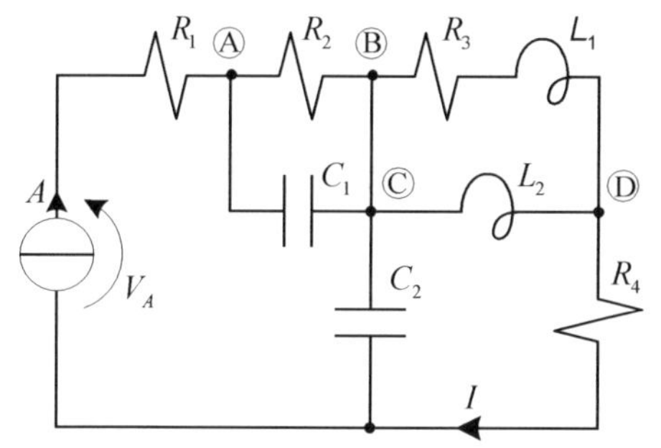

Fig. 2-1.1.

$A = 10$ A	$L_1 = 1$ mH
$R_1 = 1\ \Omega$	$L_2 = 0{,}1$ mH
$R_2 = 6\ \Omega$	$C_1 = 8$ pF
$R_3 = 5\ \Omega$	$C_2 = 6{,}5\ \mu$F
$R_4 = 3\ \Omega$	

Assegnata la rete in figura, in regime stazionario, determinare la corrente I e la tensione V_A.

Il procedimento seguito per la risoluzione della rete proposta si basa sulla riduzione della rete in base alle modifiche *pseudo*-topologiche dovute al comportamento dei bipoli dinamici presenti in regime stazionario.

Ricordando le trasformazioni *pseudo*-topologiche dei bipoli dinamici in regime stazionario richiamate in Fig. 2-1.2, la rete si trasforma nel circuito equivalente riportato in Fig. 2-1.3.

Considerando tale equivalenza, la resistenza R_3 si trova ad essere in parallelo con un lato in corto circuito, mentre le resistenze R_1 ed R_2 risultano essere in serie. Se ne deduce la rete equivalente di Fig. 2-1.4, per la quale risulta:

$$R_{12} = R_1 + R_2 = 7\ \Omega$$

$$I = A = 10\ \text{A}$$

$$V_A = \left(R_{12} + R_4\right) \cdot I = 100\ \text{V}$$

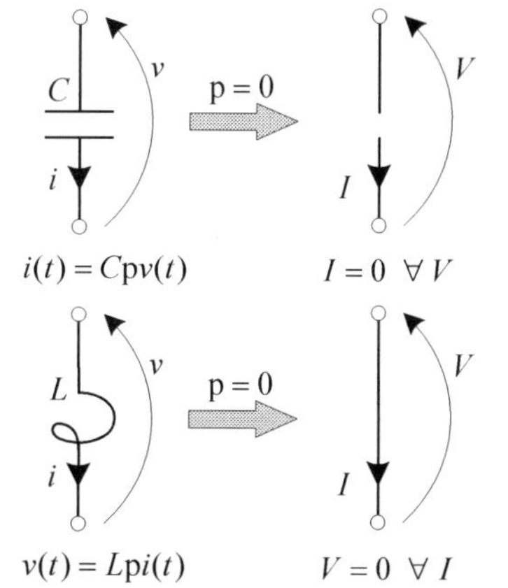

Fig. 2-1.2.

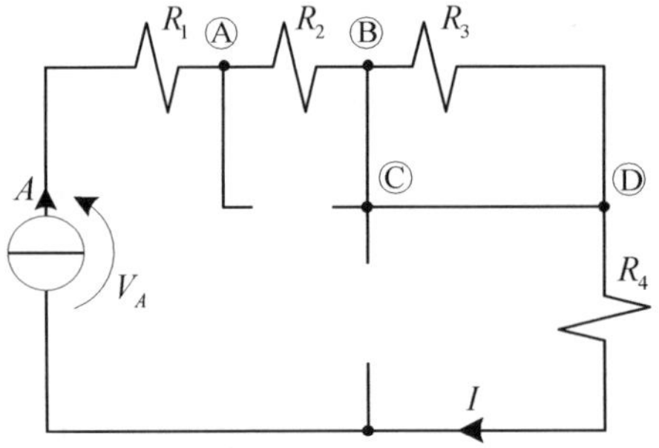

Fig. 2-1.3.

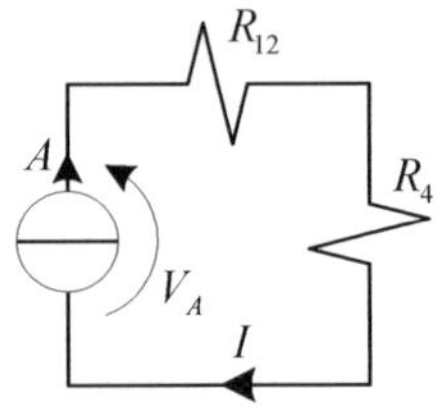

Fig. 2-1.4.

Esercizio 2-2

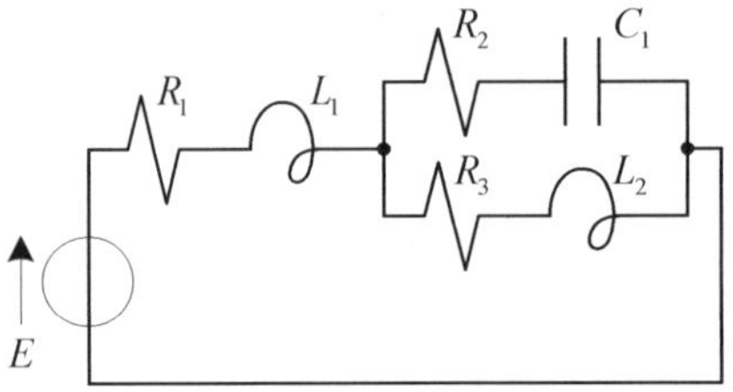

Fig. 2-2.1.

$E = 10$ V $L_1 = 10$ mH
$R_1 = 3\ \Omega$ $L_2 = 2$ mH
$R_2 = 50\ \Omega$ $C_1 = 6$ nF
$R_3 = 7\ \Omega$

Assegnata la rete in figura, in regime stazionario, determinare la potenza complessivamente dissipata per effetto Joule, la potenza complessivamente generata e l'energia complessivamente accumulata a regime.

La rete viene trasformata topologicamente tenendo conto delle modifiche proprie dei bipoli dinamici in regime stazionario. Basandosi sulla rete equivalente così ottenuta, vengono direttamente calcolate le grandezze richieste.

Tenendo conto delle trasformazioni *pseudo*-topologiche dei bipoli dinamici in regime stazionario (cfr. Fig. 2-1.2), la rete si semplifica come mostrato in Fig. 2-2.2. Per essa si ricava direttamente:

$$I_2 = 0 \text{ A}$$

$$I_{L1} = I_{L2} = \frac{E}{R_1 + R_3} = 1 \ \text{A}$$

$$V_{C1} = V_{R3} = R_3 I_{L2} = 7 \ \text{V}$$

Seguono le potenze dissipate per effetto Joule:

$$P_{R1} = R_1 I_{L1}^2 = 3 \ \text{W}$$

$$P_{R2} = R_2 I_2^2 = 0 \ \text{W}$$

$$P_{R3} = R_3 I_{L2}^2 = 7 \ \text{W}$$

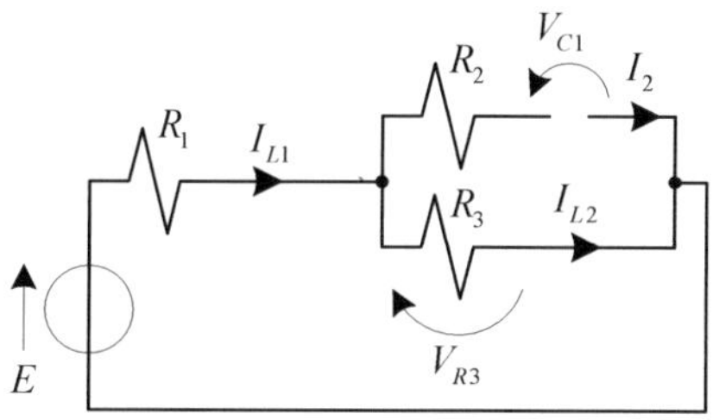

Fig. 2-2.2.

da cui la seguente potenza complessivamente degradata in calore:

$$P_{Joule} = P_{R1} + P_{R2} + P_{R3} = 10 \ \text{W}$$

La potenza complessivamente generata vale poi:

$$P_{gen} = P_E = E \cdot I_{L1} = 10 \ \text{W}$$

da cui, risultando $P_{Joule} = P_{gen}$, si deduce come il bilancio energetico di regime risulti verificato.

Si calcola, infine, l'energia complessiva accumulata a regime:

$$W_{tot} = W_\mu + W_\varepsilon = \left(\frac{1}{2} L_1 I_{L1}^2 + \frac{1}{2} L_2 I_{L2}^2 \right) + \frac{1}{2} C_1 V_{C1}^2 =$$

$$= 6 \times 10^{-3} + 0{,}147 \times 10^{-6} \cong 6 \times 10^{-3} \ \text{J}$$

L'espressione così ottenuta mostra come la parte dominante dell'energia complessiva accumulata a regime è rappresentata dall'energia magnetica accumulata dai bipoli induttivi.

■

Esercizio 2-3

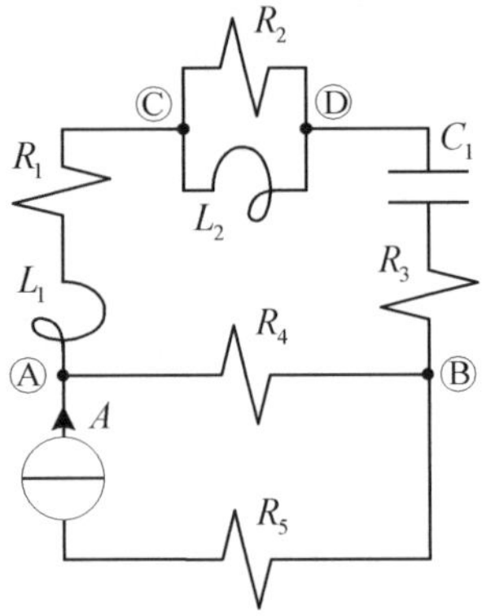

Fig. 2-3.1.

$A = 10$ A $\quad R_5 = 2\ \Omega$

$R_1 = 0{,}75\ \Omega \quad L_1 = 20$ mH

$R_2 = 1{,}15\ \Omega \quad L_2 = 15$ mH

$R_3 = 10\ \Omega \quad C_1 = 0{,}6\ \mu$F

$R_4 = 1\ \Omega$

Assegnata la rete in figura, in regime stazionario, determinare la potenza complessivamente dissipata per effetto Joule e la potenza complessivamente generata, verificando il relativo bilancio energetico in condizioni di regime. Calcolare, inoltre, l'energia magnetica e l'energia dielettrica accumulate complessivamente in tale tipo di regime.

Tenendo conto delle trasformazioni *pseudo*-topologiche subite dai bipoli dinamici in regime stazionario, viene ricavata la rete equivalente per tale tipo di regime.

Ragionando direttamente sulla rete così ottenuta viene verificato, con le usuali modalità, il bilancio energetico in condizioni stazionarie.

Dato il tipo di regime assegnato, la rete si trasforma nel circuito riportato in Fig. 2-3.2, per il quale si ricava immediatamente:

$$I_{L1} = I_{L2} = 0 \text{ A}$$

$$I' \equiv I = A = 10 \text{ A}$$

Inoltre, essendo nulla la caduta di tensione ai capi della resistenza R_1, si ha:

$$V_{C1} = V_{R4} = R_4 I' = 10 \text{ V}$$

Seguono quindi le energie accumulate:

$$W_\mu = \frac{1}{2} L_1 I_{L1}^2 + \frac{1}{2} L_2 I_{L2}^2 = 0 \text{ J}$$

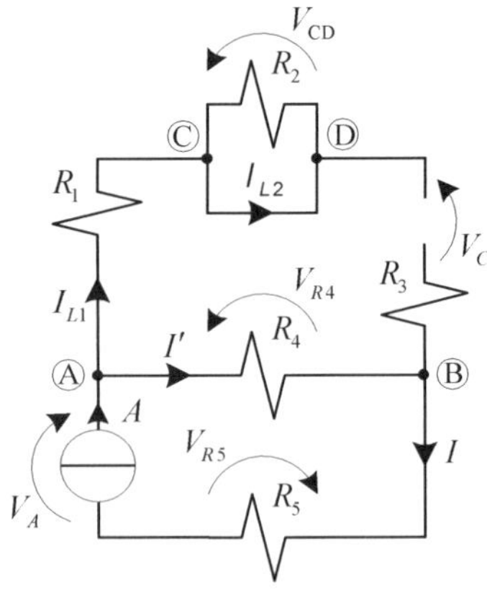

Fig. 2-3.2.

$$W_\varepsilon = \frac{1}{2} C_1 V_{C1}^2 = 30 \times 10^{-6} \text{ J}$$

La potenza generata è dovuta all'unico generatore presente, ossia A. La caduta di tensione ai capi del generatore A risulta essere:

$$V_A = V_{R4} + V_{R5} = (R_4 + R_5) \cdot I = 30 \text{ V}$$

cui segue la potenza generata:

$$P_{gen} = P_A = V_A A = 300 \text{ W}$$

Le potenze dissipate per effetto Joule valgono, infine:

$$P_{R1} = R_1 I_{L1}^2 = 0 \text{ W}$$

$$P_{R2} = \frac{V_{CD}^2}{R_2} = \frac{0}{R_2} = 0 \text{ W}$$

$$P_{R3} = R_3 I_{L1}^2 = 0 \text{ W}$$

$$P_{R4} = R_4 I'^2 = 100 \text{ W}$$

$$P_{R5} = R_5 I^2 = 200 \text{ W}$$

cui segue la potenza complessivamente degradata in calore:

$$P_{Joule} = \sum_{k=1}^{5} P_{Rk} = 300 \text{ W}$$

in base alla quale il bilancio energetico di regime risulta verificato.

■

Esercizio 2-4

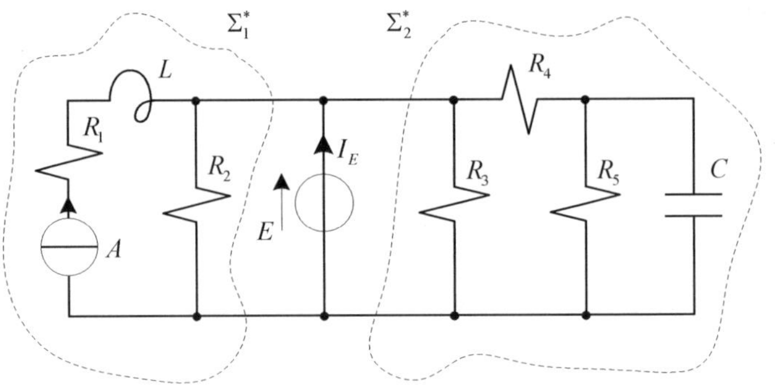

Fig. 2-4.1.

$A = 2$ A
$E = 12$ V
$R_1 = 1\ \Omega$
$R_2 = 2\ \Omega$
$R_3 = 3\ \Omega$
$R_4 = 7\ \Omega$
$R_5 = 6\ \Omega$
$L = 2\ \mu$H
$C = 150$ nF

Assegnata la rete in figura, in regime stazionario, determinare la potenza elettrica complessivamente generata, la potenza elettrica degradata in calore per effetto Joule e le energie magnetica e dielettrica accumulate.

La soluzione ai quesiti proposti potrebbe essere ricavata lavorando direttamente sulla rete assegnata dopo aver tenuto in debito conto le trasformazioni *pseudo*-topologiche dei bipoli dinamici elementari presenti a seguito del regime stazionario imposto.

Si seguirà, in alternativa, un metodo più razionale che, in base al *teorema di sostituzione*, permette inizialmente di scomporre la rete assegnata in due sotto-reti equivalenti agli effetti del generatore ideale di tensione E.

In base al teorema di sostituzione, la rete proposta può essere rivista come sovrapposizione di due sotto-reti equivalenti.

La prima sotto-rete è mostrata in Fig. 2-4-2; tenendo conto che in regime stazionario l'induttanza L si comporta da corto circuito, si deduce immediatamente che risulta:

$$I_L \equiv A = 2 \text{ A} \Rightarrow W_\mu = \frac{1}{2} L \cdot I_L^2 = 4 \ \mu\text{J}$$

Applicando la relazione di Ohm alla resistenza R_2 si ottiene poi:

$$I_2 = \frac{E}{R_2} = 6 \text{ A}$$

da cui, in base alla legge delle correnti:

$$I'_E = I_L - I_2 = -4 \text{ A}$$

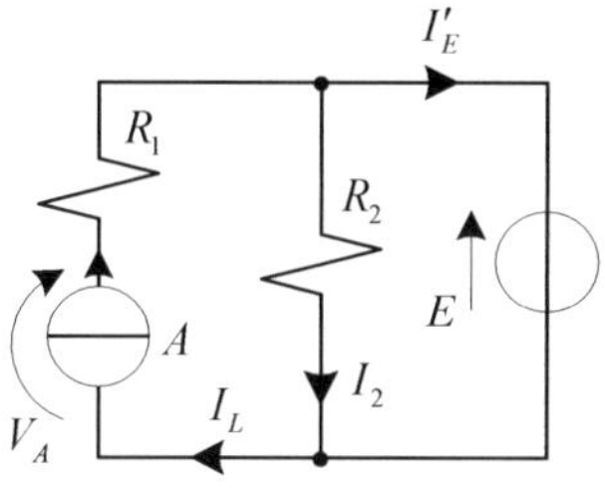

Fig. 2-4-2.

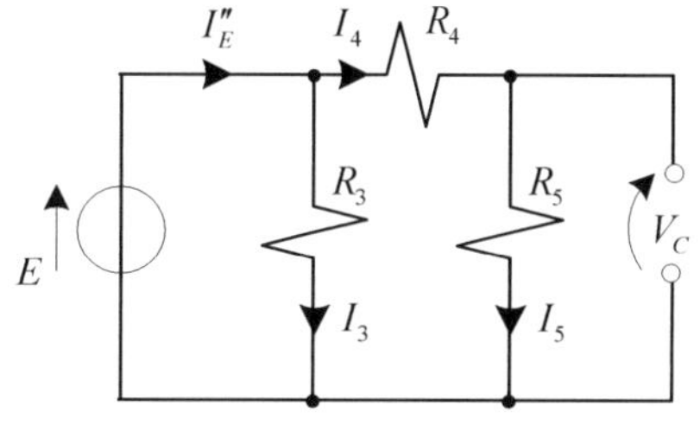

Fig. 2-4-3.

La tensione ai capi del generatore ideale di corrente – necessaria per il calcolo della potenza elettrica da esso generata – è calcolabile attraverso la scrittura della legge di Kirchhoff delle tensioni alla maglia esterna di Fig. 2-4.2, da cui si ottiene:

$$V_A = R_1 I_L + E = 14 \text{ V}$$

La seconda sotto-rete è mostrata in Fig. 2-4.3; osservando che il condensatore C costituisce, in regime stazionario, un lato aperto, si osserva come le resistenze R_4 ed R_5 si trovino, in tali condizioni, in serie. In base alla relazione di Ohm segue dunque:

$$I_4 = I_5 = \frac{E}{R_4 + R_5} = 0,9231 \text{ A}$$

La tensione ai capi del condensatore C – o meglio, dato il regime stazionario, quella esistente fra i morsetti che identificano il lato aperto equivalente – coincide evidentemente con quella ai capi della resistenza R_5, che vale:

$$V_C = R_5 I_5 = 5,5385 \text{ V} \quad ,$$

in base alla quale è possibile calcolare l'energia dielettrica accumulata:

$$W_\varepsilon = \frac{1}{2} C \cdot V_C^2 = 2,3006 \ \mu\text{J}$$

La corrente I_3 è direttamente calcolabile applicando la relazione di Ohm alla resistenza R_3:

$$I_3 = \frac{E}{R_3} = 4 \text{ A}$$

Dopo aver calcolato la corrente I_3, è possibile ricavare la frazione di corrente che interessa il generatore E, dovuta alla seconda sotto-rete equivalente. Si perviene a tale risultato attraverso l'applicazione della legge di Kirchhoff delle correnti:

$$I''_E = I_3 + I_4 = 4,9231 \text{ A}$$

Sono ora disponibili tutte le variabili necessarie per il calcolo delle potenze richieste. La potenza generata dal generatore ideale di corrente A vale:

$$P_A = V_A I_L = 28 \text{ W}$$

Quanto alla potenza generata dal generatore ideale di tensione E, essa è calcolabile come:

$$P_E = -E \cdot I'_E + E \cdot I''_E = E \cdot \left(-I'_E + I''_E\right) = 107{,}0769 \text{ V}$$

in quanto la corrente equivalente I'_E è discorde con la corrente reale I_E, mentre I''_E è con essa concorde.

La potenza generata complessiva vale, infine:

$$P_{gen} = P_A + P_E = 135{,}0769 \text{ W}$$

Per quanto riguarda la potenza complessivamente degradata in calore per effetto Joule, essa è calcolabile sommando le singole potenze degradate in calore da ciascun bipolo resistivo:

$$P_{R1} = R_1 I_L^2 = 4 \text{ W}$$

$$P_{R2} = \frac{E^2}{R_2} = 72 \text{ W}$$

$$P_{R3} = R_3 I_3^2 = 48 \text{ W}$$

$$P_{R4} = R_4 I_4^2 = 5{,}9645 \text{ W}$$

$$P_{R5} = R_5 I_5^2 = 5{,}1124 \text{ W}$$

da cui:

$$P_{Joule} = \sum_{k=1}^{5} P_{Rk} = 135{,}0769 \text{ W}$$

Si noti come la potenza complessivamente generata dalla rete risulta pari alla potenza complessivamente degradata in calore, ciò che verifica il bilancio energetico in regime stazionario.

■

Esercizio 2-5

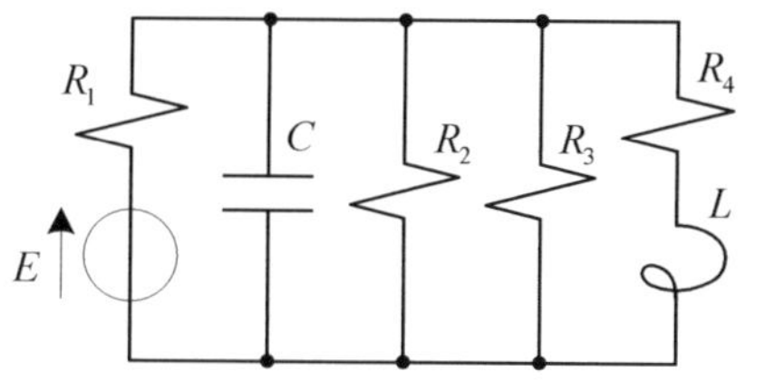

Fig. 2-5.1

$E = 5$ V
$R_1 = 0,5$ Ω
$R_2 = 12$ Ω
$R_3 = 1$ Ω
$R_4 = 8$ Ω
$L = 1$ mH
$C = 7$ mF

Assegnata la rete in figura, in regime stazionario, determinare la potenza elettrica complessivamente degradata in calore per effetto Joule e le energie magnetica e dielettrica accumulate. Verificare inoltre il bilancio energetico relativo alla rete allo studio.

Il procedimento seguito per la risoluzione della rete proposta, una volta riconosciute le modifiche *pseudo*-topologiche dovute al comportamento dei bipoli dinamici presenti in regime stazionario, si basa sulla riduzione della rete alla maglia primitiva.

Per la risoluzione si impiega inoltre la regola del partitore di corrente.

Osservando che in regime stazionario l'induttanza L si comporta come un lato in corto circuito ed il condensatore C come un lato aperto (cfr. Fig. 2-5.2), si riconosce immediatamente come, in tali condizioni, le resistenze R_2, R_3 ed R_4 risultano in parallelo. La loro resistenza equivalente vale:

$$R_{eq} = \left(\frac{1}{R_2} + \frac{1}{R_3} + \frac{1}{R_4} \right)^{-1} = 0,8276 \ \Omega$$

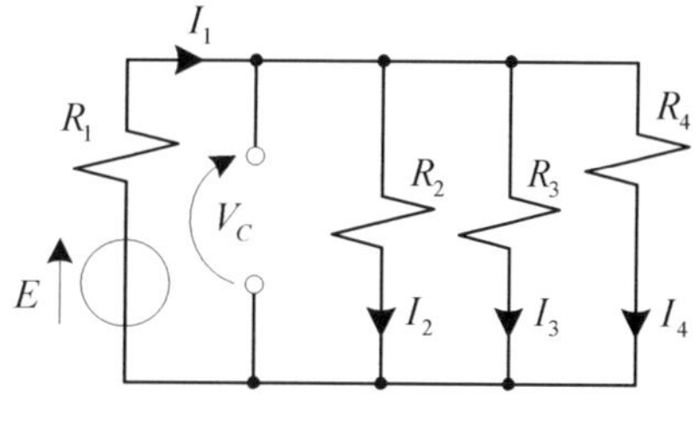

Fig. 2-5.2.

Applicando la relazione di Ohm alla maglia primitiva costituita dalla resistenza R_{eq}, dalla resistenza R_1 e dal generatore E (Fig. 2-5.3), si ottiene immediatamente il valore della corrente I_1:

$$I_1 = \frac{E}{R_1 + R_{eq}} = 3,7662 \ \text{A} \quad ,$$

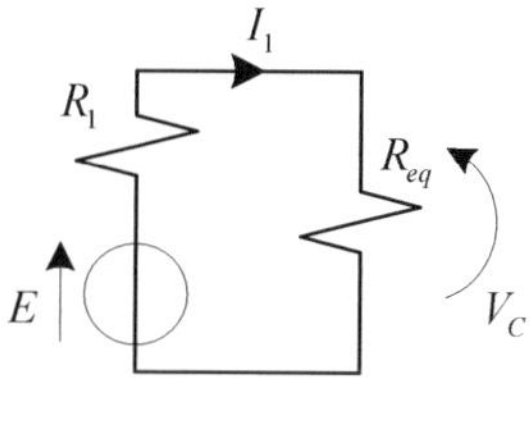

Fig. 2-5.3.

La tensione V_C mostrata in Fig. 2-5.2 e l'energia magnetica accumulata nel condensatore valgono quindi:

$$V_C = R_{eq} I_1 = 3{,}1169 \text{ V} \Rightarrow W_\varepsilon = \frac{1}{2} C_1 \cdot V_C^2 = 0{,}0340 \text{ J}$$

Le resistenze R_1, R_2 ed R_3 costituiscono un partitore per la corrente I_1 appena calcolata. Ne segue che il calcolo delle correnti I_2, I_3 ed I_4 può avvenire applicando l'omonima regola. Si calcolano, innanzitutto, le conduttanze relative a tali resistenze:

$$G_2 = \frac{1}{R_2} = 0{,}0833 \text{ S}$$

$$G_3 = \frac{1}{R_3} = 1 \text{ S}$$

$$G_4 = \frac{1}{R_4} = 0{,}125 \text{ S}$$

Risulta inoltre:

$$G_{eq} = G_2 + G_3 + G_4 = 1{,}2083 \text{ S} \equiv \frac{1}{R_{eq}}$$

da cui:

$$I_2 = I_1 \cdot \frac{G_2}{G_{eq}} = 0{,}2597 \text{ A}$$

$$I_3 = I_1 \cdot \frac{G_3}{G_{eq}} = 3{,}1169 \text{ A}$$

$$I_4 = I_1 \cdot \frac{G_4}{G_{eq}} = 0{,}3896 \text{ A}$$

Noto il valore della corrente I_4, è possibile calcolare il valore dell'energia magnetica accumulata nell'induttanza L:

$$W_\mu = \frac{1}{2} L \cdot I_4^2 = 75{,}8981 \ \mu\text{J}$$

Seguono, inoltre, i valori delle potenze dissipate in ciascuna singola resistenza presente nella rete proposta:

$$P_{R_1} = R_1 I_1^2 = 7{,}0923 \text{ W}$$

$$P_{R_2} = R_2 I_2^2 = 0{,}8096 \text{ W}$$

$$P_{R_3} = R_3 I_3^2 = 9{,}7150 \text{ W}$$

$$P_{R_4} = R_4 I_4^2 = 1{,}2144 \text{ W}$$

da cui la potenza complessivamente degradata in calore:

$$P_{Joule} = \sum_{k=1}^{4} P_{R_k} = 18{,}8312 \text{ W}$$

Il bilancio energetico di regime è soddisfatto se la potenza appena calcolata risulta essere pari a quella complessivamente generata. L'unico generatore presente è il generatore ideale di tensione E, il quale genera la potenza:

$$P_E = E \cdot I_1 = 18,8312 \ \text{W}$$

Tale risultato consente quindi di verificare il bilancio energetico in condizioni di regime.

■

Esercizio 2-6

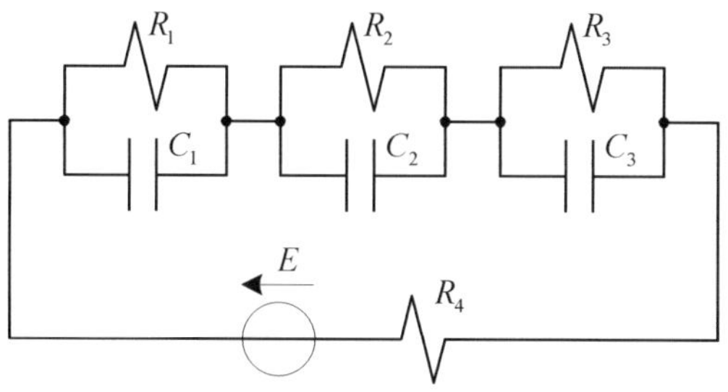

Fig. 2-6.1.

$E = 50 \ \text{V}$	$R_4 = 8 \ \Omega$
$R_1 = 12 \ \Omega$	$C_1 = 80 \ \mu\text{F}$
$R_2 = 5 \ \Omega$	$C_2 = 62 \ \text{nF}$
$R_3 = 27 \ \Omega$	$C_3 = 73 \ \text{pF}$

Assegnata la rete in figura, in regime stazionario, calcolare l'energia dielettrica accumulata.

La rete viene ridotta tenendo conto delle modifiche *pseudo*-topologiche dei bipoli dinamici.

Il calcolo delle cadute di tensione ai capi dei condensatori, necessarie per il successivo calcolo dell'energia dielettrica, è condotto attraverso la regola del partitore di tensione.

Tenendo conto che i tre condensatori presenti si comportano, in regime stazionario, come dei circuiti aperti, la rete equivalente in tali condizioni diviene quella riportata in Fig. 2-6.2. Definendo la seguente resistenza totale:

$$R_{tot} = \sum_{k=1}^{4} R_k = 52 \ \Omega$$

è immediatamente possibile ottenere le cadute di tensione ai capi delle resistenze R_1, R_2 ed R_3 attraverso l'applicazione della regola del partitore di tensione:

$$V_{R1} = E \cdot \frac{R_1}{R_{tot}} = 11{,}5385 \text{ V}$$

$$V_{R2} = E \cdot \frac{R_2}{R_{tot}} = 4{,}8077 \text{ V}$$

$$V_{R3} = E \cdot \frac{R_3}{R_{tot}} = 25{,}9615 \text{ V}$$

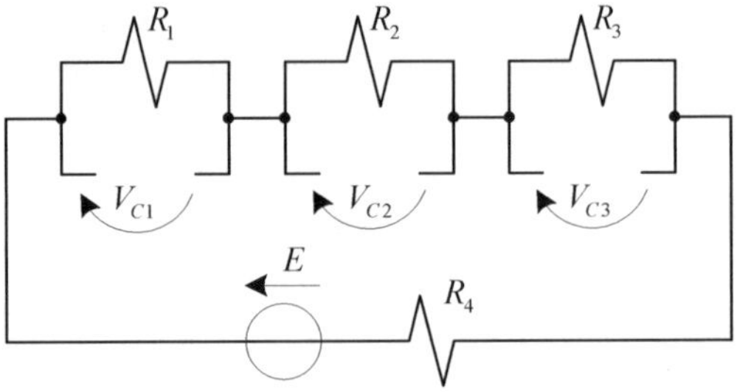

Fig. 2-6.2

Le tensioni così calcolate coincidono con le tensioni ai capi dei condensatori assegnati. Segue dunque l'energia dielettrica accumulata a regime:

$$W_\varepsilon = \frac{1}{2}\left(C_1 V_{R1}^2 + C_2 V_{R2}^3 + C_3 V_{R3}^2\right) = 0{,}0053 \text{ J}$$

■

Esercizio 2-7

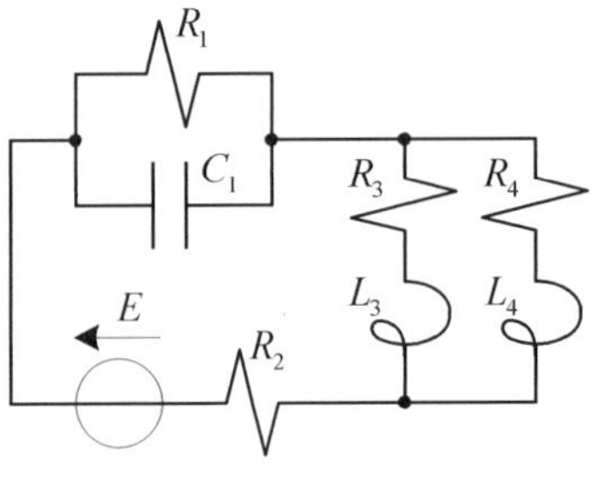

Fig. 2-7.1.

$E = 48$ V	$R_4 = 1\ \Omega$
$R_1 = 14\ \Omega$	$L_3 = 8$ mH
$R_2 = 2\ \Omega$	$L_4 = 60\ \mu$H
$R_3 = 6\ \Omega$	$C_1 = 12\ \mu$F

Assegnata la rete in figura, in regime stazionario, calcolare l'energia dielettrica accumulata e la potenza complessivamente degradata in calore.

La rete viene ridotta tenendo conto delle modifiche *pseudo*-topologiche dei bipoli dinamici.

Il circuito così ottenuto viene risolto, in termini delle variabili di interesse, attraverso una delle possibili procedure impiegabili.

La rete equivalente, ottenuta tenendo conto delle modifiche dei bipoli dinamici dovute al regime stazionario, è riportata in Fig. 2-7.2.

Definendo le seguenti resistenze equivalenti:

$$R_{34} = \frac{R_3 R_4}{R_3 + R_4} = 0,8571 \ \Omega \quad ,$$

$$R_{12} = R_1 + R_2 = 16 \ \Omega$$

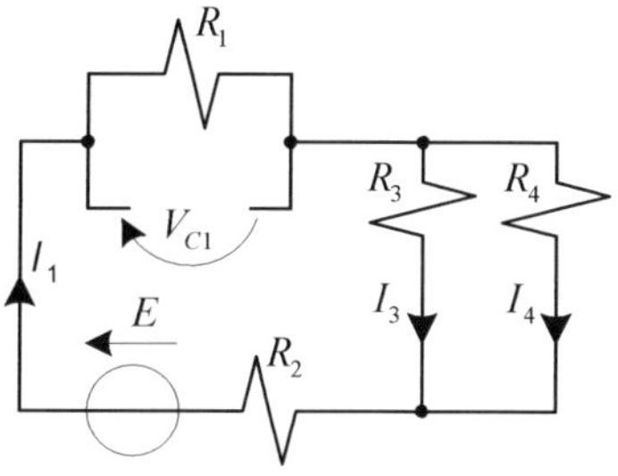

Fig. 2-7.2.

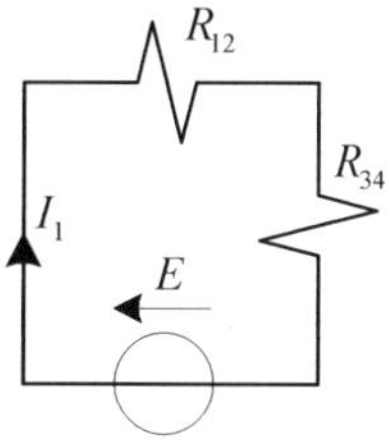

Fig. 2-7.3.

si ottiene la maglia primitiva di cui alla Fig. 2-7.3. La corrente I_1 è calcolabile attraverso l'applicazione della legge delle tensioni a tale maglia, ottenendo così:

$$I_1 = \frac{E}{R_{12} + R_{34}} = 2,8475 \ \text{A}$$

La tensione ai capi del condensatore C_1 si ottiene quindi come (Fig. 2-7.2):

$$V_{C1} = R_1 \cdot I_1 = 39,8645 \ \text{V}$$

cui segue l'energia dielettrica accumulata a regime:

$$W_\varepsilon = \frac{1}{2} C_1 V_{C1}^2 = 9,5351 \times 10^{-3} \ \text{J}$$

La corrente I_3 si ottiene attraverso la regola del partitore di corrente:

$$I_3 = I_1 \cdot \frac{R_4}{R_3 + R_4} = 0,1675 \ \text{A}$$

La corrente I_4 è ricavabile applicando la legge delle correnti ad uno dei due nodi presenti nella rete di cui alla Fig. 2-7.2:

$$I_4 = I_1 - I_3 = 2,68 \ \text{A}$$

L'energia magnetica accumulata a regime vale dunque:

$$W_\mu = \frac{1}{2}\left(L_3 I_3^2 + L_4 I_4^2\right) = 0,3277 \times 10^{-3} \ \text{J}$$

Le potenze dissipate per effetto Joule sono:

$$P_{R1} = R_1 I_1^2 = 113,516 \ \text{W}$$
$$P_{R2} = R_2 I_1^2 = 16,2165 \ \text{W}$$
$$P_{R3} = R_3 I_3^2 = 0,1683 \ \text{W}$$
$$P_{R4} = R_4 I_4^2 = 7,1824 \ \text{W}$$

da cui la potenza complessiva degradata in calore a regime risulta essere:

$$P_{Joule} = \sum_{k=1}^{4} P_{Rk} = 137,083 \ \text{W}$$

La potenza generata è dovuta al generatore E e vale:

$$P_{gen} = P_E = E \cdot I_1 = 136,680 \ \text{W} \quad ,$$

da cui, a meno di una trascurabile differenza numerica, si verifica immediatamente il bilancio energetico di regime.

■

Esercitazione 3

Reti complesse in regime stazionario (Parte I)

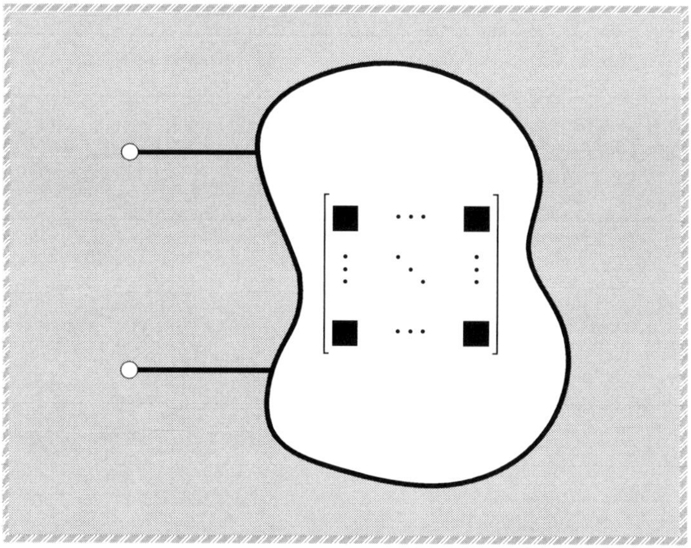

Esercizio 3-1

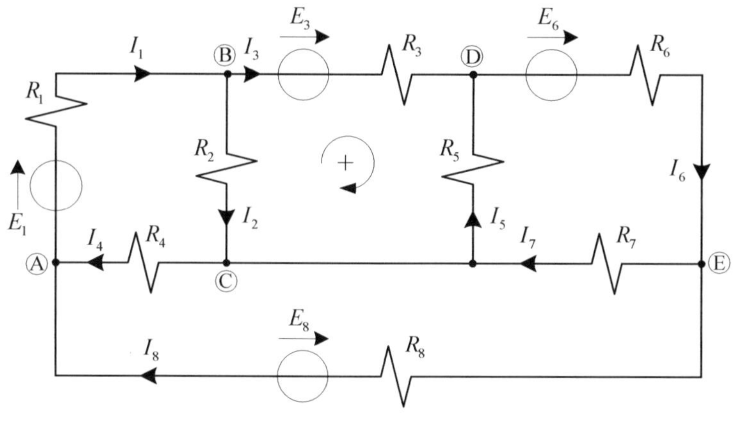

Fig. 3-1.1.

$E_1 = 12 \text{ V}$
$E_3 = 8 \text{ V}$
$E_6 = 30 \text{ V}$
$E_8 = 22 \text{ V}$
$R_1 = 1 \ \Omega$
$R_2 = 28 \ \Omega$
$R_3 = 12 \ \Omega$
$R_4 = 7 \ \Omega$
$R_5 = 6 \ \Omega$
$R_6 = 32 \ \Omega$
$R_7 = 23 \ \Omega$
$R_8 = 4 \ \Omega$

Assegnata la rete in figura, in regime stazionario, determinare tutte le correnti di lato impiegando il metodo di Kirchhoff in formulazione serie.

L'applicazione del metodo di Kirchhoff in formulazione serie alla rete proposta viene effettuata in modo schematico, in modo da illustrare la procedura valida per qualsiasi tipo di rete in cui tutti i lati possono essere posti in formulazione serie.

Il metodo verrà qui impiegato in regime stazionario, senza la presenza di induttanze e/o capacità. Affrontando, nel seguito, studi in regime alternato sinusoidale, verrà mostrato come applicare il metodo anche per tali tipi di analisi.

L'applicazione del metodo di Kirchhoff in formulazione serie richiede che tutti i lati della rete analizzata possano essere formulati con un bipolo equivalente di tipo serie. Un bipolo di tale tipo è costituto da un generatore reale di tensione (forza elettromotrice e resistenza), un generatore ideale di tensione (sola forza elettromotrice) oppure una resistenza. Sono, dunque, escluse le reti in cui almeno un lato non ammette tale formulazione (di fatto, il metodo non risulta applicabile se è presente almeno un lato che comprende un generatore ideale di corrente).

Si osservi, innanzitutto, che la rete proposta è caratterizzata nel modo seguente:

$$\begin{cases} \ell = 8 \quad \text{(numero di lati)} \\ n = 5 \quad \text{(numero di nodi)} \\ p = n - 1 = 4 \quad \text{(numero di nodi indipendenti)} \\ m = \ell - p = 4 \quad \text{(numero di maglie indipendenti)} \end{cases}$$

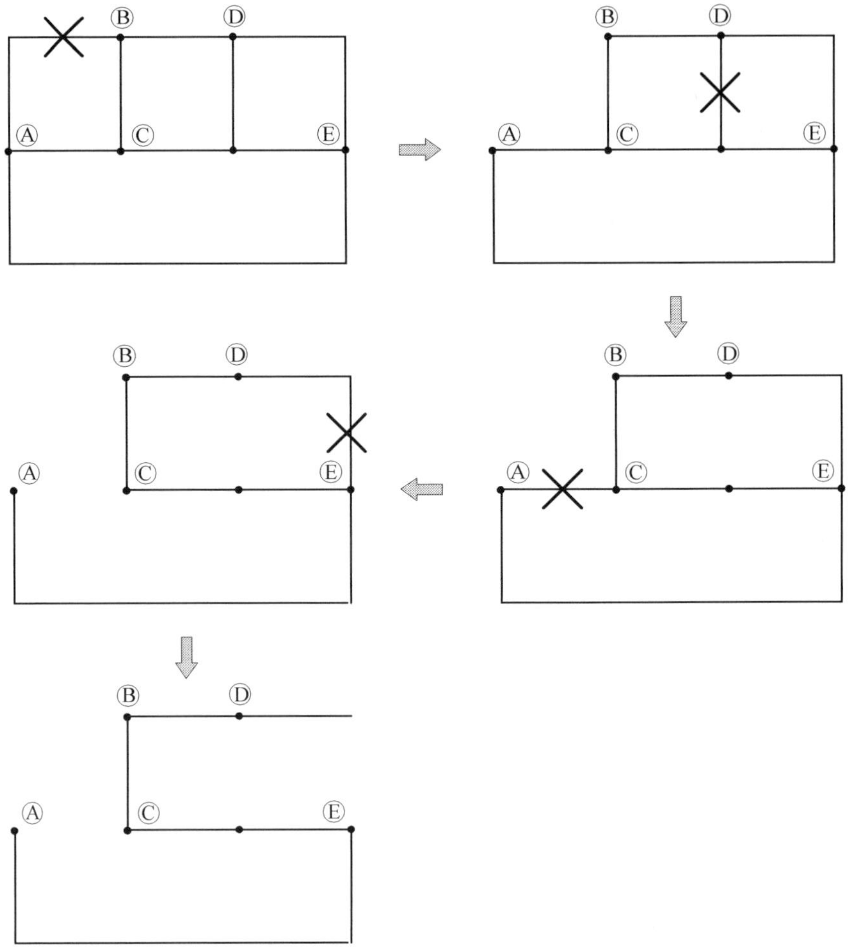

Fig. 3-1.2.

Le correnti incognite risultano dunque in numero di ℓ=8, una per ciascun lato. Il sistema lineare risolvente è dunque costituito da 8 equazioni in tali incognite. Il metodo qui impiegato prevede che tale sistema sia composto dalle seguenti equazioni:

$$\begin{cases} \sum I = 0 & (p \text{ leggi delle correnti}) \\ \sum E = \sum R \cdot I & (m \text{ relazioni di Ohm}) \end{cases}$$

per un totale di $p+m=\ell=8$ equazioni lineari nelle 8 incognite sopra menzionate.

Il metodo è applicabile seguendo una procedura mnemonica che può essere sintetizzata, per punti, nel modo seguente:

1. Porre tutti i lati in formulazione serie;
2. Fissare arbitrariamente il verso delle correnti di lato;

3. Scrivere le p leggi delle correnti, una per ciascun nodo indipendente, considerando positive le correnti entranti nel nodo e negative quelle uscenti. Nel presente esercizio risulta:

$$\begin{cases} -I_1 + I_4 + I_8 = 0 & \text{(nodo A)} \\ I_1 - I_2 - I_3 = 0 & \text{(nodo B)} \\ I_2 - I_4 - I_5 + I_7 = 0 & \text{(nodo C)} \\ I_3 + I_5 - I_6 = 0 & \text{(nodo D)} \end{cases};$$

4. Fissare un verso di positività – ad esempio orario – per la scrittura delle m relazioni di Ohm;
5. Scrivere le m relazioni di Ohm, una per ciascuna maglia indipendente. La procedura per la scelta delle maglie per le quali scrivere tali relazioni verrà richiamata nel seguito. per il presente caso si ottiene:

$$\begin{cases} E_1 = R_1 \cdot I_1 + R_2 \cdot I_2 + R_4 \cdot I_4 & \text{(maglia ABCA)} \\ E_3 = -R_2 \cdot I_2 + R_3 \cdot I_3 - R_5 \cdot I_5 & \text{(maglia BDCB)} \\ -E_8 = -R_4 \cdot I_4 - R_7 \cdot I_7 + R_8 \cdot I_8 & \text{(maglia ACEA)} \\ E_3 + E_6 = -R_2 \cdot I_2 + R_3 \cdot I_3 + R_6 \cdot I_6 + R_7 \cdot I_7 & \text{(maglia BDECB)} \end{cases}$$

Risolvendo il sistema lineare composto dalle 8 equazioni così ottenute – ad esempio, mediante il metodo di Kramer (cfr. appendice B) – si ottengono le 8 correnti di lato incognite. Per l'esercizio considerato, si ottiene:

$$\begin{cases} I_1 = 0{,}9646 \text{ A} \\ I_2 = 0{,}1327 \text{ A} \\ I_3 = 0{,}8319 \text{ A} \\ I_4 = 1{,}0457 \text{ A} \\ I_5 = -0{,}2888 \text{ A} \\ I_6 = 0{,}5430 \text{ A} \\ I_7 = 0{,}6242 \text{ A} \\ I_8 = -0{,}0811 \text{ A} \end{cases}$$

Quanto, infine, alla procedura per la scelta delle m maglie indipendenti rispetto alle quali formulare le relazioni di Ohm, essa può essere schematizzata come segue.

Scelta una maglia qualsiasi, scrivere la relativa equazione e tagliare poi uno dei lati costituenti. Passare poi alla scrittura dell'equazione per un'altra maglia e tagliarne il relativo lato. Procedere in tal modo finché il grafo ottenuto non è un albero (semplificando, è possibile affermare che un grafo costituisce un albero quando in esso non sono più individuabili delle maglie).

Per il presente esercizio, lo schema logico è mostrato in Fig. 3-1.2. Si noti come il numero di tagli effettuati sia sempre pari ad m.

■

Esercizio 3-2

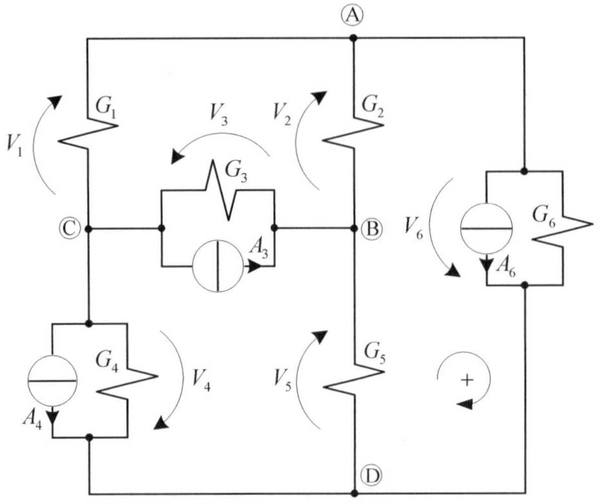

Fig. 3-2.1.

$A_3 = 10$ A $\quad G_3 = 0{,}1$ S

$A_4 = 5$ A $\quad G_4 = 0{,}8$ S

$A_6 = 15$ A $\quad G_5 = 1{,}4$ S

$G_1 = 1$ S $\quad G_6 = 3$ S

$G_2 = 8$ S

Assegnata la rete in figura, in regime stazionario, determinare tutte le tensioni di lato impiegando il metodo di Kirchhoff in formulazione parallelo.

L'applicazione del metodo di Kirchhoff in formulazione parallelo alla rete proposta viene effettuata, così come nel precedente esercizio, in modo schematico, così da illustrare la procedura valida per qualsiasi tipo di rete in cui tutti i lati possono essere posti in formulazione parallelo.

Anche per questo caso il metodo verrà impiegato in regime stazionario, senza la presenza di induttanze e/o capacità. Affrontando, nel seguito, studi in regime alternato sinusoidale, verrà mostrato come applicare il metodo anche per tali tipi di analisi.

Il metodo di Kirchhoff in formulazione parallelo è, di fatto, il duale del metodo di Kirchhoff in formulazione serie, impiegato nel precedente esercizio 3-1. La sua applicazione richiede che tutti i lati della rete analizzata possano essere formulati con un bipolo equivalente di tipo parallelo. Un bipolo di tale tipo è costituto da un generatore reale di corrente (generatore ideale di corrente e conduttanza), un generatore ideale di corrente (solo generatore ideale di corrente) oppure una conduttanza. Sono, dunque, escluse le reti in cui almeno un lato non ammette tale formulazione (di fatto, il metodo non risulta applicabile se è presente almeno un lato che comprende un generatore ideale di tensione).

Si osservi, innanzitutto, come la rete proposta sia caratterizzata nel modo seguente:

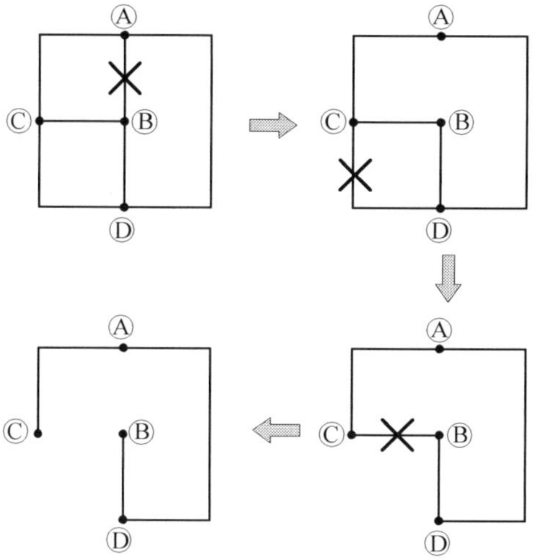

Fig. 3-2.2.

$$\begin{cases} \ell = 6 & \text{(numero di lati)} \\ n = 4 & \text{(numero di nodi)} \\ p = n - 1 = 3 & \text{(numero di nodi indipendenti)} \\ m = \ell - p = 3 & \text{(numero di maglie indipendenti)} \end{cases}$$

Le tensioni incognite risultano dunque in numero di ℓ=6, una per ciascun lato. Il sistema lineare risolvente dovrà dunque essere costituito da 6 equazioni in tali incognite. Il metodo qui analizzato prevede che il sistema sia costruito dalle seguenti relazioni:

$$\begin{cases} \sum V = 0 & (m \text{ leggi delle tensioni}) \\ \sum A = \sum G \cdot V & (p \text{ relazioni di Ohm}) \end{cases}$$

da cui risultano $p+m=\ell=6$ equazioni lineari nelle 6 incognite sopra menzionate.

Il metodo è applicabile seguendo una procedura mnemonica che può essere sintetizzata, per punti, nel modo seguente:

1. Porre tutti i lati in formulazione parallelo;
2. Fissare arbitrariamente il verso delle tensioni di lato;
3. Fissare un verso di positività – ad esempio orario – per la scrittura delle leggi delle tensioni;
4. Considerando tale verso di positività, scrivere le m leggi delle tensioni, una per ciascuna maglia indipendente. La procedura per la scelta delle maglie per le quali scrivere tali relazioni è la medesima illustrata per il precedente esercizio 3-1 (cfr. Fig. 3-2.2):

$$\begin{cases} V_1 - V_2 + V_3 = 0 & \text{(maglia ABCA)} \\ -V_3 - V_4 - V_5 = 0 & \text{(maglia BDCB)} \\ V_1 + V_3 + V_5 + V_6 = 0 & \text{(maglia ADBCA)} \end{cases} ;$$

5. Scrivere le p equazioni ai nodi indipendenti, considerando le A positive se orientate verso il nodo ed i termini $G \cdot V$ positivi se la relativa V (il cui verso è stato arbitrariamente fissato in precedenza) è orientata verso il nodo:

$$\begin{cases} -A_6 = G_1 \cdot V_1 + G_2 \cdot V_2 - G_6 \cdot V_6 & \text{(nodo A)} \\ A_3 = -G_2 \cdot V_2 - G_3 \cdot V_3 + G_5 \cdot V_5 & \text{(nodo B)}\ ; \\ -A_3 - A_4 = -G_1 \cdot V_1 + G_3 \cdot V_3 - G_4 \cdot V_4 & \text{(nodo C)} \end{cases}$$

Risolvendo il sistema lineare composto dalle 6 equazioni così ottenute – ad esempio, mediante il metodo di Kramer (cfr. appendice B) – si ottengono le 6 tensioni di lato incognite. Nel presente esercizio si ha:

$$\begin{cases} V_1 = 9{,}0237\ \text{V} \\ V_2 = 0{,}7124\ \text{V} \\ V_3 = -8{,}3113\ \text{V} \\ V_4 = 18{,}9314\ \text{V} \\ V_5 = -10{,}6201\ \text{V} \\ V_6 = 9{,}9077\ \text{V} \end{cases}$$

■

Esercizio 3-3

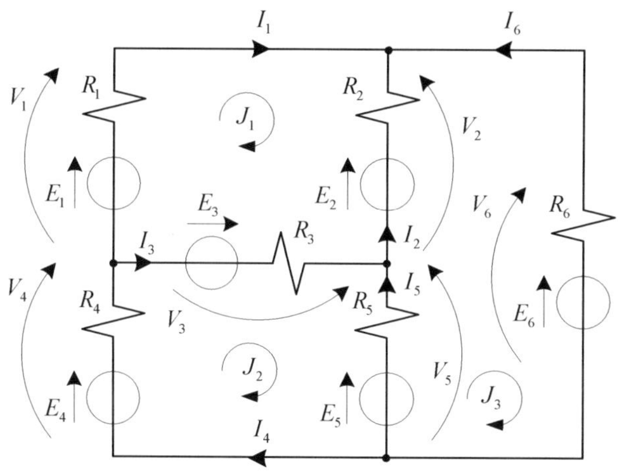

Fig. 3-3.1

$E_1 = 80$ V	$R_1 = 120\ \Omega$
$E_2 = 10$ V	$R_2 = 16\ \Omega$
$E_3 = 14$ V	$R_3 = 34\ \Omega$
$E_4 = 23$ V	$R_4 = 86\ \Omega$
$E_5 = 64$ V	$R_5 = 92\ \Omega$
$E_6 = 5$ V	$R_6 = 13\ \Omega$

Assegnata la rete in figura, in regime stazionario, determinare tutte le tensioni e le correnti di lato impiegando il metodo dell'analisi agli anelli.

L'applicazione dell'analisi agli anelli alla rete proposta viene effettuata in modo schematico, così da illustrare la procedura valida per qualsiasi tipo di rete in cui tutti i lati possono essere posti in formulazione serie.

Il metodo verrà impiegato in regime stazionario, senza la presenza di induttanze e/o capacità. Affrontando, nel seguito, studi in regime alternato sinusoidale, verrà mostrato come applicare il metodo anche per tali tipi di analisi.

Il metodo dell'analisi agli anelli prevede che, così come già osservato per il metodo di Kirchhoff in formulazione serie (esercizio 3-1), tutti i lati della rete analizzata possano essere formulati con un bipolo equivalente di tipo serie (costituito da un generatore reale di tensione, un generatore ideale di tensione oppure una resistenza). Sono, dunque, escluse le reti in cui almeno un lato non ammette tale formulazione.

Si osservi, innanzitutto, come la rete sia caratterizzata nel modo seguente:

$$\begin{cases} \ell = 6 & \text{(numero di lati)} \\ n = 4 & \text{(numero di nodi)} \\ p = n - 1 = 3 & \text{(numero di nodi indipendenti)} \\ m = \ell - p = 3 & \text{(numero di maglie indipendenti)} \end{cases}$$

Il metodo verrà illustrato attraverso una procedura mnemonica. Essa può essere esposta per punti, così come di seguito richiamato.

1. Porre tutti i lati in formulazione serie;
2. Fissare arbitrariamente i versi delle correnti di lato $I_1,\ldots,I_6$;
3. Fissare arbitrariamente i versi delle tensioni di lato $V_1,\ldots,V_6$;
4. Fissare arbitrariamente i versi delle correnti d'anello J_1, J_2, J_3;
5. Esprimere le correnti di lato in funzione delle correnti d'anello:

$$\begin{bmatrix} I_1 \\ I_2 \\ I_3 \\ I_4 \\ I_5 \\ I_6 \end{bmatrix} = \begin{bmatrix} 1 & 0 & 0 \\ -1 & 0 & 1 \\ -1 & 1 & 0 \\ 0 & 1 & 0 \\ 0 & -1 & 1 \\ 0 & 0 & -1 \end{bmatrix} \cdot \begin{bmatrix} J_1 \\ J_2 \\ J_3 \end{bmatrix} \quad \leftrightarrow \quad \underset{(\ell\times 1)}{[I]} = \underset{(\ell\times m)}{[A]} \cdot \underset{(m\times 1)}{[J]} \ ;$$

6. Ricavare, per ispezione, la matrice delle resistenze (le modalità secondo cui tale operazione viene eseguita saranno richiamate nel seguito):

$$[R] = \underbrace{\begin{bmatrix} R_1 + R_2 + R_3 & -R_3 & -R_2 \\ -R_3 & R_3 + R_4 + R_5 & -R_5 \\ -R_2 & -R_5 & R_2 + R_5 + R_6 \end{bmatrix}}_{(m\times m)} = \begin{bmatrix} 170 & -34 & -16 \\ -34 & 212 & -92 \\ -16 & -92 & 121 \end{bmatrix} \Omega \ ;$$

7. Calcolare le *f.e.m. d'anello*, considerando le f.e.m. dei singoli generatori come positive se orientate in maniera concorde con la rispettiva corrente d'anello:

$$[\varepsilon] = \begin{bmatrix} E_1 - E_2 - E_3 \\ E_3 + E_4 - E_5 \\ E_2 + E_5 - E_6 \end{bmatrix} = \begin{bmatrix} 56 \\ -27 \\ 69 \end{bmatrix} \text{V} \ ;$$

8. Ricavare le correnti di lato come:

$$\underset{(\ell\times 1)}{[I]} = \underset{(\ell\times m)}{[A]} \cdot \underset{(m\times m)}{[R]^{-1}} \cdot \underset{(m\times 1)}{[\varepsilon]} = \begin{bmatrix} 0{,}4801 \\ 0{,}4086 \\ -0{,}1448 \\ 0{,}3353 \\ 0{,}5534 \\ -0{,}8887 \end{bmatrix} \text{A} \ ;$$

9. Ricavare le tensioni di lato mediante l'applicazione delle relative relazioni di Ohm:

$$\begin{cases} V_1 = E_1 - R_1 I_1 = 22,3871 \text{ V} \\ V_2 = E_2 - R_2 I_2 = 3,4631 \text{ V} \\ V_3 = E_3 - R_3 I_3 = 18,9240 \text{ V} \\ V_4 = E_4 - R_4 I_4 = -5,8345 \text{ V} \\ V_5 = E_5 - R_5 I_5 = 13,0894 \text{ V} \\ V_6 = E_6 - R_6 I_6 = 16,5526 \text{ V} \end{cases}.$$

Come precedentemente richiamato, la matrice delle resistenze è ricavabile per ispezione, ossia per analisi diretta degli elementi che compongono la rete. In particolare, vengono seguite le seguenti regole:

- gli elementi R_{ij}, con $i \neq j$ (ossia gli elementi fuori dalla diagonale principale) sono pari alla somma aritmetica, cambiata di segno, dei valori di resistenza dei lati posti fra l'anello i e l'anello j;
- se fra l'anello i e l'anello j (con $i \neq j$) non è presente alcun lato in comune, allora risulta R_{ij}=0;
- gli elementi R_{ii} (ossia gli elementi sulla diagonale principale) sono pari alla somma aritmetica dei valori di resistenza relativi all'anello i;
- la matrice delle resistenze è, per quanto riguarda i casi qui studiati, simmetrica, ossia risulta $R_{ij} = R_{ji}$ per ogni coppia di indici i, j.

■

Esercizio 3-4

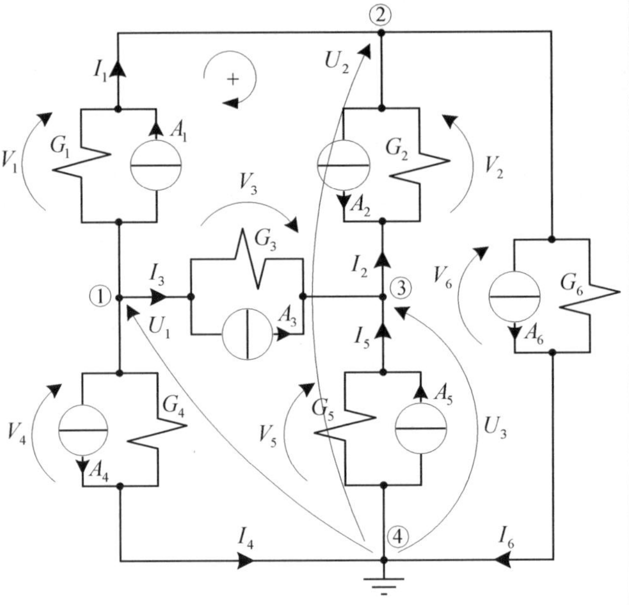

Fig. 3-4.1.

$A_1 = 10$ A	$G_1 = 0,1$ S
$A_2 = 12$ A	$G_2 = 0,85$ S
$A_3 = 5$ A	$G_3 = 1$ S
$A_4 = 1$ A	$G_4 = 1,4$ S
$A_5 = 1$ A	$G_5 = 0,1$ S
$A_6 = 3$ A	$G_6 = 0,6$ S

Assegnata la rete in figura, in regime stazionario, determinare tutte le tensioni e le correnti di lato impiegando il metodo dei potenziali indipendenti.

Il metodo dei potenziali indipendenti (detto anche "di analisi ai nodi") è, di fatto, il metodo duale dell'analisi agli anelli esposta nel precedente esercizio 3-3. La sua applicazione alla rete proposta viene effettuata in modo schematico, così da illustrare la procedura valida per qualsiasi tipo di rete in cui tutti i lati possono essere posti in formulazione parallelo.

Il metodo verrà impiegato in regime stazionario, senza la presenza di induttanze e/o capacità. Affrontando, nel seguito, studi in regime alternato sinusoidale, verrà mostrato come applicare il metodo anche per tali tipi di analisi.

Il metodo dei potenziali indipendenti prevede che, così come già osservato per il metodo di Kirchhoff in formulazione parallelo (esercizio 3-2), tutti i lati della rete analizzata possano essere formulati con un bipolo equivalente di tipo parallelo (generatore reale di corrente, generatore ideale di corrente oppure conduttanza). Sono, dunque, escluse le reti in cui almeno un lato non ammette tale formulazione. Si osservi, innanzitutto, come la rete sia caratterizzata nel modo seguente:

$$\begin{cases} \ell = 6 \quad \text{(numero di lati)} \\ n = 4 \quad \text{(numero di nodi)} \\ p = n - 1 = 3 \quad \text{(numero di nodi indipendenti)} \\ m = \ell - p = 3 \quad \text{(numero di maglie indipendenti)} \end{cases}$$

Il metodo verrà illustrato attraverso una procedura mnemonica. Essa può essere esposta per punti, così come di seguito richiamato.

1. Porre tutti i lati in formulazione parallelo;
2. Fissare arbitrariamente i versi delle correnti di lato $I_1,\ldots,I_6$;
3. Fissare arbitrariamente i versi delle tensioni di lato $V_1,\ldots,V_6$;
4. Scegliere arbitrariamente un nodo di riferimento. A tale nodo, che nel presente caso è il nodo 4, viene generalmente associato il simbolo di "terra", in modo da evidenziare che si tratta del nodo a potenziale (nullo) di riferimento;
5. Fissare, rispetto al nodo scelto come riferimento, i potenziali indipendenti U_1, U_2, U_3;
6. Esprimere le tensioni di lato in funzione dei potenziali indipendenti:

$$\begin{bmatrix} V_1 \\ V_2 \\ V_3 \\ V_4 \\ V_5 \\ V_6 \end{bmatrix} = \begin{bmatrix} -1 & 1 & 0 \\ 0 & 1 & -1 \\ -1 & 0 & 1 \\ 1 & 0 & 0 \\ 0 & 0 & 1 \\ 0 & 1 & 0 \end{bmatrix} \cdot \begin{bmatrix} U_1 \\ U_2 \\ U_3 \end{bmatrix} \quad \leftrightarrow \quad \underset{(\ell\times1)}{[V]} = \underset{(\ell\times p)}{[B]} \cdot \underset{(p\times1)}{[U]} \, ;$$

7. Ricavare, per ispezione, la matrice delle conduttanze (le modalità secondo cui tale operazione viene eseguita saranno richiamate nel seguito):

$$[G] = \underbrace{\begin{bmatrix} G_1 + G_3 + G_4 & -G_1 & -G_3 \\ -G_1 & G_1 + G_2 + G_6 & -G_2 \\ -G_3 & -G_2 & G_2 + G_3 + G_5 \end{bmatrix}}_{(p\times p)} = \begin{bmatrix} 2{,}5 & -0{,}1 & -1 \\ -0{,}1 & 1{,}55 & -0{,}85 \\ -1 & -0{,}85 & 1{,}95 \end{bmatrix} \text{S} \, ;$$

8. Calcolare le *correnti interne*, considerando le correnti dei singoli generatori come positive se orientate con verso entrante nel nodo considerato:

$$[\alpha] = \begin{bmatrix} -A_1 - A_3 - A_4 \\ A_1 - A_2 - A_6 \\ A_2 + A_3 + A_5 \end{bmatrix} = \begin{bmatrix} -16 \\ -5 \\ 18 \end{bmatrix} \text{A} \, ;$$

9. Ricavare le tensioni di lato come:

$$\underset{(\ell\times 1)}{[V]} = \underset{(\ell\times p)}{[B]}\cdot \underset{(p\times p)}{[G]^{-1}}\cdot \underset{(p\times 1)}{[\alpha]} = \begin{bmatrix} 4,1267 \\ -7,0640 \\ 11,1906 \\ -3,1405 \\ 8,0501 \\ 0,9862 \end{bmatrix} \text{ V};$$

10. Ricavare le correnti di lato mediante l'applicazione delle relative relazioni di Ohm:

$$\begin{cases} I_1 = A_1 - G_1V_1 = 9,5873 \text{ A} \\ I_2 = -A_2 - G_2V_2 = -5,9956 \text{ A} \\ I_3 = A_3 - G_3V_3 = -6,1906 \text{ A} \\ I_4 = A_4 + G_4V_4 = -3,3967 \text{ A} \\ I_5 = A_5 - G_5V_5 = 0,1950 \text{ A} \\ I_6 = A_6 + G_6V_6 = 3,5917 \text{ A} \end{cases}.$$

Come precedentemente richiamato, la matrice delle conduttanze è ricavabile per ispezione, ossia per analisi diretta degli elementi che compongono la rete. In particolare, vengono seguite le seguenti regole:

- gli elementi G_{ij}, con $i \neq j$ (ossia gli elementi fuori dalla diagonale principale) sono pari alla somma aritmetica, cambiata di segno, dei valori di conduttanza dei lati posti fra il nodo i ed il nodo j;
- se fra il nodo i ed il nodo j (con $i \neq j$) non è presente alcun lato, allora risulta G_{ij}=0;
- gli elementi G_{ii} (ossia gli elementi sulla diagonale principale) sono pari alla somma aritmetica dei valori di conduttanza relativi ai lati direttamente connessi al nodo i;
- la matrice delle conduttanze è, per quanto riguarda i casi qui studiati, simmetrica, ossia risulta $G_{ij} = G_{ji}$ per ogni coppia di indici i, j.

■

Reti complesse in regime stazionario (Parte II)

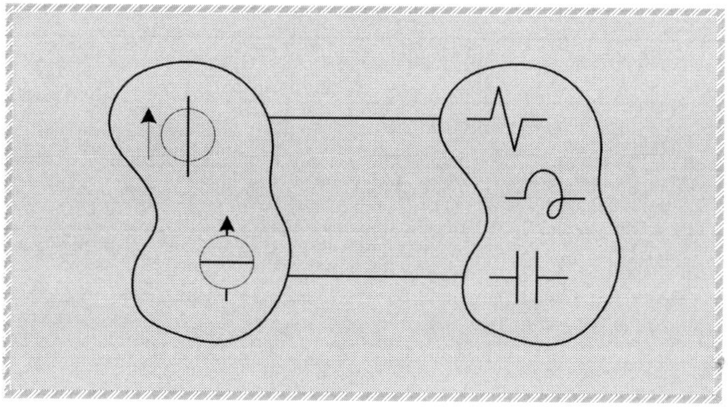

Esercizio 4-1

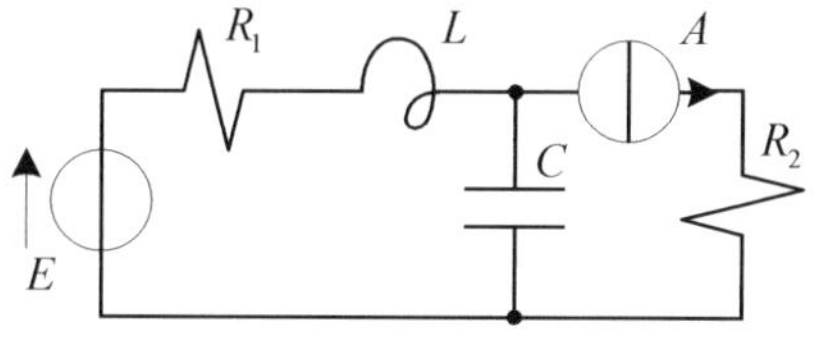

Fig. 4-1.1.

$E = 18$ V $R_2 = 10$ Ω
$A = 12$ A $L = 1$ mH
$R_1 = 8$ Ω $C = 1$ μF

Assegnata la rete in figura, determinare l'energia magnetoelettrica accumulata in condizioni di regime stazionario. Verificare inoltre, in tali condizioni, il bilancio energetico relativo all'intero circuito.

La rete proposta si modifica, in condizioni di regime, in base alle regole richiamate in Fig. 2-1.2. Analizzando la rete equivalente così ottenuta, si ricavano i valori delle grandezze di stato a regime e, conseguentemente, quelli delle energie accumulate.

Il bilancio energetico a regime viene verificato seguendo le modalità esposte nel corso dell'esercitazione 2.

In base alle regole richiamate per gli esercizi 2-1 e seguenti, la rete proposta, in regime stazionario, si modifica nel circuito equivalente di cui alla Fig. 4-1.2. Poiché il testo dell'esercizio proposto non contiene indicazioni contrarie, l'induttore ed il condensatore presenti sono da considerarsi lineari e tempo-invarianti; ne segue che le variabili di stato[1] sono, rispettivamente, la corrente I_L nell'induttanza L e la tensione V_C ai capi della capacità C. In condizioni di regime stazionario esse valgono:

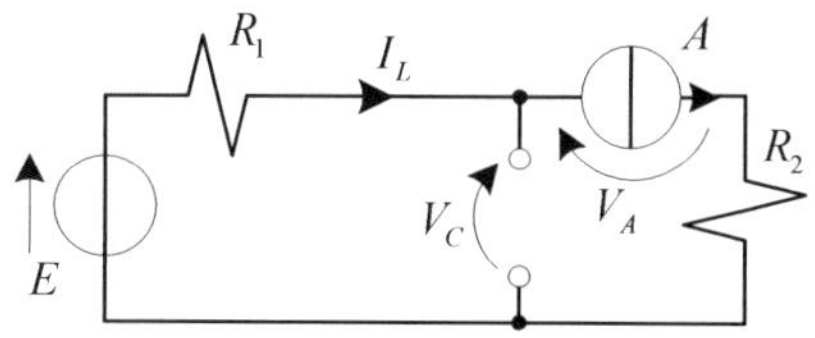

Fig. 4-1.2.

$$I_L \equiv A = 12 \text{ A}$$
$$V_C = E - R_1 \cdot A = -78 \text{ V}$$

Seguono immediatamente le energie accumulate:

$$W_\mu = \frac{1}{2} L \cdot I_L^2 = 0{,}072 \text{ J}$$
$$W_\varepsilon = \frac{1}{2} C \cdot V_C^2 = 0{,}003 \text{ J}$$

e l'energia magnetoelettrica complessiva:

---

[1] Per maggiori dettagli riguardanti le variabili di stato, si veda l'esercizio 11-1.

$$W_{tot} = W_{\mu} + W_{\varepsilon} = 0,075 \ \text{J}$$

Le resistenze R_1 ed R_2 si trovano in serie all'induttanza L; ne segue che la potenza dissipata complessivamente per effetto Joule vale:

$$P_{Joule} = P_{R1} + P_{R2} = R_1 I_L^2 + R_2 I_L^2 = (1152 + 1440) \ \text{W} = 2592 \ \text{W}$$

La stessa corrente interessa anche il generatore di tensione E; la potenza generata da tale bipolo vale quindi:

$$P_E = E \cdot I_L = 216 \ \text{W}$$

Per il calcolo della potenza generata dal generatore ideale di corrente A è necessario conoscere la tensione V_A ai suoi capi; questa può essere calcolata, nota la variabile di stato V_C, attraverso l'applicazione della legge delle tensioni alla "maglia" contenente tale variabile di stato e la resistenza R_2:

$$V_A = V_C - V_{R2} = V_C - R_2 I_L = -198 \ \text{V}$$

La potenza generata da A vale pertanto:

$$P_A = V_A \cdot A = -2376 \ \text{W} \quad ,$$

da cui la potenza complessivamente generata:

$$P_{gen} = P_E - P_A = 2592 \ \text{W}$$

risultato con il quale il bilancio energetico di regime risulta verificato.

Può essere utile, a proposito del calcolo delle potenze generate dai generatori ideali di tensione e corrente, richiamare le regole di cui alla Fig. 4-1.3.

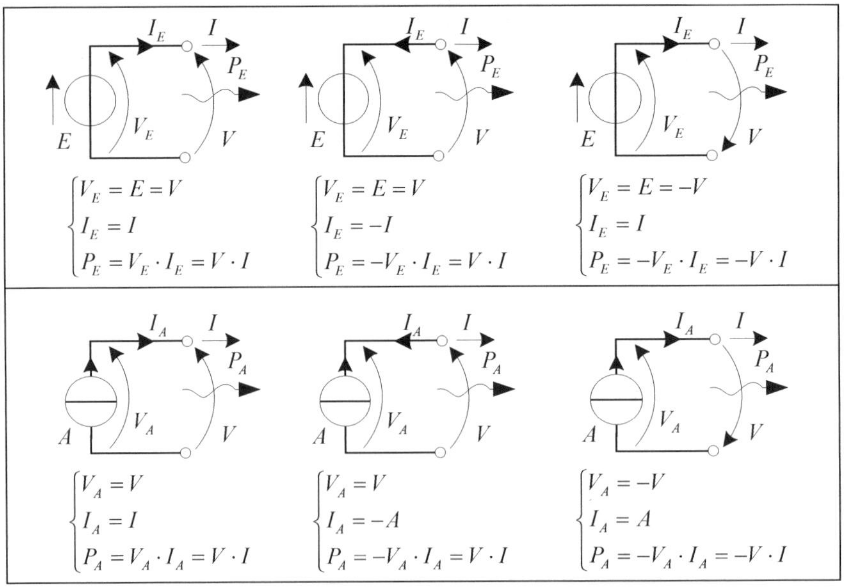

Fig. 4-1.3.

Esercizio 4-2

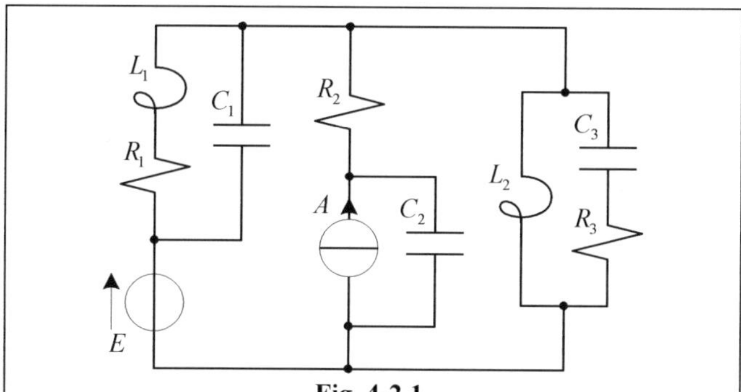

Fig. 4-2.1.

$E = 18$ V	$L_1 = 2$ mH
$A = 12$ A	$L_2 = 4$ mH
$R_1 = 2\ \Omega$	$C_1 = 6\ \mu$F
$R_2 = 4\ \Omega$	$C_2 = 8$ mF
$R_3 = 6\ \Omega$	$C_3 = 10\ \mu$F

Assegnata la rete in figura, determinare l'energia magnetoelettrica accumulata in condizioni di regime.

Come per l'esercizio precedente, il calcolo dell'energia magnetoelettrica richiede il calcolo preventivo delle variabili di stato in condizioni di regime.

In condizioni di regime stazionario la rete proposta si modifica nel circuito equivalente di Fig. 4-2.2. I valori di regime delle variabili di stato per il circuito semplificato sono:

$$I_{L1} = \frac{E}{R_1} = 9 \text{ A} \qquad , \qquad V_{C1} = -E = -18 \text{ V}$$

$$I_{L2} = I_{L1} + A = 21 \text{ A} \qquad\qquad V_{C2} = V_{R2} = R_2 \cdot A = 48 \text{ V}$$

$$V_{C3} = 0 \text{ V}$$

Seguono immediatamente le energie accumulate a regime dai singoli bipoli dinamici:

$$W_{L1} = \frac{1}{2} L_1 \cdot I_{L1}^2 = 0{,}081 \text{ J}$$

$$W_{L2} = \frac{1}{2} L_2 \cdot I_{L2}^2 = 0{,}882 \text{ J}$$

$$W_{C1} = \frac{1}{2} C_1 \cdot V_{C1}^2 = 0{,}972 \text{ mJ}$$

$$W_{C2} = \frac{1}{2} C_2 \cdot V_{C2}^2 = 9{,}216 \text{ J}$$

$$W_{C3} = \frac{1}{2} C_3 \cdot V_{C3}^2 = 0 \text{ J}$$

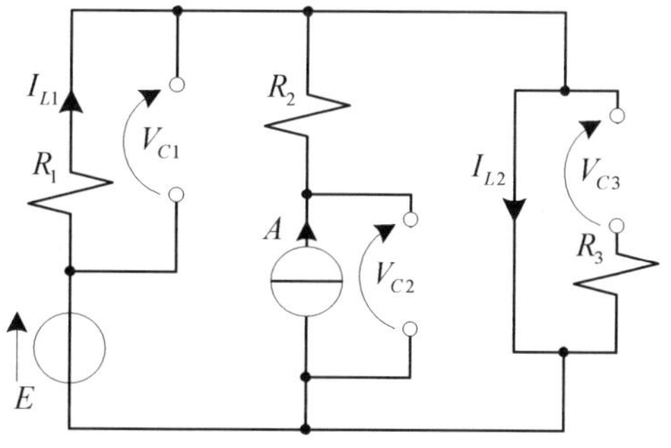

Fig. 4-2.2.

e l'energia magnetoelettrica complessiva:

$$W_{tot} = W_{L1} + W_{L2} + W_{C1} + W_{C2} + W_{C3} = 10{,}18 \text{ J}$$

■

Esercizio 4-3

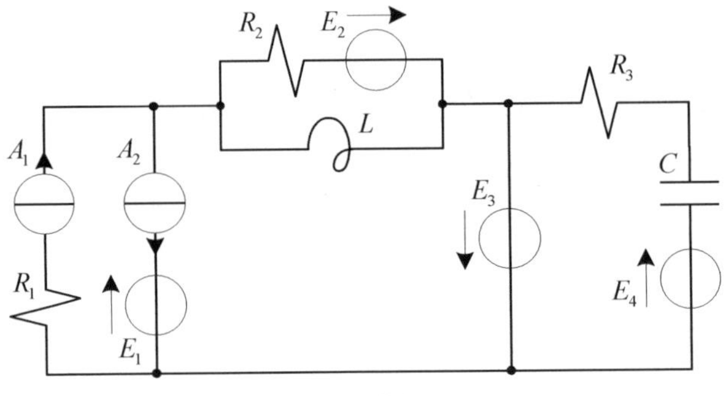

Fig. 4-3.1.

$E_1 = 18$ V	$R_1 = 3$ Ω
$E_2 = 22$ V	$R_2 = 9$ Ω
$E_3 = 12$ V	$R_3 = 7$ Ω
$E_4 = 20$ V	$L = 5$ mH
$A_1 = 12$ A	$C = 3$ μF
$A_2 = 7$ A	

Assegnata la rete in figura, determinare le energie accumulate, in condizioni di regime, nei bipoli dinamici presenti. Verificare inoltre il bilancio energetico complessivo a regime.

La soluzione ai quesiti proposti procede come per i due precedenti esercizi. Innanzitutto si valuta come la rete assegnata si modifica in regime stazionario. Si calcolano poi, in tale condizione, i valori delle variabili di stato e delle grandezze di interesse per il calcolo delle potenze generate e di quelle dissipate per effetto Joule. Si procede, in seguito, al calcolo delle energie richieste e, da ultimo, si verifica il bilancio energetico di regime.

Il circuito proposto si modifica, in condizioni di regime stazionario, nella rete equivalente di Fig. 4-3.2, in base alla quale risulta:

$$I_{E2} = \frac{E_2}{R_2} = 2,4444 \text{ A}$$
$$I_{E3} = A_1 - A_2 = 5 \text{ A}$$
$$I_{E4} = 0 \text{ A}$$
$$V_{A2} = E_1 + E_3 = 30 \text{ V}$$
$$V_{A1} = R_1 \cdot A_1 - E_3 = 24 \text{ V}$$

cui seguono le potenze generate:

$$P_{E1} = E_1 \cdot (-A_2) = -126 \text{ W}$$
$$P_{E2} = E_2 \cdot I_{E2} = 53,7778 \text{ W}$$
$$P_{E3} = E_3 \cdot I_{E3} = 60 \text{ W}$$
$$P_{E4} = E_4 \cdot I_{E4} = 0 \text{ W}$$
$$P_{A1} = V_{A1} \cdot A_1 = 288 \text{ W}$$
$$P_{A2} = V_{A2} \cdot A_2 = 210 \text{ W}$$

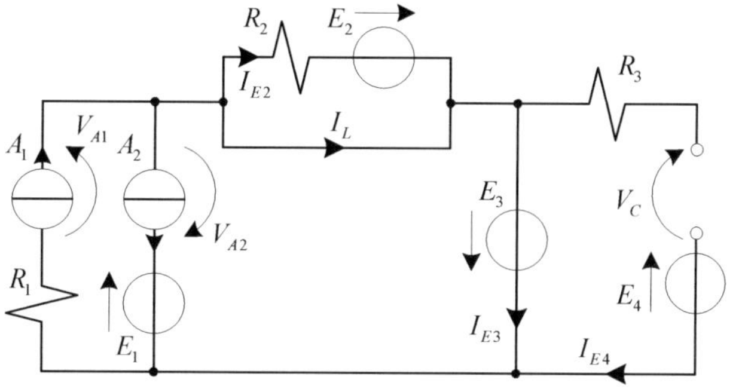

Fig. 4-3.2.

e le potenze dissipate per effetto Joule:

$$P_{R1} = R_1 A_1^2 = 432 \ \text{W}$$

$$P_{R2} = \frac{E_2^2}{R_2} = 53,7778 \ \text{W}$$

$$P_{R3} = R_3 I_{E4}^2 = 0 \ \text{W}$$

Poiché risulta:

$$P_{gen} = P_{A1} + P_{A2} + P_{E1} + P_{E2} + P_{E3} + P_{E4} = 485,778 \ \text{W}$$

$$P_{Joule} = \sum_{k=1}^{3} P_{Rk} = 485,778 \ \text{W}$$

il bilancio energetico di regime risulta correttamente verificato.

Le variabili di stato (corrente I_L attraverso l'induttanza e tensione V_C ai capi della capacità) assumono, a regime, i seguenti valori:

$$I_L = A_1 - A_2 - I_{E2} = 2,5556 \ \text{A}$$

$$V_C = -E_3 - E_4 = -32 \ \text{V}$$

in base ai quali è possibile calcolare le energie accumulate come:

$$W_\mu = \frac{1}{2} L \cdot I_L^2 = 0,0163 \ \text{J}$$

$$W_\varepsilon = \frac{1}{2} C \cdot V_C^2 = 0,0015 \ \text{J}$$

■

Esercizio 4-4

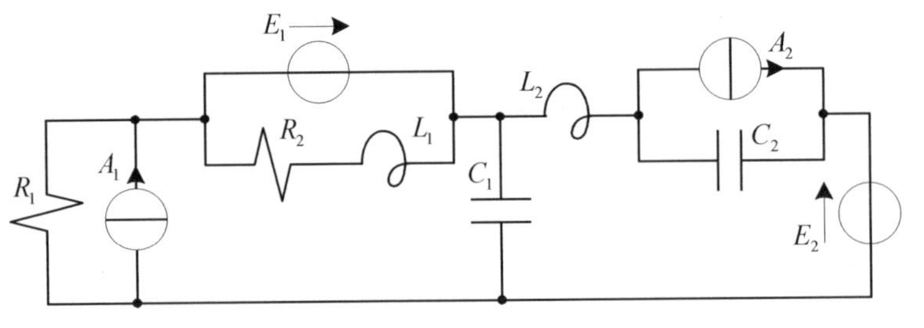

Fig. 4-4.1.

$E_1 = 18$ V
$E_2 = 20$ V
$A_1 = 8$ A
$A_2 = 10$ A
$R_1 = 2$ Ω
$R_2 = 4$ Ω
$L_1 = 1$ mH
$L_2 = 2$ mH
$C_1 = 5$ μF
$C_2 = 10$ μF

Assegnata la rete in figura, determinare le energie accumulate, in condizioni di regime, nei bipoli dinamici presenti. Verificare inoltre, in tali condizioni di funzionamento, il bilancio energetico complessivo

---

La soluzione dell'esercizio proposto procede come per il precedente esercizio 4-3.

In regime stazionario il circuito proposto si modifica come illustrato in Fig. 4-4.2; per tale circuito, risulta:

$$I_{R1} = A_1 - A_2 = -2 \text{ A}$$
$$I_{L1} = \frac{E_1}{R_2} = 4{,}5 \text{ A}$$
$$I_{L2} = A_2 = 10 \text{ A}$$
$$V_{C1} = E_1 + R_1 I_{R1} = 14 \text{ V}$$
$$V_{C2} = V_{C1} - E_2 = -6 \text{ V}$$
$$I_{E1} = I_{L1} + I_{L2} = 14{,}5 \text{ A}$$
$$V_{A1} = V_{R1} = R_1 I_{R1} = -4 \text{ V}$$
$$V_{A2} = -V_{C2} = 6 \text{ V}$$

Dai risultati precedenti risulta che le variabili necessarie per il calcolo delle potenze generate e dissipate per effetto Joule e le variabili di stato sono note.

Le potenze dissipate per effetto Joule valgono:

$$P_{R1} = R_1 I_{R1}^2 = 8 \text{ W}$$
$$P_{R2} = R_2 I_{L1}^2 = 81 \text{ W}$$

cui segue la potenza complessivamente dissipata:

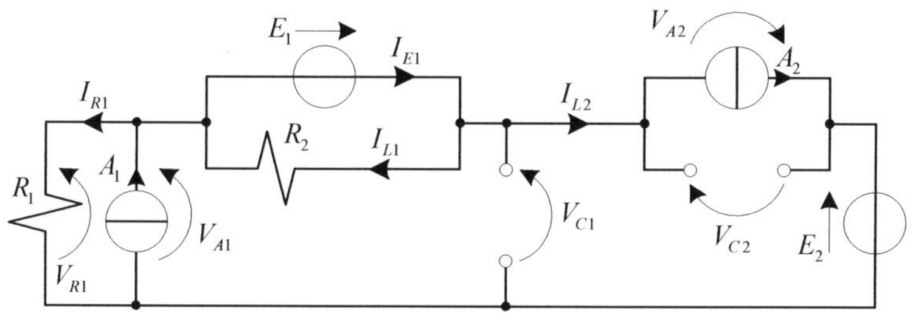

Fig. 4-4.2

$$P_{Joule} = P_{R1} + P_{R2} = 89 \ \text{W}$$

Le potenze generate assumono i valori:

$$P_{A1} = V_{A1} \cdot A_1 = -32 \ \text{W}$$
$$P_{A2} = V_{A2} \cdot A_2 = 60 \ \text{W}$$
$$P_{E1} = E_1 \cdot I_{E1} = 261 \ \text{W}$$
$$P_{E2} = -E_2 \cdot I_{L2} = -200 \ \text{W}$$

cui segue la potenza complessiva:

$$P_{gen} = P_{A1} + P_{A2} + P_{E1} + P_{E2} = 89 \ \text{W} \quad ,$$

da cui si conclude che il bilancio energetico in condizioni di regime è correttamente verificato.

Si calcolano, infine, le energie accumulate in condizioni di regime come:

$$W_{L1} = \frac{1}{2} L_1 \cdot I_{L1}^2 = 0{,}0101 \ \text{J}$$
$$W_{L2} = \frac{1}{2} L_2 \cdot I_{L2}^2 = 0{,}1 \ \text{J}$$
$$W_{C1} = \frac{1}{2} C_1 \cdot V_{C1}^2 = 0{,}49 \ \text{mJ}$$
$$W_{C2} = \frac{1}{2} C_2 \cdot V_{C2}^2 = 0{,}18 \ \text{mJ}$$

■

Esercizio 4-5

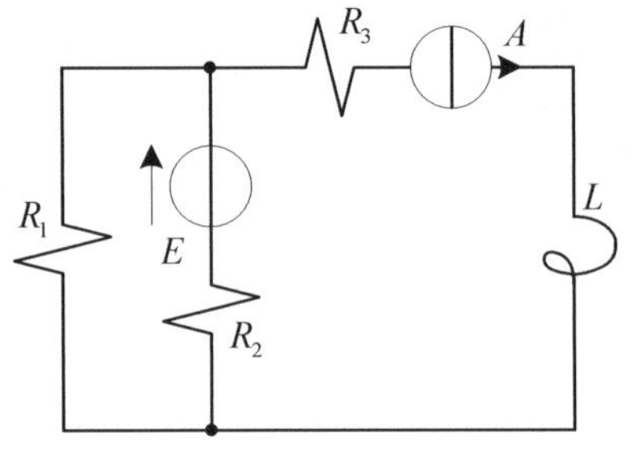

Fig. 4-5.1.

$E = 250$ V $\quad R_2 = 20\ \Omega$

$A = 40$ A $\quad R_3 = 50\ \Omega$

$R_1 = 100\ \Omega \quad L = 0{,}1257$ H

Assegnata la rete in figura, determinare l'energia magnetica accumulata a regime nell'induttore di induttanza L *e verificare, nelle medesime condizioni, il bilancio energetico.*

Dopo aver debitamente tenuto conto delle modifiche al circuito proposto in condizioni di regime stazionario, la soluzione viene ottenuta mediante l'applicazione del corollario di Millmann.

In regime stazionario il circuito proposto può essere rappresentato come riportato in Fig. 4-5.2. Il circuito equivalente – così come la rete iniziale di Fig. 4-5.1 – è di tipo binodale; il calcolo della tensione fra i nodi A e B può allora essere condotto attraverso l'applicazione del corollario di Millmann. Le regole ricorsive utili per l'applicazione di tale metodo sono sintetizzate in Fig. 4-5.3.

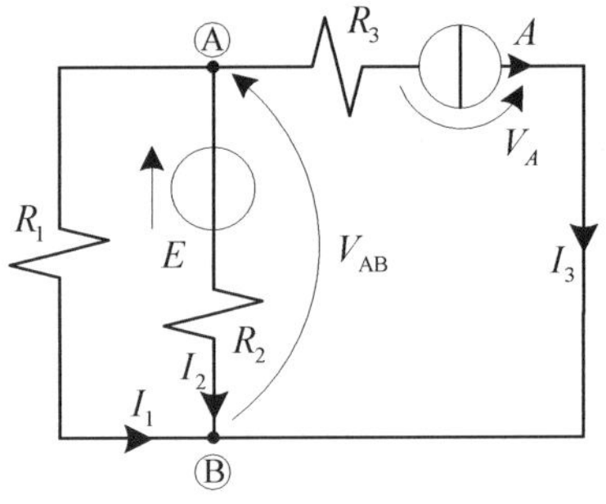

Fig. 4-5.2

Per la rete allo studio si ha:

$$V_{AB} = \frac{E/R_2 - A}{1/R_1 + 1/R_2} = -458{,}3333 \text{ V}$$

Nota tale tensione, è immediato ricavare tutte le correnti della rete (compresa la variabile di stato I_L in regime stazionario) e tutte le grandezze necessarie per il calcolo delle potenze. Si ha dunque:

$$I_1 = \frac{V_{AB}}{R_1} = -4{,}5833 \text{ A}$$

$$I_2 = \frac{V_{AB} - E}{R_2} = -35{,}4167 \text{ A}$$

$$I_3 \equiv A = 40 \text{ A} \quad \left(= -I_1 - I_2 \text{ per la legge delle correnti}\right)$$

$$V_A = -V_{AB} + R_3 I_3 = 2{,}4583 \text{ kV}$$

L'energia accumulata a regime dall'induttore vale allora:

$$W_L = \frac{1}{2} L \cdot I_3^2 = 100{,}56 \ \text{J}$$

Le potenze dissipate dai resistori e degradate in calore per effetto Joule valgono poi:

$$P_{R1} = R_1 \cdot I_1^2 = 2100{,}7 \ \text{W}$$
$$P_{R2} = R_2 \cdot I_2^2 = 25{,}1 \ \text{kW}$$
$$P_{R3} = R_3 \cdot I_3^2 = 80 \ \text{kW}$$

cui segue la potenza complessivamente dissipata:

$$P_{Joule} = \sum_{k=1}^{3} P_{Rk} = 107{,}20 \ \text{kW}$$

Le potenze generate si calcolano come:

$$P_E = -E \cdot I_2 = 8{,}8542 \ \text{kW}$$
$$P_A = V_A \cdot A = 98{,}33 \ \text{kW}$$

da cui la potenza complessivamente generata:

$$P_{gen} = P_E + P_A = 107{,}19 \ \text{kW}$$

Se ne deduce che, a meno di un trascurabile errore numerico, il bilancio energetico di regime risulta verificato.

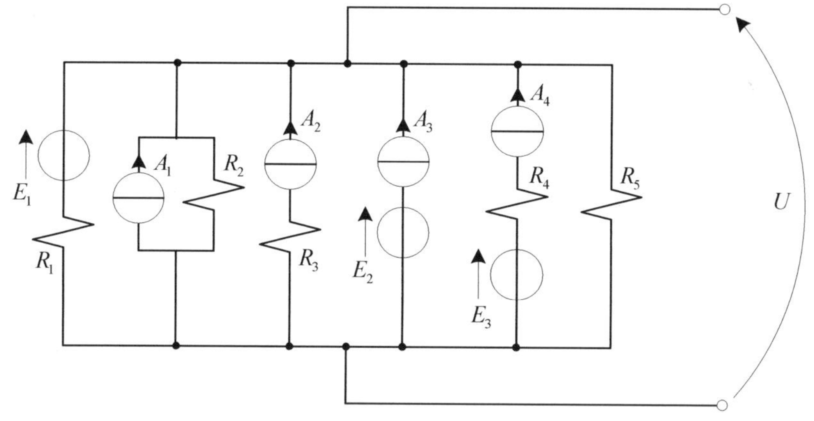

$$U = \frac{E_1/R_1 + A_1 + A_2 + A_3 + A_4}{1/R_1 + 1/R_2 + 1/R_5}$$

Fig. 4-5.3.

Esercizio 4-6

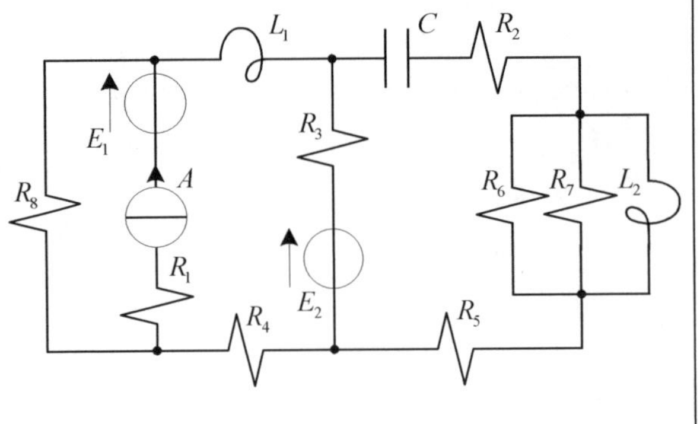

Fig. 4-6.1.

$E_1 = 100$ V	$R_5 = 0,5$ Ω
$E_2 = 50$ V	$R_6 = 10$ Ω
$A = 5$ A	$R_7 = 1$ Ω
$R_1 = 5$ Ω	$R_8 = 3$ Ω
$R_2 = 1$ Ω	$L_1 = 0,5$ mH
$R_3 = 3$ Ω	$L_2 = 0,05$ mH
$R_4 = 7$ Ω	$C = 3$ μF

Assegnata la rete in figura, calcolare le energie accumulate a regime dai bipoli dinamici presenti.

Il calcolo delle energie richieste avviene ricavando preventivamente, in condizioni di regime, i valori delle variabili di stato . Così come nel precedente esercizio 4-5, anche in questo caso l'applicazione del corollario di Millmann consente di ricavare i valori delle grandezze circuitali.

La rete proposta si modifica, in regime stazionario, così come mostrato in Fig. 4-6.2. Risulta subito evidente che, essendo:

$$I_{L2} = 0 \text{ A} \quad ,$$

si ha anche:

$$W_{L2} = \frac{1}{2} L_2 \cdot I_{L2}^2 = 0 \text{ J}$$

Quanto al calcolo delle rimanenti variabili di stato, conviene applicare il corollario di Millmann, essendo la parte di sinistra della rete equivalente di Fig. 4-6.2 di tipo binodale:

$$V_{AB} = \frac{\dfrac{E_2}{R_3 + R_4} + A}{\dfrac{1}{R_8} + \dfrac{1}{R_3 + R_4}} = 23,0769 \text{ V}$$

$$I_{L1} = \frac{V_{AB} - E_2}{R_3 + R_4} = -2,6923 \text{ A}$$

$$V_C = E_2 + R_3 I_{L1} = 41,9231 \text{ V}$$

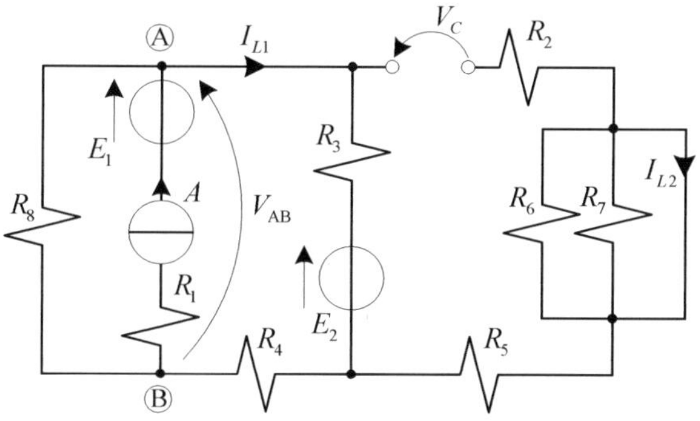

Fig. 4-6.2.

Seguono, infine, le energie accumulate nel condensatore di capacità C e nell'induttore di induttanza L_1:

$$W_C = \frac{1}{2} C \cdot V_C^2 = 2,63 \text{ mJ}$$

$$W_{L1} = \frac{1}{2} L_1 \cdot I_{L1}^2 = 1,81 \text{ mJ}$$

■

Esercizio 4-7

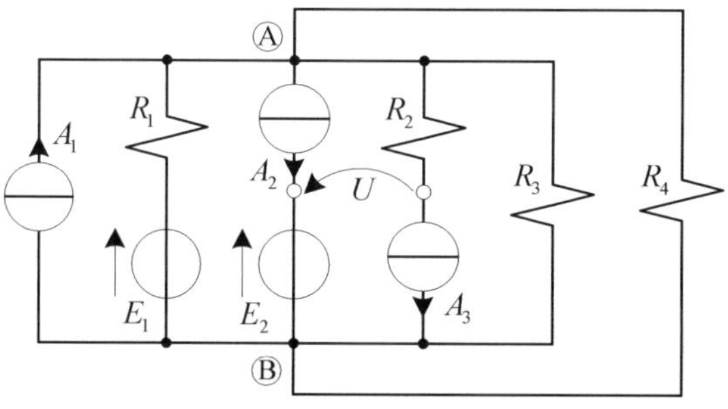

Fig. 4-7.1.

$E_1 = 20$ V	$R_1 = 6$ Ω
$E_2 = 24$ V	$R_2 = 8$ Ω
$A_1 = 12$ A	$R_3 = 10$ Ω
$A_2 = 14$ A	$R_4 = 12$ Ω
$A_3 = 16$ A	

Assegnata la rete in figura, in regime stazionario, calcolare la potenza dissipata nella resistenza R_4*, la potenza generata dal generatore ideale* A_2 *e la tensione* U.

Il calcolo delle grandezze richieste si avvale, trattandosi di una rete di tipo binodale, del corollario di Millmann, già richiamato ed impiegato nei due precedenti esercizi.

La rete proposta è di tipo binodale; la tensione fra i nodi A e B può dunque essere ricavata impiegando il corollario di Millmann, ottenendo:

$$V_{AB} = \frac{E_1/R_1 + A_1 - A_2 - A_3}{1/R_1 + 1/R_3 + 1/R_4} = -41,9048 \text{ V}$$

Nota tale tensione, la potenza dissipata dalla resistenza R_4 è immediatamente calcolabile come:

$$P_{R4} = \frac{V_{AB}^2}{R_4} = 146,3341 \text{ W}$$

La tensione V_{A2} ai capi del generatore A_2 (cfr. Fig. 4-7.2) risulta essere:

$$V_{A2} = E_2 - V_{AB} = 65,9048 \text{ V}$$

cui segue la potenza generata dal medesimo generatore:

$$P_{A2} = V_{A2} \cdot A_2 = 922,9048 \text{ V}$$

Sempre con riferimento alla Fig. 4-7.2, essendo:

$$V_{R2} = R_2 \cdot A_3 = 128 \text{ V} \quad ,$$

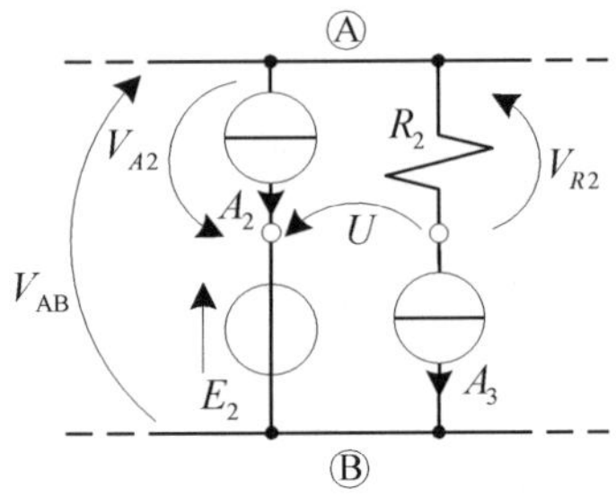

Fig. 4-7.2.

si ricava infine:

$$U = V_{A2} + V_{R2} = 193,9048 \text{ V}$$

■

Esercitazione 5

Reti complesse in regime stazionario (Parte III)

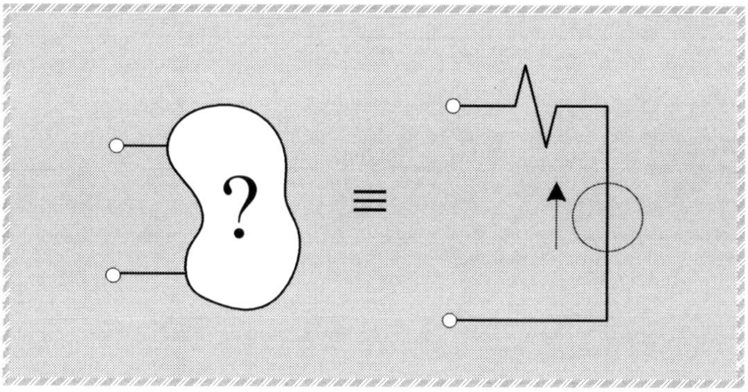

Esercizio 5-1

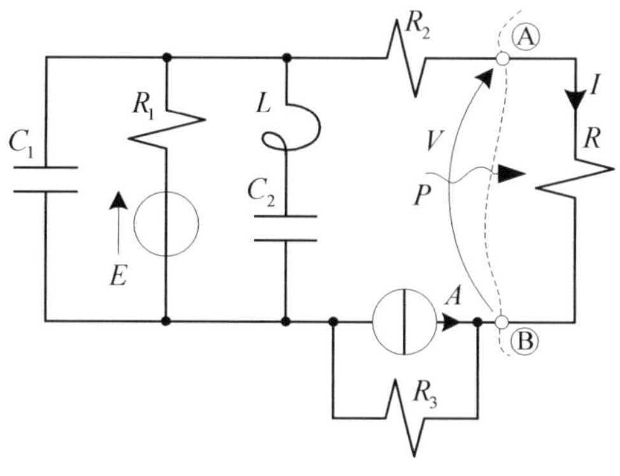

Fig. 5-1.1.

$E = 18\ \text{V}$	$R = 12\ \Omega$
$A = 12\ \text{A}$	$C_1 = 10\ \mu\text{F}$
$R_1 = 6\ \Omega$	$C_2 = 12\ \text{mF}$
$R_2 = 8\ \Omega$	$L = 1\ \text{mH}$
$R_3 = 10\ \Omega$	

Assegnata la rete in figura, in regime stazionario, calcolare la potenza P *attraverso la porta elettrica* $\{A,B\}$ *e l'energia dielettrica accumulata nei condensatori* C_1 *e* C_2.

La soluzione ai quesiti proposti viene ricavata riducendo una parte della rete "vista" dai morsetti A,B mediante il teorema di Thévenin.

La rete proposta diviene, in regime stazionario, quella rappresentata in Fig. 5-1.2. La parte di rete posta a sinistra della porta {A,B} è di tipo attivo in quanto contiene due generatori (A ed E); essa non può dunque essere ridotta ad un'unica resistenza equivalente con le tecniche introdotte nelle esercitazioni 1, 2 e 3.

Esiste tuttavia un metodo che consente di ridurre una rete attiva ad un unico generatore reale di tensione equivalente. Questo metodo è il teorema di Thévenin, il quale richiede:

1) il calcolo della resistenza equivalente della parte di rete che si vuole ridurre una volta resala passiva;
2) il successivo calcolo della tensione a vuoto (ossia con corrente assorbita nulla) ai morsetti identificati dalla superficie che "taglia" la rete nel punto desiderato.

Nel presente esercizio, i morsetti in questione coincidono con la porta elettrica {A,B}. Resa allora passiva la parte sinistra della rete (così come mostrato in Fig. 5-1.3), la resistenza equivalente di Thévenin vale:

$$R_{Th} = R_1 + R_2 + R_3 = 24\ \Omega$$

Per quanto riguarda la tensione equivalente di Thévenin, con riferimento alla Fig. 5-1.4 si ottiene:

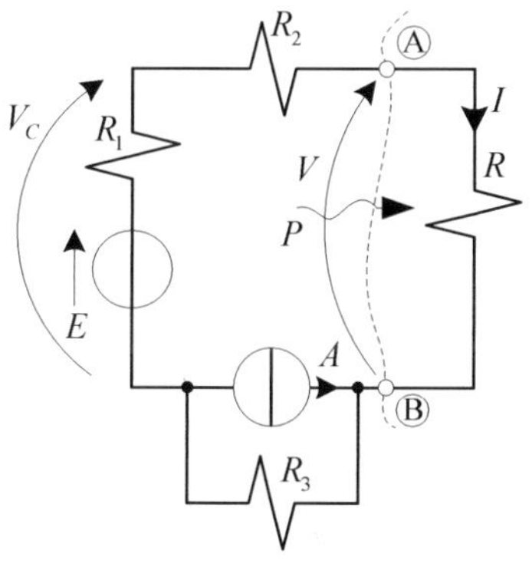

Fig. 5-1.2.

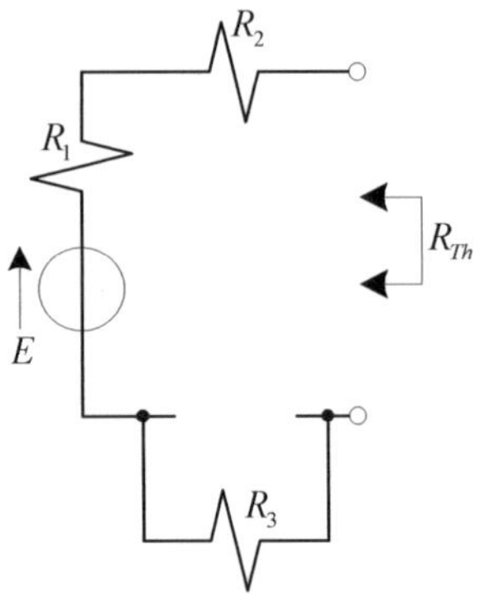

Fig. 5-1.3.

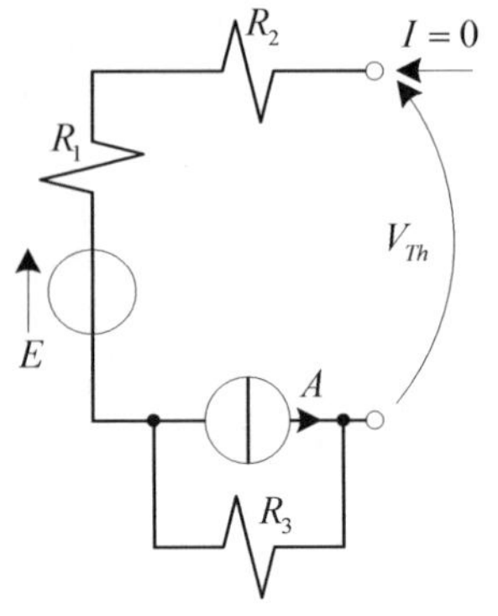

Fig. 5-1.4.

$$V_{Th} = E - R_3 A = -102 \text{ V}$$

È a questo punto possibile "ricomporre la rete": a sinistra della porta elettrica {A,B} si pone il generatore equivalente di Thévenin, alla sua destra la resistenza R, ottenendo la rete riportata in Fig. 5-1.5. Applicando la regola del partitore di tensione, la tensione tra i morsetti A e B risulta essere:

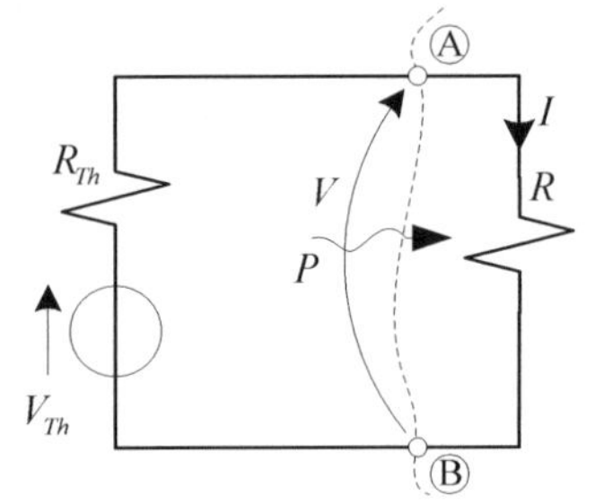

Fig. 5-1.5.

$$V = V_{Th} \cdot \frac{R}{R + R_{Th}} = -34 \text{ V} \quad ,$$

cui segue immediatamente la potenza richiesta:

$$P = \frac{V^2}{R} = 96,3333 \text{ W}$$

Per calcolare l'energia accumulata a regime nei condensatori è necessario conoscere il valore di regime della tensione V_C indicata in Fig. 5-1.2. La corrente in transito, in condizioni di regime stazionario, attraverso la porta elettrica {A,B} vale:

$$I = \frac{P}{V} = -2,8333 \text{ A}$$

da cui la tensione V_C:

$$V_C = E - R_1 \cdot I = 35 \text{ V}$$

L'energia dielettrica accumulata è infine:

$$W_\varepsilon = \frac{1}{2} C_1 V_C^2 + \frac{1}{2} C_2 V_C^2 = 7,3561 \text{ J}$$

■

Esercizio 5-2

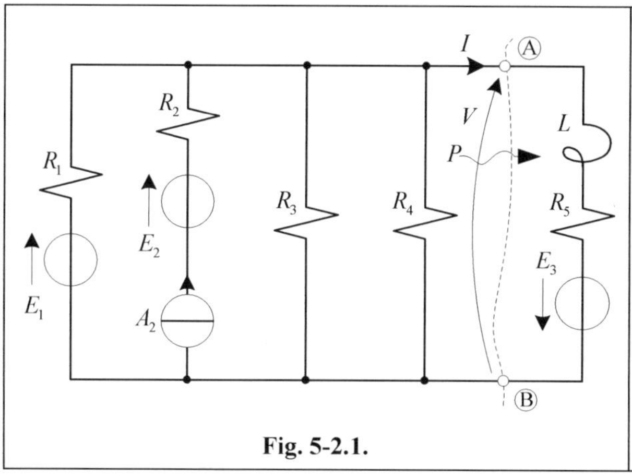

Fig. 5-2.1.

$E_1 = 8$ V $\quad R_2 = 6\ \Omega$
$E_2 = 12$ V $\quad R_3 = 18\ \Omega$
$E_3 = 2$ V $\quad R_4 = 4\ \Omega$
$A_2 = 4$ A $\quad R_5 = 13\ \Omega$
$R_1 = 2\ \Omega \quad L = 8$ mH

Assegnata la rete in figura, in regime stazionario, calcolare la potenza P *attraverso la porta elettrica* $\{A,B\}$ *e l'energia magnetica accumulata nell'induttore di induttanza* L.

Le due grandezze richieste vengono ricavate avvalendosi, come nel precedente esercizio 5-1, del teorema di Thévenin.

La parte a sinistra della porta elettrica {A,B} può essere ridotta sfruttando il teorema di Thévenin. Resa passiva tale sezione (cfr. Fig. 5-2.2), la resistenza equivalente vale:

$$R_{Th} = \left(\frac{1}{R_1} + \frac{1}{R_3} + \frac{1}{R_4} \right)^{-1} = 1,2414\ \Omega$$

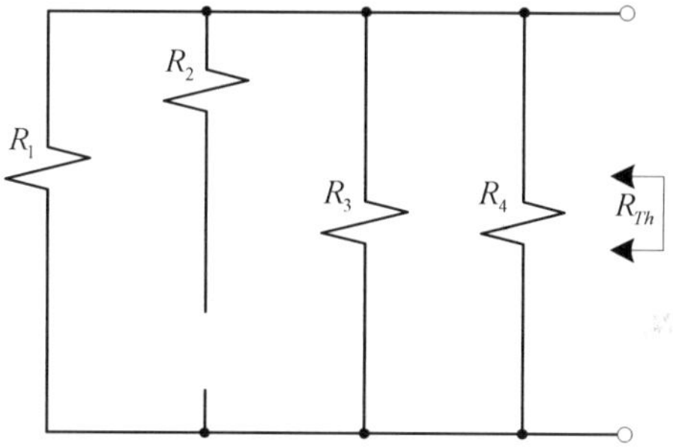

Fig. 5-2.2.

La tensione di Thévenin si ricava a vuoto, come mostrato in Fig. 5-2.3. Poiché la rete equivalente mostrata in tale figura è di tipo binodale, è possibile impiegare il corollario di Millmann, ottenendo:

$$V_{Th} = \frac{E_1 / R_1 + A_2}{1/R_1 + 1/R_3 + 1/R_4} = 9,9310\ \text{V}$$

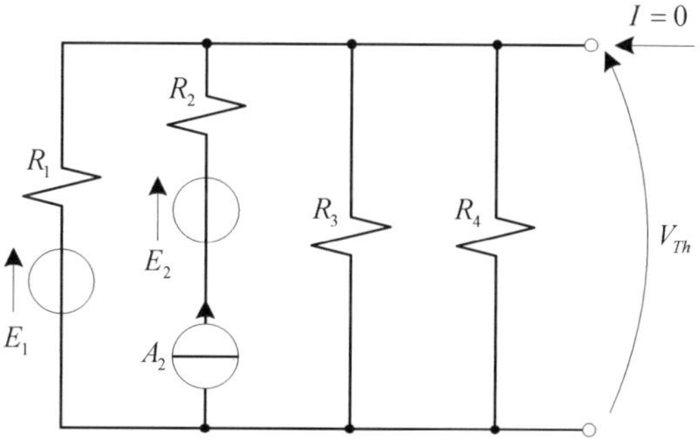

Fig. 5-2.3.

Essendo noto il generatore equivalente di Thévenin, la rete si "ricompone" come mostrato in Fig. 5-2.4. Per essa si ottiene:

$$I = \frac{V_{Th} + E_3}{R_{Th} + R_5} = 0{,}8378 \text{ A}$$

cui segue l'energia magnetica accumulata a regime:

$$W_\mu = \frac{1}{2} L \cdot I^2 = 0{,}0028 \text{ J}$$

La tensione V alla porta elettrica {A,B} vale:

$$V = V_{Th} - R_{Th} I = 8{,}8910 \text{ V}$$

da cui, infine, si ricava la potenza in transito attraverso tale porta:

$$P = V \cdot I = 7{,}4487 \text{ W}$$

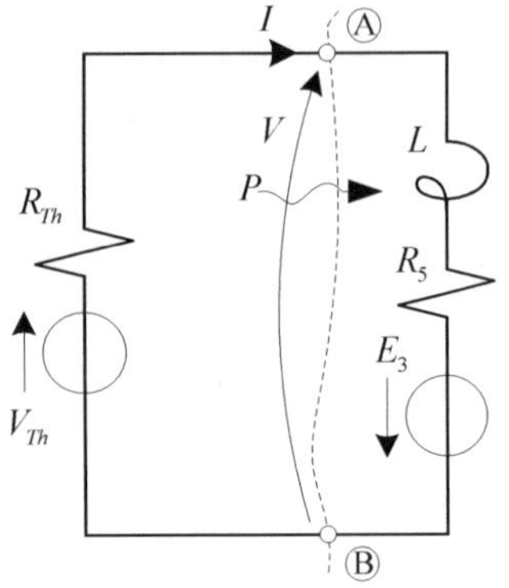

Fig. 5-2.4.

■

Esercizio 5-3

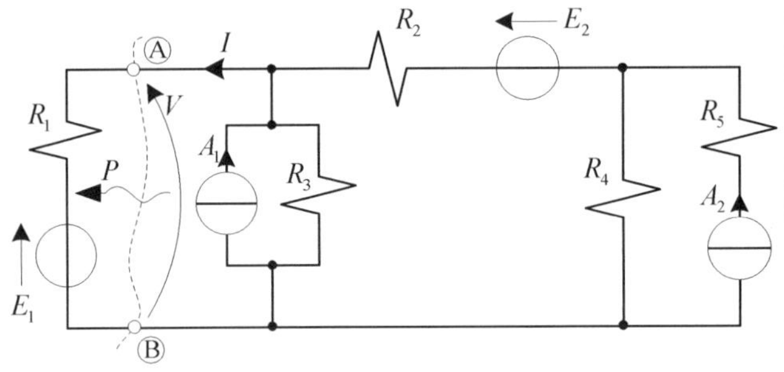

Fig. 5-3.1.

$E_1 = 18$ V $R_1 = 4$ Ω
$E_2 = 20$ V $R_2 = 6$ Ω
$A_1 = 8$ A $R_3 = 8$ Ω
$A_2 = 12$ A $R_4 = 10$ Ω
$R_5 = 12$ Ω

Assegnata la rete in figura, in regime stazionario, determinare la potenza elettrica P *in transito attraverso la porta elettrica {A,B}.*

La rete viene risolta applicando il Teorema di Thévenin, mediante il quale viene ridotta la parte di rete a destra della porta {A,B}.

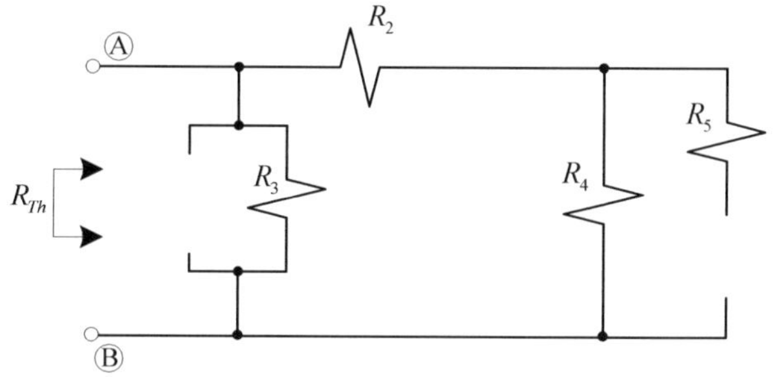

Fig. 5-3.2.

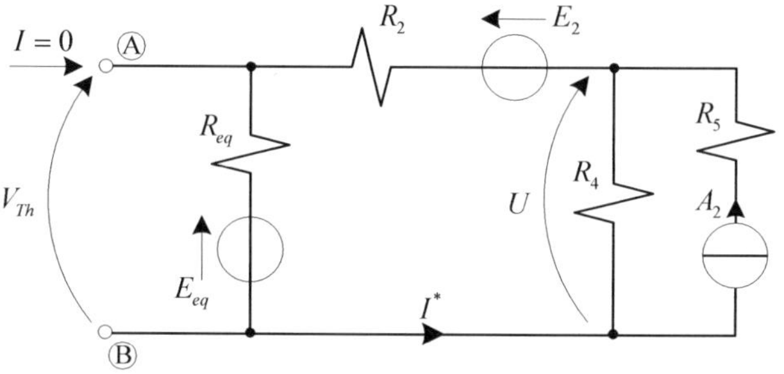

Fig. 5-3.3

La parte di rete a destra della porta elettrica {A,B} è di tipo attivo in quanto contiene i generatori A_1, A_2 ed E_2. Essa può essere ridotta ad un unico generatore equivalente reale di tensione avvalendosi del teorema di Thévenin.

Con riferimento alla Fig. 5-3.2, la resistenza equivalente di Thévenin vale:

$$R_{Th} = \frac{(R_2 + R_4) \cdot R_3}{R_2 + R_4 + R_3} = 5,3333 \ \Omega$$

Il calcolo della tensione di Thévenin procede imponendo che la corrente assorbita alla porta elettrica {A,B} sia nulla, come mostrato in Fig. 5-3.3. Risulta comodo trasformare il generatore reale di corrente $\{A_1, R_3\}$ nel corrispondente generatore reale di tensione:

$$\begin{cases} E_{eq} = R_3 \cdot A_1 = 64 \ \text{V} \\ R_{eq} = R_3 = 8 \ \Omega \end{cases}$$

La rete così ottenuta è di tipo binodale; la tensione U può dunque essere calcolata mediante il corollario di Millmann, ottenendo:

$$U = \frac{\dfrac{E_{eq} - E_2}{R_2 + R_3} + A_2}{\dfrac{1}{R_2 + R_3} + \dfrac{1}{R_4}} = 88,3333 \ \text{V}$$

La corrente I^* indicata in Fig. 5-3.3 vale:

$$I^* = \frac{U + E_2 - E_{eq}}{R_2 + R_3} = 3{,}1667 \text{ A}$$

cui segue, infine, la tensione di Thévenin:

$$V_{Th} = E_{eq} + R_3 \cdot I^* = 89{,}3333 \text{ V}$$

Noto completamente il generatore equivalente di Thévenin, è possibile "ricomporre" la rete, ottenendo il circuito equivalente riportato in Fig. 5-3.4, per il quale risulta:

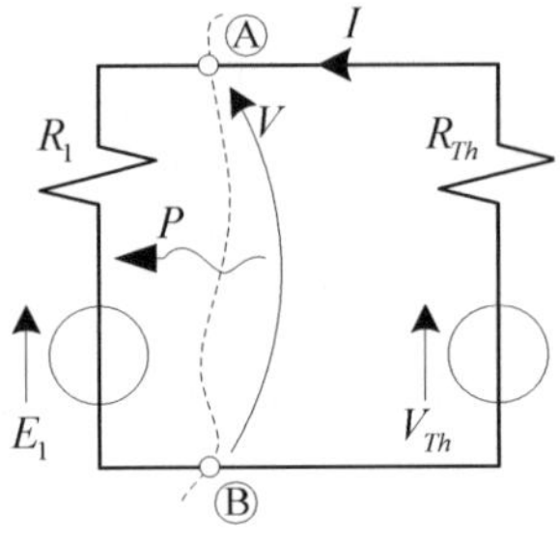

Fig. 5-3.4.

$$I = \frac{V_{Th} - E_1}{R_{Th} + R_1} = 7{,}6429 \text{ A}$$

$$V = E_1 + R_1 \cdot I = 48{,}5714 \text{ V}$$

Segue, infine, la potenza richiesta:

$$P = V \cdot I = 371{,}2245 \text{ W}$$

■

Esercizio 5-4

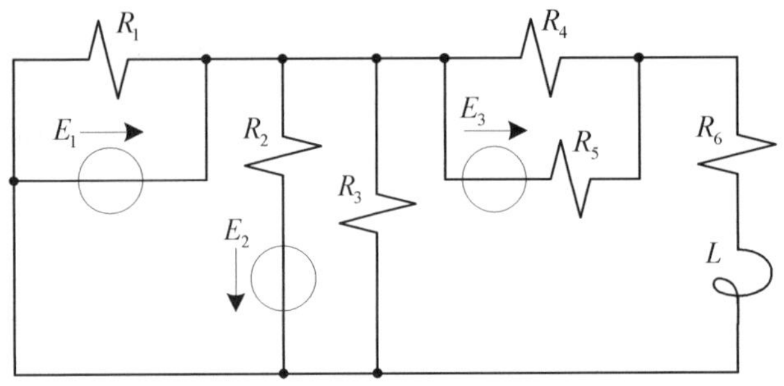

Fig. 5-4.1.

$E_1 = 18$ V $R_3 = 6\ \Omega$
$E_2 = 20$ V $R_4 = 2\ \Omega$
$E_3 = 10$ V $R_5 = 6\ \Omega$
$R_1 = 8\ \Omega$ $R_6 = 4\ \Omega$
$R_2 = 12\ \Omega$ $L = 10$ mH

Assegnata la rete in figura, in regime stazionario, determinare l'energia magnetica accumulata nell'induttore di induttanza L.

La risposta al quesito proposto può essere ottenuta semplificando la rete attiva "vista" dall'induttanza *L*. Tale semplificazione potrebbe essere svolta avvalendosi del teorema di Thévenin, così come mostrato nei precedenti esercizi. Nel presente caso, invece, ci si avvale del teorema di Norton, che costituisce il metodo duale del teorema di Thévenin.

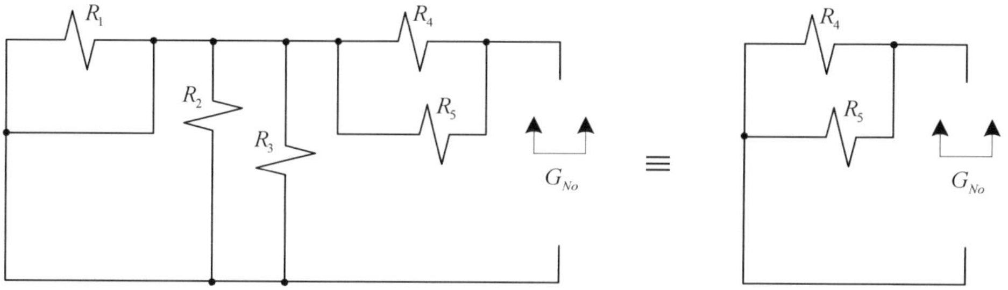

Fig. 5-4.2.

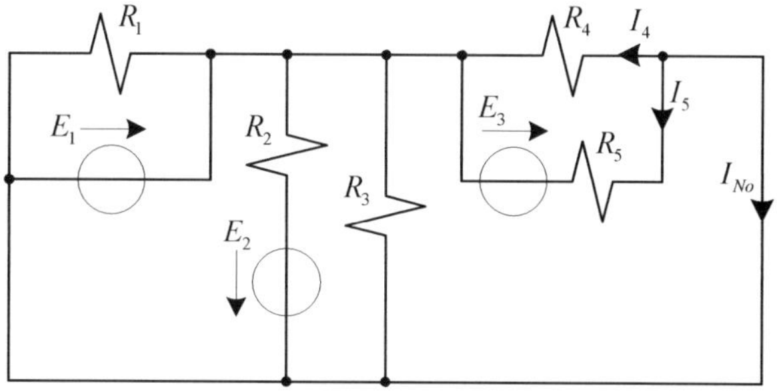

Fig. 5-4.3.

Il calcolo dell'energia richiesta richiede il calcolo preventivo della corrente che, in regime stazionario, interessa l'induttanza L. Il calcolo di tale corrente può essere eseguito ricavando un equivalente della rete "vista" da tale induttanza (ossia di tutta la rete esclusa l'induttanza stessa). Tale operazione può essere eseguita applicando il teorema di Thévenin, come mostrato negli esercizi precedenti. Tuttavia, nel caso del presente esercizio, è più conveniente impiegare il metodo duale, ossia il teorema di Norton. Tale scelta è dettata dal fatto che, essendo la grandezza ultima da calcolare una corrente attraverso l'induttanza, quest'ultima operazione risulta più agevolata se la parte di rete "vista" dalla serie di L ed R_6 è rappresentata mediante un generatore equivalente reale di corrente, così come previsto dal teorema di Norton.

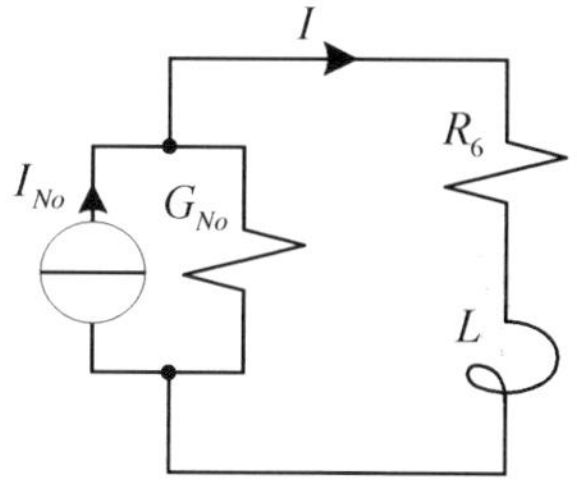

Fig. 5-4.4.

Il calcolo della conduttanza equivalente di Norton si svolge in modo analogo al calcolo della resistenza equivalente di Thévenin: come mostrato in Fig. 5-4.2, si rende passiva la rete di cui si cerca l'equivalente. È da sottolineare come risulti generalmente più semplice ricavare la resistenza equivalente di Thévenin, da cui calcolare la conduttanza equivalente di Norton come semplice inversione della prima. Adottando tale tecnica, per la rete proposta si ottiene:

$$R_{Th} = \frac{R_4 R_5}{R_4 + R_5} = 1{,}5 \ \Omega \Rightarrow G_{No} = \frac{1}{R_{Th}} = 0{,}6667 \ \text{S} \qquad (1.1)$$

Il calcolo della corrente di Norton procede il modo duale rispetto al calcolo della tensione di Thévenin; in tal caso è necessario porre in corto circuito i morsetti rispetto ai quali si sta ricavando l'equivalente di Norton, così come mostrato in Fig. 5-4.3. Per tale configurazione risulta:

$$I_4 = -\frac{E_1}{R_4} = -9 \text{ A}$$

$$I_5 = \frac{-E_1 - E_3}{R_5} = -4,6667 \text{ A}$$

da cui la corrente di Norton:

$$I_{No} = -\left(I_4 + I_5\right) = 13,6667 \text{ A}$$

Noto completamente l'equivalente di Norton, è possibile "ricomporre" la rete, così come mostrato in Fig. 5-4.4. Per essa si ha, sfruttando la regola del partitore di corrente:

$$I = I_{No} \cdot \frac{1/G_{No}}{1/G_{No} + R_6} = 3,7273 \text{ A}$$

da cui, infine:

$$W_\mu = \frac{1}{2} L \cdot I^2 = 0,0695 \text{ J}$$

■

Esercizio 5-5

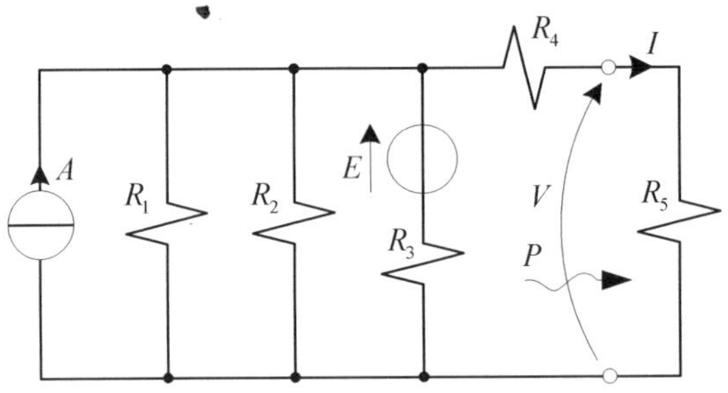

Fig. 5-5.1.

$A = 15$ A	$R_3 = 8\ \Omega$
$E = 6$ V	$R_4 = 6\ \Omega$
$R_1 = 2\ \Omega$	$R_5 = 16\ \Omega$
$R_2 = 3\ \Omega$	

Assegnata la rete in figura, in regime stazionario, calcolare la potenza P *transitante attraverso la porta elettrica* $\{A, B\}$.

La soluzione al quesito proposto viene ricavata applicando il teorema di Norton per ridurre la rete "vista" dalla resistenza R_5.

La determinazione della potenza incognita richiede il calcolo preventivo della tensione V e della corrente I che caratterizzano la porta elettrica $\{A, B\}$. Tale calcolo può essere notevolmente semplificato se si riduce la rete "vista" da tale porta (o, equivalentemente, "vista" dalla resistenza R_5). Tale riduzione si ottiene impiegando il teorema di Norton, secondo le modalità richiamate nel precedente esercizio 5-4.

Il calcolo della conduttanza di Norton è condotto attraverso il calcolo preventivo della resistenza di Thévenin; con riferimento alla Fig. 5-5.2 si ha:

$$R_{Th} = \left(\frac{1}{R_1} + \frac{1}{R_2} + \frac{1}{R_3} \right)^{-1} + R_4 = 7{,}0435 \ \Omega$$

$$\Rightarrow G_{No} = \frac{1}{R_{Th}} = 0{,}1420 \ \text{S}$$

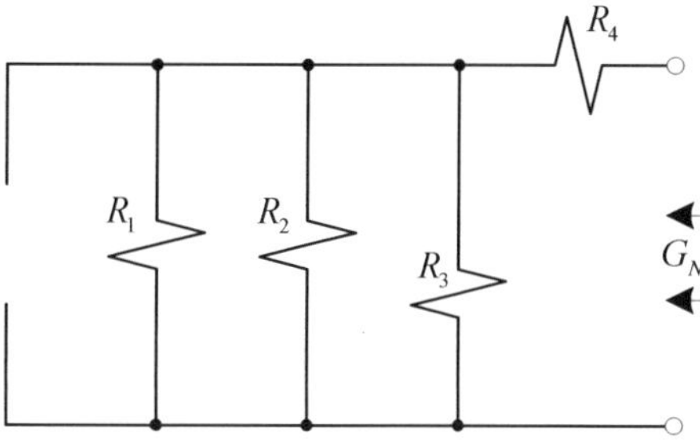

Fig. 5-5.2.

La corrente di Norton è da calcolarsi con riferimento alla Fig. 5-5.3. La rete qui rappresentata è di tipo binodale; segue, avvalendosi del corollario di Millmann:

$$U = \frac{A + E / R_3}{1/R_1 + 1/R_2 + 1/R_3 + 1/R_4} = 14 \ \text{V} \quad ,$$

da cui:

$$I_{No} = \frac{U}{R_4} = 2{,}3333 \ \text{V}$$

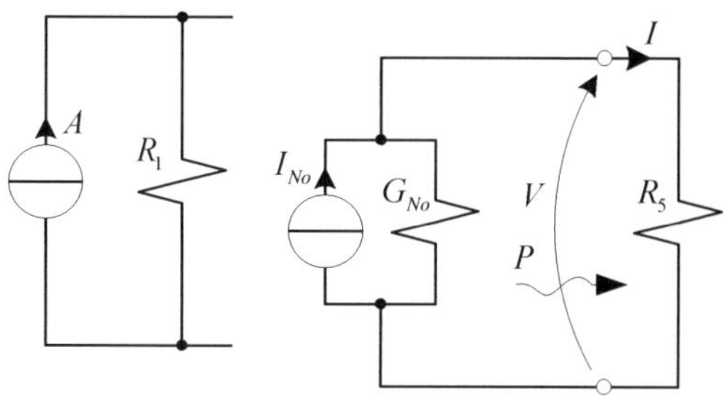

Fig. 5-5.4.

Noto completamente il generatore di Norton, è possibile "ricomporre la rete" ottenendo il risultato mostrato in Fig. 5-5.4. Applicando a questa rete la regola del partitore di corrente si ottiene:

$$I = I_{No} \cdot \frac{1/G_{No}}{1/G_{No} + R_5} = 0{,}7132 \ \text{A} \quad ,$$

nota la quale si ricava la potenza richiesta:

$$P = R_5 \cdot I^2 = 8{,}1386 \ \text{W}$$

■

Esercizio 5-6

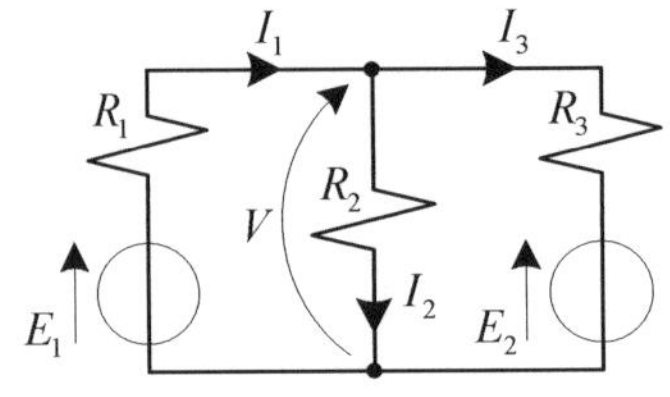

Fig. 5-6.1.

$E_1 = 12$ V
$E_2 = 3$ V
$R_1 = 4$ Ω
$R_2 = 10$ Ω
$R_3 = 7$ Ω

Assegnata la rete in figura, calcolare la potenza degradata in calore a regime dalla resistenza R₂.

La rete proposta viene risolta avvalendosi del principio di sovrapposizione delle cause e degli effetti (PSCE), con il quale si calcola la tensione ai capi della resistenza R_2 e, mediante questa, la potenza richiesta.

La rete proposta è di tipo lineare e può dunque essere risolta mediante il PSCE. Tale metodo prevede che si calcolino i contributi dei diversi generatori presenti alle variabili di interesse. Queste ultime si ricaveranno poi come somma algebrica (ossia come sovrapposizione) dei distinti contributi. La somma è di tipo algebrico in quanto deve tener conto dei versi assegnati, per comodità, per il calcolo dei distinti contributi.

I generatori sono attivati singolarmente. Procedendo con ordine ed attenzione, si lascia "acceso" un solo generatore, "spegnendo" i rimanenti (ciò che prevede di sostituire i generatori ideali di tensione con un lato in corto circuito e quelli ideali di corrente con un lato aperto).

È importante sottolineare come per le potenze e per le energie non valga il PSCE in quanto tali grandezze si ricavano mediante relazioni non lineari fra le tensioni e le correnti. Pertanto la procedura corretta consiste nel ricavare tali tensioni e tali correnti con il PSCE e solo in seguito alla sovrapposizione calcolare le potenze e le energie.

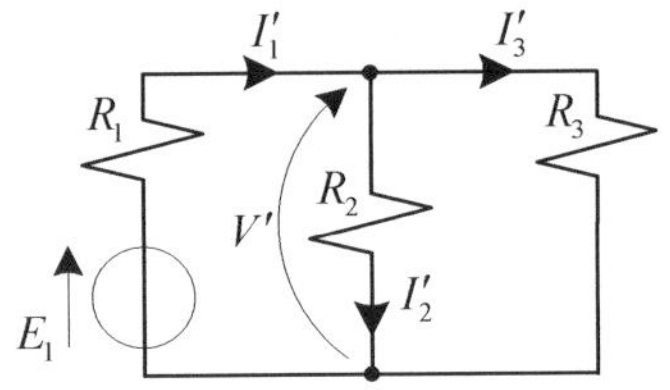

Fig. 5-6.2.

Inizialmente il solo generatore E_1 è attivato; la rete diviene quella riportata in Fig. 5-6.2, nella quale è stato "spento" il generatore E_2. Per tale rete risulta:

$$R'_{eq} = \frac{R_2 R_3}{R_2 + R_3} = 4{,}1176 \ \Omega \quad ,$$

da cui, mediante la regola del partitore di tensione, si ricava il contributo V' del generatore E_1 alla tensione V:

$$V' = E_1 \cdot \frac{R'_{eq}}{R_1 + R'_{eq}} = 6,0870 \text{ V}$$

Si consideri ora la presenza del solo generatore E_2; in tal caso la rete equivalente è quella riportata in Fig. 5-6.3, per la quale, in analogia con il caso precedente, si ha:

$$R''_{eq} = \frac{R_1 R_2}{R_1 + R_2} = 2,8571 \ \Omega$$

$$V'' = E_2 \cdot \frac{R''_{eq}}{R_3 + R''_{eq}} = -0,8696 \text{ V}$$

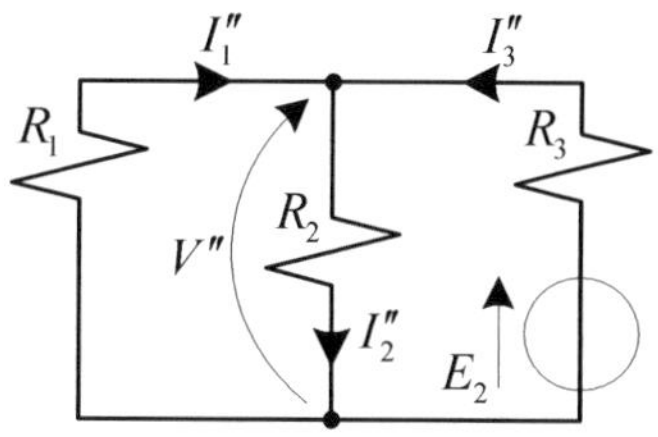

Fig. 5-6.3.

È ora possibile sovrapporre i due distinti contributi, tenendo conto che le tensioni V' e la tensione V'' hanno entrambe verso concorde con la tensione V:

$$V = V' + V'' = 6,9565 \text{ V}$$

Segue, infine, la potenza richiesta:

$$P = \frac{V^2}{R_2} = 4,8393 \text{ W}$$

■

Esercizio 5-7

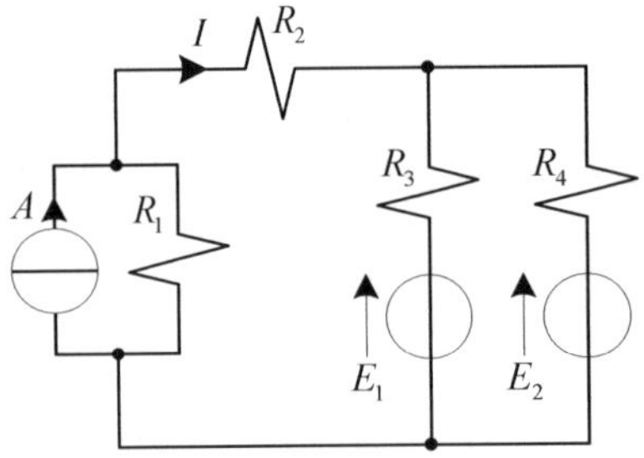

Fig. 5-7.1.

$A = 5$ A $\quad R_2 = 12\ \Omega$
$E_1 = 6$ V $\quad R_3 = 6\ \Omega$
$E_2 = 3$ V $\quad R_4 = 1\ \Omega$
$R_1 = 4\ \Omega$

Assegnata la rete in figura, calcolare la potenza degradata in calore a regime dalla resistenza R_2.

La potenza richiesta necessita il calcolo preventivo della corrente nella resistenza R_2. Tale calcolo viene eseguito avvalendosi del PSCE.

La potenza richiesta non può essere calcolata mediante il PSCE in quanto dipendente dal quadrato della corrente nella resistenza R_2. Come già osservato per il precedente esercizio, il PSCE non può essere applicato alle relazioni non lineari, ma può essere utilizzato per calcolare la corrente I. Procedendo con ordine, si attiva un solo generatore alla volta, "spegnendo" i rimanenti, e si calcola il contributo di tale generatore alla corrente I.

Per il calcolo del contributo dovuto al generatore A si fa riferimento alla rete riportata in Fig. 5-7.2, per la quale si ha:

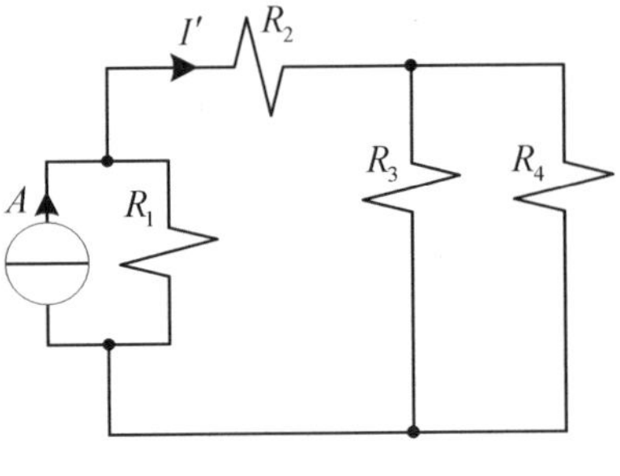

Fig. 5-7.2.

$$R'_{eq} = R_2 + \frac{R_3 R_4}{R_3 + R_4} = 12{,}8571\ \Omega$$

cui segue, sfruttando la regola del partitore di corrente:

$$I' = A \cdot \frac{R_1}{R_1 + R'_{eq}} = 1{,}1864\ \text{A}$$

Per ricavare l'effetto del solo generatore E_1 ci si riferisce alla Fig. 5-7.3; per tale circuito si ottiene:

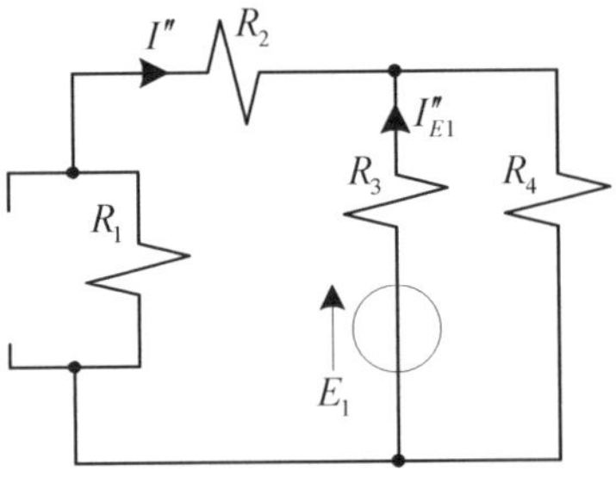

Fig. 5-7.3.

$$R''_{eq} = \frac{(R_1 + R_2) \cdot R_4}{R_1 + R_2 + R_4} = 0,9412 \ \Omega$$

Risultando:

$$I''_{E1} = \frac{E_1}{R_3 + R''_{eq}} = 0,8644 \ \text{A} \quad ,$$

si ha poi:

$$I'' = -I''_{E1} \cdot \frac{R_4}{R_1 + R_2 + R_4} = -0,0508 \ \text{A}$$

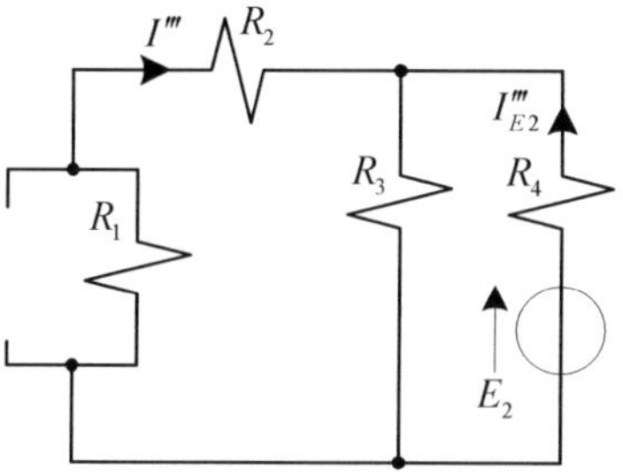

Fig. 5-7.4.

Rimane, infine, da calcolare l'effetto del solo generatore E_2, per il quale si considera la rete di Fig. 5-7.4. Si ottiene:

$$R'''_{eq} = \frac{(R_1 + R_2) \cdot R_3}{R_1 + R_2 + R_3} = 4,3636 \ \Omega$$

Essendo ora:

$$I'''_{E2} = \frac{E_2}{R_4 + R'''_{eq}} = 0,5593 \ \text{A} \quad ,$$

si ricava:

$$I''' = -I'''_{E2} \cdot \frac{R_3}{R_1 + R_2 + R_3} = -0,1525 \ \text{A}$$

Non rimane che sovrapporre i tre distinti contributi, ottenendo la corrente circolante nella resistenza R_2:

$$I = I' + I'' + I''' = 0,9831 \ \text{A} \quad ,$$

cui segue la potenza richiesta:

$$P = R_2 \cdot I^2 = 11,5967 \ \text{W}$$

■

Esercitazione 6

Confronto fra i metodi di risoluzione

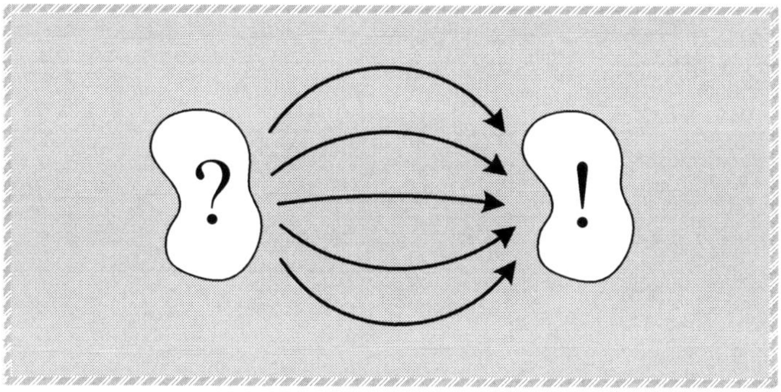

Esercizio 6-1

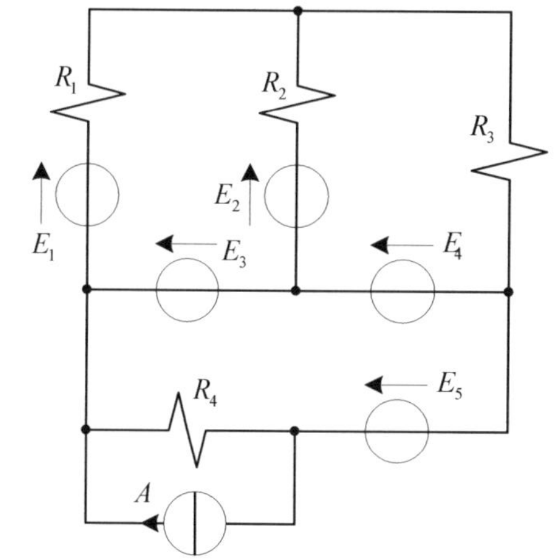

Fig. 6-1.1.

$E_1 = 18$ V	$A = 8$ A
$E_2 = 20$ V	$R_1 = 6$ Ω
$E_3 = 22$ V	$R_2 = 8$ Ω
$E_4 = 24$ V	$R_3 = 8$ Ω
$E_5 = 46$ A	$R_4 = 10$ Ω

Assegnata la rete in figura, calcolare la potenza dissipata per effetto Joule nella resistenza R_4.

La topologia della rete proposta richiama, ad una prima e disattenta lettura, l'impiego di uno qualsiasi dei metodi esposti nell'esercitazione 3.

Per la sua risoluzione verranno adottati due metodi; si procederà poi ad un confronto critico fra i risultati conseguiti.

Impiego dell'analisi agli anelli

L'applicazione dell'analisi agli anelli (cfr. esercizio 3-3) richiede che tutti i lati della rete siano posti in formulazione serie. Ne segue che, per l'applicazione di tale metodo, il generatore reale di corrente $\{A, R_4\}$ deve essere trasformato nel relativo generatore $\{E_{eq}, R_{eq}\}$ reale di tensione:

$$\begin{cases} E_{eq} = R_4 \cdot A = 80 \text{ V} \\ R_{eq} = R_4 = 10 \ \Omega \end{cases}$$

Dopo aver applicato tale trasformazione, la rete diviene quella riportata in Fig. 6-1.2. Seguendo la procedura illustrata nell'esercizio 3-3, si ricava la matrice di incidenza:

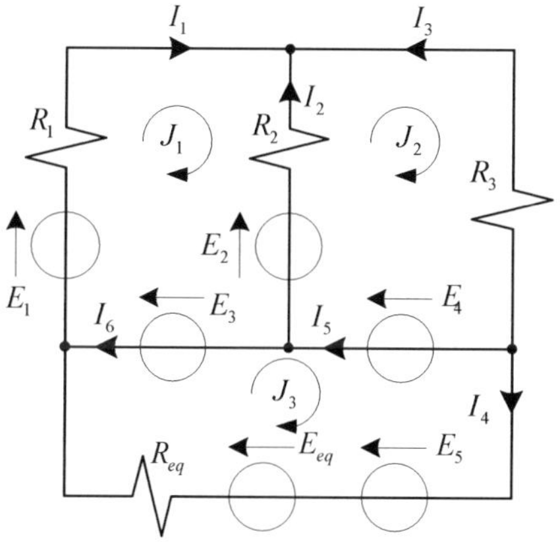

Fig. 6-1.2.

$$\begin{bmatrix} I_1 \\ I_2 \\ I_3 \\ I_4 \\ I_5 \\ I_6 \end{bmatrix} = \begin{bmatrix} 1 & 0 & 0 \\ -1 & 1 & 0 \\ 0 & -1 & 0 \\ 0 & 0 & 1 \\ 0 & 1 & -1 \\ 1 & 0 & -1 \end{bmatrix} \cdot \begin{bmatrix} J_1 \\ J_2 \\ J_3 \end{bmatrix} \quad \leftrightarrow \quad [I]=[A]\cdot[J]$$

La matrice delle resistenze viene ricavata per ispezione:

$$[R] = \begin{bmatrix} R_1+R_2 & -R_2 & 0 \\ -R_2 & R_2+R_3 & 0 \\ 0 & 0 & R_{eq} \end{bmatrix} = \begin{bmatrix} 14 & -8 & 0 \\ -8 & 16 & 0 \\ 0 & 0 & 10 \end{bmatrix} \ \Omega$$

ed il vettore delle forze elettromotrici d'anello vale:

$$[\varepsilon] = \begin{bmatrix} \varepsilon_1 \\ \varepsilon_2 \\ \varepsilon_3 \end{bmatrix} = \begin{bmatrix} E_1 - E_2 + E_3 \\ E_2 + E_4 \\ -E_3 - E_4 + E_5 + E_{eq} \end{bmatrix} = \begin{bmatrix} 20 \\ 44 \\ 80 \end{bmatrix} \ \text{V}$$

È ora possibile ricavare l'intero vettore delle correnti di lato, mediante la solita relazione (cfr. esercizio 3-3):

$$\begin{bmatrix} I_1 \\ I_2 \\ I_3 \\ I_4 \\ I_5 \\ I_6 \end{bmatrix} = [A]\cdot[R]^{-1}\cdot[\varepsilon] = \begin{bmatrix} 4,2 \\ 0,65 \\ -4,85 \\ 8 \\ -3,15 \\ -3,8 \end{bmatrix} \ \text{A}$$

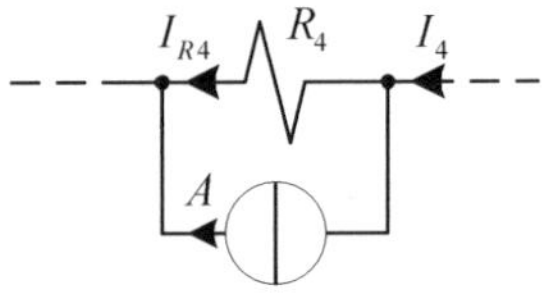

Fig. 6-1.3.

Per quanto riguarda il calcolo della potenza dissipata nella resistenza R_4 è importante sottolineare come non sia corretto calcolare tale grandezza come $P_{R4} = R_{eq} I_4^2 = R_4 I_4^2$: infatti la trasformazione del generatore $\{A,R_4\}$ nel generatore di tensione $\{E_{eq},R_{eq}\}$ precedentemente effettuata non mantiene l'equivalenza agli effetti interni. Pertanto, nota la corrente I_4, la procedura corretta consiste nell'applicare la relazione di Kirchhoff (cfr. Fig. 6-1.3) che permette di ricavare la corrente nella resistenza R_4 :

$$I_{R4} = I_4 - A = 0 \ \text{A}$$

da cui la potenza richiesta:

$$P_{R4} = R_4 I_{R4}^2 = 0 \ \text{W}$$

Calcolo diretto

Osservando la maglia inferiore della rete proposta (cfr. Fig. 6-1.4) si nota che l'unica tensione incognita è quella ai capi della resistenza R_4 che vale:

$$V_{R4} = E_3 + E_4 - E_5 = 0 \text{ V}$$

da cui segue immediatamente la potenza richiesta:

$$P_{R4} = \frac{V_{R4}^2}{R_4} = 0 \text{ W}$$

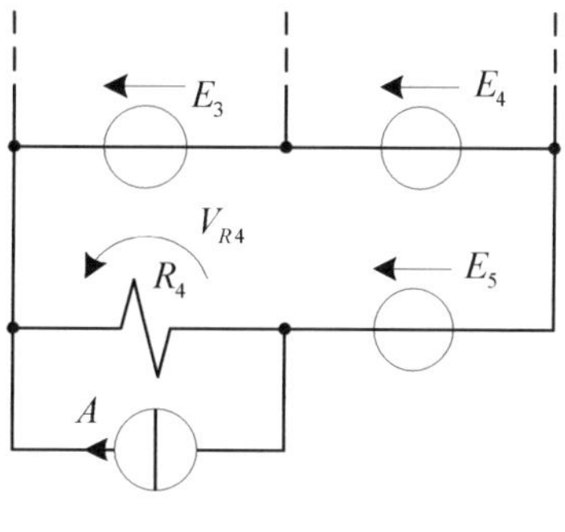

Fig. 6-1.4.

Confronto fra i metodi impiegati

Confrontando fra loro le due procedure impiegate è immediato constatare come il calcolo diretto consenta di ricavare la potenza richiesta mediante un numero di passaggi estremamente ridotto rispetto all'applicazione dell'analisi agli anelli.

In generale, è possibile affermare che l'applicazione dell'analisi agli anelli – così come le altre tecniche globali di risoluzione richiamate nell'esercitazione 3 – è conveniente soltanto in quei casi in cui vengono richieste (direttamente o indirettamente) tutte le variabili di lato (tensioni e/o correnti) o, comunque, un numero significativo di esse.

■

Esercizio 6-2

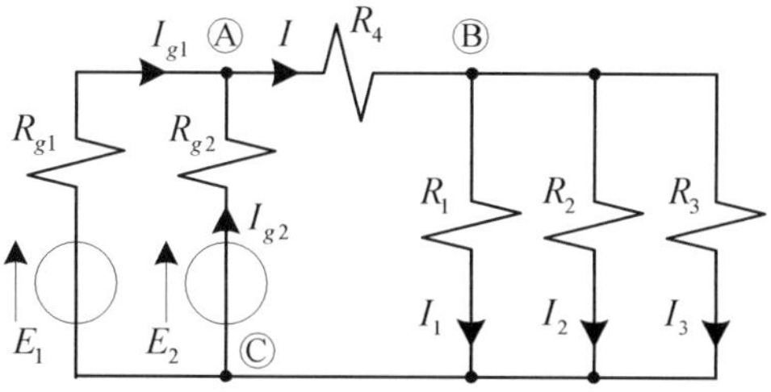

Fig. 6-2.1.

$E_1 = 100$ V	$R_1 = 15\ \Omega$
$E_2 = 180$ V	$R_2 = 10\ \Omega$
$R_{g1} = 2\ \Omega$	$R_3 = 5\ \Omega$
$R_{g2} = 1\ \Omega$	$R_4 = 20\ \Omega$

Assegnata la rete in figura, calcolare tutte le correnti indicate.

La soluzione della rete proposta viene ricavata sia attraverso l'applicazione del metodo di Kirchhoff in formulazione serie, sia mediante l'impiego contemporaneo del corollario di Millmann e della regola del partitore di corrente.

Al termine delle due procedure si procede con un confronto critico dei risultati ottenuti.

Applicazione del metodo di Kirchhoff in formulazione serie

L'applicazione del metodo di Kirchhoff in formulazione serie (cfr. esercizio 3-1) richiede che tutti i lati siano posti in tale formulazione. La rete proposta soddisfa già questa condizione, dunque il metodo è direttamente applicabile.

La rete presenta le seguenti caratteristiche:

$$\begin{cases} \ell = 6 \quad \text{(numero di lati)} \\ n = 3 \quad \text{(numero di nodi)} \\ p = n - 1 = 2 \quad \text{(numero di nodi indipendenti)} \\ m = \ell - p = 4 \quad \text{(numero di maglie indipendenti)} \end{cases}$$

Il sistema lineare risolvente si ricava con la procedura esposta per l'esercizio 3-1 (cfr. anche la Fig. 6-2.2):

$$\begin{cases} I_{g1} + I_{g2} - I = 0 & \text{(nodo A)} \\ I - I_1 - I_2 - I_3 = 0 & \text{(nodo B)} \\ E_1 - E_2 + R_{g2} I_{g2} - R_{g1} I_{g1} = 0 & \text{(maglia ACA)} \\ E_2 - R_4 I - R_1 I_1 - R_{g2} I_{g2} = 0 & \text{(maglia ABC)} \\ R_1 I_1 - R_2 I_2 = 0 & \text{(maglia CBC-1)} \\ R_1 I_1 - R_3 I_3 = 0 & \text{(maglia CBC-2)} \end{cases}$$

Il sistema precedente può essere risolto applicando il metodo di Kramer (cfr. l'appendice B). Per la scelta delle maglie per cui scrivere le leggi delle tensioni, ci si riferisca alla Fig. 6-2.2; il risultato è il seguente:

$$\begin{bmatrix} I_{g1} \\ I_{g2} \\ I \\ I_1 \\ I_2 \\ I_3 \end{bmatrix} = \begin{bmatrix} -24,482 \\ 31,034 \\ 6,554 \\ 1,196 \\ 1,788 \\ 3,576 \end{bmatrix} \text{A}$$

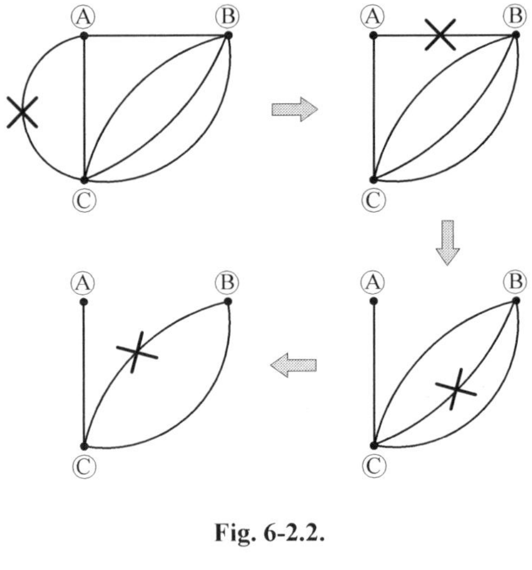

Fig. 6-2.2.

Impiego del corollario di Millmann e della regola del partitore di corrente

La rete allo studio può essere semplificata in quella equivalente riportata in Fig. 6-2.3. La resistenza equivalente vale:

$$R_{eq} = R_4 + \left(\frac{1}{R_1} + \frac{1}{R_2} + \frac{1}{R_3} \right)^{-1} = 22,7273 \ \Omega$$

La rete semplificata è di tipo binodale; la tensione fra i nodi A e C può dunque essere immediatamente ricavata applicando il corollario di Millmann, ottenendo così:

$$V_{\mathrm{AC}} = \frac{E_1 / R_{g1} + E_2 / R_{g2}}{1/R_{g1} + 1/R_{g2} + 1/R_{eq}} = 148,9637 \ \mathrm{V}$$

La correnti I, I_{g1} ed I_{g2} sono calcolabili come segue:

$$I = \frac{V_{\mathrm{AC}}}{R_{eq}} = 6,5544 \ \mathrm{A}$$

$$I_{g1} = \frac{E_1 - V_{\mathrm{AC}}}{R_{g1}} = -24,4819 \ \mathrm{A}$$

$$I_{g2} = \frac{E_2 - V_{\mathrm{AC}}}{R_{g2}} = 31,0363 \ \mathrm{A}$$

Le correnti I_1, I_2 ed I_3 possono essere ricavate mediante l'applicazione ricorsiva della regola del partitore di corrente. È innanzitutto necessario calcolare le necessarie conduttanze:

$$G_1 = \frac{1}{R_1} = 0,0667 \ \mathrm{S}$$

$$G_2 = \frac{1}{R_2} = 0,1 \ \mathrm{S}$$

$$G_3 = \frac{1}{R_3} = 0,2 \ \mathrm{S}$$

note le quali si ha:

$$I_1 = I \cdot \frac{G_1}{G_1 + G_2 + G_3} = 1,1917 \ \mathrm{A}$$

$$I_2 = I \cdot \frac{G_2}{G_1 + G_2 + G_3} = 1,7876 \ \mathrm{A}$$

$$I_3 = I \cdot \frac{G_3}{G_1 + G_2 + G_3} = 3,5751 \ \mathrm{A}$$

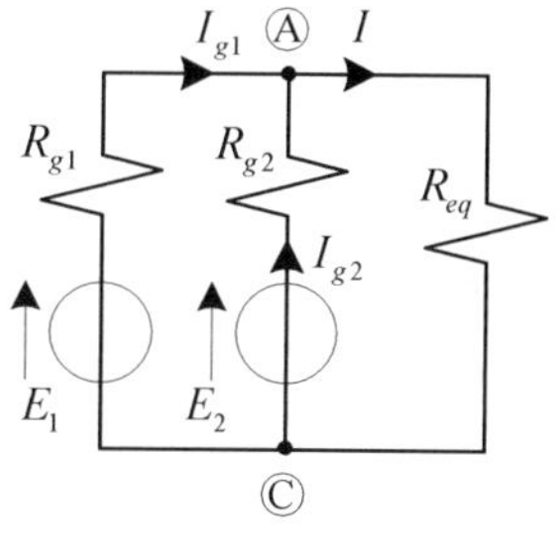

Fig. 6-2.3.

Confronto fra i metodi impiegati

Poiché l'esercizio proposto richiede il calcolo di tutte le correnti di lato della rete allo studio, l'applicazione del metodo di Kirchhoff in formulazione serie risulta essere più immediata e meno laboriosa dal punto di vista dei calcoli (anche se richiede comunque la risoluzione di un sistema lineare di 6 equazioni in 6 incognite).

Tale conclusione conferma dunque quanto già osservato per il precedente esercizio 6-1: nei casi in cui sono richieste le variabili tensione e/o corrente di ciascun lato (o della maggior parte di essi), conviene senz'altro applicare una delle tecniche globali di risoluzione esposte nell'esercitazione 3.

■

Esercizio 6-3

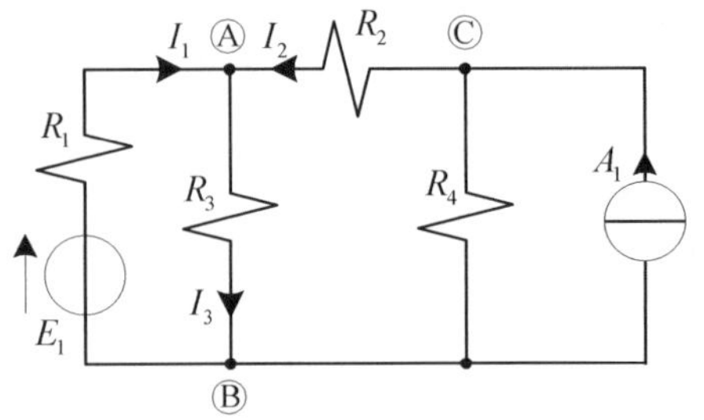

Fig. 6-3.1.

$E_1 = 100$ V $\quad R_2 = 20$ Ω

$A_1 = 5$ A $\quad R_3 = 40$ Ω

$R_1 = 1$ Ω $\quad R_4 = 50$ Ω

Assegnata la rete in figura, calcolare la corrente I_3.

La soluzione della rete proposta viene ricavata sia attraverso l'impiego del principio di sovrapposizione delle cause e degli effetti (PSCE), sia mediante l'impiego del teorema di Thévenin .

Al termine delle due procedure si procede con un confronto critico dei risultati ottenuti.

Impiego del principio di sovrapposizione delle cause e degli effetti (PSCE)

La rete proposta è di tipo lineare; risulta dunque possibile l'impiego del PSCE, già richiamato negli esercizi 5-6 e 5-7. Si considera la presenza di un generatore alla volta ("spegnendo" gli altri generatori) e si calcola la variabile di interesse in tale condizione; si ripete poi il procedimento con tutti i generatori presenti nella rete. Al termine della procedura si sommano algebricamente le variabili ottenute nei distinti casi (ossia gli "effetti" dovuti ai singoli generatori) per ottenere la grandezza richiesta. Si ricorda che il PSCE non risulta applicabile al calcolo delle potenze: in questo caso, ciascuna potenza richiesta non è calcolabile come sovrapposizione (somma algebrica) delle potenze dovute a ciascun generatore.

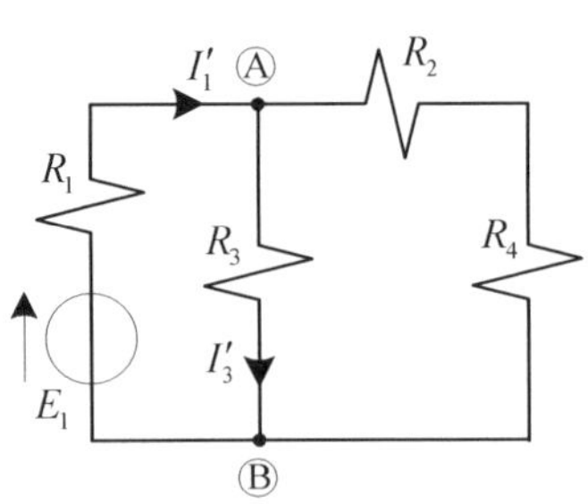

Fig. 6-3.2.

Si attiva inizialmente il solo generatore E_1; spegnendo A_1 (il quale diviene un circuito aperto), la rete proposta diviene quella riportata in Fig. 6-3.2, per la quale si ha:

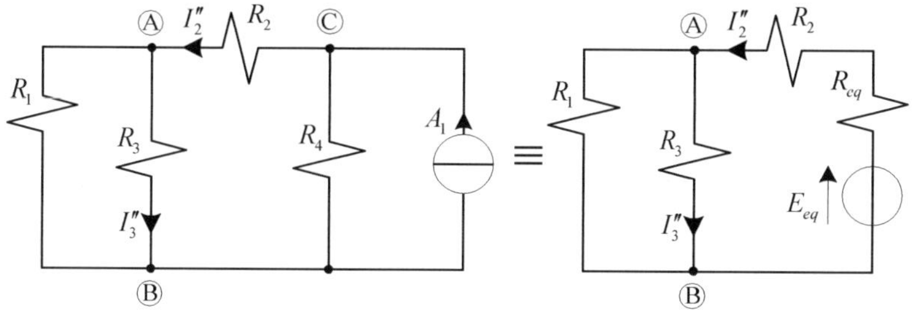

Fig. 6-3.3.

$$R'_{AB} = \frac{(R_2 + R_4) \cdot R_3}{R_2 + R_4 + R_3} = 25,4545 \ \Omega$$

$$I'_1 = \frac{E_1}{R_1 + R'_{AB}} = 3,7801 \ \text{A}$$

$$I'_3 = I'_1 \cdot \frac{R_2 + R_4}{R_2 + R_3 + R_4} = 2,4055 \ \text{A}$$

dove, nell'ultima relazione, è stata impiegata la regola del partitore di corrente.

Si consideri ora la presenza del solo generatore A_1; spegnendo E_1 (il quale diviene un corto circuito), la rete iniziale di Fig. 6-3.1 diviene quella riportata in Fig. 6-3.3. Conviene, innanzitutto, trasformare il generatore reale di corrente $\{A_1, R_4\}$ nel generatore equivalente di tensione:

$$\begin{cases} E_{eq} = R_4 \cdot A_1 = 250 \ \text{V} \\ R_{eq} = R_4 = 50 \ \Omega \end{cases}$$

Si ha poi:

$$R''_{AB} = \frac{R_1 R_3}{R_1 + R_3} = 0,9756 \ \Omega$$

$$I''_2 = \frac{E_{eq}}{R_2 + R_{eq} + R''_{AB}} = 3,5223 \ \text{A}$$

$$I''_3 = I''_2 \cdot \frac{R_1}{R_1 + R_3} = 0,0859 \ \text{A}$$

dove, come nel caso precedente, l'ultima relazione è stata scritta impiegando la regola del partitore di corrente.

La corrente I_3 richiesta è ora calcolabile come sovrapposizione delle correnti I'_3 ed I''_3 (ossia degli effetti dovuti, rispettivamente, al generatore E_1 ed al generatore A_1):

$$I_3 = I'_3 + I''_3 = 2,4914 \ \text{A}$$

Si presti attenzione al fatto che la sovrapposizione dei diversi effetti è sempre da effettuarsi come somma algebrica; il segno dei diversi addendi è positivo se il singolo effetto ha segno concorde con la variabile totale, negativo in caso contrario.

Impiego del teorema di Thévenin

Il teorema di Thévenin, già richiamato nell'esercitazione 5, permette di ridurre una parte attiva di rete ad un generatore equivalente reale di tensione. I due singoli bipoli costituenti tale generatore equivalente sono da calcolarsi separatamente.

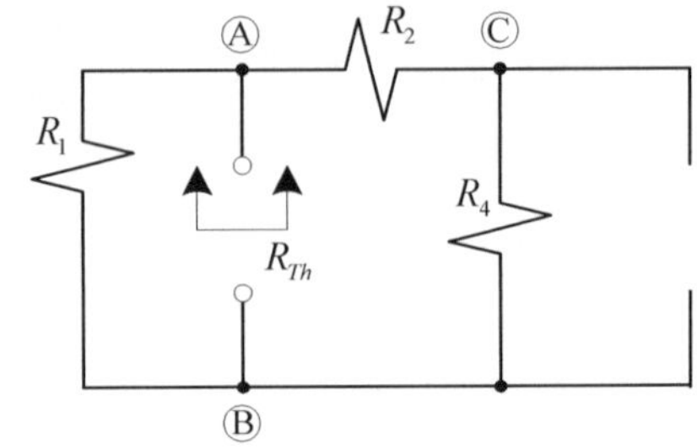

Fig. 6-3.4.

Nel presente caso di studio conviene ridurre tutta la rete "vista" dai morsetti della resistenza R_3 (in cui circola la corrente I_3 richiesta). Per il calcolo della resistenza equivalente di Thévenin è necessario rendere passiva tale rete (ossia "spegnere" i generatori presenti: quelli di tensione divengono dei corto circuiti, quelli di corrente dei circuiti aperti), così come illustrato in Fig. 6-3.4:

$$R_{Th} = \frac{(R_2 + R_4) \cdot R_1}{R_2 + R_4 + R_1} = 0{,}9859 \ \Omega$$

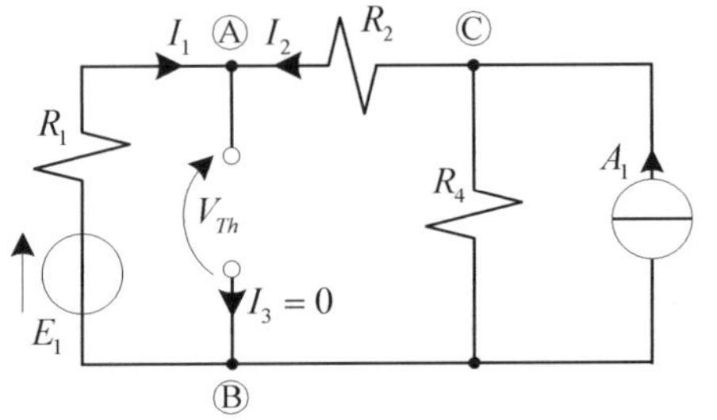

Fig. 6-3-5.

Il generatore di tensione equivalente di Thévenin coincide con la tensione ai capi della resistenza R_3, imponendo che la corrente I_3 sia nulla (cfr. Fig. 6-3.5). Si ottiene così:

$$V_{CB} = \frac{\dfrac{E_1}{R_1 + R_2} + A_1}{\dfrac{1}{R_1 + R_2} + \dfrac{1}{R_4}} = 144{,}3662 \ \text{V}$$

$$I_1 = \frac{E_1 - V_{CB}}{R_1 + R_2} = -2{,}1127 \ \text{A}$$

$$V_{Th} = E_1 - R_1 I_1 = 102{,}1127 \ \text{V}$$

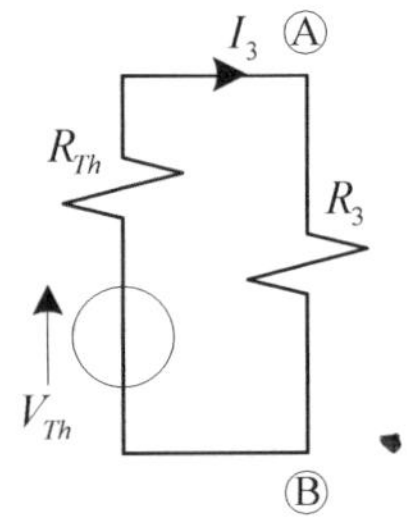

Fig. 6-3.6.

dove si è impiegato il corollario di Millmann per il calcolo della tensione V_{CB}.

Tenendo conto dell'equivalente di Thévenin appena ricavato, la rete può essere ridisegnata come mostrato in Fig. 6-3.6, in base alla quale si ottiene:

$$I_3 = \frac{V_{Th}}{R_3 + R_{Th}} = 2{,}4914 \ \text{A}$$

Confronto fra i metodi di risoluzione impiegati

Il PSCE comporta la risoluzione di una rete equivalente per ciascun generatore presente nella rete originale. Questo significa che ne è consigliabile l'impiego soltanto per le reti con un numero limitato di generatori.

L'impiego del teorema di Thévenin (che richiede la linearità della rete allo studio, così come l'impiego del PSCE) costituisce, di fatto, una generalizzazione del metodo di riduzione delle reti passive presentato nell'esercitazione 1 al caso, più generale, di reti attive. Una volta acquisite le modalità di calcolo della tensione equivalente e della resistenza equivalente di Thévenin, l'unica difficoltà nell'applicazione del metodo consiste nel determinare quale parte della rete allo studio è necessario rappresentare attraverso tali elementi circuitali. Nei casi semplici (come quello qui analizzato) ciò è immediato: è infatti sufficiente "isolare" – ossia non comprendere nella parte di rete da ridurre – il lato di cui viene richiesta la tensione, la corrente oppure entrambe.

Quanto al confronto fra i due metodi usati, nel caso specifico qui proposto nessuno dei due mostra vantaggi evidenti rispetto all'altro. In generale, però, l'impiego del teorema di Thévenin risulta molto più pratico ed immediato dell'applicazione del PSCE.

■

Esercizio 6-4

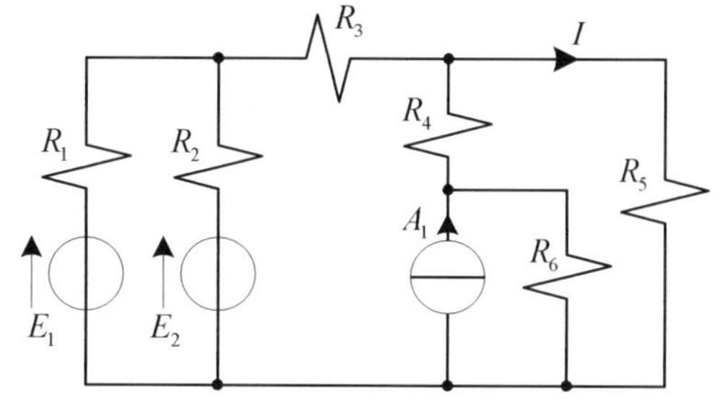

Fig. 6-4.1.

$E_1 = 50$ V $\quad R_3 = 3\ \Omega$
$E_2 = 100$ V $\quad R_4 = 4\ \Omega$
$A_1 = 1$ A $\quad R_5 = 5\ \Omega$
$R_1 = 1\ \Omega$ $\quad R_6 = 10\ \Omega$
$R_2 = 2\ \Omega$

Assegnata la rete in figura, determinare la corrente I.

L'esercizio proposto è concettualmente simile al precedente esercizio 6-3. In questo caso si propone un confronto fra le procedure di risoluzione basate sull'impiego del teorema di Thévenin e sull'uso dell'analisi ai nodi.

Impiego del teorema di Thévenin

Le modalità con le quali è possibile ricavare il generatore equivalente di Thévenin sono state illustrate nel precedente esercizio 6-3 e nell'esercitazione 5. In questo caso il generatore equivalente di Thévenin riguarderà tutta la rete attiva "vista" dalla resistenza R_5, nella quale circola la corrente I richiesta.

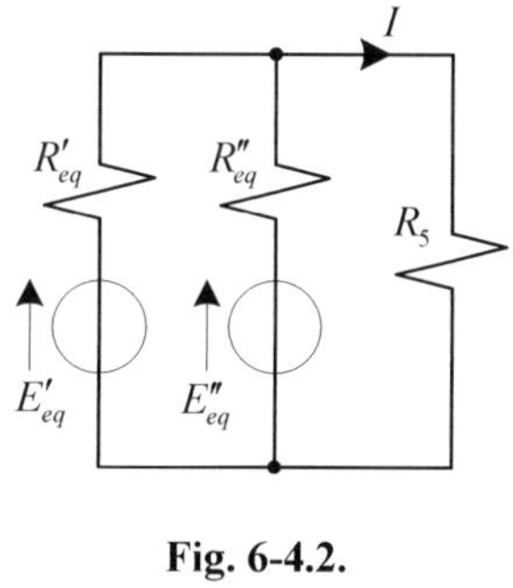

Fig. 6-4.2.

Conviene, innanzitutto, ridurre la rete a quella equivalente mostrata in Fig. 6-4.2, per la quale si ha:

$$\begin{cases} E'_{eq} = \dfrac{E_1 / R_1 + E_2 / R_2}{1/R_1 + 1/R_2} = 66,6667 \text{ V} \\ E''_{eq} = R_6 \cdot A_1 = 10 \text{ V} \\ R'_{eq} = \dfrac{R_1 R_2}{R_1 + R_2} + R_3 = 3,6667 \ \Omega \\ R''_{eq} = R_4 + R_6 = 14 \ \Omega \end{cases}$$

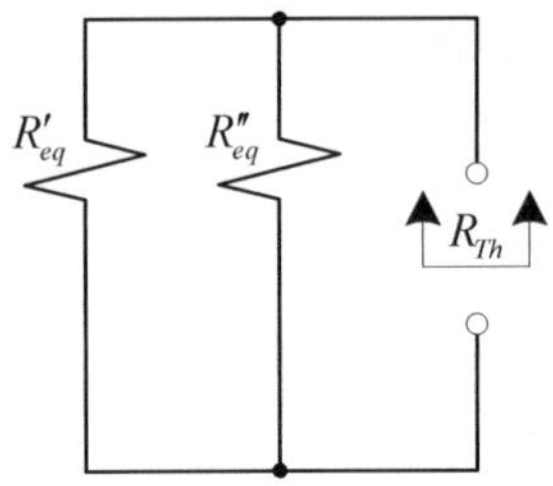

Fig. 6-4.3.

in cui il generatore ideale equivalente di tensione E'_{eq} è stato ricavato sfruttando la regola del parallelo fra due o più generatori reali di tensione (tale regola è dimostrabile mediante il corollario di Millmann oppure attraverso l'impiego del teorema di Thévenin).

Per la resistenza equivalente di Thévenin si ha (cfr. Fig. 6-4.3):

$$R_{Th} = \frac{R'_{eq} \cdot R''_{eq}}{R'_{eq} + R''_{eq}} = 2,9057 \ \Omega$$

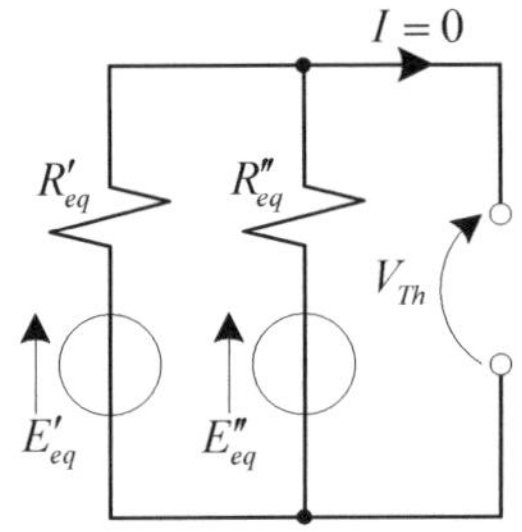

Fig. 6-4.4.

mentre la tensione di Thévenin vale (cfr. Fig. 6-4.4):

$$V_{Th} = \frac{E'_{eq} / R'_{eq} + E''_{eq} / R''_{eq}}{1/R'_{eq} + 1/R''_{eq}} = 54,9057 \text{ V}$$

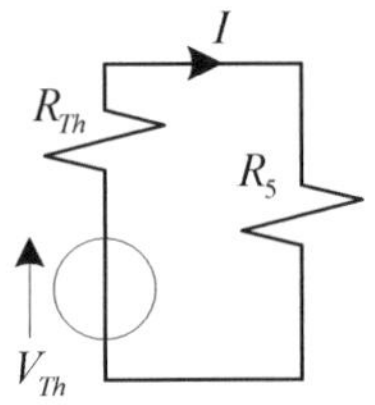

Fig. 6-4.5.

dove, come richiamato poco sopra, è stata impiegata la regola del parallelo fra più generatori reali di tensione.

La corrente I richiesta è direttamente ricavabile osservando la rete "ricomposta" (cfr. Fig. 6-4.5):

$$I = \frac{V_{Th}}{R_{Th} + R_5} = 6,9451 \text{ A}$$

Impiego dell'analisi ai nodi

La rete allo studio viene analizzata attraverso l'analisi ai nodi, con la procedura già richiamata per l'esercizio 3-4. Per seguire tale procedura, si ridisegna, innanzitutto, la rete proposta così come riportato in Fig. 6-4.6, in cui tutti i lati sono stati trasformati nel loro equivalente parallelo, così come richiesto dal metodo. Per tale rete si ha:

$$G_1 = \frac{1}{R_1} = 1 \text{ S} \qquad G_2 = \frac{1}{R_2} = 0,5 \text{ S} \qquad G_3 = \frac{1}{R_3} = 0,3333 \text{ S}$$

$$G_4 = \frac{1}{R_4} = 0,25 \text{ S} \qquad G_5 = \frac{1}{R_5} = 0,2 \text{ S} \qquad G_6 = \frac{1}{R_6} = 0,1 \text{ S}$$

$$A_1 = 1 \text{ A} \qquad \text{A}_2 = \frac{E_2}{R_2} = 50 \text{ A} \qquad A_3 = \frac{E_1}{R_1} = 50 \text{ A}$$

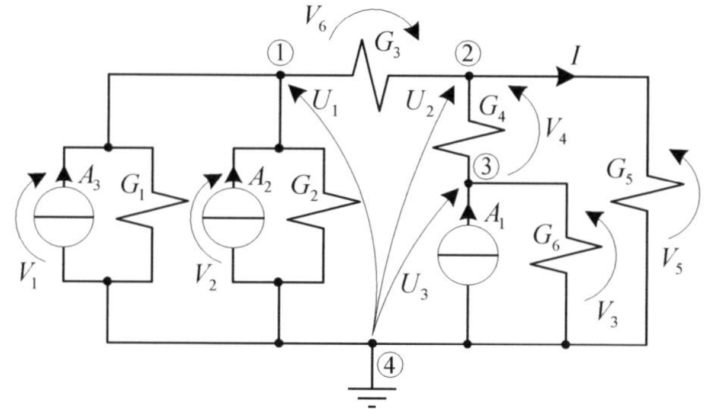

Fig. 6-4.6.

La rete così ottenuta presenta le seguenti caratteristiche:

$$\begin{cases} \ell = 6 \quad \text{(numero di lati)} \\ n = 4 \quad \text{(numero di nodi)} \\ p = n-1 = 3 \quad \text{(numero di nodi indipendenti)} \\ m = \ell - p = 3 \quad \text{(numero di maglie indipendenti)} \end{cases}$$

e per essa si formalizza, come previsto, la relativa matrice di incidenza:

$$\begin{bmatrix} V_1 \\ V_2 \\ V_3 \\ V_4 \\ V_5 \\ V_6 \end{bmatrix} = \begin{bmatrix} 1 & 0 & 0 \\ 1 & 0 & 0 \\ 0 & 0 & 1 \\ 0 & 1 & -1 \\ 0 & 1 & 0 \\ -1 & 1 & 0 \end{bmatrix} \cdot \begin{bmatrix} U_1 \\ U_2 \\ U_3 \end{bmatrix} \quad \leftrightarrow \quad [V] = [B] \cdot [U]$$

La matrice delle conduttanze è ricavabile per ispezione:

$$[G] = \begin{bmatrix} G_1 + G_2 + G_3 & -G_3 & 0 \\ -G_3 & G_3 + G_4 + G_5 & -G_4 \\ 0 & -G_4 & G_4 + G_6 \end{bmatrix} = \begin{bmatrix} 1,8333 & -0,3333 & 0 \\ -0,3333 & 0,7833 & -0,25 \\ 0 & -0,25 & 0,35 \end{bmatrix} \text{ S}$$

così come il vettore delle correnti interne:

$$[\alpha] = \begin{bmatrix} A_2 + A_3 \\ 0 \\ A_1 \end{bmatrix} = \begin{bmatrix} 100 \\ 0 \\ 1 \end{bmatrix} \text{ A}$$

Mediante la solita relazione matriciale, si ottengono infine tutte le tensioni di lato:

$$\begin{bmatrix} V_1 \\ V_2 \\ V_3 \\ V_4 \\ V_5 \\ V_6 \end{bmatrix} = [B]\cdot[G]^{-1}\cdot[\alpha] = \begin{bmatrix} 60,8592 \\ 60,8592 \\ 27,6611 \\ 7,0644 \\ 34,7255 \\ -26,1337 \end{bmatrix} \text{ V}$$

da cui, applicando la relazione di Ohm al lato 7:

$$I = I_7 = G_5 \cdot V_5 = 6,9451 \text{ A}$$

Confronto fra i metodi impiegati

Il solo confronto del numero di calcoli eseguiti per ciascuno dei due metodi impiegati mostra che l'applicazione del teorema di Thévenin risulta, per il caso considerato, il metodo più vantaggioso.

Inoltre si osserva che l'impiego dell'analisi ai nodi, conducendo al calcolo di tutte le tensioni di lato, comporta la determinazione di cinque variabili non richieste (le tensioni V_1, V_2, V_3, V_4 e V_6; la tensione di lato V_5, come visto, è invece necessaria per il calcolo della corrente I richiesta).

Da tale confronto si conclude, così come già osservato in precedenza (cfr., in proposito, gli esercizi 6-1 e 6–2), che i metodi di analisi globale delle reti sono da impiegarsi preferibilmente soltanto per quei casi in cui viene richiesto il calcolo di un numero significativo di variabili di lato (tensioni e/o correnti).

■

Esercizio 6-5

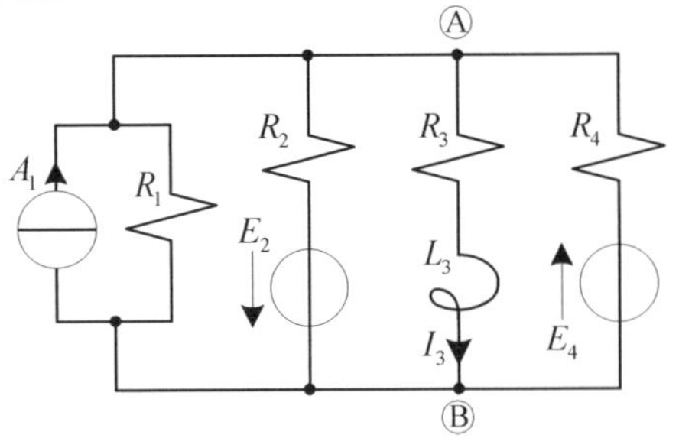

Fig. 6-5.1.

$E_2 = 6$ V, $R_2 = 1\ \Omega$
$E_4 = 18$ V, $R_3 = 6\ \Omega$
$A_1 = 12$ A, $R_4 = 16\ \Omega$
$R_1 = 4\ \Omega$, $L_3 = 12$ mH

Assegnata la rete in figura, calcolare l'energia magnetica immagazzinata a regime dall'induttanza L$_3$.

L'energia richiesta richiede il calcolo preventivo, in condizioni di regime, della corrente I_3. Tale calcolo viene condotto sia attraverso l'uso del corollario di Millmann, sia mediante l'applicazione del teorema di Thévenin.

Al termine delle due procedure si procede con un confronto critico dei risultati ottenuti.

Impiego del corollario di Millmann

La rete proposta è di tipo binodale; la tensione fra i nodi A e B è dunque immediatamente calcolabile sfruttando il corollario di Millmann, in base al quale si ottiene (si ricorda che, in condizioni di regime, l'induttanza L_3 diviene un corto circuito):

$$V_{AB} = \frac{-E_2 / R_2 + E_4 / R_4 + A_1}{1/R_1 + 1/R_2 + 1/R_3 + 1/R_4} = 4,8169 \text{ V}$$

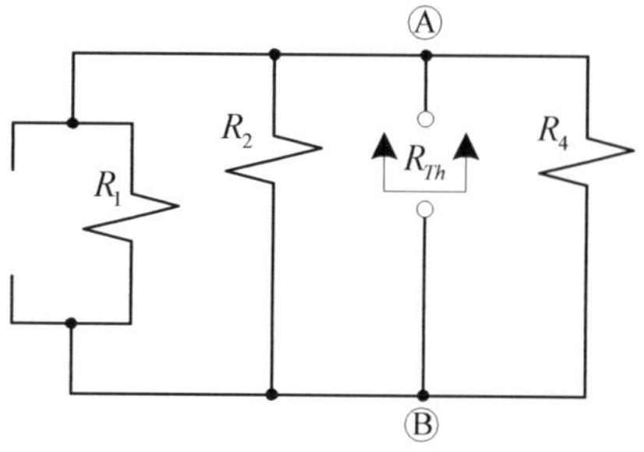

Fig. 6-5.2.

Segue poi la corrente I_3:

$$I_3 = \frac{V_{AB}}{R_3} = 0,8028 \text{ A}$$

da cui l'energia magnetica richiesta:

$$W_\mu = \frac{1}{2} L_3 \cdot I_3^2 = 0,0039 \text{ J}$$

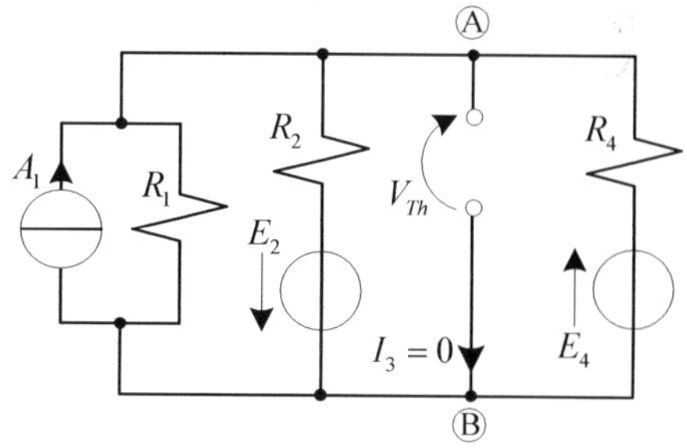

Fig. 6-5.3.

Impiego del teorema di Thévenin

Viene ricavato il generatore equivalente di Thévenin di tutta la rete attiva "vista" dall'induttanza L_3. La resistenza equivalente vale (cfr. Fig. 6-5.2):

$$R_{Th} = \left(\frac{1}{R_1} + \frac{1}{R_2} + \frac{1}{R_4} \right)^{-1} = 0,7619 \ \Omega$$

mentre la tensione di Thévenin (cfr. la Fig. 6-5.3), ricavabile mediante l'impiego del corollario di Millmann, è:

$$V_{Th} = \frac{-E_2 / R_2 + E_4 / R_4 + A_1}{1/R_1 + 1/R_2 + 1/R_4} = 5,4286 \text{ V}$$

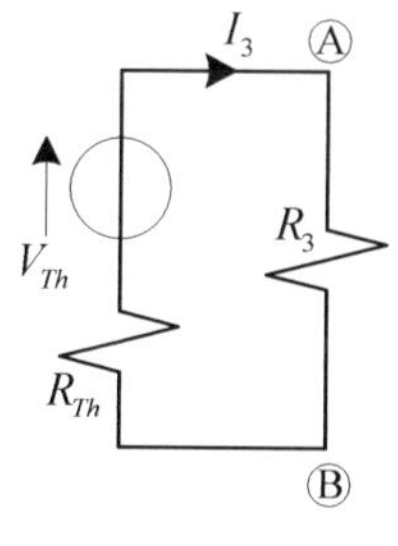

Fig. 6-5.4.

da cui la corrente I_3 (cfr. Fig. 6-5.4):

$$I_3 = \frac{V_{Th}}{R_{Th} + R_3} = 0,8028 \text{ A}$$

e l'energia richiesta:

$$W_\mu = \frac{1}{2} L_3 \cdot I_3^2 = 0,0039 \text{ J}$$

Confronto fra i metodi impiegati

Nel caso specifico analizzato, le due procedure adottate si equivalgono dal punto di vista dello sforzo computazionale e della comprensione concettuale della rete allo studio. Pertanto non è possibile determinare quale delle due sia preferibile adottare.

Tuttavia, si osserva che l'impiego del teorema di Thévenin richiede comunque l'uso del corollario di Millmann (che, pur non risultando l'unica tecnica impiegabile, costituisce fatto, la più immediata). Questa osservazione suggerisce l'adozione del metodo diretto attraverso il corollario di Millmann, ma tale conclusione non ha alcuna validità generale.

■

Esercizio 6-6

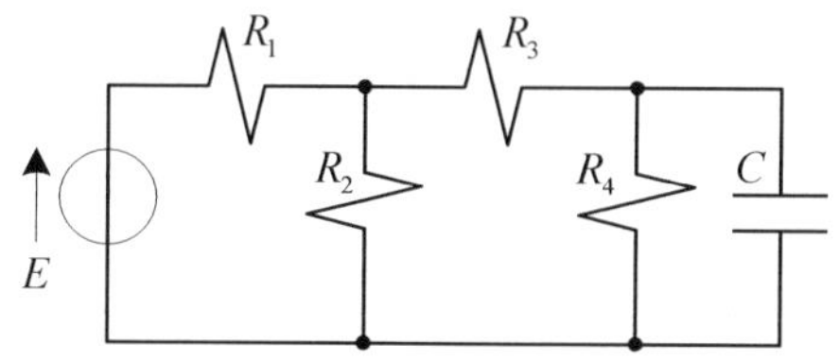

Fig. 6-6.1.

$E = 6$ V $R_3 = 0{,}5$ Ω
$R_1 = 1$ Ω $R_4 = 0{,}1$ Ω
$R_2 = 2$ Ω $C = 1$ μF

Assegnata la rete in figura, calcolare l'energia elettrica accumulata dal condensatore C *in condizioni di regime.*

Il calcolo dell'energia richiesta in condizioni di regime stazionario richiede di ricavare preventivamente la tensione V_C ai capi del condensatore C.

Tale tensione si determina applicando due procedimenti diversi: il primo richiede l'uso combinato della riduzione della parte passiva della rete e dell'applicazione ricorsiva della regola del partitore di tensione, il secondo si avvale del teorema di Thévenin.

Riduzione della parte passiva della rete ed impiego della regola del partitore di tensione

La rete proposta diviene, in regime stazionario, quella rappresentata in Fig. 6-6.2. L'insieme delle resistenze R_2, R_3 ed R_4 può essere ricondotto all'unica resistenza equivalente:

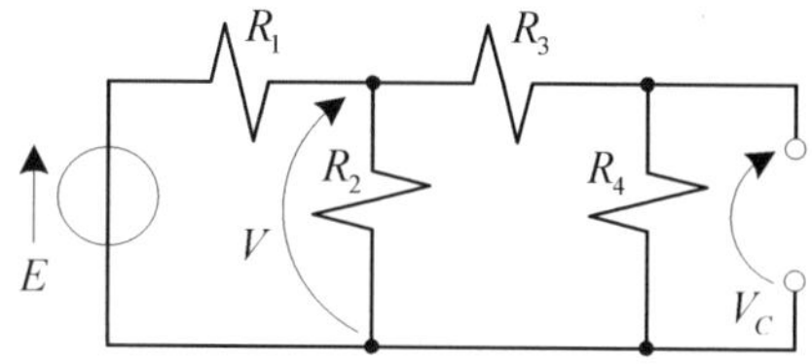

Fig. 6-6.2.

$$R_{eq} = \frac{(R_3 + R_4) \cdot R_2}{R_3 + R_4 + R_2} = 0{,}4615 \ \Omega$$

L'insieme del generatore ideale di tensione E e delle resistenze R_1 ed R_{eq} costituisce la maglia primitiva di Fig. 6-6.3, per la quale, impiegando la regola del partitore di tensione, si ha:

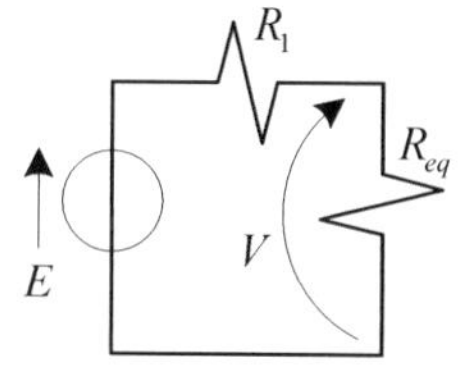

Fig. 6-6.3.

$$V = E \cdot \frac{R_{eq}}{R_{eq} + R_1} = 1{,}8947 \ \text{V}$$

Nota la tensione V, si torna a considerare la rete di Fig. 6–6.2 per la quale si ottiene, applicando nuovamente la regola del partitore di tensione, la tensione V_C ai capi del condensatore C:

$$V_C = V \cdot \frac{R_4}{R_3 + R_4} = 0{,}3158 \ \text{V}$$

da cui l'energia richiesta:

$$W_\varepsilon = \frac{1}{2} C \cdot V_C^2 = 0,0499 \ \mu\text{J}$$

Uso del teorema di Thévenin

Si calcola l'equivalente di Thévenin "visto" dai morsetti del condensatore C. La resistenza equivalente vale (cfr. Fig. 6-6.4):

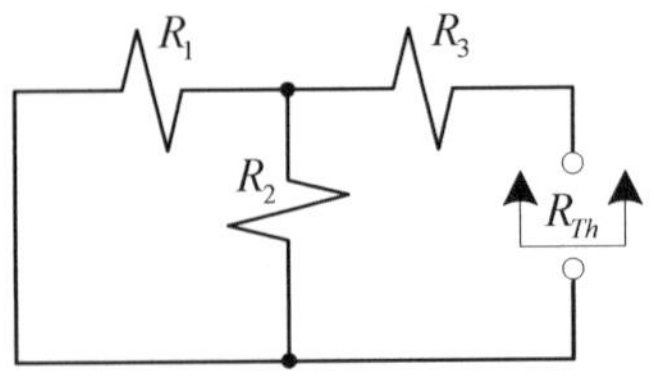

Fig. 6-6.4.

$$R_{Th} = \frac{R_1 R_2}{R_1 + R_2} + R_3 = 1,1677 \ \Omega$$

mentre la tensione di Thévenin, calcolabile sfruttando la regola del partitore di tensione, risulta essere pari a: (cfr. Fig. 6-6.5):

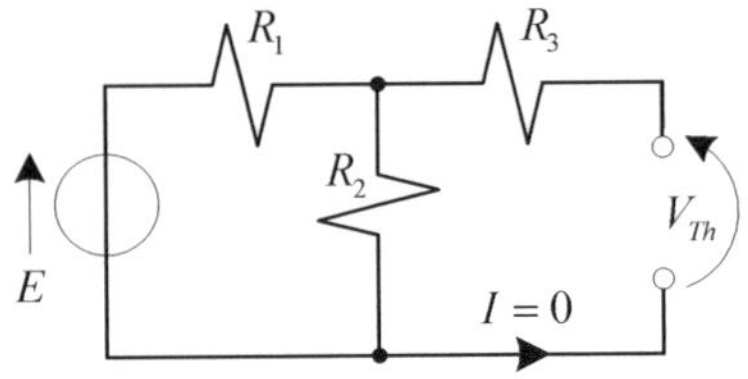

Fig. 6-6.5.

$$V_{Th} = E \cdot \frac{R_2}{R_1 + R_2} = 4 \ \text{V}$$

Segue, "ricomponendo" la rete (cfr. Fig. 6-6.6) ed applicando nuovamente la regola del partitore di tensione:

$$V_C = V_{Th} \cdot \frac{R_4}{R_{Th} + R_4} = 0,3158 \ \text{V}$$

da cui l'energia richiesta:

$$W_\varepsilon = \frac{1}{2} C \cdot V_C^2 = 0,0499 \ \mu\text{J}$$

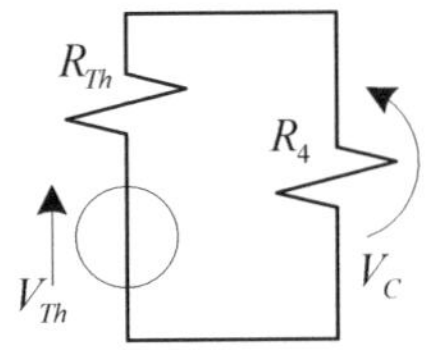

Fig. 6-6.6.

Confronto fra i metodi adottati

Valgono le medesime considerazioni esposte per il precedente esercizio 6-5, da cui si conclude che anche in questo caso non è possibile trarre alcuna indicazione di carattere generale. Si osserva solamente che, nello specifico caso analizzato, il primo metodo risulta essere più conveniente del secondo, in quanto l'applicazione del teorema di Thévenin richiede comunque l'impiego della regola del partitore di tensione.

■

Esercizio 6-7

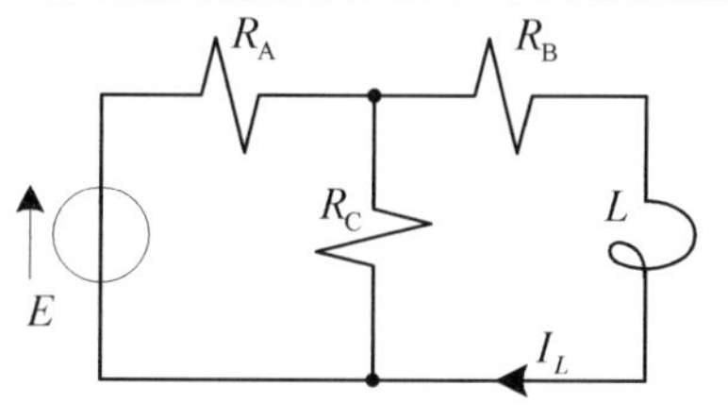

Fig. 6-7.1.

$E = 24$ V
$R_A = 10\ \Omega$
$R_B = 5\ \Omega$
$R_C = 3\ \Omega$
$L = 86$ mH

Assegnata la rete in figura, calcolare l'energia magnetica accumulata, in regime stazionario, dall'induttanza L.

Il calcolo dell'energia richiesta richiede la conoscenza preventiva della corrente I_L. Tale corrente viene ricavata sia mediante una modifica della rete realizzata attraverso la trasformazione stella-triangolo, sia sfruttando il corollario di Millmann.

Uso della trasformazione stella-triangolo

La rete proposta può essere modificata in quella rappresentata in Fig. 6-7.2 mediante la seguente trasformazione stella-triangolo (cfr. esercizio 1-6):

$$\begin{cases} D = \left(\dfrac{1}{R_A} + \dfrac{1}{R_B} + \dfrac{1}{R_C} \right)^{-1} = 1,5789\ \Omega \\ R_{AB} = \dfrac{R_A \cdot R_B}{D} = 31,6676\ \Omega \\ R_{BC} = \dfrac{R_B \cdot R_C}{D} = 9,5\ \Omega \\ R_{CA} = \dfrac{R_A \cdot R_C}{D} = 19\ \Omega \end{cases}$$

In regime stazionario (Fig. 6-7.2) si ricava immediatamente:

$$I_L = \frac{E}{R_{AB}} = 0,7579\ \text{A}$$

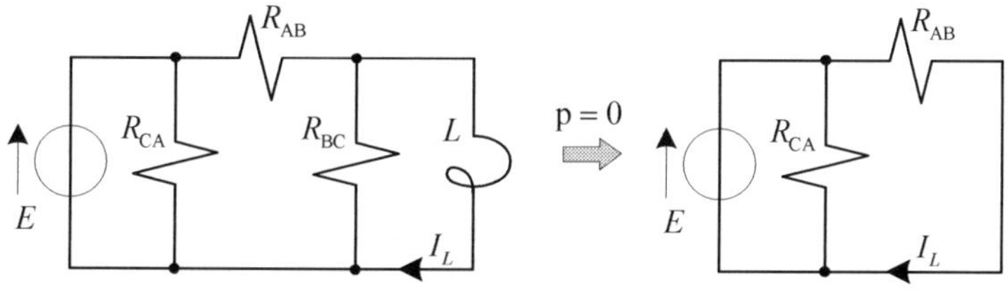

Fig. 6-7.2.

da cui, infine, l'energia richiesta:

$$W_\mu = \frac{1}{2} L \cdot I_L^2 = 0,0247 \text{ J}$$

Impiego del corollario di Millmann

In regime stazionario la rete proposta diviene, risultando l'induttanza L un corto circuito, quella riportata in Fig. 6-7.3. Tale rete è di tipo binodale; la tensione V può dunque essere immediatamente ricavata applicando il corollario di Millmann, per il quale risulta:

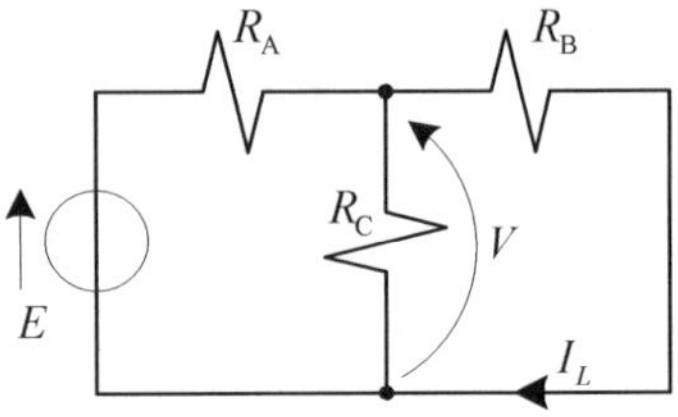

Fig. 6-7.3.

$$V = \frac{E / R_A}{1/R_A + 1/R_B + 1/R_C} = 3,7895 \text{ V}$$

La corrente I_L nell'induttanza vale allora:

$$I_L = \frac{V}{R_B} = 0,7579 \text{ A}$$

da cui, infine, l'energia richiesta:

$$W_\mu = \frac{1}{2} L \cdot I_L^2 = 0,0247 \text{ J}$$

Confronto fra i metodi impiegati

I due metodi impiegati si equivalgono dal punto di vista della complessità concettuale. Per quanto riguarda la complessità computazionale, il secondo metodo richiede il numero minore di calcoli ed è pertanto da preferirsi.

Quando la rete è di tipo binodale, in genere il corollario di Millmann costituisce il metodo di risoluzione più semplice e rapido.

La trasformazione stella-triangolo è indicata in quei casi in cui è presente una parte passiva della rete che, complessa dal punto di vista topologico e da quello del numero di bipoli passivi presenti, non può essere ricondotta ad una rete semplificata (ad esempio di tipo binodale).

■

Reti magnetiche elementari

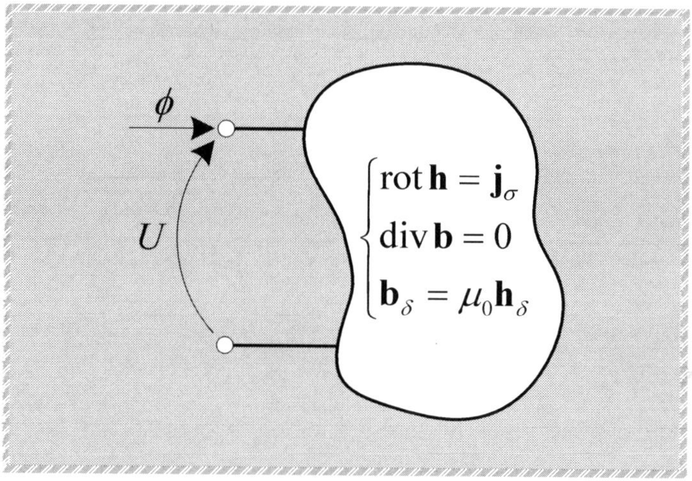

Esercizio 7-1

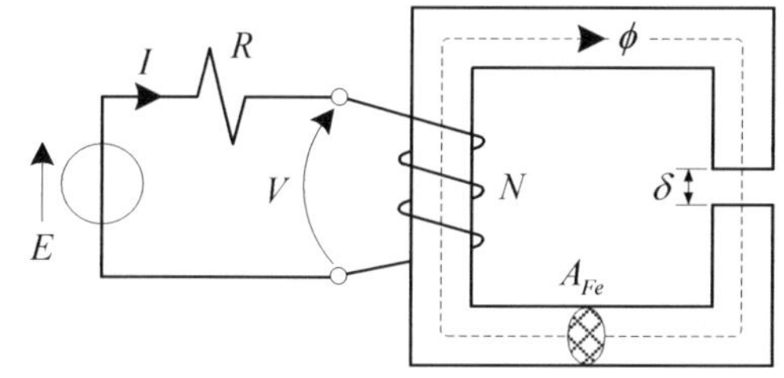

Fig. 7-1.1.

$E = 10$ V $\delta = 3$ mm
$R = 1\ \Omega$ $A_{Fe} = 90$ cm^2
$N = 50$ $\mu_{Fe} \gg \mu_0$

Assegnata la rete magnetoelettrica in figura calcolare la tensione V*, la corrente* I *e l'energia magnetica accumulata in condizioni di regime stazionario,.*

Il problema proposto è rappresentato mediante una rete magnetoelettrica, in cui la parte magnetica risulta strettamente accoppiata alla parte elettrica.

I problemi di questo tipo sono risolvibili avvalendosi del concetto di *rete magnetica equivalente*; in tal caso, il dispositivo magnetico presente è rappresentato, con equivalenza agli effetti esterni, mediante un'induttanza L.

Il dispositivo magnetico presente nella rete magnetoelettrica proposta può essere modellizzato attraverso la rete magnetica equivalente riportata in Fig. 7-1.2. Tale rete è caratterizzata dalla sola riluttanza ϑ_δ relativa al traferro δ, oltre che dal generatore di forza magnetomotrice M. L'assenza della riluttanza equivalente al tratto in materiale ferromagnetico si giustifica considerando l'espressione generale per il calcolo della riluttanza associata ad un generico tubo di flusso di sezione costante A, lunghezza l e permeabilità magnetica μ:

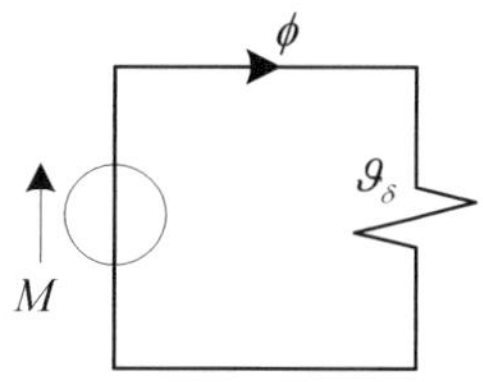

Fig. 7-1.2.

$$\vartheta = \frac{1}{\mu} \cdot \frac{l}{A} = \frac{1}{\mu_0 \mu_r} \cdot \frac{l}{A}$$

in cui μ_r è la permeabilità magnetica relativa. Dall'espressione precedente si conclude che, essendo $\mu_{Fe} \gg \mu_0$, le riluttanze dei tratti costituiti da materiale ferromagnetico risultano ingegneristicamente trascurabili rispetto alla riluttanza di traferro.

La riluttanza ϑ_δ relativa al traferro per la struttura considerata vale, dopo aver riportato tutte le grandezze alle unità di misura del SI:

$$\vartheta_\delta = \frac{1}{\mu_0} \cdot \frac{\delta}{A_{Fe}} = \frac{1}{4\pi \times 10^{-7}} \cdot \frac{3 \times 10^{-3}}{90 \times 10^{-4}} = 2,6526 \times 10^5 \ \text{H}^{-1}$$

Per definizione, l'induttanza L associata al dispositivo magnetico allo studio è calcolabile come:

$$L=\frac{\psi}{I}=\frac{N\phi}{I}$$

in cui ψ rappresenta il flusso magnetico concatenato con l'unico avvolgimento presente[1], composto da N spire, supposte tutte identiche fra di loro. Per calcolare l'induttanza sembrerebbe necessario conoscere la corrente I che alimenta l'avvolgimento; in realtà la grandezza L, mediante la quale il dispositivo magnetico risulta sinteticamente descrivibile con equivalenza agli effetti esterni, risulta del tutto indipendente da tale corrente. Per dimostrarlo è sufficiente supporre di conoscere questa variabile ed elaborare i vari passaggi.

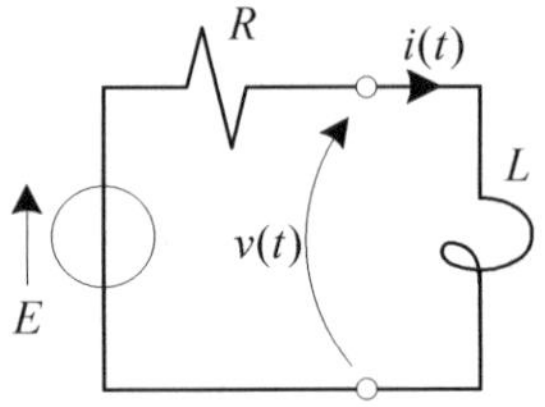

Fig. 7-1.3.

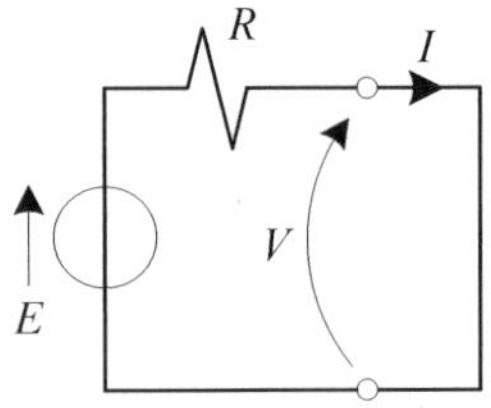

Fig. 7-1.4.

Si supponga allora che risulti:

$$I=I^*$$

con I^* nota. La forza magnetomotrice che rappresenta la sorgente del campo magnetico all'interno della rete magnetica equivalente di Fig. 7.1-2 vale pertanto:

$$M=M^*=N\cdot I^*$$

Nota tale grandezza, il flusso magnetico ϕ si calcola immediatamente attraverso l'applicazione della legge magnetica di Ohm:

$$\phi=\phi^*=\frac{M^*}{\vartheta_\delta}=\frac{N}{\vartheta_\delta}I^*$$

Il flusso magnetico concatenato vale poi:

$$\psi=\psi^*=N\phi^*=\frac{N^2}{\vartheta_\delta}I^*$$

da cui, infine, l'induttanza cercata:

$$L=\frac{\psi^*}{I^*}=\frac{N^2}{\vartheta_\delta}=0,0094\ \text{H}$$

la quale, come volevasi dimostrare, risulta indipendente dalla corrente che alimenta l'avvolgimento presente.

Nota l'induttanza, è possibile rappresentare la rete magnetoelettrica proposta (Fig. 7.1-1) mediante la rete elettrica equivalente di Fig. 7.1-3, la quale, in condizioni di regime, diviene il circuito rappresentato in Fig. 7-1.4. Per questo si ha:

$$I=\frac{E}{R}=10\ \text{A}$$

[1] Si suppone che non siano presenti *flussi dispersi* (ossia dovuti a linee di forza del campo magnetico che si richiudono in aria e non attraverso il nucleo ferromagnetico) e che il concatenamento con l'avvolgimento sede della corrente sorgente del campo sia di tipo completo.

$$V_L = 0 \text{ V}$$

Segue, infine, l'energia magnetica accumulata a regime:

$$W_\mu = \frac{1}{2} L \cdot I^2 = 0,4712 \text{ J}$$

È opportuno osservare che per i dispositivi magnetici rappresentabili mediante reti magnetiche semplici e ricorsive (come nel caso appena analizzato) non è necessario ricavare l'espressione dell'induttanza L ogni qualvolta se ne presenti la necessità; è invece più opportuno ricordarne l'espressione, operazione resa più facile dal fatto che questa non risulta per nulla essere complicata. Su tale aspetto si tornerà nei prossimi esercizi.

Per comodità del lettore, si riporta in Fig. 7-1.5 uno schema che illustra la regola "del cavatappi" (detto anche "della vite destrorsa") con la quale è possibile determinare il verso convenzionale da assegnare ai generatori di forza magnetomotrice presenti nelle reti magnetiche equivalenti.

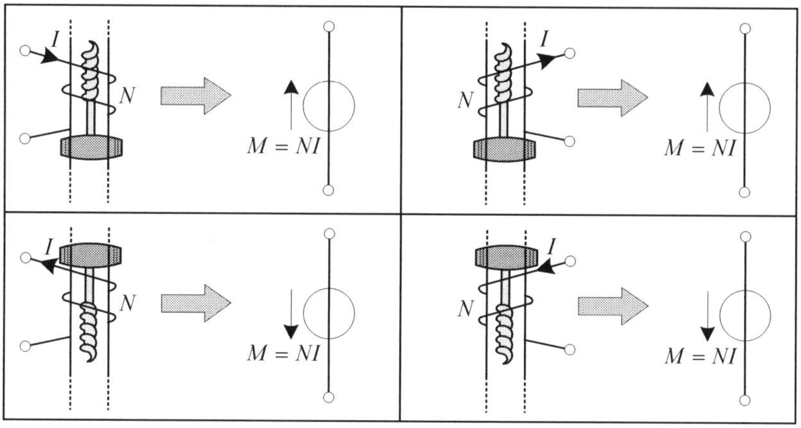

Fig. 7-1.5.

■

Esercizio 7-2

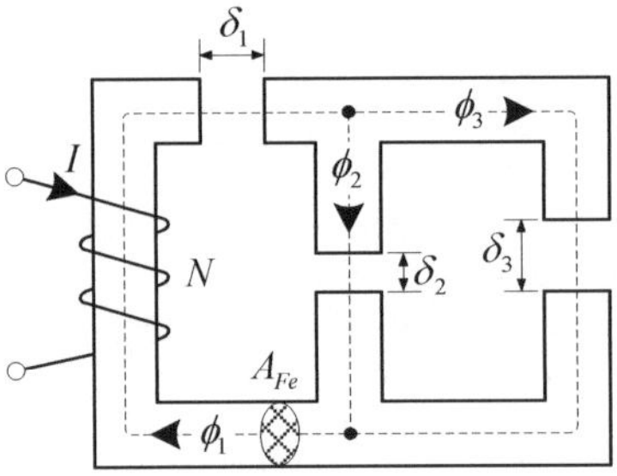

Fig. 7-2.1.

$I = 10$ A $\quad N = 8$

$\delta_1 = 5$ mm $\quad A_{Fe} = 80$ cm^2

$\delta_2 = 4$ mm $\quad \mu_{Fe} \gg \mu_0$

$\delta_3 = 6$ mm

Assegnato il dispositivo magnetico in figura, determinare i flussi magnetici indicati e l'energia accumulata a regime avvalendosi del metodo della rete magnetica equivalente.

Secondo quanto consigliato nel testo dell'esercizio proposto, il dispositivo magnetico viene rappresentato mediante la corrispondente rete magnetica, risolvendo la quale si ricavano le grandezze richieste.

Il dispositivo proposto può essere rappresentato attraverso la rete magnetica equivalente di cui alla Fig. 7-2.2. Come nel precedente esercizio 7-1, anche in questo caso le uniche riluttanze presenti sono quelle relative ai traferri, le quali sono calcolabili come:

$$\vartheta_{\delta 1} = \frac{1}{\mu_0} \cdot \frac{\delta_1}{A_{Fe}} = 4,9736 \times 10^5 \ \text{H}^{-1}$$

$$\vartheta_{\delta 2} = \frac{1}{\mu_0} \cdot \frac{\delta_2}{A_{Fe}} = 3,9789 \times 10^5 \ \text{H}^{-1}$$

$$\vartheta_{\delta 3} = \frac{1}{\mu_0} \cdot \frac{\delta_3}{A_{Fe}} = 5,9683 \times 10^5 \ \text{H}^{-1}$$

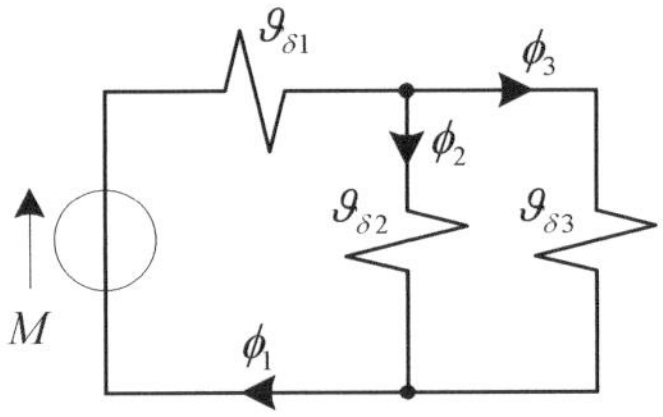

Fig. 7-2.2.

avendo, di necessità, convertito le unità di misura delle lunghezze dei traferri e dell'area della sezione di materiale ferromagnetico nelle corrispondenti unità SI.

La rete magnetica allo studio è di semplice risoluzione; essendo presente un unico generatore (ossia una sola forza magnetomotrice M), è possibile ridurre la parte passiva del circuito applicando le tecniche esposte nelle esercitazioni 1 e 2,. In particolare, osservando che le riluttanze $\vartheta_{\delta 2}$ e $\vartheta_{\delta 3}$ sono in parallelo fra loro e che tale parallelo risulta in serie a $\vartheta_{\delta 1}$, la riluttanza equivalente complessiva risulta essere:

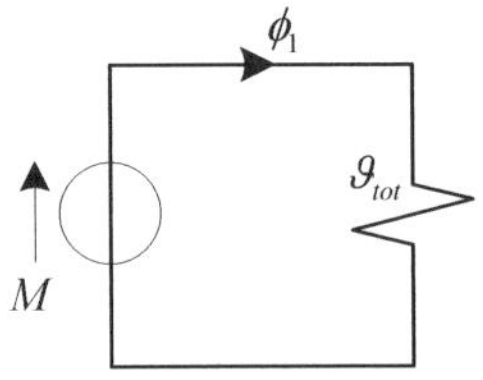

Fig. 7-2.3.

$$\vartheta_{tot} = \vartheta_{\delta 1} + \frac{\vartheta_{\delta 2}\vartheta_{\delta 3}}{\vartheta_{\delta 2} + \vartheta_{\delta 3}} = 7,3609 \times 10^5 \ \text{H}^{-1}$$

La forza magnetomotrice vale poi:

$$M = N \cdot I = 80 \ \text{A}$$

la quale, assieme alla riluttanza ϑ_{tot}, costituisce la maglia magnetica primitiva di Fig. 7-2.3. Nota tale maglia, è possibile calcolare immediatamente il flusso ϕ_1 come:

$$\phi_1 = \frac{M}{\vartheta_{tot}} = 1,0868 \times 10^{-4} \ \text{Wb}$$

Il flusso ϕ_2 è calcolabile sfruttando la regola del partitore di flusso (analoga a quella già considerata in precedenza del partitore di corrente):

$$\phi_2 = \phi_1 \cdot \frac{\vartheta_{\delta 3}}{\vartheta_{\delta 2} + \vartheta_{\delta 3}} = 6,5209 \times 10^{-5} \ \text{Wb}$$

mentre è possibile ricavare il flusso ϕ_3 scrivendo la legge dei flussi magnetici ad uno dei due nodi presenti:

$$\phi_1 - \phi_2 - \phi_3 = 0 \ \Rightarrow \ \phi_3 = \phi_1 - \phi_2 = 4,3473 \times 10^{-5} \ \text{Wb}$$

L'energia magnetica richiesta può essere calcolata in diversi modi. Il primo è quello di considerare l'intera rete magnetica di Fig. 7.2-2, in base alla quale si ottiene:

$$W_\mu = \frac{1}{2}\left(\vartheta_{\delta 1} \cdot \phi_1^2 + \vartheta_{\delta 2} \cdot \phi_2^2 + \vartheta_{\delta 3} \cdot \phi_3^2\right) = 0,004347 \ \text{J}$$

Un secondo modo di procedere prevede di eseguire il calcolo considerando direttamente la riluttanza complessiva ϑ_{tot} ricavata in precedenza; essendo questa interessata dal solo flusso ϕ_1, si ha direttamente:

$$W_\mu = \frac{1}{2}\vartheta_{tot} \cdot \phi_1^2 = 0,004347 \ \text{J}$$

Un terzo modo richiede, infine, il calcolo preventivo dell'induttanza equivalente agli effetti esterni dell'intero dispositivo. La maglia magnetica primitiva di Fig. 7-2.2 è formalmente analoga alla maglia già considerata per il precedente esercizio 7-1 (cfr. Fig. 7-1.2), dunque l'induttanza L vale:

$$L = \frac{N^2}{\vartheta_{tot}} = 8,6946 \times 10^{-5} \ \text{H}$$

da cui l'energia magnetica richiesta:

$$W_\mu = \frac{1}{2} L \cdot I^2 = 4,3473 \times 10^{-3} \ \text{J}$$

La scelta del metodo mediante il quale eseguire il calcolo dell'energia si basa, in generale, sul tipo di problema che si sta affrontando. In particolare, i primi due approcci richiedono la conoscenza delle variabili interne costituite dai flussi magnetici, mentre il terzo richiede la conoscenza della variabile esterna I (oltre che, naturalmente, dell'induttanza equivalente L).

■

Esercizio 7-3

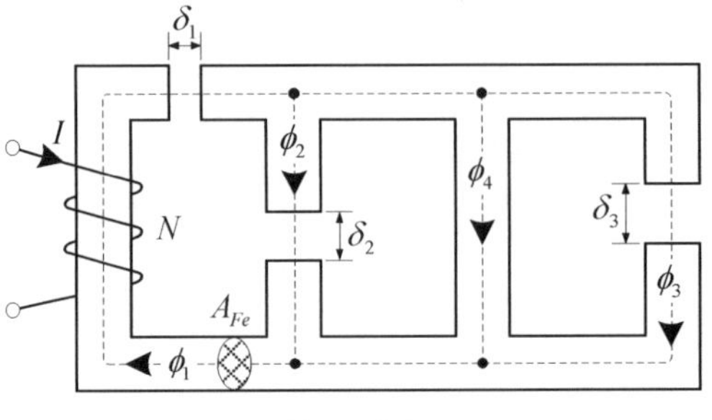

Fig. 7-3.1.

$I = 40$ A $\quad \delta_1 = 1$ mm

$N = 100 \quad \delta_2 = 2$ mm

$A_{Fe} = 94$ cm$^2 \quad \delta_3 = 3$ mm

$\mu_{Fe} \gg \mu_0$

Assegnato il dispositivo magnetico in figura, determinare i flussi magnetici indicati e l'energia accumulata a regime avvalendosi del metodo della rete magnetica equivalente.

Il tema proposto viene risolto con la medesima procedura già considerata per il precedente esercizio 7-2. La presenza di un corto circuito magnetico semplifica la risoluzione della rete magnetica equivalente.

Il dispositivo proposto può essere rappresentato attraverso la rete magnetica equivalente riportata in Fig. 7-3.2, per la quale si ha:

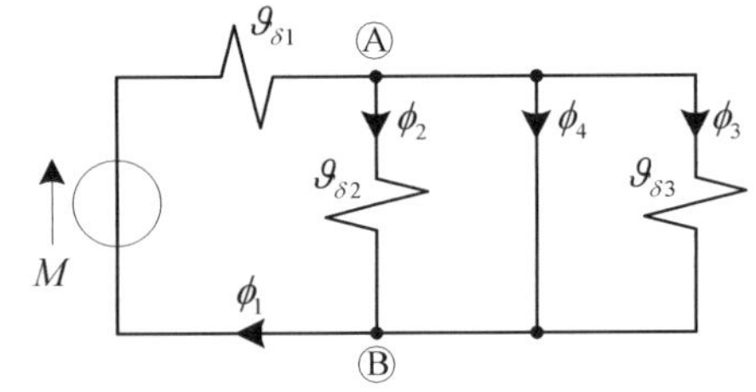

Fig. 7-3.2.

$$\vartheta_{\delta 1} = \frac{1}{\mu_0} \cdot \frac{\delta_1}{A_{Fe}} = 8,4657 \times 10^4 \ \text{H}^{-1}$$

$$\vartheta_{\delta 2} = \frac{1}{\mu_0} \cdot \frac{\delta_2}{A_{Fe}} = 1,6931 \times 10^5 \ \text{H}^{-1}$$

$$\vartheta_{\delta 3} = \frac{1}{\mu_0} \cdot \frac{\delta_3}{A_{Fe}} = 2,5397 \times 10^5 \ \text{H}^{-1}$$

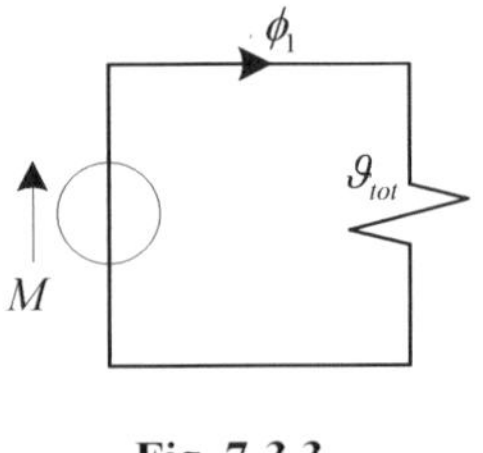

Fig. 7-3.3.

e per cui risultano trascurabili, data la condizione assegnata su μ_{Fe}, le riluttanze relative ai tratti di materiale ferromagnetico.

Il tratto in cui circola il flusso magnetico ϕ_4, corrispondente al relativo lato della rete magnetica equivalente, è caratterizzato da una riluttanza nulla e pertanto rappresenta un *corto circuito magnetico*. È importante sottolineare che tale condizione è, in realtà, di tipo fittizio e conseguente all'approssimazione, ingegneristicamente accettabile, di poter trascurare le riluttanze dei tratti ferromagnetici[2].

Data la presenza di tale corto circuito, la riluttanza complessiva "vista" dalla porta magnetica {A,B} vale:

$$\vartheta_{AB} = \left(\frac{1}{\vartheta_{\delta 2}} + \frac{1}{0} + \frac{1}{\vartheta_{23}} \right)^{-1} = 0 \ \ \mathrm{H}^{-1}$$

che, nuovamente, rappresenta un lato in corto circuito magnetico. Questo significa che la rete magnetica di Fig. 7-3.2 può essere equivalentemente rappresentata con la rete di Fig. 7-3.3, per la quale risulta:

$$\vartheta_{tot} = \vartheta_{\delta 1} = 8,4657 \times 10^4 \ \ \mathrm{H}^{-1}$$

La forza magnetomotrice contenuta nella maglia magnetica primitiva appena ricavata vale:

$$M = N \cdot I = 4000 \ \ \mathrm{A} \quad ,$$

nota la quale si possono calcolare i flussi richiesti:

$$\phi_1 = \frac{M}{\vartheta_{tot}} = 0,0472 \ \ \mathrm{Wb}$$

$$\phi_2 = \phi_3 = 0 \ \ \mathrm{Wb}$$

$$\phi_4 = \phi_1 = 0,0472 \ \ \mathrm{Wb}$$

Per il calcolo dell'energia magnetica accumulata in condizioni di regime si considera il secondo metodo esposto nel precedente esercizio 7-2, in quanto sono ora note tutte le variabili interne (ossia i flussi magnetici):

$$W_\mu = \frac{1}{2} \vartheta_{tot} \cdot \phi_1^2 = 94,4991 \ \ \mathrm{J}$$

Il calcolo può essere condotto anche avvalendosi dell'induttanza equivalente L; nel presente caso tale approccio è sconsigliabile in quanto richiede di ricavare preventivamente tale grandezza. Il calcolo dell'induttanza equivalente è comunque eseguito, in modo da verificare il risultato appena ottenuto.

La rete magnetica primitiva di Fig. 7-3.3 è analoga a quella già ricavata per i precedenti esercizi 7-1 e 7-2; l'induttanza ad essa associata vale dunque:

$$L = \frac{N^2}{\vartheta_{tot}} = 0,1181 \ \ \mathrm{H}$$

da cui l'energia magnetica:

---

[2] Se tale approssimazione non fosse accettabile, allora il lato in cui circola ϕ_4 sarebbe caratterizzato da una riluttanza diversa da zero e pertanto la condizione di corto circuito magnetico non verrebbe verificata.

$$W_\mu = \frac{1}{2} L \cdot I^2 = 94,4991 \ \text{J} \quad ,$$

coincidente con il valore ricavato in precedenza.

■

Esercizio 7-4

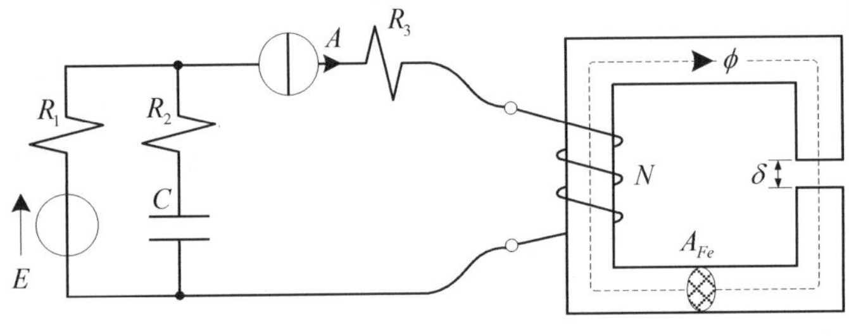

Fig. 7-4.1.

$E = 20$ V	$C = 8$ mF
$A = 6$ A	$N = 50$
$R_1 = 4\ \Omega$	$A_{Fe} = 78$ cm^2
$R_2 = 8\ \Omega$	$\delta = 3$ mm
$R_3 = 12\ \Omega$	$\mu_{Fe} \gg \mu_0$

Assegnata la rete magnetoelettrica di figura, calcolare il valore dell'energia magnetica e dell'energia dielettrica immagazzinate in regime stazionario.

La rete proposta presenta una parte magnetica che, attraverso la relativa rete magnetica equivalente, viene rappresentata, con equivalenza agli effetti esterni, mediante un'induttanza.

La parte magnetica della rete magnetoelettrica proposta può essere rappresentata con il circuito equivalente riportato in Fig. 7-4.2, per il quale risulta:

$$\vartheta_\delta = \frac{1}{\mu_0} \cdot \frac{\delta}{A_{Fe}} = 3,0607 \times 10^5 \ \text{H}^{-1}$$

$$L = \frac{N^2}{\vartheta_\delta} = 0,0082 \ \text{H}$$

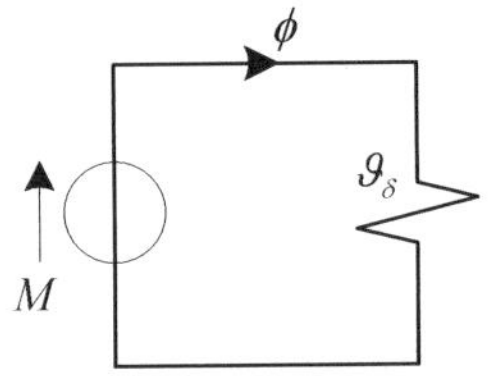

Fig. 7-4.2.

Tenendo conto della condizione di regime stazionario, la rete proposta si rappresenta come indicato in Fig. 7-4.3. Le energie richieste vengono calcolate come esposto nell'esercitazione 2; in particolare, risultando:

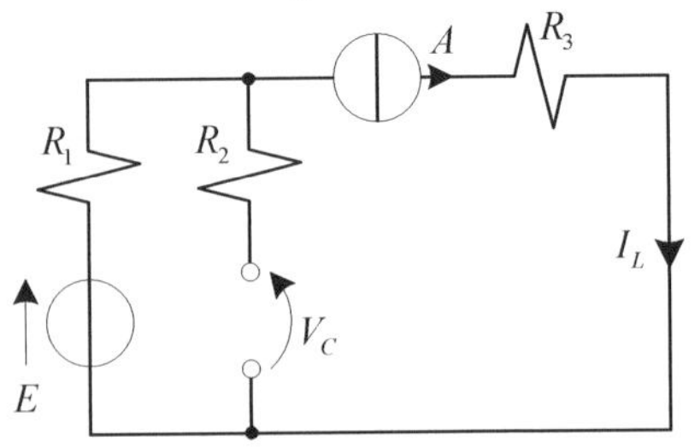

Fig. 7-4.3.

$$I_L \equiv A = 6 \text{ A} \quad ,$$

segue immediatamente:

$$W_\mu = \frac{1}{2} L \cdot I_L^2 = 0{,}1470 \text{ J}$$

Si ha poi:

$$V_C = E - R_1 \cdot A = -4 \text{ V}$$

da cui, infine:

$$W_\varepsilon = \frac{1}{2} C \cdot V_C^2 = 0{,}0640 \text{ J}$$

■

Esercizio 7-5

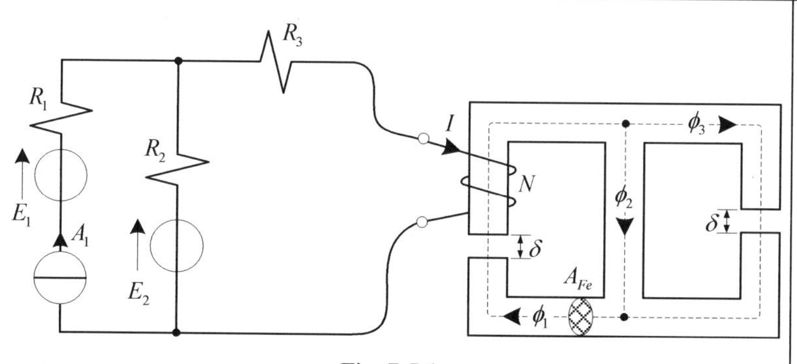

Fig. 7-5.1.

$E_1 = 18$ V
$E_2 = 24$ V
$A_1 = 12$ A
$R_1 = 6\ \Omega$
$R_2 = 2\ \Omega$
$R_3 = 25\ \Omega$
$N = 150$
$A_{Fe} = 150 \text{ cm}^2$
$\delta = 13$ mm
$\mu_{Fe} \gg \mu_0$

Assegnata la rete magnetoelettrica di figura, calcolare, in condizioni di regime stazionario, l'energia magnetica accumulata.

La risoluzione del tema proposto procede in modo analogo a quanto visto per il precedente esercizio 7-4.

Il componente magnetico della rete proposta può essere descritto mediante la rete magnetica equivalente di cui alla Fig. 7-5.2, per la quale si ha, tenendo in conto la presenza di lato in condizione di corto circuito magnetico:

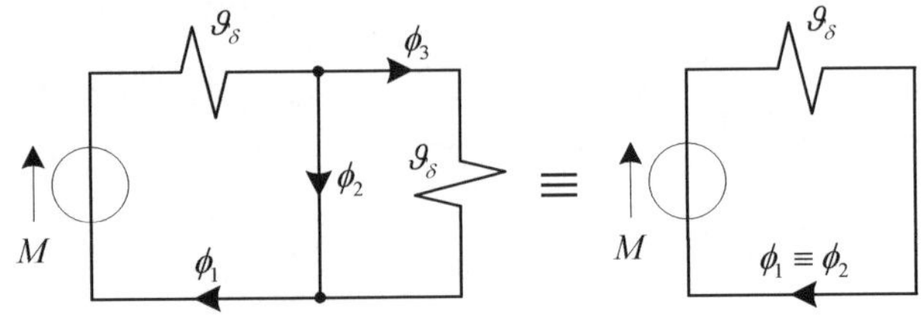

Fig. 7-5.2.

$$\vartheta_\delta = \frac{1}{\mu_0} \cdot \frac{\delta}{A_{Fe}} = 6{,}8967 \times 10^5 \ ..$$

$$L = \frac{N^2}{\vartheta_\delta} = 0{,}0326 \text{ H}$$

La rete magnetoelettrica di Fig. 7-5.1 assume dunque, in condizioni di regime stazionario, l'aspetto indicato in Fig. 7-5.3. Impiegando il corollario di Millmann si ottiene:

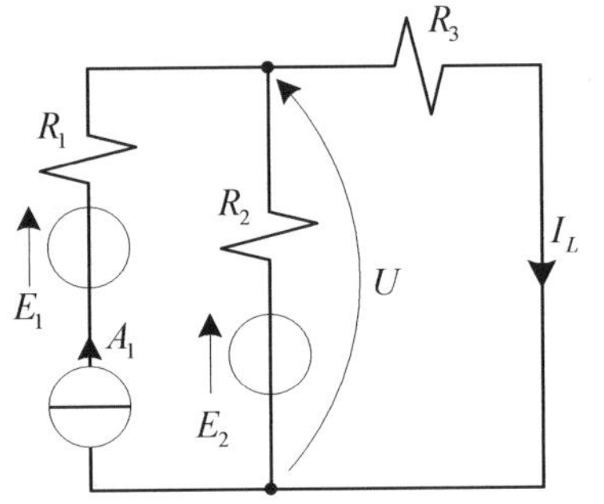

Fig. 7-5.3.

$$U = \frac{E_2 / R_2 + A_1}{1/R_2 + 1/R_3} = 44{,}4444 \text{ V}$$

nota la quale è immediatamente calcolabile la corrente I_L:

$$I_L = \frac{U}{R_3} = 1{,}7778 \text{ A}$$

e, infine, l'energia magnetica accumulata:

$$W_\mu = \frac{1}{2} L \cdot I_L^2 = 0{,}0516 \text{ J}$$

■

Esercizio 7-6

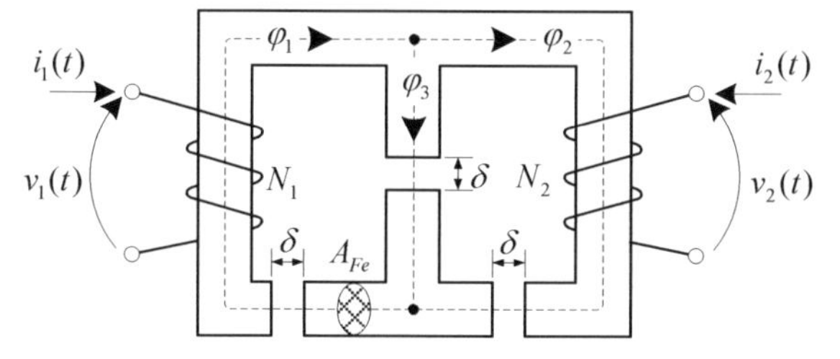

Fig. 7-6.1.

$N_1 = 100$
$N_2 = 10$
$\delta = 5$ mm
$A_{Fe} = 90$ cm^2
$\mu_{Fe} \gg \mu_0$

Studiare, in condizione di regime stazionario, il mutuo induttore *riportato in figura, ricavandone la rete magnetica equivalente e la rete elettrica duale.*

La comprensione del dispositivo allo studio costituisce, di fatto, la base teorica di cui avvalersi per l'analisi dei dispositivi impiegati nelle applicazioni per la conversione elettromeccanica dell'energia e del lavoro elettrico.

Viene condotta un'analisi di tipo teorico, con la quale si intendono esplicitamente richiamare, seppur per sommi capi, i diversi concetti necessari per tale procedura.

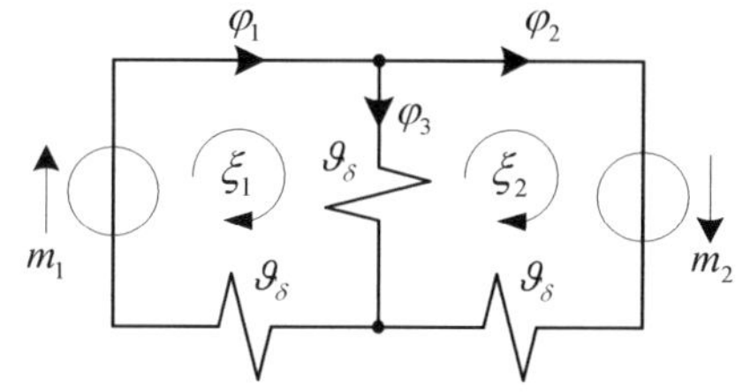

Fig. 7-6.2.

Il funzionamento del dispositivo magnetoelettrico proposto si basa sulla legge di Faraday dell'induzione magnetoelettrica. La rete magnetica equivalente viene ricavata in modo analogo a quanto visto, con i precedenti esercizi, per i casi in cui è presente un solo avvolgimento. La presenza di un avvolgimento aggiuntivo richiede soltanto, con le approssimazioni di prima lettura qui considerate, l'introduzione di un ulteriore forza magnetomotrice. In base a tale osservazione, la rete magnetica equivalente del mutuo induttore proposto è quella riportata in Fig. 7-6.2, la quale è così caratterizzata:

$$m_1 = N_1 i_1 = 100 \cdot i_1$$
$$m_2 = N_2 i_2 = 10 \cdot i_2$$
$$\vartheta_\delta = \frac{1}{\mu_0} \cdot \frac{\delta}{A_{Fe}} = 442097 \ \text{H}^{-1}$$

Tale rete può essere risolta avvalendosi dell'analisi agli anelli magnetici; questa tecnica è, naturalmente, del tutto analoga alla tradizionale analisi agli anelli che viene impiegata per la risoluzione delle reti elettriche e che è stata presentata nell'esercitazione 3 (cfr. esercizio 3-3). La rete allo studio ha le seguenti caratteristiche:

$$\begin{cases} \ell = 3 & \text{(numero di lati)} \\ n = 2 & \text{(numero di nodi)} \\ p = n - 1 = 1 & \text{(numero di nodi indipendenti)} \\ m = \ell - p = 2 & \text{(numero di maglie indipendenti)} \end{cases}$$

Per ricavare la matrice di incidenza è sufficiente scrivere i flussi di lato in funzione dei flussi (fittizi) d'anello:

$$\begin{bmatrix} \varphi_1 \\ \varphi_2 \\ \varphi_3 \end{bmatrix} = \begin{bmatrix} 1 & 0 \\ 0 & 1 \\ 1 & -1 \end{bmatrix} \cdot \begin{bmatrix} \xi_1 \\ \xi_2 \end{bmatrix} \quad \leftrightarrow \quad [\varphi] = [A] \cdot [\xi]$$

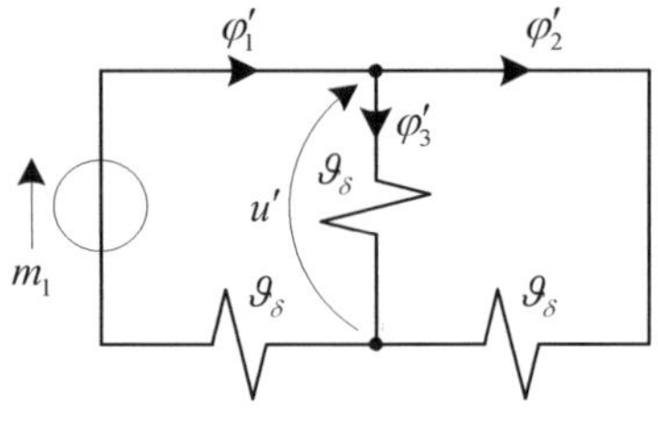

Fig. 7-6.3.

Si ricava poi, per ispezione della rete magnetica, la matrice delle riluttanze:

$$[\vartheta] = \begin{bmatrix} 2\vartheta_\delta & -\vartheta_\delta \\ -\vartheta_\delta & 2\vartheta_\delta \end{bmatrix} = \begin{bmatrix} 884194 & -442097 \\ -442097 & 884194 \end{bmatrix} \ \text{H}^{-1}$$

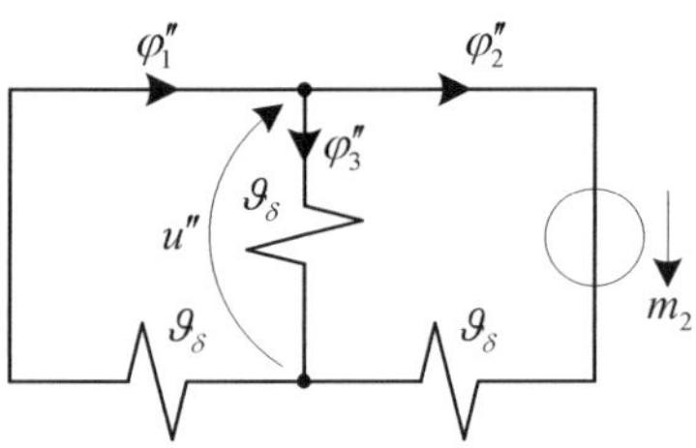

Fig. 7-6.4.

ed il vettore delle forze magnetomotrici d'anello:

$$[\eta] = \begin{bmatrix} m_1 \\ m_2 \end{bmatrix} = \begin{bmatrix} 100 \cdot i_1 \\ 10 \cdot i_2 \end{bmatrix} \ \text{A}$$

I flussi di lato sono, infine, ricavabili come:

$$[\varphi] = \begin{bmatrix} \varphi_1 \\ \varphi_2 \\ \varphi_3 \end{bmatrix} = [A] \cdot [\vartheta]^{-1} \cdot [\eta] = \begin{bmatrix} 75{,}39 \cdot (20 i_1 + i_2) \\ 150{,}8 \cdot (5 i_1 + i_2) \\ 75{,}4 \cdot (10 i_1 - i_2) \end{bmatrix} \times 10^{-7} \ \text{Wb}$$

È opportuno notare che la procedura proposta è risolutiva soltanto se risultano note *a priori* le correnti che circolano nei due avvolgimenti presenti, ossia se il dispositivo si trova a funzionare in condizione di *correnti impresse*. Nella pratica tale condizione risulta tuttavia raramente verificata, in quanto normalmente il mutuo induttore si trova a funzionare a *tensione impressa*.

È inoltre necessario considerare che il dispositivo è generalmente collegato a una rete esterna di alimentazione, più o meno complessa ed estesa. Per questo insieme di motivi è preferibile rappresentare il mutuo induttore attraverso la propria rete elettrica equivalente agli effetti esterni.

Tale rete, in modo analogo a quanto visto nei precedenti esercizi per i dispositivi contenenti un unico avvolgimento, si basa sul concetto di induttanza equivalente. Ciò che differenzia il presente caso dai precedenti è il fatto che, essendo presenti due avvolgimenti, è necessario considerare due induttanze ad essi relative (che prendono il nome di *autoinduttanze*) e due ulteriori induttanze (che prendono il nome di *mutue induttanze*), in generale differenti fra loro, con le quali rappresentare gli effetti di mutua induzione magnetoelettrica fra le due bobine previsti dalla legge di Faraday.

Con equivalenza agli effetti esterni, il mutuo induttore sarà dunque rappresentabile mediante la seguente equazione matriciale[3]:

$$\begin{bmatrix} v_1(t) \\ v_2(t) \end{bmatrix} = \begin{bmatrix} L_{11} & L_{12} \\ L_{21} & L_{22} \end{bmatrix} \cdot \mathrm{p} \begin{bmatrix} i_1(t) \\ i_2(t) \end{bmatrix}$$

nella quale L_{11} ed L_{22} sono le auto induttanze, rispettivamente, del primo e del secondo avvolgimento ed in cui le mutue induttanze sono L_{12} ed L_{21}.

Il PSCE consente di calcolare le autoinduttanze e le mutue induttanze, in quanto la rete magnetica considerata è di tipo lineare, avendo trascurato la presenza dei tratti ferromagnetici. Spegnendo il generatore di forza magnetomotrice m_2 (ossia ponendo $i_2 = 0$; Fig. 7-6.3) ed impiegando il corollario di Millmann si ottiene:

$$u' = \frac{m_1 / \vartheta_\delta}{1/\vartheta_\delta + 1/\vartheta_\delta + 1/\vartheta_\delta} = \frac{m_1}{3}$$

da cui:

$$\varphi_1' = \frac{m_1 - u'}{\vartheta_\delta} = \frac{1}{\vartheta_\delta} \cdot \frac{2}{3} m_1 = \frac{1}{\vartheta_\delta} \cdot \frac{2}{3} N_1 i_1$$

$$\varphi_2' = \frac{u'}{\vartheta_\delta} = \frac{1}{\vartheta_\delta} \cdot \frac{1}{3} m_1 = \frac{1}{\vartheta_\delta} \cdot \frac{1}{3} N_1 i_1$$

Noti tali flussi, è possibile ricavare i parametri L_{11} ed L_{12} come:

$$L_{11} = \frac{\psi_1'}{i_1} = \frac{N_1 \varphi_1'}{i_1} = \frac{1}{\vartheta_\delta} \cdot \frac{2}{3} N_1^2 = 0{,}0151 \text{ H}$$

$$L_{12} = \frac{\psi_2'}{i_1} = \frac{N_2 \varphi_2'}{i_1} = \frac{1}{\vartheta_\delta} \cdot \frac{1}{3} N_1 N_2 = 0{,}00075 \text{ H}$$

Si spegne ora il generatore m_1, ottenendo la configurazione circuitale di Fig. 7-6.4. Sfruttando ancora il corollario di Millmann, si ha:

$$u'' = \frac{-m_2 / \vartheta_\delta}{1/\vartheta_\delta + 1/\vartheta_\delta + 1/\vartheta_\delta} = -\frac{1}{3} m_2$$

da cui:

$$\varphi_1'' = -\frac{u''}{\vartheta_\delta} = \frac{1}{\vartheta_\delta} \cdot \frac{1}{3} N_2 i_2$$

$$\varphi_2'' = \frac{u'' + m_2}{\vartheta_\delta} = \frac{1}{\vartheta_\delta} \cdot \frac{2}{3} m_2 = \frac{1}{\vartheta_\delta} \cdot \frac{2}{3} N_2 i_2$$

Noti tali flussi, è possibile ricavare i parametri L_1 ed M come:

---

[3] Poiché si sta strettamente analizzando la sola parte magnetica del mutuo induttore, gli avvolgimenti presenti vengono considerati ideali, ossia senza perdite per effetto Joule ed a concatenamento completo.

$$L_{22} = \frac{\psi_2''}{i_2} = \frac{N_2 \varphi_2''}{i_2} = \frac{1}{\vartheta_\delta} \cdot \frac{2}{3} N_2^2 = 0,00015 \text{ H}$$

$$L_{21} = \frac{\psi_1''}{i_2} = \frac{N_1 \varphi_1''}{i_2} = \frac{1}{\vartheta_\delta} \cdot \frac{1}{3} N_1 N_2 = 0,00075 \text{ H}$$

Si osservi che i due parametri di mutua induttanza assumono il medesimo valore; pertanto, il mutuo induttore allo studio soddisfa la condizione di reciprocità.

Sotto tale condizione, è possibile riscrivere le equazioni esterne di funzionamento del dispositivo come:

(*) $$\begin{bmatrix} v_1(t) \\ v_2(t) \end{bmatrix} = \begin{bmatrix} L_1 & M \\ M & L_2 \end{bmatrix} \cdot \mathrm{p} \begin{bmatrix} i_1(t) \\ i_2(t) \end{bmatrix}$$

avendo convenzionalmente e per brevità di notazione posto $L_{11}=L_1$, $L_{22}=L_2$ e $L_{12}=L_{21}=M$

L'energia magnetica complessivamente accumulata si calcola come:

$$W_\mu = \frac{1}{2} L_1 \cdot i_1^2(t) + \frac{1}{2} L_2 \cdot i_2^2(t) + M \cdot i_1(t) \cdot i_2(t)$$

per ciascun istante temporale t considerato.

Noti i parametri induttivi, il mutuo induttore può essere rappresentato con la *rete elettrica duale a T* riportata in Fig. 7-6.5, che si ottiene riscrivendo esplicitamente le relazioni matriciali (*) precedentemente ricavate:

$$\begin{cases} v_1 = L_1 \mathrm{p} i_1 + M \mathrm{p} i_2 = L_1 \mathrm{p} i_1 + M \mathrm{p} i_2 + M \mathrm{p} i_1 - M \mathrm{p} i_1 \\ v_2 = M \mathrm{p} i_1 + L_2 \mathrm{p} i_2 = M \mathrm{p} i_1 + L_2 \mathrm{p} i_2 + M \mathrm{p} i_2 - M \mathrm{p} i_2 \end{cases}$$

ed elaborandole nel modo seguente:

$$\begin{cases} v_1 = L_1 \mathrm{p} i_1 + M \mathrm{p} i_2 = L_1 \mathrm{p} i_1 \\ \quad = (L_1 - M) \mathrm{p} i_1 + M \mathrm{p} (i_1 \\ v_2 = M \mathrm{p} i_1 + L_2 \mathrm{p} i_2 = M \mathrm{p} i_1 \\ \quad = (L_2 - M) \mathrm{p} i_2 + M \mathrm{p} (i \end{cases}$$

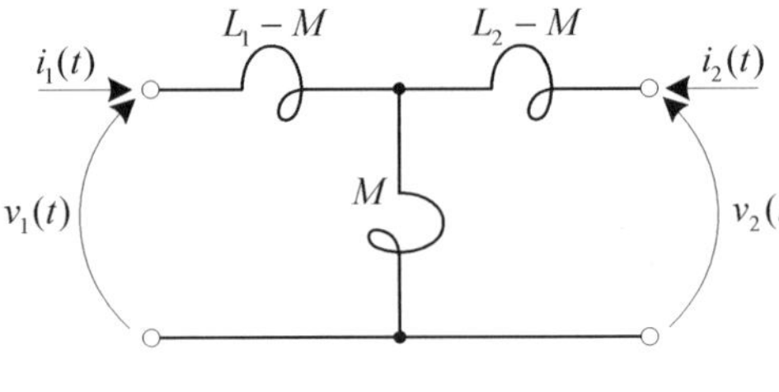

Fig. 7-6.5.

le quali richiamano, appunto, la rete di Fig. 7-6.5.

Reti magnetiche con materiali ferromagnetici lineari

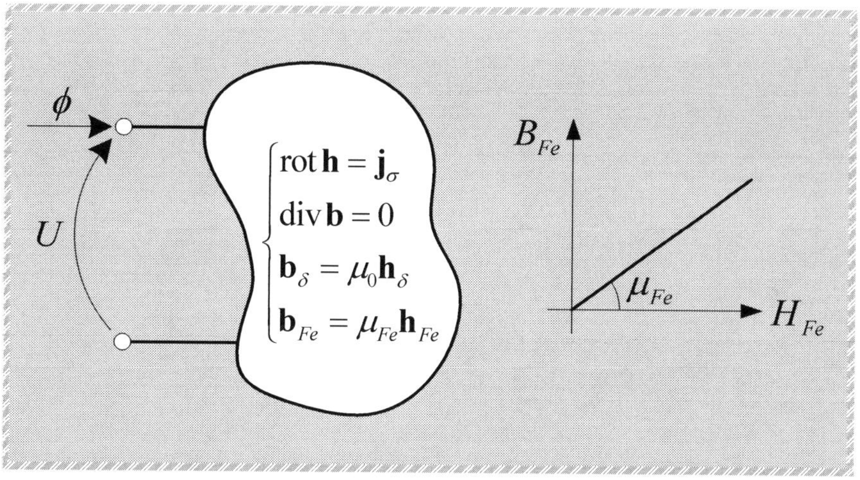

Esercizio 8-1

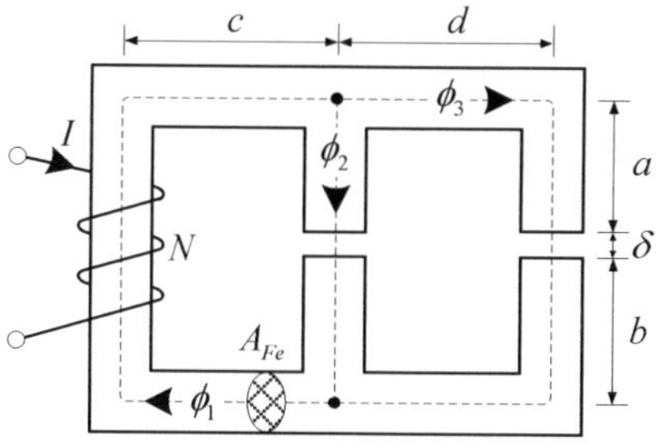

Fig. 8-1.1.

$I = 10$ A $\delta = 12$ mm
$N = 200$ $a = 10$ cm
$\mu_{Fe,r} = 1 \times 10^3$ $b = 12$ cm
$A_{Fe} = 105$ cm^2 $c = d = 11$ cm

Il dispositivo magnetico in figura è costituito da un materiale ferromagnetico che, in prima approssimazione, si considera caratterizzato da un legame costitutivo di tipo lineare. Determinarne l'induttanza equivalente alla porta elettrica e l'energia magnetica accumulata in condizioni di regime per la configurazione mostrata.

Il dispositivo assegnato viene rappresentato mediante una rete magnetica equivalente. La soluzione ai quesiti proposti viene quindi affrontata mediante un'estensione delle tecniche esposte nella precedente esercitazione.

Il dispositivo magnetico proposto può essere considerato lineare, essendo costituito da traferri in aria e da tratti di materiale ferromagnetico il cui legame B-H è di tipo lineare, come assegnato nel testo del problema. Quest'ultima ipotesi, in particolare, permette di affermare che per i tratti costituiti da materiale ferromagnetico è definito un valore univoco di permeabilità magnetica relativa, costante al variare del campo magnetico H o dell'induzione magnetica B. Risulta dunque possibile introdurre una riluttanza magnetica univocamente definita, la quale rappresenta i tratti in materiale ferromagnetico nella rete magnetica equivalente.

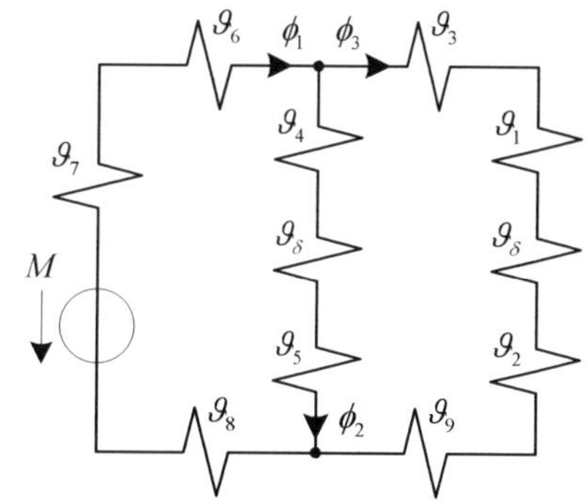

Fig. 8-1.2.

Il dispositivo assegnato può dunque essere rappresentato mediante la rete magnetica di cui alla Fig. 8-1.2. Poiché il valore assoluto della permeabilità magnetica dei tratti ferromagnetici vale:

$$\mu_{Fe} = \mu_0 \cdot \mu_{Fe,r} = 4\pi \times 10^{-4} \ \text{H/m}$$

tale rete è caratterizzabile dalle seguenti riluttanze:

$$\vartheta_1 = \vartheta_4 = \frac{1}{\mu_{Fe}} \cdot \frac{a}{A_{Fe}} = \frac{1}{4\pi \times 10^{-4}} \cdot \frac{10 \times 10^{-2}}{105 \times 10^{-4}} = 7,5788 \times 10^3 \ \text{H}^{-1}$$

$$\vartheta_2 = \vartheta_5 = \frac{1}{\mu_{Fe}} \cdot \frac{b}{A_{Fe}} = \frac{1}{4\pi \times 10^{-4}} \cdot \frac{12 \times 10^{-2}}{105 \times 10^{-4}} = 9,0946 \times 10^3 \ \text{H}^{-1}$$

$$\vartheta_3 = \vartheta_6 = \vartheta_8 = \vartheta_9 = \frac{1}{\mu_{Fe}} \cdot \frac{c}{A_{Fe}} = \frac{1}{4\pi \times 10^{-4}} \cdot \frac{11 \times 10^{-2}}{105 \times 10^{-4}} = 8,3367 \times 10^3 \ \text{H}^{-1}$$

$$\vartheta_7 = \frac{1}{\mu_{Fe}} \cdot \frac{a+b+\delta}{A_{Fe}} = \frac{1}{4\pi \times 10^{-4}} \cdot \frac{10 \times 10^{-2} + 12 \times 10^{-2} + 12 \times 10^{-3}}{105 \times 10^{-4}} = 1,7583 \times 10^4 \ \text{H}^{-1}$$

$$\vartheta_\delta = \frac{1}{\mu_0} \cdot \frac{\delta}{A_{Fe}} = \frac{1}{4\pi \times 10^{-7}} \cdot \frac{12 \times 10^{-3}}{105 \times 10^{-4}} = 9,0946 \times 10^5 \ \text{H}^{-1}$$

per il calcolo delle quali si è già tenuto debitamente in conto della conversione delle grandezze in unità SI. In tale rete è inoltre presente la forza magnetomotrice M, rappresentativa dell'avvolgimento in cui circola la corrente I e calcolabile come:

$$M = N \cdot I = 2000 \ \text{A}$$

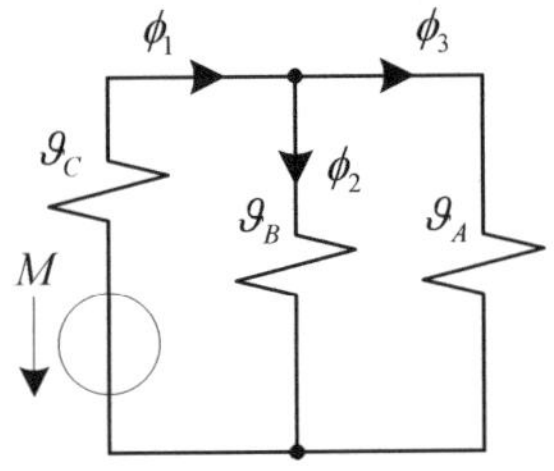

Fig. 8-1.3.

Per agevolare il calcolo dell'induttanza L, rappresentativa, agli effetti esterni, del dispositivo, è necessario calcolare la riluttanza equivalente "vista" dalla forza magnetomotrice M. Per conseguire questo risultato, conviene innanzitutto rappresentare la rete come indicato in Fig. 8-1.3, in cui risulta:

$$\vartheta_A = \vartheta_\delta + \vartheta_1 + \vartheta_2 + \vartheta_3 + \vartheta_9 = 9,4280 \times 10^5 \ \text{H}^{-1}$$

$$\vartheta_B = \vartheta_\delta + \vartheta_4 + \vartheta_5 = 9,2613 \times 10^5 \ \text{H}^{-1}$$

$$\vartheta_C = \vartheta_6 + \vartheta_7 + \vartheta_8 = 3,4256 \times 10^4 \ \text{H}^{-1}$$

La riluttanza equivalente vale dunque:

$$\vartheta_{eq} = \vartheta_C + \frac{\vartheta_A \cdot \vartheta_B}{\vartheta_A + \vartheta_B} = 5,0145 \times 10^5 \ \text{H}^{-1}$$

da cui, in base a quanto introdotto nella precedente esercitazione:

$$L = \frac{N^2}{\vartheta_{eq}} = 0,0798 \ \text{H}$$

L'energia magnetica accumulata è allora semplicemente calcolabile come:

$$W_\mu = \frac{1}{2} L \cdot I^2 = 3,9884 \ \text{J}$$

È opportuno osservare, così come già richiamato in occasione dell'esercizio 7-2, che tale energia è calcolabile in modo alternativo, sfruttando la conoscenza delle variabili interne, ossia dei flussi magnetici ϕ_1, ϕ_2 e ϕ_3. Poiché, però, il calcolo di tali flussi non risulta di alcuna utilità nel rispondere ai quesiti proposti nel presente esercizio, essi non sono stati ricavati, prediligendo l'espressione appena impiegata per il calcolo dell'energia magnetica.

■

Esercizio 8-2

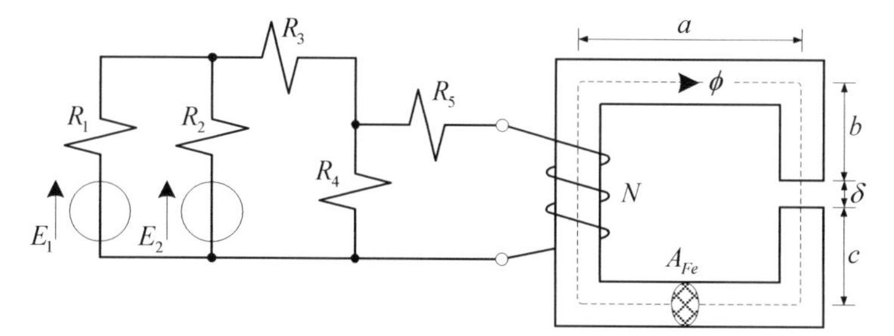

Fig. 8-2.1.

$E_1 = 18$ V $R_1 = 12\ \Omega$ $R_3 = 11\ \Omega$ $R_5 = 14\ \Omega$ $A_{Fe} = 96\ \text{cm}^2$ $b = 40$ mm

$E_2 = 36$ V $R_2 = 58\ \Omega$ $R_4 = 6\ \Omega$ $N = 200$ $a = 120$ mm $c = 30$ mm

$\delta = 3$ mm $\mu_{Fe,r} = 12 \times 10^3$

Assegnata la rete magnetoelettrica di figura, determinare il valore dell'energia magnetica accumulata in condizioni di regime, considerando una rappresentazione lineare dei tratti ferromagnetici.

Il problema proposto è, al pari di altri risolti nell'esercitazione 7, di tipo "accoppiato"in quanto una parte elettrica (costituita dalle resistenze e dal generatore di tensione) ed una parte magnetica coesistono nello stesso dispositivo.

La soluzione si ricava in due distinte fasi; nella prima si rappresenta il dispositivo magnetico mediante una rete magnetica e, da questa, si deduce l'induttanza equivalente alla porta elettrica che lo interfaccia con la rete elettrica. Nella seconda si calcola, in regime stazionario, la corrente che circola in tale induttanza e, da questa, l'energia magnetica richiesta.

Il dispositivo magnetico presente nella rete proposta può essere modellizzato mediante la rete magnetica equivalente di cui alla Fig. 8-2.2. Tenendo conto del fatto che i tratti ferromagnetici presenti possono essere considerati di tipo lineare, tale rete è caratterizzata dalle seguenti riluttanze:

$$\vartheta_a = \frac{1}{\mu_0 \mu_{Fe,r}} \cdot \frac{a}{A_{Fe}} = 828,932 \text{ H}^{-1}$$

$$\vartheta_b = \frac{1}{\mu_0 \mu_{Fe,r}} \cdot \frac{b}{A_{Fe}} = 276,3107 \text{ H}^{-1}$$

$$\vartheta_c = \frac{1}{\mu_0 \mu_{Fe,r}} \cdot \frac{c}{A_{Fe}} = 207,233 \text{ H}^{-1}$$

$$\vartheta_d = \frac{1}{\mu_0 \mu_{Fe,r}} \cdot \frac{b+c+\delta}{A_{Fe}} = 504,2670 \text{ H}^{-1}$$

$$\vartheta_\delta = \frac{1}{\mu_0} \cdot \frac{\delta}{A_{Fe}} = 2,4868 \times 10^5 \text{ H}^{-1}$$

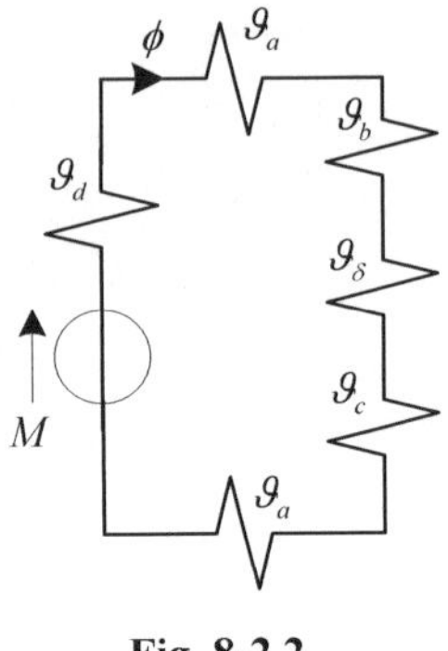

Fig. 8-2.2.

L'induttanza equivalente vista dalla rete elettrica vale dunque:

$$L = \frac{N^2}{2\vartheta_a + \vartheta_b + \vartheta_c + \vartheta_d + \vartheta_\delta} = 0,1592 \text{ H}$$

Il dispositivo magnetico è rappresentato da tale induttanza, con equivalenza agli effetti esterni. La rete proposta può dunque essere reinterpretata come mostrato in Fig. 8-2.3. Per il calcolo della corrente circolante in L conviene impiegare il teorema di Thévenin, con le modalità illustrate nell'esercitazione 5. In tal modo è possibile semplificare tutta la parte elettrica della rete originaria, "guardandola" dai morsetti dell'induttanza.

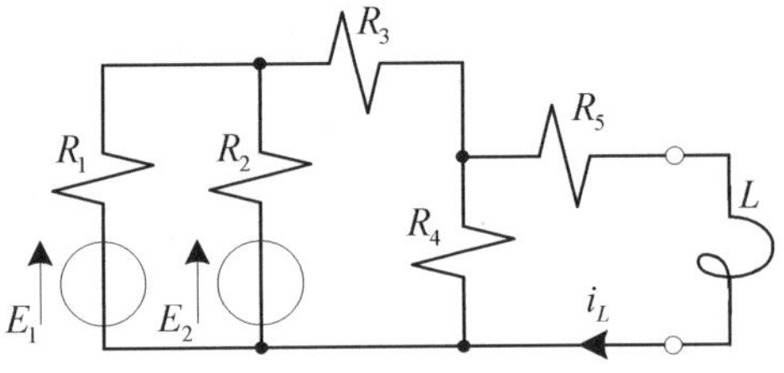

Fig. 8-2.3.

Con riferimento alla Fig. 8-2.4, la resistenza equivalente di Thévenin vale:

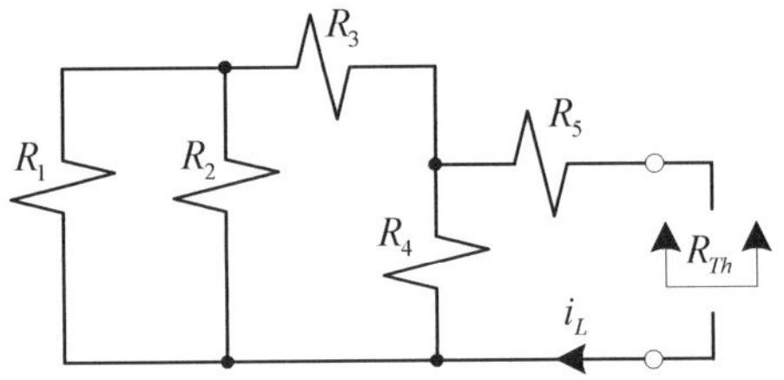

Fig. 8-2.4.

$$R_{Th} = \frac{(R_{12} + R_3) \cdot R_4}{R_{12} + R_3 + R_4} + R_5 = 18,6638 \ \Omega$$

in cui:

$$R_{12} = \frac{R_1 R_2}{R_1 + R_2} = 9,9429 \ \Omega$$

Per il calcolo del generatore di Thévenin è invece necessario riferirsi alla Fig. 8-2.5; impiegando il corollario di Millmann si ha:

$$U = \frac{E_1 / R_1 + E_2 / R_2}{1/R_1 + 1/R_2 + 1/(R_3 + R_4)} = 13,3043 \text{ V}$$

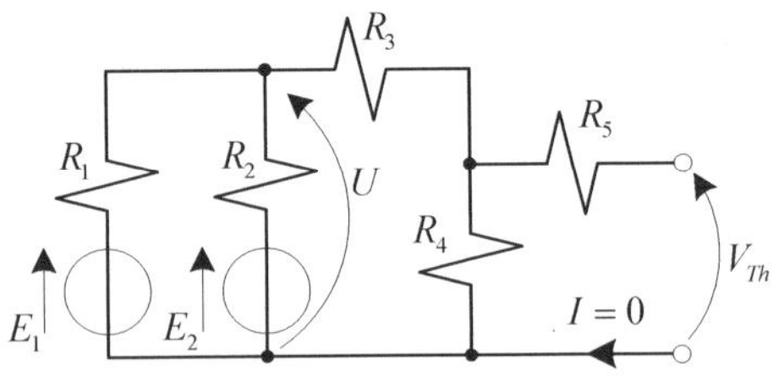

Fig. 8-2.5.

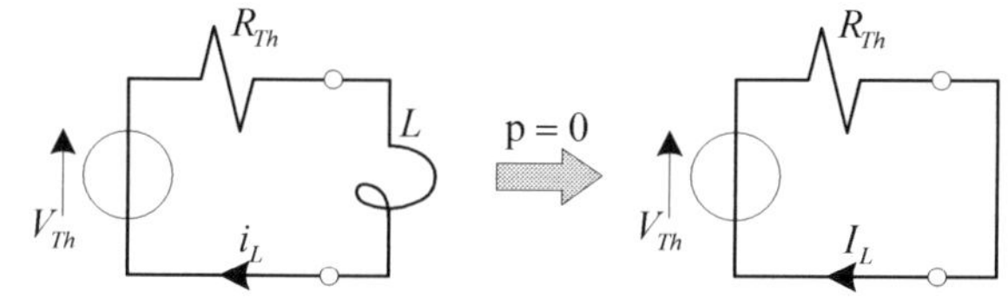

Fig. 8-2.6.

da cui, applicando la regola del partitore di tensione (e tenendo contemporaneamente conto che nella resistenza R_5 non fluisce corrente e che, dunque, essa non causa alcuna caduta di tensione):

$$V_{Th} = U \cdot \frac{R_4}{R_3 + R_4} = 4,6957 \text{ V}$$

È ora possibile "ricomporre" la rete, come mostrato, in condizioni di regime stazionario, in Fig. 8-2.6. In base a questa si ottiene:

$$I_L = \frac{V_{Th}}{R_{Th}} = 0,2516 \ \Omega$$

da cui, infine, l'energia richiesta:

$$W_\mu = \frac{1}{2} L \cdot I_L^2 = 0,005 \text{ J}$$

■

Esercizio 8-3

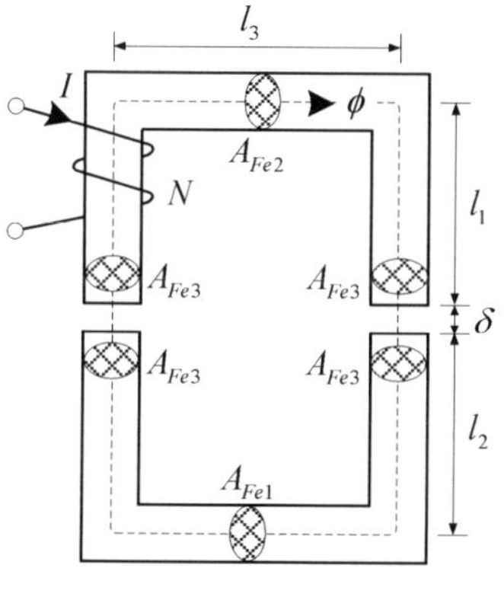

Fig. 8-3.1.

$I = 50$ A	$l_2 = 30$ cm
$N = 100$	$l_3 = 10$ cm
$\delta = 3$ mm	$A_{Fe1} = 38$ cm^2
$\mu_{Fe,r} = 3 \times 10^3$	$A_{Fe2} = 86$ cm^2
$l_1 = 8$ cm	$A_{Fe3} = 50$ cm^2

Assegnato il dispositivo magnetico di figura, caratterizzato da sezioni di materiale ferromagnetico differenti fra loro, calcolare il flusso ϕ in condizioni di regime stazionario.

Il problema proposto viene risolto rappresentando il dispositivo attraverso la propria rete magnetica equivalente. Poichè le aree delle sezioni di materiale ferromagnetico sono differenti, particolare attenzione deve essere prestata al calcolo delle diverse riluttanze.

Il dispositivo proposto può essere rappresentato con la rete magnetica equivalente riportata in Fig. 8-3.2. In essa compare il generatore di forza magnetomotrice:

$$M = N \cdot I = 5000 \ \text{A} \quad ,$$

chiamato a rappresentare l'avvolgimento in cui circola la corrente stazionaria I.

I diversi tratti in materiale ferromagnetico, pur avendo sezioni differenti fra loro, sono costituiti dal medesimo materiale; conviene dunque calcolare il valore assoluto della permeabilità magnetica lineare:

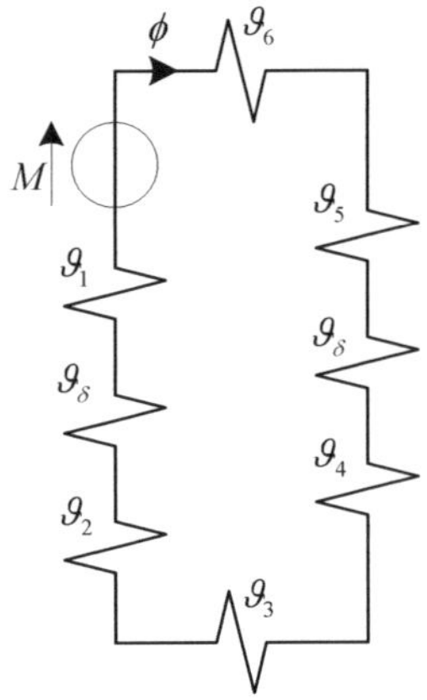

Fig. 8-3.2.

$$\mu_{Fe} = \mu_0 \cdot \mu_{Fe,r} = 0,0038 \ \text{H/m}$$

Le riluttanze che costituiscono la rete magnetica equivalente valgono allora:

$$\vartheta_1 = \frac{1}{\mu_{Fe}} \cdot \frac{l_1}{A_{Fe3}} = 4,2441 \times 10^3 \ \text{H}^{-1}$$

$$\vartheta_2 = \frac{1}{\mu_{Fe}} \cdot \frac{l_2}{A_{Fe3}} = 15,7895 \times 10^3 \ \text{H}^{-1}$$

$$\vartheta_3 = \frac{1}{\mu_{Fe}} \cdot \frac{l_3}{A_{Fe1}} = 6,9805 \times 10^3 \ \text{H}^{-1}$$

$$\vartheta_4 = \vartheta_2 = 15,7895 \times 10^3 \ \text{H}^{-1}$$

$$\vartheta_5 = \vartheta_1 = 4,2441 \times 10^3 \ \text{H}^{-1}$$

$$\vartheta_6 = \frac{1}{\mu_{Fe}} \cdot \frac{l_3}{A_{Fe2}} = 3,0844 \times 10^3 \ \text{H}^{-1}$$

$$\vartheta_\delta = \frac{1}{\mu_0} \cdot \frac{\delta}{A_{Fe3}} = 4,7746 \times 10^5 \ \text{H}^{-1}$$

La rete magnetica considerata è costituita da un'unica maglia: pertanto, in base alla relazione di Ohm magnetica, il flusso richiesto è immediatamente calcolabile come:

$$\phi = \frac{M}{2\vartheta_\delta + \sum_{k=1}^{6} \vartheta_k} = 4,9748 \ \text{mWb}$$

■

Esercizio 8-4

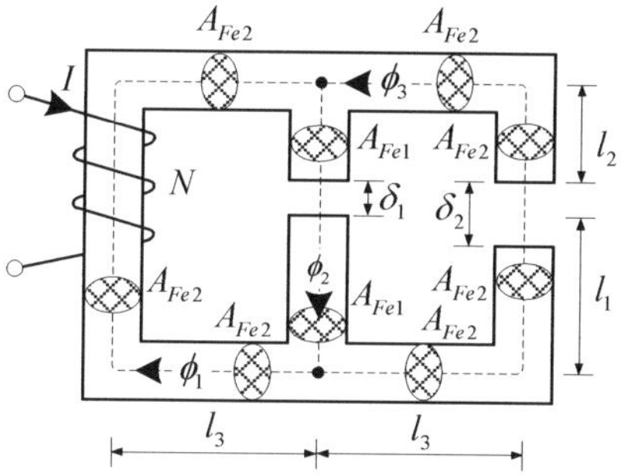

Fig. 8-4.1.

$I = 5$ A $\quad l_1 = 50$ cm

$N = 50 \quad l_2 = 60$ cm

$\delta_1 = 2$ mm $\quad l_3 = 80$ cm

$\delta_2 = 3$ mm $\quad A_{Fe1} = 80$ cm^2

$\mu_{Fe,r} = 4 \times 10^3 \quad A_{Fe2} = 90$ cm^2

Assegnato il dispositivo magnetico di figura, caratterizzato da sezioni in materiale ferromagnetico aventi differenti valori di area, confrontare fra loro i valori di energia magnetica specifica accumulata in tali tratti e nei traferri.

Il problema proposto non si differenzia da quelli precedentemente risolti all'interno della presente esercitazione. Il dispositivo viene rappresentato attraverso una rete magnetica equivalente e le energie relative ai differenti tratti possono essere calcolate impiegando esclusivamente le variabili interne magnetiche; tali variabili sono, in questo caso, i valori di induzione presente per ciascun tubo di flusso.

Il dispositivo proposto può essere rappresentato mediante la rete magnetica equivalente di cui alla Fig. 8-4.2. In essa è presente il seguente generatore di forza magnetomotrice:

$$M = N \cdot I = 250 \text{ A}$$

Il valore di permeabilità magnetica assoluta dei tratti in materiale ferromagnetico vale:

$$\mu_{Fe} = \mu_0 \cdot \mu_{Fe,r} = 0,005 \text{ H/m}$$

il quale caratterizza tutti i tratti non in aria, essendo questi composti dal medesimo materiale, caratterizzato da un legame B-H di tipo lineare.

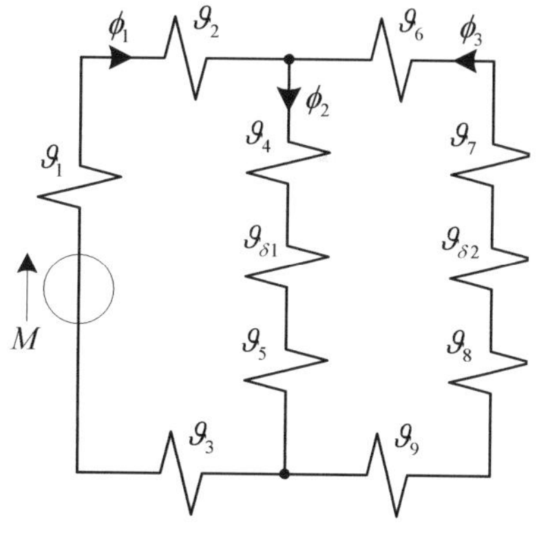

Fig. 8-4.2.

Le diverse riluttanze presenti nella rete magnetica valgono:

$$\vartheta_1 = \frac{1}{\mu_{Fe}} \cdot \frac{l_1 + l_2 + \delta_1}{A_{Fe2}} = 2,436 \times 10^4 \text{ H}^{-1}$$

$$\vartheta_2 = \frac{1}{\mu_{Fe}} \cdot \frac{l_3}{A_{Fe2}} = 1,7684 \times 10^4 \text{ H}^{-1}$$

$$\vartheta_3 = \vartheta_2 = 1,7684\times 10^4 \ \ \mathrm{H}^{-1}$$

$$\vartheta_4 = \frac{1}{\mu_{Fe}}\cdot\frac{l_2}{A_{Fe1}} = 1,4921\times 10^4 \ \ \mathrm{H}^{-1}$$

$$\vartheta_5 = \frac{1}{\mu_{Fe}}\cdot\frac{l_1}{A_{Fe1}} = 1,2434\times 10^4 \ \ \mathrm{H}^{-1}$$

$$\vartheta_6 = \vartheta_2 = 1,7684\times 10^4 \ \ \mathrm{H}^{-1}$$

$$\vartheta_7 = \frac{1}{\mu_{Fe}}\cdot\frac{l_2}{A_{Fe2}} = 1,3263\times 10^4 \ \ \mathrm{H}^{-1}$$

$$\vartheta_8 = \frac{1}{\mu_{Fe}}\cdot\frac{l_1-(\delta_2-\delta_1)}{A_{Fe2}} = 1,103\times 10^4 \ \ \mathrm{H}^{-1}$$

$$\vartheta_9 = \vartheta_2 = 1,7684\times 10^4 \ \ \mathrm{H}^{-1}$$

$$\vartheta_{\delta 1} = \frac{1}{\mu_0}\cdot\frac{\delta_1}{A_{Fe1}} = 1,9894\times 10^5 \ \ \mathrm{H}^{-1}$$

$$\vartheta_{\delta 2} = \frac{1}{\mu_0}\cdot\frac{\delta_2}{A_{Fe2}} = 2,6526\times 10^5 \ \ \mathrm{H}^{-1}$$

La rete così costituita può essere semplificata nel circuito equivalente riportato in Fig. 8-4.3, per il quale si ha:

$$\vartheta_{eq1} = \vartheta_1 + \vartheta_2 + \vartheta_3 = 5,9727\times 10^4 \ \ \mathrm{H}^{-1}$$

$$\vartheta_{eq2} = \vartheta_4 + \vartheta_5 = 2,7355\times 10^4 \ \ \mathrm{H}^{-1}$$

$$\vartheta_{eq3} = \vartheta_6 + \vartheta_7 + \vartheta_8 + \vartheta_9 = 5,9661\times 10^4 \ \ \mathrm{H}^{-1}$$

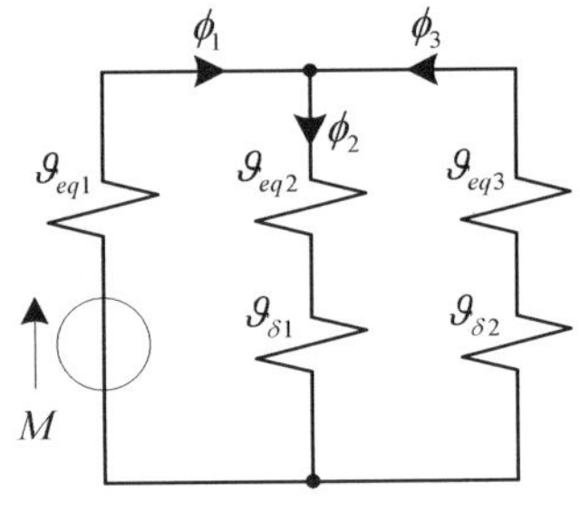

Fig. 8-4.3.

Il generatore di forza magnetomotrice M "vede" dunque una riluttanza magnetica complessiva pari a:

$$\vartheta_{tot} = \vartheta_{eq1} + \frac{(\vartheta_{eq2}+\vartheta_{\delta 1})\cdot(\vartheta_{eq3}+\vartheta_{\delta 2})}{\vartheta_{eq2}+\vartheta_{\delta 1}+\vartheta_{eq3}+\vartheta_{\delta 2}} = 1,9312\times 10^5 \ \ \mathrm{H}^{-1}$$

Il flusso ϕ_1 è allora immediatamente calcolabile come:

$$\phi_1 = \frac{M}{\vartheta_{tot}} = 1,3 \ \ \mathrm{mWb}$$

Il flusso ϕ_2 può essere calcolato sfruttando la regola del partitore di flusso magnetico, del tutto analoga alla regola del partitore di corrente impiegata in precedenza per la risoluzione delle reti elettriche. Si ha quindi:

$$\phi_2 = \phi_1 \cdot \frac{\vartheta_{eq3} + \vartheta_{\delta 2}}{\vartheta_{eq2} + \vartheta_{\delta 1} + \vartheta_{eq3} + \vartheta_{\delta 2}} = 0,7631 \text{ mWb}$$

Quanto, infine, al flusso ϕ_3, è sufficiente applicare la legge dei flussi magnetici ad uno dei due nodi della rete ridotta di Fig. 8-4.3, ottenendo:

$$\phi_3 = \phi_2 - \phi_1 = -0,5315 \text{ mWb}$$

Noti tutti e tre i flussi è possibile calcolare i valori di energia magnetica accumulata nei tratti in materiale ferromagnetico (rappresentati dalle riluttanze ϑ_{eq1}, ϑ_{eq2} e ϑ_{eq3}) e nei traferri (rappresentati dalle riluttanze $\vartheta_{\delta 1}$ e $\vartheta_{\delta 2}$), così come mostrato in precedenza (si veda, ad esempio, l'esercizio 7-2). Nel presente caso si impiega una formulazione alternativa delle energie magnetiche, che richiede il calcolo aggiuntivo dei valori di induzione magnetica nei diversi tratti. In particolare si ha:

$$B_1 = \frac{\phi_1}{A_{Fe2}} = 0,1438 \text{ T}$$

$$B_2 = \frac{\phi_2}{A_{Fe1}} = 0,0954 \text{ T}$$

$$B_3 = \frac{\phi_3}{A_{Fe2}} = -0,0591 \text{ T}$$

L'energia magnetica specifica complessivamente accumulata nei traferri vale allora:

$$W_{\mu,\delta} = \frac{1}{2\mu_0}\left(B_2^2 + B_3^2\right) = 5,0074 \text{ kJ/m}^3$$

mentre l'energia complessivamente accumulata nei tratti in materiale ferromagnetico vale:

$$W_{\mu,Fe} = \frac{1}{2\mu_{Fe}}\left(B_1^2 + B_2^2 + B_3^2\right) = 3,3098 \text{ J/m}^3$$

Da tali valori si deduce la seguente relazione:

$$W_{\mu,\delta} = 1,5129 \times 10^3 \cdot W_{\mu,Fe}$$

con la quale si conclude che la maggior parte dell'energia magnetica è accumulata nei tratti in aria. Tale osservazione, del tutto generale, giustifica ulteriormente la possibilità, nell'ambito degli studi pratici di tipo ingegneristico, di poter trascurare le riluttanze dei tratti in materiale ferromagnetico rispetto a quelle dei traferri, ottenendo delle reti magnetiche semplificate come quelle studiate nella precedente esercitazione 7.

■

Esercizio 8-5

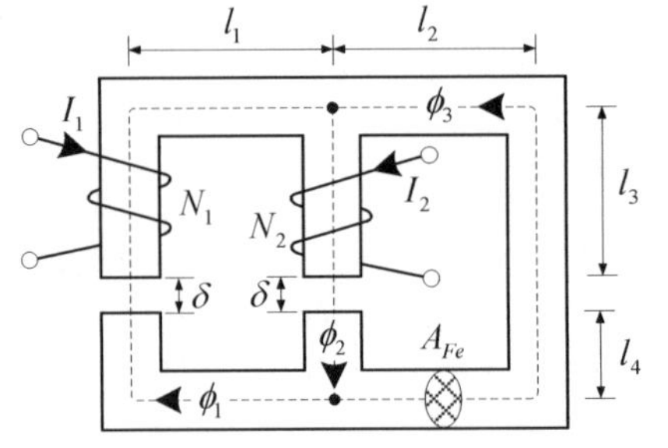

Fig. 8-5.1.

$I_1 = 3 \text{ A}$ $\quad l_1 = 20 \text{ cm}$

$I_2 = 8 \text{ A}$ $\quad l_2 = 25 \text{ cm}$

$N_1 = 50$ $\quad l_3 = 15 \text{ cm}$

$N_2 = 80$ $\quad l_4 = 11 \text{ cm}$

$\mu_{Fe,r} = 1,5 \times 10^3$ $\quad \delta = 2 \text{ mm}$

$A_{Fe} = 78 \text{ cm}^2$

Assegnato il dispositivo magnetico di figura, caratterizzato da un'alimentazione in regime stazionario realizzata attraverso due distinti avvolgimenti, calcolare i valori dei tre flussi indicati.

La risposta al quesito proposto viene ottenuta impiegando una rappresentazione del dispositivo basata sulla rete magnetica equivalente. Tale esercizio si differenzia dai precedenti per la presenza di due avvolgimenti, rappresentati mediante le rispettive forze magnetomotrici.

Il dispositivo allo studio è modellizzabile mediante la rete magnetica equivalente riportata in Fig. 8-5.2. In questo caso sono presenti le seguenti due forze magnetomotrici:

$$M_1 = N_1 \cdot I_1 = 150 \text{ A}$$
$$M_2 = N_2 \cdot I_2 = 640 \text{ A}$$

rappresentative dei due avvolgimenti che, in regime stazionario, consentono l'alimentazione dell'apparato e la creazione del campo magnetico.

La permeabilità assoluta del materiale ferromagnetico, comune a tutti i tratti non in aria, vale:

$$\mu_{Fe} = \mu_0 \cdot \mu_{Fe,r} = 0,0019 \text{ H/m}$$

Le riluttanze presenti nella rete magnetica sono le seguenti:

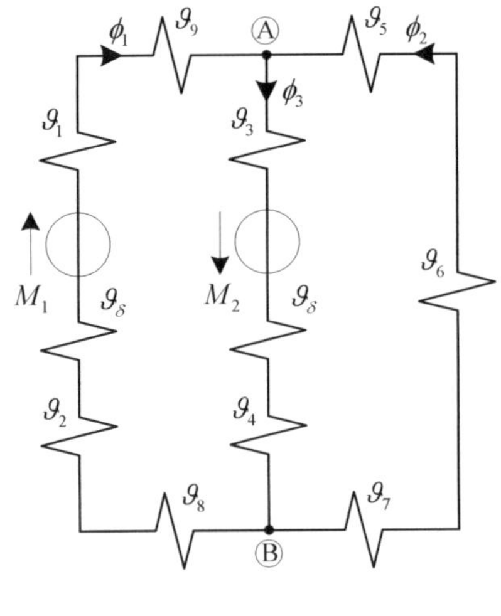

Fig. 8-5.2.

$$\vartheta_\delta = \frac{1}{\mu_0} \cdot \frac{\delta}{A_{Fe}} = 2,0404 \times 10^5 \text{ H}^{-1}$$

$$\vartheta_1 = \frac{1}{\mu_{Fe}} \cdot \frac{l_3}{A_{Fe}} = 1,0202 \times 10^4 \ \ \mathrm{H}^{-1}$$

$$\vartheta_2 = \frac{1}{\mu_{Fe}} \cdot \frac{l_4}{A_{Fe}} = 7,4816 \times 10^3 \ \ \mathrm{H}^{-1}$$

$$\vartheta_3 = \vartheta_1 = 1,0202 \times 10^4 \ \ \mathrm{H}^{-1}$$

$$\vartheta_4 = \vartheta_2 = 7,4816 \times 10^3 \ \ \mathrm{H}^{-1}$$

$$\vartheta_5 = \frac{1}{\mu_{Fe}} \cdot \frac{l_2}{A_{Fe}} = 1,7004 \times 10^4 \ \ \mathrm{H}^{-1}$$

$$\vartheta_6 = \frac{1}{\mu_{Fe}} \cdot \frac{l_3 + l_4 + \delta}{A_{Fe}} = 1,7820 \times 10^4 \ \ \mathrm{H}^{-1}$$

$$\vartheta_7 = \vartheta_5 = 1,7004 \times 10^4 \ \ \mathrm{H}^{-1}$$

$$\vartheta_8 = \frac{1}{\mu_{Fe}} \cdot \frac{l_1}{A_{Fe}} = 1,3603 \times 10^4 \ \ \mathrm{H}^{-1}$$

$$\vartheta_9 = \vartheta_8 = 1,3603 \times 10^4 \ \ \mathrm{H}^{-1}$$

La rete magnetica può essere semplificata in quella rappresentata in Fig. 8-5.3, per la quale si ha:

$$\vartheta_{eq1} = \vartheta_\delta + \vartheta_1 + \vartheta_2 + \vartheta_8 + \vartheta_9 = 2,4893 \times 10^5 \ \ \mathrm{H}^{-1}$$

$$\vartheta_{eq2} = \vartheta_\delta + \vartheta_3 + \vartheta_4 = 2,2173 \times 10^5 \ \ \mathrm{H}^{-1}$$

$$\vartheta_{eq3} = \vartheta_5 + \vartheta_6 + \vartheta_7 = 5,1827 \times 10^4 \ \ \mathrm{H}^{-1}$$

Tale rete è di tipo binodale; impiegando il corollario di Millmann, si ha allora:

$$U_{\mathrm{AB}} = \frac{M_1 / \vartheta_{eq1} - M_2 / \vartheta_{eq2}}{1/\vartheta_{eq1} + 1/\vartheta_{eq2} + 1/\vartheta_{eq3}} = -82,0878 \ \ \mathrm{A}$$

Nota tale tensione magnetica è poi possibile ricavare i flussi ϕ_1 e ϕ_2 come:

$$\phi_1 = \frac{M_1 - U_{\mathrm{AB}}}{\vartheta_{eq1}} = 0,9323 \ \ \mathrm{mWb}$$

$$\phi_2 = \frac{M_2 + U_{\mathrm{AB}}}{\vartheta_{eq2}} = 2,51 \ \ \mathrm{mWb}$$

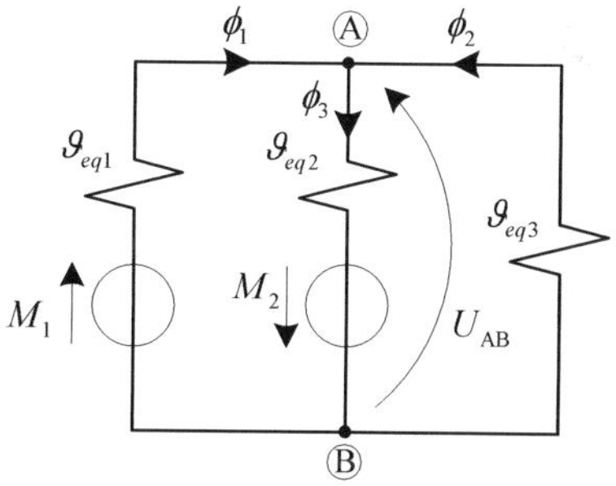

Fig. 8-5.3.

Il flusso ϕ_3 è infine ricavabile mediante la scrittura della legge dei flussi magnetici ad uno dei due nodi presenti nella rete ridotta di Fig. 8-5.3:

$$\phi_3 = \phi_2 - \phi_1 = 1,584 \ \ \mathrm{mWb}$$

■

Esercizio 8-6

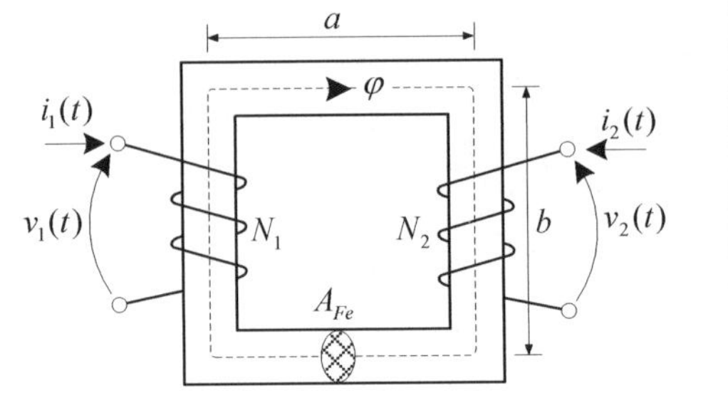

Fig. 8-6.1.

$N_1 = 100$
$N_2 = 10$
$a = 30 \text{ cm}$
$b = 40 \text{ cm}$
$A_{Fe} = 100 \text{ cm}^2$
$\mu_{Fe,r} = 1,2 \times 10^3$

Assegnato il mutuo induttore di figura, caratterizzato da un nucleo ferromagnetico costituito da materiale il cui legame B-H è di tipo lineare, studiarne la rete magnetica equivalente e la rete elettrica duale nel caso in cui si tenga conto delle cadute di tensione magnetiche nel nucleo e nel caso, ideale, in cui tali cadute di tensione risultino nulle.

Il problema proposto costituisce la naturale prosecuzione dello studio del mutuo induttore già affrontato nell'esercizio 7-6. In questo caso viene, in aggiunta, richiesto di tener conto della presenza dei tratti in materiale ferromagnetico. Per mantenere il problema ad un livello adeguato alle presenti note, la struttura del nucleo risulta però più semplice rispetto a quella proposta per l'esercizio 7-6, in quanto il nucleo non risulta "spezzato" in alcun punto dalla presenza di traferri.

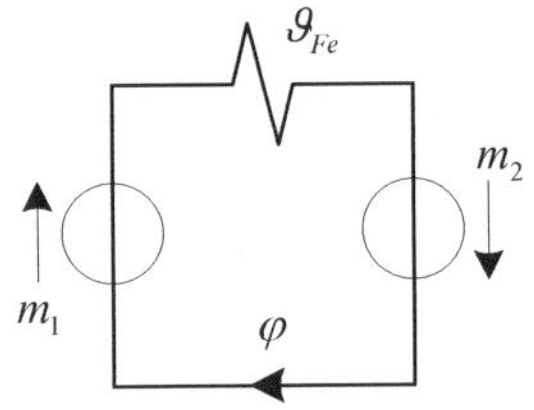

Fig. 8-6.2.

Il mutuo induttore assegnato presenta una struttura magnetica semplificata rispetto a quella già analizzata nell'esercizio 7-6, mancando qui i traferri intramezzati ai tratti in materiale ferromagnetico. Il presente problema prevede però che tali tratti, a differenza di quanto accadeva per l'esercizio 7-6, causino delle cadute di tensione magnetica non trascurabili.

Le tecniche impiegate nell'esercizio 7-6 risultano impiegabili anche per la soluzione del presente esercizio, data la linearità del materiale ferromagnetico considerato. La rete magnetica equivalente rappresentativa del mutuo induttore proposto è riportata in Fig. 8-6.2. Per tale rete risulta:

$$m_1 = N_1 \cdot i_1 = 100 i_1$$
$$m_2 = N_2 \cdot i_2 = 10 i_2$$
$$\vartheta_{Fe} = \frac{1}{\mu_0 \mu_{Fe,r}} \cdot \frac{2(a+b)}{A_{Fe}} = 92840,4 \text{ H}^{-1}$$

Poiché la struttura della rete magnetica è molto semplice, la sua risoluzione è immediata; dato che è presente un'unica maglia, risulta infatti:

$$\varphi = \frac{m_1 + m_2}{\vartheta_{Fe}} = \frac{N_1 \cdot i_1 + N_2 \cdot i_2}{\vartheta_{Fe}} = \frac{N_1}{\vartheta_{Fe}} \cdot i_1 + \frac{N_2}{\vartheta_{Fe}} \cdot i_2$$

I flussi concatenati con i due avvolgimenti valgono poi:

$$\begin{cases} \psi_1 = N_1 \varphi = \dfrac{N_1^2}{\vartheta_{Fe}} \cdot i_1 + \dfrac{N_1 N_2}{\vartheta_{Fe}} \cdot i_2 \\ \psi_2 = N_2 \varphi = \dfrac{N_1 N_2}{\vartheta_{Fe}} \cdot i_1 + \dfrac{N_2^2}{\vartheta_{Fe}} \cdot i_2 \end{cases}$$

Considerando la notazione già introdotta per l'esercizio 7-6, il sistema precedente può essere riscritto come:

$$\begin{bmatrix} \psi_1 \\ \psi_1 \end{bmatrix} = \begin{bmatrix} \dfrac{N_1^2}{\vartheta_{Fe}} & \dfrac{N_1 N_2}{\vartheta_{Fe}} \\ \dfrac{N_1 N_2}{\vartheta_{Fe}} & \dfrac{N_2^2}{\vartheta_{Fe}} \end{bmatrix} \cdot \begin{bmatrix} i_1 \\ i_2 \end{bmatrix} \triangleq \begin{bmatrix} L_1 & M \\ M & L_2 \end{bmatrix} \cdot \begin{bmatrix} i_1 \\ i_2 \end{bmatrix}$$

in cui si sono introdotti, nel contempo, i parametri di auto e mutua induttanza. Anche in questo caso è soddisfatta la condizione di reciprocità. Inoltre tali parametri sono del tutto indipendenti dalle variabili elettriche esterne (correnti, tensioni o flussi concatenati) e, con le ipotesi adottate, dipendono soltanto dalla riluttanza complessiva dei tratti in materiale ferromagnetico e dal numero di spire dei due avvolgimenti. In particolare, per il caso qui studiato risulta:

$$\begin{cases} L_1 = 0{,}1077 \text{ H} \\ L_2 = 0{,}0011 \text{ H} \\ M = 0{,}0108 \text{ H} \end{cases}$$

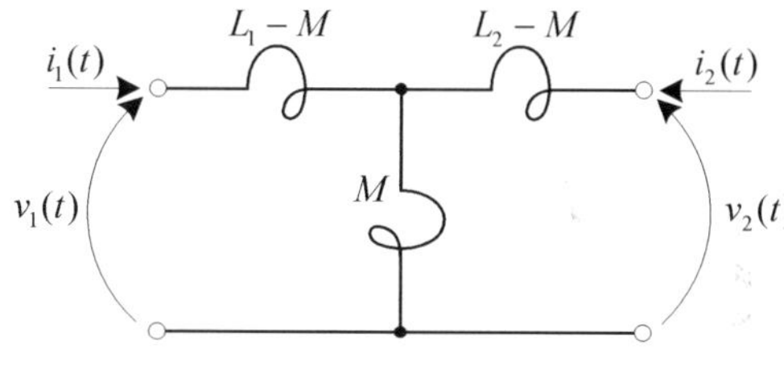

Fig. 8-6.3.

Le equazioni esterne descrittive del mutuo induttore allo studio sono dunque formalizzabili come:

$$\begin{bmatrix} v_1(t) \\ v_2(t) \end{bmatrix} = \mathrm{p} \begin{bmatrix} \psi_1 \\ \psi_1 \end{bmatrix} = \begin{bmatrix} L_1 & M \\ M & L_2 \end{bmatrix} \mathrm{p} \begin{bmatrix} i_1 \\ i_2 \end{bmatrix}$$

da cui, impiegando la medesima tecnica di costruzione già esposta in occasione dell'esercizio 7-6, si ottiene la rete elettrica equivalente di cui alla Fig. 8-6.3.

La condizione ideale di assenza di cadute di tensioni magnetiche nel nucleo si impone annullando la riluttanza dei tratti ferromagnetici ϑ_{Fe}, da cui risulta la rete magnetica riportata in Fig. 8-6.4. Per tale rete si ottiene:

$$m_1 + m_2 = 0$$

ossia:

$$N_1 i_1 + N_2 i_2 = 0$$

e dunque:

$$-\frac{i_2}{i_1} = \frac{N_1}{N_2} \triangleq K$$

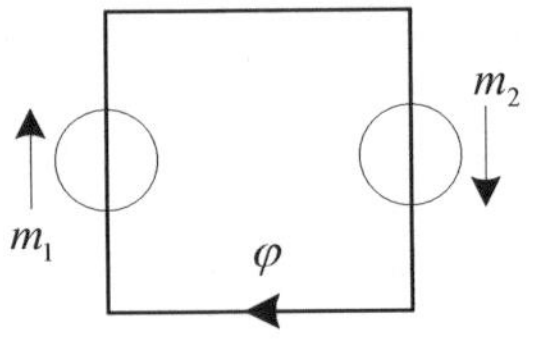

Fig. 8-6.4.

in cui è stato introdotto il *rapporto di trasformazione K*, pari, nel caso qui studiato, a 10.

Inoltre le tensioni caratterizzanti le due porte elettriche con le quali gli avvolgimenti sono connessi al circuito di alimentazione sono fornite dalla legge di Faraday e valgono:

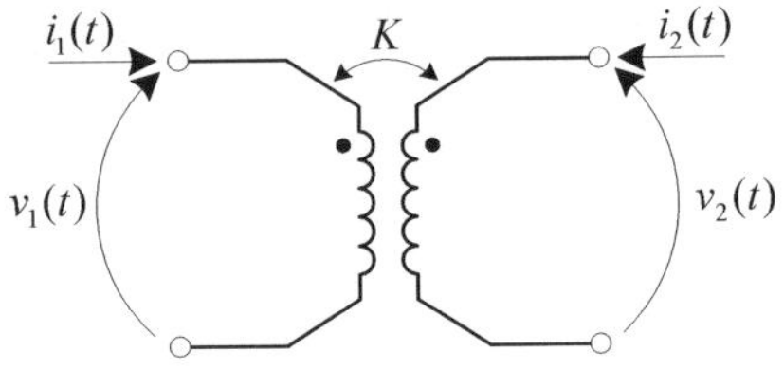

Fig. 8-6.5.

$$\begin{cases} u_1(t) = \dfrac{d\psi_1}{dt} = N_1 \dfrac{d\varphi}{dt} \\ u_2(t) = \dfrac{d\psi_2}{dt} = N_2 \dfrac{d\varphi}{dt} \end{cases}$$

da cui si ricava:

$$\frac{u_1(t)}{u_2(t)} = \frac{N_1}{N_2} = K$$

Riassumendo, nel caso ideale in cui non sono presenti cadute di tensione magnetica nel nucleo ferromagnetico ed in assenza di traferri, il mutuo induttore è caratterizzabile agli effetti esterni dalla combinazione delle relazioni elettriche:

$$\frac{u_1(t)}{u_2(t)} = -\frac{i_2(t)}{i_1(t)} = K \quad , \quad \frac{N_1}{N_2} \triangleq K$$

Con tali condizioni, la precedente rappresentazione elettrica duale non può più considerarsi valida[1]. È quindi necessario passare alla rappresentazione riportata in Fig. 8-6.5; il simbolo introdotto viene generalmente indicato, per i motivi sopra esposti, con il nome di *trasformatore ideale.*

■

[1] Annullando la riluttanza ϑ_{Fe} dei tratti in materiale ferromagnetico, la rappresentazione considerata in precedenza risulterebbe in valori di auto e mutua induttanza infiniti, equivalenti circuitalmente a dei lati aperti.

Esercizio 8-7

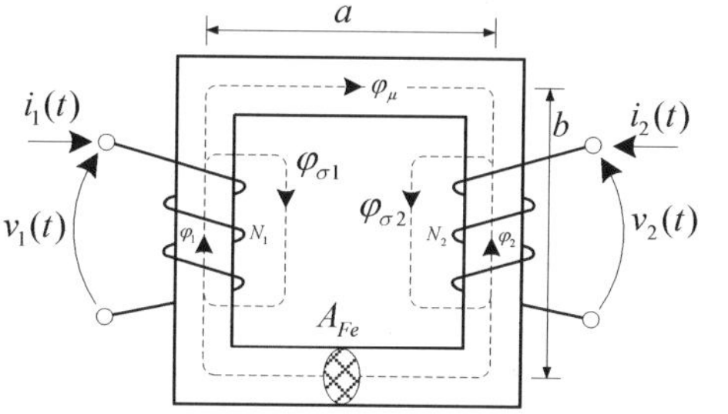

Fig. 8-7.1.

$N_1 = 150 \qquad a = 50 \text{ cm}$

$N_2 = 500 \qquad b = 70 \text{ cm}$

$A_{Fe} = 96 \text{ cm}^2 \qquad \vartheta_{\sigma 1} = 16 \vartheta_{Fe}$

$\mu_{Fe,r} = 1{,}8 \times 10^3 \qquad \vartheta_{\sigma 2} = 4 \vartheta_{Fe}$

Assegnato il mutuo induttore di figura, costituito da materiale ferromagnetico lineare ed in cui sono da mettere in conto i flussi dispersi *relativi a ciascun avvolgimento, dedurne la rete magnetica equivalente e la rete elettrica equivalente agli effetti esterni. Trascurare le cadute di tensione magnetica relative ai tratti ferromagnetici lungo i quali sono avvolte le spire dei due avvolgimenti.*

Il mutuo induttore proposto è di tipo non ideale. Infatti, pur essendo consentito, in prima lettura, considerare un legame B-H lineare per il materiale ferromagnetico del nucleo e pur essendo assenti, in esso, dei tratti in aria, il testo impone che si debbano considerare i *flussi dispersi* $\varphi_{\sigma 1}$ e $\varphi_{\sigma 2}$ relativi ai due avvolgimenti. I flussi dispersi sono causati dal fatto che alcune linee di forza del campo magnetico creato dagli avvolgimenti non si richiudono nel nucleo comune, bensì nello spazio circostante.

Un problema di questo tipo è risolvibile, essenzialmente, in due modi. Entrambi considerano la rete magnetica equivalente; il primo segue le tracce della tecnica già illustrata nel precedente esercizio, conducendo ad una rete elettrica equivalente agli effetti esterni (ossia alle porte elettriche degli avvolgimenti). Il secondo conduce ad una rete elettrica duale equivalente agli effetti interni. La seconda modalità non viene considerata in quanto esulerebbe dagli scopi delle presenti note.

Il mutuo induttore proposto può essere rappresentato attraverso la rete magnetica equivalente di cui alla Fig. 8-7.2, in cui ϑ_μ rappresenta la riluttanza attraversata dal flusso magnetico comune φ_μ e $\vartheta_{\sigma 1}$ e $\vartheta_{\sigma 2}$ rappresentano, rispettivamente, le riluttanze di dispersione dell'avvolgimento 1 e dell'avvolgimento 2. Tali riluttanze rappresentano i tubi di flusso delle linee di forza che, richiudendosi in aria anziché nel nucleo ferromagnetico, costituiscono, la modellizzazione necessaria per i flussi dispersi $\varphi_{\sigma 1}$ e $\varphi_{\sigma 2}$.

Tenendo conto della relativa semplicità della rete magnetica così costruita, è immediato osservare che il flusso comune risulta essere:

$$\varphi_\mu = \frac{m_1 + m_2}{\vartheta_\mu}$$

Inoltre, in base alle condizioni assegnate per le riluttanze di dispersione, si ha:

$$\begin{cases} \varphi_{\sigma 1} = \dfrac{m_1}{\vartheta_{\sigma 1}} = \dfrac{m_1}{16\vartheta_\mu} \\ \varphi_{\sigma 2} = \dfrac{m_2}{\vartheta_{\sigma 2}} = \dfrac{m_2}{4\vartheta_\mu} \end{cases}$$

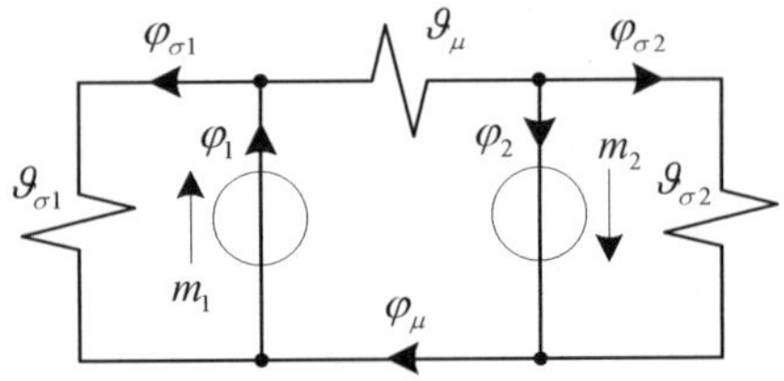

Fig. 8-7.2.

I flussi magnetici complessivi che interessano i tratti di materiale ferromagnetico attorno ai quali sono avvolte le spire dei due avvolgimenti valgono infine:

$$\begin{cases} \varphi_1 = \varphi_\mu + \varphi_{\sigma 1} = \dfrac{17}{16\vartheta_\mu} m_1 + \dfrac{1}{\vartheta_\mu} m_2 \\ \varphi_2 = \varphi_\mu - \varphi_{\sigma 2} = \dfrac{1}{\vartheta_\mu} m_1 + \dfrac{3}{4\vartheta_\mu} m_2 \end{cases}$$

Tenendo ora conto che le forze magnetomotrici relative ai due avvolgimenti sono esprimibili come:

$$m_1 = N_1 \cdot i_1 = 150 i_1$$
$$m_2 = N_2 \cdot i_2 = 500 i_2$$

e che la riluttanza interessata dal flusso comune φ_μ vale:

$$\vartheta_\mu \equiv \vartheta_{Fe} = \frac{1}{\mu_0 \mu_{Fe,r}} \cdot \frac{2(a+b)}{A_{Fe}} = 110524 \ \text{H}^{-1}$$

i flussi concatenati con i due avvolgimenti risultano esprimibili come:

$$\begin{bmatrix} \psi_1 \\ \psi_2 \end{bmatrix} = \begin{bmatrix} N_1 \varphi_1 \\ N_2 \varphi_2 \end{bmatrix} = \begin{bmatrix} N_1^2 \dfrac{17}{16\vartheta_\mu} & N_1 N_2 \dfrac{1}{\vartheta_\mu} \\ N_1 N_2 \dfrac{1}{\vartheta_\mu} & N_2^2 \dfrac{3}{4\vartheta_\mu} \end{bmatrix} \cdot \begin{bmatrix} i_1 \\ i_2 \end{bmatrix} \triangleq \begin{bmatrix} L_1 & M \\ M & L_2 \end{bmatrix} \cdot \begin{bmatrix} i_1 \\ i_2 \end{bmatrix}$$

in cui si sono nel contempo introdotti, in analogia con l'esercizio precedente, i parametri di autoinduttanza e mutua induttanza. Anche in questo caso risulta soddisfatta la condizione di reciprocità.

Per il dispositivo analizzato risulta:

$$\begin{cases} L_1 = 0,2163 \ \text{H} \\ L_2 = 1,6965 \ \text{H} \\ M = 0,6785 \ \text{H} \end{cases}$$

In base alla legge di Faraday, il mutuo induttore allo studio è poi rappresentabile, agli effetti esterni, mediante la seguente formulazione:

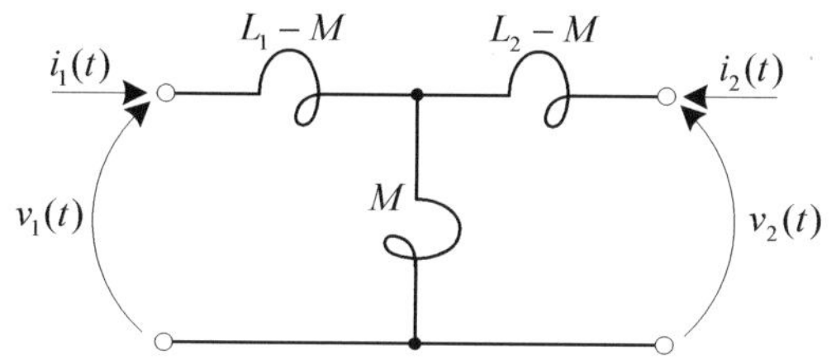

Fig. 8-7.3.

$$\begin{bmatrix} i_1 \\ i_2 \end{bmatrix} = \mathrm{p}\begin{bmatrix} \psi_1 \\ \psi_2 \end{bmatrix} = \begin{bmatrix} L_1 & M \\ M & L_2 \end{bmatrix} \mathrm{p} \begin{bmatrix} i_1 \\ i_2 \end{bmatrix}$$

la quale, così come nel precedente esercizio 8-6, richiama la rete elettrica equivalente agli effetti esterni di cui alla Fig. 8-7.3.

È da notare che tale rappresentazione prevede, in alcuni casi, che uno o più dei parametri di induttanza presenti risulti negativo. È quanto accade nel presente esercizio, in cui si ottiene:

$$\begin{cases} L_1 - M = -0,4623 \text{ H} \\ L_2 - M = 1,0179 \text{ H} \end{cases}$$

■

Reti magnetiche con materiali ferromagnetici non lineari

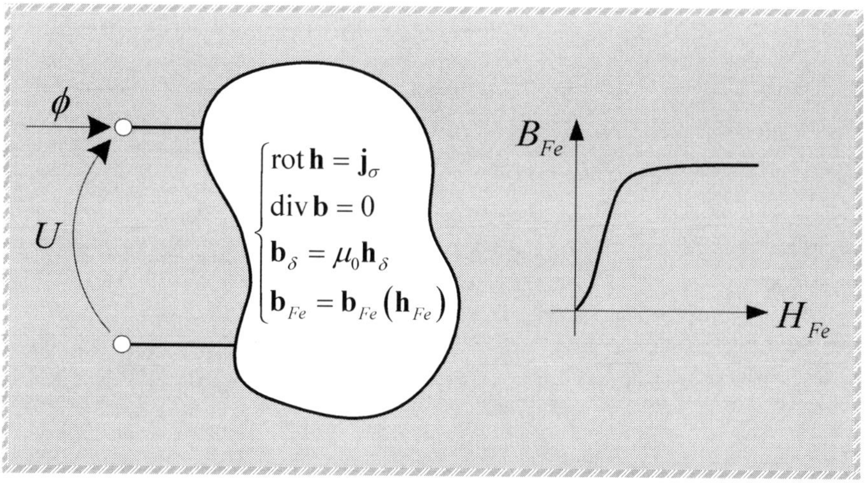

Esercizio 9-1

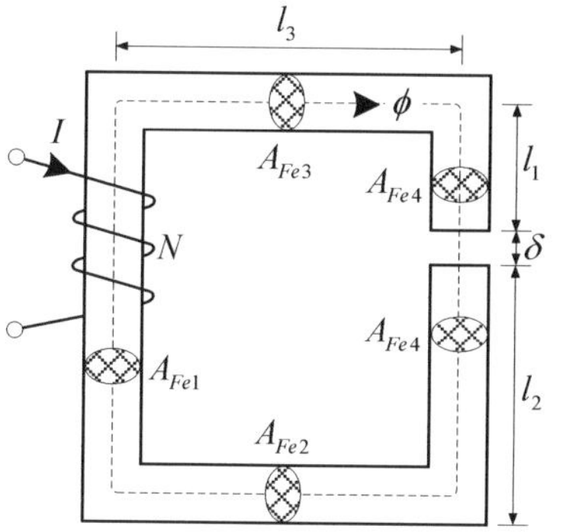

Fig. 9-1.1.

$N = 5000$	$A_{Fe1} = 100\ \text{cm}^2$
$l_1 = 6\ \text{cm}$	$A_{Fe2} = 96\ \text{cm}^2$
$l_2 = 3\ \text{cm}$	$A_{Fe3} = 81\ \text{cm}^2$
$l_3 = 8\ \text{cm}$	$A_{Fe4} = 105\ \text{cm}^2$
$\delta = 0{,}01\ \text{mm}$	$\phi = 7\ \text{mWb}$

Assegnato il dispositivo di figura, determinare il valore della corrente stazionaria I *necessaria per ottenere il flusso* ϕ *indicato. Effettuare il calcolo nei casi in cui il nucleo sia costituito da acciaio C45, ferro fucinato, ghisa, lamiere normali e lamiere legate al 4% di silicio.*

Il quesito proposto si riferisce a quello che viene normalmente indicato come “problema diretto”: assegnate le caratteristiche fisiche e geometriche di un dispositivo magnetico, si richiede il calcolo della corrente – in altri casi della tensione – di alimentazione necessaria per ottenere un determinato valore del flusso riferito alla linea di flusso baricentrica.

La risposta al tema proposto viene ricercata mediante il cosiddetto “metodo delle riluttanze”. Nel successivo esercizio 9-2 verrà proposto un metodo di risoluzione alternativo per un problema analogo al presente.

Il dispositivo allo studio può essere rappresentato mediante la rete magnetica equivalente riportata in Fig. 9-1.2. Poichè i materiali che costituiscono il nucleo ferromagnetico possiedono caratteristiche B-H di tipo non lineare (cfr. appendice C), a differenza dei casi affrontati nelle esercitazioni 7 ed 8, le riluttanze presenti nella rete magnetica non possono dirsi note *a priori*. Infatti, le permeabilità magnetiche relative di ciascun tratto risulteranno differenti fra loro: pur essendo noto il flusso ϕ, ciascun tratto è caratterizzato da una differente sezione trasversale e, dunque, da un differente valore dell'induzione B. A ciascun valore di induzione corrisponde poi, secondo le curve $\mu_r(B)$ riportate in appendice C, un differente valore di permeabilità relativa e, come sopra anticipato, un diverso valore della corrispondente riluttanza.

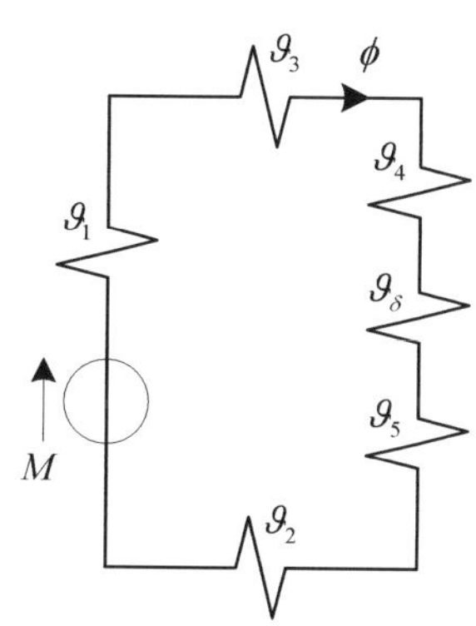

Fig. 9-1.2.

In particolare, nel presente caso si ha:

$$B_1 = \frac{\phi}{A_{Fe1}} = 0,7 \text{ T}$$

$$B_2 = \frac{\phi}{A_{Fe2}} = 0,7292 \text{ T}$$

$$B_3 = \frac{\phi}{A_{Fe3}} = 0,8642 \text{ T}$$

$$B_4 = \frac{\phi}{A_{Fe4}} = 0,6667 \text{ T}$$

$$B_5 = \frac{\phi}{A_{Fe4}} = B_4 = 0,6667 \text{ T}$$

Per quanto riguarda il traferro si ha semplicemente:

$$\vartheta_\delta = \frac{1}{\mu_0} \cdot \frac{\delta}{A_{Fe4}} = 757,8807 \text{ H}^{-1}$$

È ora necessario ricavare i differenti valori della permeabilità magnetica relativa di ciascun tratto. Da questo punto in poi il procedimento è dunque da differenziarsi in base al materiale considerato.

Acciaio C45

Dalle curva $\mu_r(B)$ dell'acciaio C45 si ricava, in base ai valori di induzione calcolati:

$$\mu_{r1}^{C45} = 676,808 \text{ H/m}$$

$$\mu_{r2}^{C45} = 676,227 \text{ H/m}$$

$$\mu_{r3}^{C45} = 646,495 \text{ H/m}$$

$$\mu_{r4}^{C45} = 676,202 \text{ H/m}$$

$$\mu_{r5}^{C45} = \mu_{r4}^{C45} = 676,207 \text{ H/m}$$

Noti tali valori, è possibile calcolare le riluttanze relative ai diversi tratti:

$$\vartheta_1^{C45} = \frac{1}{\mu_{r1}^{C45} \cdot \mu_0} \cdot \frac{l_1 + l_2 + \delta}{A_{Fe1}} = 1,06 \times 10^4 \text{ H}^{-1}$$

$$\vartheta_2^{C45} = \frac{1}{\mu_{r2}^{C45} \cdot \mu_0} \cdot \frac{l_3}{A_{Fe2}} = 9,81 \times 10^3 \text{ H}^{-1}$$

$$\vartheta_3^{C45} = \frac{1}{\mu_{r3}^{C45} \cdot \mu_0} \cdot \frac{l_3}{A_{Fe3}} = 1,21 \times 10^4 \text{ H}^{-1}$$

$$\vartheta_4^{C45} = \frac{1}{\mu_{r4}^{C45} \cdot \mu_0} \cdot \frac{l_1}{A_{Fe4}} = 6,72 \times 10^3 \ \ \mathrm{H}^{-1}$$

$$\vartheta_5^{C45} = \frac{1}{\mu_{r5}^{C45} \cdot \mu_0} \cdot \frac{l_2}{A_{Fe4}} = 3,36 \times 10^3 \ \ \mathrm{H}^{-1}$$

La riluttanza totale vale:

$$\vartheta_{tot}^{C45} = \vartheta_\delta + \sum_{k=1}^{5} \vartheta_k^{C45} = 4,34 \times 10^4 \ \ \mathrm{H}^{-1}$$

in base alla quale si ricava infine, in base alla relazione di Ohm magnetica, il valore richiesto della corrente:

$$M = N \cdot I^{C45} = \vartheta_{tot}^{C45} \cdot \phi \ \ \Rightarrow \ \ I^{C45} = \frac{\vartheta_{tot}^{C45} \cdot \phi}{N} = 0,0608 \ \ \mathrm{A}$$

Ferro fucinato

Dalle curva $\mu_r(B)$ del ferro fucinato si ricavano i valori:

$$\mu_{r1}^{Fe} = 2,53 \times 10^3 \ \ \mathrm{H/m}$$

$$\mu_{r2}^{Fe} = 2,47 \times 10^3 \ \ \mathrm{H/m}$$

$$\mu_{r3}^{Fe} = 2,29 \times 10^3 \ \ \mathrm{H/m}$$

$$\mu_{r4}^{Fe} = 2,62 \times 10^3 \ \ \mathrm{H/m}$$

$$\mu_{r5}^{Fe} = \mu_{r4}^{Fe} = 2,62 \times 10^3 \ \ \mathrm{H/m}$$

Noti tali valori, è possibile calcolare le riluttanze relative ai diversi tratti:

$$\vartheta_1^{Fe} = \frac{1}{\mu_{r1}^{Fe} \cdot \mu_0} \cdot \frac{l_1 + l_2 + \delta}{A_{Fe1}} = 2,83 \times 10^3 \ \ \mathrm{H}^{-1}$$

$$\vartheta_2^{Fe} = \frac{1}{\mu_{r2}^{Fe} \cdot \mu_0} \cdot \frac{l_3}{A_{Fe2}} = 2,68 \times 10^3 \ \ \mathrm{H}^{-1}$$

$$\vartheta_3^{Fe} = \frac{1}{\mu_{r3}^{Fe} \cdot \mu_0} \cdot \frac{l_3}{A_{Fe3}} = 3,43 \times 10^3 \ \ \mathrm{H}^{-1}$$

$$\vartheta_4^{Fe} = \frac{1}{\mu_{r4}^{Fe} \cdot \mu_0} \cdot \frac{l_1}{A_{Fe4}} = 1,74 \times 10^3 \ \ \mathrm{H}^{-1}$$

$$\vartheta_5^{Fe} = \frac{1}{\mu_{r5}^{Fe} \cdot \mu_0} \cdot \frac{l_2}{A_{Fe4}} = 867,80 \ \ \mathrm{H}^{-1}$$

La riluttanza totale vale:

$$\vartheta_{tot}^{Fe} = \vartheta_\delta + \sum_{k=1}^{5} \vartheta_k^{Fe} = 1{,}23 \times 10^4 \ \ \text{H}^{-1}$$

in base alla quale si ricava infine il valore richiesto della corrente:

$$I^{Fe} = \frac{\vartheta_{tot}^{Fe} \cdot \phi}{N} = 0{,}0172 \ \ \text{A}$$

Ghisa

Dalle curva $\mu_r(B)$ della ghisa si ricavano i valori:

$$\mu_{r1}^{gh} = 139{,}261 \ \ \text{H/m}$$

$$\mu_{r2}^{gh} = 132{,}610 \ \ \text{H/m}$$

$$\mu_{r3}^{gh} = 97{,}929 \ \ \text{H/m}$$

$$\mu_{r4}^{gh} = 148{,}453 \ \ \text{H/m}$$

$$\mu_{r5}^{gh} = \mu_{r4}^{gh} = 148{,}453 \ \ \text{H/m}$$

Noti tali valori, è possibile calcolare le riluttanze relative ai diversi tratti:

$$\vartheta_1^{gh} = \frac{1}{\mu_{r1}^{gh} \cdot \mu_0} \cdot \frac{l_1 + l_2 + \delta}{A_{Fe1}} = 5{,}14 \times 10^4 \ \ \text{H}^{-1}$$

$$\vartheta_2^{gh} = \frac{1}{\mu_{r2}^{gh} \cdot \mu_0} \cdot \frac{l_3}{A_{Fe2}} = 5{,}00 \times 10^4 \ \ \text{H}^{-1}$$

$$\vartheta_3^{gh} = \frac{1}{\mu_{r3}^{gh} \cdot \mu_0} \cdot \frac{l_3}{A_{Fe3}} = 8{,}03 \times 10^4 \ \ \text{H}^{-1}$$

$$\vartheta_4^{gh} = \frac{1}{\mu_{r4}^{gh} \cdot \mu_0} \cdot \frac{l_1}{A_{Fe4}} = 3{,}06 \times 10^4 \ \ \text{H}^{-1}$$

$$\vartheta_5^{gh} = \frac{1}{\mu_{r5}^{gh} \cdot \mu_0} \cdot \frac{l_2}{A_{Fe4}} = 1{,}53 \times 10^4 \ \ \text{H}^{-1}$$

La riluttanza totale vale:

$$\vartheta_{tot}^{gh} = \vartheta_\delta + \sum_{k=1}^{5} \vartheta_k^{gh} = 2{,}28 \times 10^5 \ \ \text{H}^{-1}$$

in base alla quale si ricava infine il valore richiesto della corrente:

$$I^{gh} = \frac{\vartheta_{tot}^{gh} \cdot \phi}{N} = 0{,}3198 \ \ \text{A}$$

Lamiere normali

Dalle curva $\mu_r(B)$ delle lamiere normali si ottiene:

$$\mu_{r1}^{lam} = 3,28 \times 10^3 \ \text{H/m}$$

$$\mu_{r2}^{lam} = 3,15 \times 10^3 \ \text{H/m}$$

$$\mu_{r3}^{lam} = 2,38 \times 10^3 \ \text{H/m}$$

$$\mu_{r4}^{lam} = 3,40 \times 10^3 \ \text{H/m}$$

$$\mu_{r5}^{lam} = \mu_{r4}^{lam} = 3,40 \times 10^3 \ \text{H/m}$$

Noti tali valori, è possibile calcolare le riluttanze relative ai diversi tratti:

$$\vartheta_1^{lam} = \frac{1}{\mu_{r1}^{lam} \cdot \mu_0} \cdot \frac{l_1 + l_2 + \delta}{A_{Fe1}} = 2,18 \times 10^3 \ \text{H}^{-1}$$

$$\vartheta_2^{lam} = \frac{1}{\mu_{r2}^{lam} \cdot \mu_0} \cdot \frac{l_3}{A_{Fe2}} = 2,11 \times 10^3 \ \text{H}^{-1}$$

$$\vartheta_3^{lam} = \frac{1}{\mu_{r3}^{lam} \cdot \mu_0} \cdot \frac{l_3}{A_{Fe3}} = 2,30 \times 10^3 \ \text{H}^{-1}$$

$$\vartheta_4^{lam} = \frac{1}{\mu_{r4}^{lam} \cdot \mu_0} \cdot \frac{l_1}{A_{Fe4}} = 1,34 \times 10^3 \ \text{H}^{-1}$$

$$\vartheta_5^{lam} = \frac{1}{\mu_{r5}^{lam} \cdot \mu_0} \cdot \frac{l_2}{A_{Fe4}} = 668,72 \ \text{H}^{-1}$$

La riluttanza totale vale:

$$\vartheta_{tot}^{lam} = \vartheta_\delta + \sum_{k=1}^{5} \vartheta_k^{lam} = 1,04 \times 10^4 \ \text{H}^{-1}$$

in base alla quale si ricava infine il valore richiesto della corrente:

$$I^{lam} = \frac{\vartheta_{tot}^{lam} \cdot \phi}{N} = 0,0145 \ \text{A}$$

Lamiere al 4% di silicio

Dalle curva $\mu_r(B)$ relativa alle lamiere legate al 4% di silicio si ricavano i valori:

$$\mu_{r1}^{Si} = 2,78 \times 10^3 \ \text{H/m}$$

$$\mu_{r2}^{Si} = 2,74 \times 10^3 \ \text{H/m}$$

$$\mu_{r3}^{Si} = 2,41 \times 10^3 \ \text{H/m}$$

$$\mu_{r4}^{Si} = 2,78 \times 10^3 \text{ H/m}$$

$$\mu_{r5}^{Si} = \mu_{r4}^{Si} = 2,78 \times 10^3 \text{ H/m}$$

Noti tali valori, è possibile calcolare le riluttanze relative ai diversi tratti:

$$\vartheta_1^{Si} = \frac{1}{\mu_{r1}^{Si} \cdot \mu_0} \cdot \frac{l_1 + l_2 + \delta}{A_{Fe1}} = 2,58 \times 10^3 \text{ H}^{-1}$$

$$\vartheta_2^{Si} = \frac{1}{\mu_{r2}^{Si} \cdot \mu_0} \cdot \frac{l_3}{A_{Fe2}} = 2,42 \times 10^3 \text{ H}^{-1}$$

$$\vartheta_3^{Si} = \frac{1}{\mu_{r3}^{Si} \cdot \mu_0} \cdot \frac{l_3}{A_{Fe3}} = 3,26 \times 10^3 \text{ H}^{-1}$$

$$\vartheta_4^{Si} = \frac{1}{\mu_{r4}^{Si} \cdot \mu_0} \cdot \frac{l_1}{A_{Fe4}} = 1,64 \times 10^3 \text{ H}^{-1}$$

$$\vartheta_5^{Si} = \frac{1}{\mu_{r5}^{Si} \cdot \mu_0} \cdot \frac{l_2}{A_{Fe4}} = 817,86 \text{ H}^{-1}$$

La riluttanza totale vale:

$$\vartheta_{tot}^{Si} = \vartheta_\delta + \sum_{k=1}^{5} \vartheta_k^{Si} = 1,15 \times 10^4 \text{ H}^{-1}$$

in base alla quale si ricava infine il valore richiesto della corrente:

$$I^{Si} = \frac{\vartheta_{tot}^{Si} \cdot \phi}{N} = 0,0161 \text{ A}$$

Si noti che, a parità di flusso magnetico ottenuto, la corrente richiesta varia in base al materiale costituente in nucleo; il materiale che richiede una corrente maggiore è la *ghisa*, mentre le *lamiere normali* richiedono la corrente minore. Questo dipende dal valore di $\mu_r(B)$ nel punto di lavoro in esame. Da queste osservazioni si deduce che la *ghisa* non è un buon materiale per realizzare un nucleo ferromagnetico.

■

Esercizio 9-2

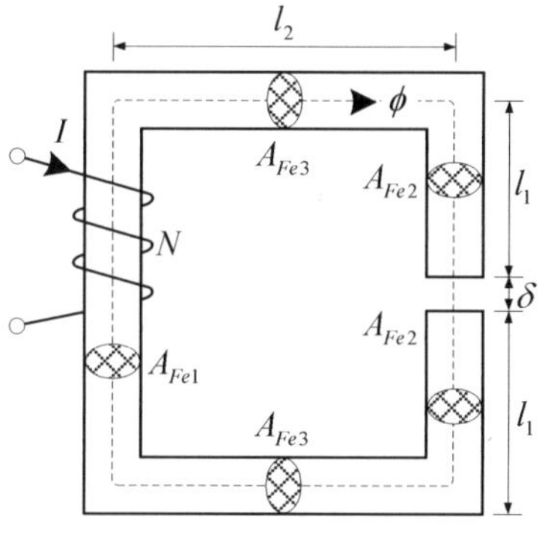

Fig. 9-2.1.

$N = 600$	$A_{Fe1} = 90\ \text{cm}^2$
$l_1 = 20\ \text{cm}$	$A_{Fe2} = 80\ \text{cm}^2$
$l_2 = 40\ \text{cm}$	$A_{Fe3} = 100\ \text{cm}^2$
$\delta = 8\ \text{mm}$	$\phi = 7\ \text{mWb}$

Assegnato il dispositivo di figura, determinare il valore della corrente stazionaria I *che genera il flusso* ϕ *indicato. Effettuare il calcolo nel caso in cui il nucleo sia costituito lamiere legate al 4% di silicio.*

Come per l'esercizio 9-1, il quesito proposto si riferisce ad un "problema diretto", per risolvere il quale si adotterà qui il metodo detto delle "forze magnetomotrici parziali" (detto anche delle "cadute di tensione magnetica parziali"), alternativo al metodo impiegato per l'esercizio precedente.

Il dispositivo magnetico assegnato può rappresentarsi con la rete magnetica riportata in Fig. 9-2.2; nella medesima figura viene rappresentata una possibile riduzione di tale rete, ottenuta sfruttandone le simmetrie geometriche e costitutive.

Poiché il flusso è assegnato, si ricavano i valori dell'induzione magnetica nei differenti tratti:

$$B_1 = \frac{\phi}{A_{Fe1}} = 0{,}7778\ \text{T}$$

$$B_2 = \frac{\phi}{A_{Fe2}} = 0{,}8750\ \text{T}$$

$$B_3 = \frac{\phi}{A_{Fe3}} = 0{,}7\ \text{T}$$

Note tali grandezze, impiegando la curva B=B(H) per i lamierini al 4% di silicio riportata in appendice C è possibile risalire ai corrispondenti valori del campo magnetico:

$$H_1(B_1) = 237{,}767\ \text{A/m}$$

$$H_2(B_2) = 292{,}514\ \text{A/m}$$

$$H_3(B_3) = 200\ \text{A/m}$$

L'induzione e quindi il campo magnetico al traferro si ottengono immediatamente come:

$$B_\delta = \frac{\phi}{A_{Fe2}} = B_2 \implies H_\delta = \frac{B_2}{\mu_0} = 6,96 \times 10^5 \ \text{A/m}$$

Poiché la rete magnetica considerata è costituita da una sola maglia magnetica, per risolvere il quesito proposto è sufficiente scrivere la legge delle tensioni magnetiche per tale maglia:

$$M = N \cdot I = (2l_1 + \delta) \cdot H_1 + 2l_1 \cdot H_2 + 2l_2 \cdot H_3 + H_\delta \cdot \delta$$

da cui si ricava la corrente richiesta:

$$I = \frac{(2l_1 + \delta) \cdot H_1 + 2l_1 \cdot H_2 + 2l_2 \cdot H_3 + H_\delta \cdot \delta}{N} = 9,9074 \ \text{A}$$

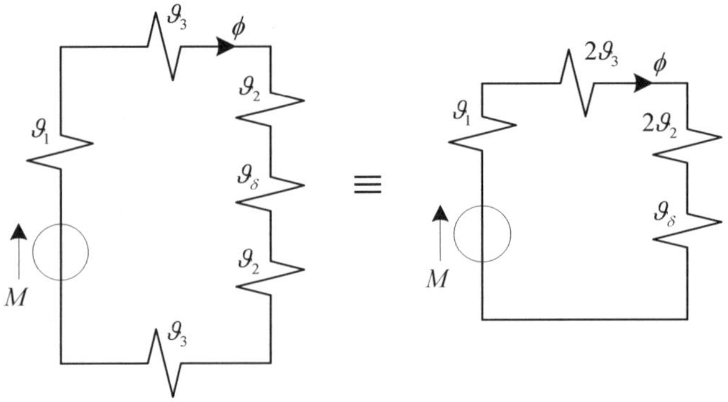

Fig. 9-2.2.

■

Esercizio 9-3

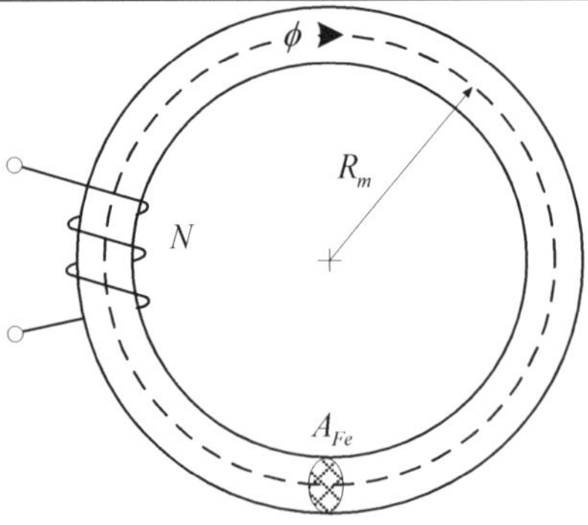

Fig. 9-3.1.

$N = 300$

$I = 5 \ \text{A}$

$R_m = 30 \ \text{cm}$

$A_{Fe} = 90 \ \text{cm}^2$

*Assegnato l'*autoinduttore toroidale *in figura, determinare il valore del flusso magnetico ϕ relativo alla linea di forza baricentrica del campo magnetico. Effettuare il calcolo nei casi in cui il nucleo sia costituito da acciaio C45, ferro fucinato, ghisa, lamiere normali e lamiere legate al 4% di silicio.*

Il problema proposto viene comunemente indicato come "problema inverso": assegnate le caratteristiche fisiche e geometriche del dispositivo e le correnti che ne alimentano gli avvolgimenti (e, dunque, le relative forze magnetomotrici), si chiede di determinare i flussi magnetici nei diversi tratti presenti, i quali possono essere costituiti da aria (traferri) oppure da materiali ferromagnetici (anche diversi fra loro).

Nel caso qui considerato la soluzione si ricava facilmente in quanto non sono presenti traferri e la sezione del nucleo è costante. In altri casi la soluzione è ben più complessa, come verrà mostrato nel prossimo esercizio.

Il toroide magnetico allo studio è costituito, per ciascun caso, da un unico materiale ferromagnetico. La lunghezza della linea di flusso baricentrica vale:

$$l_{Fe} = 2\pi R_m = 1{,}8850 \text{ m}$$

La forza magnetomotrice vale:

$$M = N \cdot I = 1500 \text{ A}$$

la quale alimenta l'unica maglia magnetica presente. La legge alle tensioni magnetiche relativa a tale maglia permette di calcolare il valore del campo magnetico:

$$H = \frac{M}{l_{Fe}} = 795{,}7747 \text{ A/m}$$

Noto il valore numerico di tale grandezza è possibile, impiegando le curve B-H dei differenti materiali considerati (cfr. appendice C), ricavare i corrispondenti valori di induzione magnetica:

$$B^{C45} = 1{,}225 \text{ T}$$

$$B^{Fe} = 1{,}283 \text{ T}$$

$$B^{gh} = 0{,}299 \text{ T}$$

$$B^{lam} = 1{,}198 \text{ T}$$

$$B^{si} = 1{,}225 \text{ T}$$

in base ai quali si ottiene, nei diversi casi, il valore richiesto per il flusso magnetico:

$$\phi^{C45} = B^{C45} \cdot A_{Fe} = 11{,}02 \text{ mWb}$$

$$\phi^{Fe} = B^{Fe} \cdot A_{Fe} = 11{,}55 \text{ mWb}$$

$$\phi^{gh} = B^{gh} \cdot A_{Fe} = 2{,}69 \text{ Wb}$$

$$\phi^{lam} = B^{lam} \cdot A_{Fe} = 10,78 \text{ mWb}$$

$$\phi^{Si} = B^{Si} \cdot A_{Fe} = 11,02 \text{ mWb}$$

■

Esercizio 9-4

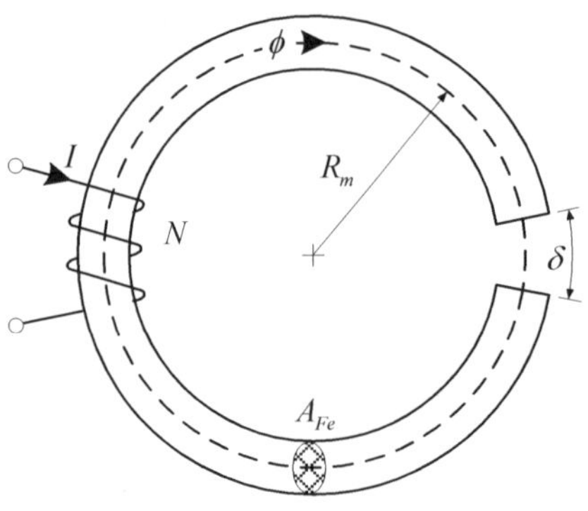

Fig. 9-4.1.

$N = 450$

$I = 5 \text{ A}$

$R_m = 25 \text{ cm}$

$\delta = 3 \text{ mm}$

$A_{Fe} = 100 \text{ cm}^2$

Assegnato l'autoinduttore toroidale in figura, il cui nucleo è costituito da ferro fucinato, determinare il valore del flusso magnetico ϕ relativo alla linea di forza baricentrica del campo magnetico.

Il problema proposto è di tipo inverso. La sezione del nucleo ferromagnetico è costante, ma la presenza del traferro δ esclude la possibilità di impiegare la tecnica semplificata esposta nel precedente esercizio. Si rende invece necessaria l'applicazione di un metodo iterativo di soluzione.

Il toroide magnetico allo studio può essere rappresentato mediante la rete magnetica riportata in Fig. 9-4.2: la riluttanza ϑ_{Fe} relativa al tratto in ferro fucinato risulta *a priori* incognita perché la permeabilità magnetica relativa che ne consente il calcolo dipende dal valore di induzione in tale tratto, a sua volta incognito.

Al contrario, è possibile calcolare la forza magnetomotrice:

$$M = N \cdot I = 2250 \text{ A}$$

e la riluttanza del traferro:

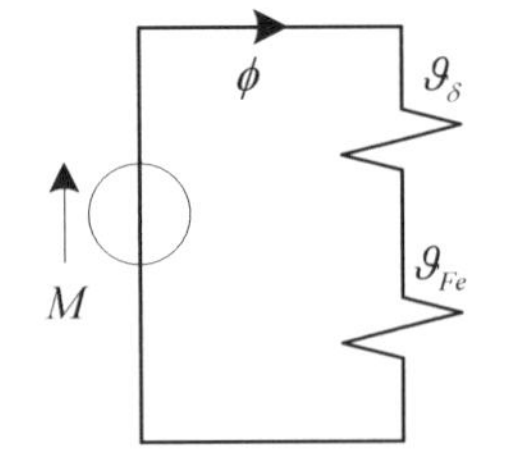

Fig. 9-4.2.

$$\vartheta_\delta = \frac{1}{\mu_0} \cdot \frac{\delta}{A_{Fe}} = 23,87 \times 10^4 \ \text{H}^{-1}$$

Conviene inoltre calcolare preventivamente l'effettiva lunghezza del tratto in ferro fucinato, riferito al tubo di flusso baricentrico:

$$l_{Fe} = 2\pi \cdot R_m - \delta = 1,5519 \ \text{m}$$

La risoluzione deve ora necessariamente procedere in modo iterativo, secondo il seguente schema:

1. Si fissa il valore dell'induzione B in uno dei tratti ferromagnetici; essendo nel presente caso il tratto ferromagnetico unico, tale scelta è univoca. Conviene fissare, come valore di prima iterazione, un'induzione magnetica tale per cui il materiale (in questo caso ferro fucinato) funziona nel tratto lineare della caratteristica B-H; secondo la curva di prima magnetizzazione riportata in appendice C, si può ad esempio fissare $B=B^1=1$ T (la cifra ad apice indica, nel presente caso, l'iterazione);
2. Nota l'induzione magnetica B^1, si calcolano i flussi magnetici nei diversi tronchi. Nel presente caso è necessario calcolare solamente l'unico flusso presente:

$$\phi^1 = B^1 \cdot A_{Fe} = 10 \ \text{mWb}$$

3. Dalla curva $\mu_r=\mu_r(B)$ del ferro fucinato si ricava il valore di permeabilità magnetica relativa corrispondente a B^1. Nel presente caso si ha $\mu_r^1 = 1,99 \times 10^3$ H/m ;
4. Nota la permeabilità magnetica, è possibile calcolare la riluttanza relativa al tratto considerato:

$$\vartheta_{Fe}^1 = \frac{1}{\mu_0 \cdot \mu_r^1} \cdot \frac{l_{Fe}}{A_{Fe}} = 62,06 \times 10^3 \ \text{H}^{-1} \quad ;$$

5. La caduta di tensione magnetica complessiva nella rete allo studio vale:

$$U_{tot}^1 = \left(\vartheta_\delta + \vartheta_{Fe}^1\right) \cdot \phi^1 = 3007,9 \ \text{A} \quad ;$$

6. Poiché la caduta di tensione risulta superiore alla forza magnetomotrice applicata M, si conclude che il valore di induzione ipotizzato in prima iterazione è troppo elevato. Si reitera allora il procedimento, imponendo un valore di induzione $B^2<B^1$. Viceversa, se si fosse ottenuta una caduta di tensione magnetica minore di M, si sarebbe reiterato il procedimento imponendo una $B^2>B^1$. Si itera il procedimento finché non si ottiene un valore di tensione magnetica che, entro una tolleranza determinata *a priori*, eguaglia il valore di M.

Poiché il procedimento può richiedere più di una qualche iterazione, conviene procedere con ordine, ad esempio compilando uno schema simile a quello riportato in Tab. 9-4.1. In tale tabella l'errore percentuale per la generica iterazione k-esima è calcolato come:

$$\text{errore } \% = \frac{M - U_{tot}^1}{M} \cdot 100$$

il quale risulta l'indice prescelto per la tolleranza richiesta.

Il procedimento si arresta quando l'errore risulta essere inferiore, in modulo, all'1%. In altri casi potrebbe essere nessario prefissare un valore superiore per tale tolleranza (ad esempio, 5-10%); in particolare, qualora i calcoli siano eseguiti senza l'ausilio di un calcolatore, normalmente si accettano tolleranze del 5-10%.

La quantità di cui viene aumentato o diminuito il valore dell'induzione B passando da un'iterazione a quella successiva non è costante, ma da determinarsi in base all' "andamento" (o "convergenza") del procedimento.

La risposta al quesito proposto risulta essere $\phi \cong 7{,}8$ mWb, corrispondente a un errore pari, in modulo, allo 0,91% (iterazione 4, come da Tab. 9-4.1).

Iterazione	B [T]	ϕ [mWb]	$\mu_r(B)$ [kH/m]	$\vartheta_{Fe}(B)$ [kH^{-1}]	U_{tot} [A]	Errore %
1	1	10	1,99	62,06	3007,9	-33,69
2	0,8	8	2,33	52,33	2328,5	-3,49
3	0,75	7,5	2,43	50,82	2171,7	3,48
4	0,78	7,8	2,38	51,89	2266,9	-0,75

Tab. 9-4.1.

Esercizio 9-5

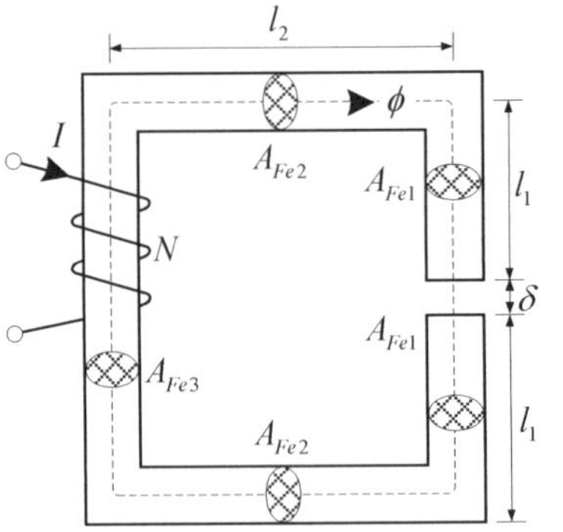

Fig. 9-5.1.

$N = 500$ $\quad \delta = 3$ mm

$I = 7$ A $\quad A_{Fe1} = 85$ cm^2

$l_1 = 15$ cm $\quad A_{Fe2} = 100$ cm^2

$l_2 = 45$ cm $\quad A_{Fe3} = 93$ cm^2

Assegnato il dispositivo magnetico in figura, il cui nucleo è costituito da lamierini normali, determinare il valore del flusso magnetico ϕ *relativo alla linea di forza baricentrica del campo magnetico.*

Il problema assegnato è di tipo inverso e viene risolto con il procedimento numerico illustrato nell'esercizio precedente. La difficoltà aggiuntiva rispetto al caso precedente è dovuta al fatto che la sezione del nucleo ferromagnetico è, per il presente esercizio, variabile.

L'autoinduttore assegnato può essere interpretato mediante la rete magnetica equivalente riportata in Fig. 9-5.2. In essa risultano *a priori* note soltanto la forza magnetomotrice:

$$M = N \cdot I = 3500 \text{ A}$$

e la riluttanza del traferro:

$$\vartheta_\delta = \frac{1}{\mu_0} \cdot \frac{\delta}{A_{Fe1}} = 2,81 \times 10^5 \text{ H}^{-1}$$

mentre tutte le altre riluttanze sono non note in quanto dipendono da permeabilità magnetiche relative che, in base alle curve $\mu_r(B)$, sono da determinarsi una volta noti i valori di induzione nei diversi tratti.

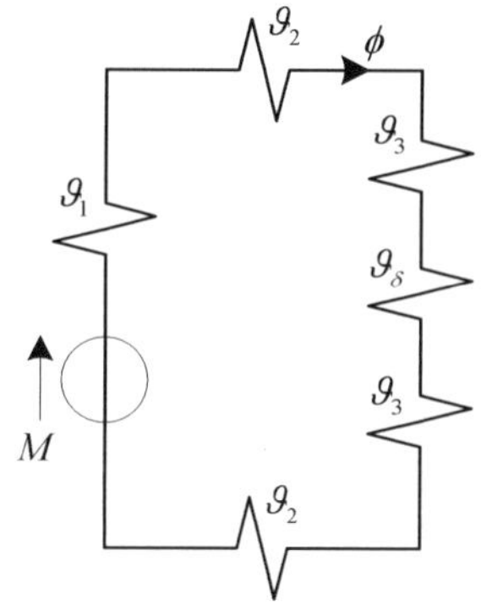

Fig. 9-5.2.

Il problema assegnato viene dunque risolto con la tecnica numerica già esposta per il precedente esercizio 9-4; in questo caso si ritiene però conveniente non considerare il calcolo delle cadute di tensione magnetica relative a ciascuna riluttanza, ricavando invece direttamente i valori di campo magnetico dalla curva B-H delle lamiere normali, una volta noti i valori di induzione. La caduta totale di tensione magnetica viene calcolata come:

$$U_{tot} = (2l_1 + \delta) \cdot H_1 + 2l_2 \cdot H_2 + 2l_1 \cdot H_3 + \delta \cdot H_\delta$$

mentre l'errore percentuale di ciascuna iterazione viene calcolato come nel precedente esercizio.

I risultati ottenuti sono riportati in Tab. 9-5.1 e la risposta al quesito proposto risulta essere:

$$\phi \cong 10,5 \text{ mWb} \quad ,$$

avendo ottenuto una convergenza dell'algoritmo numerico alla terza iterazione considerata.

Iterazione	1	2	3
B_1 [T]	1	1,1	1,05
$\phi = B_1 \cdot A_{Fe3}$ [mWb]	9,3	10,3	9,8
$B_2 = \phi / A_{Fe2}$ [T]	0,93	1,02	0,97
$B_3 = \phi / A_{Fe3}$ [T]	1	1,1	1,05
$H_\delta = B_3 / \mu_0$ [A/m]	$7,96 \times 10^5$	$8,75 \times 10^5$	$8,36 \times 10^5$
$H_1(B_1)$ [A/m]	470	630	549,61
$H_2(B_2)$ [A/m]	590,45	766,66	675,71
$H_3(B_3)$ [A/m]	470	630	549,61
U_{tot} [A]	$3,2 \times 10^3$	$3,69 \times 10^3$	$3,45 \times 10^3$
Errore %	8,51	-5,60	1,54

Tab. 9-5.1.

■

Esercizio 9-6

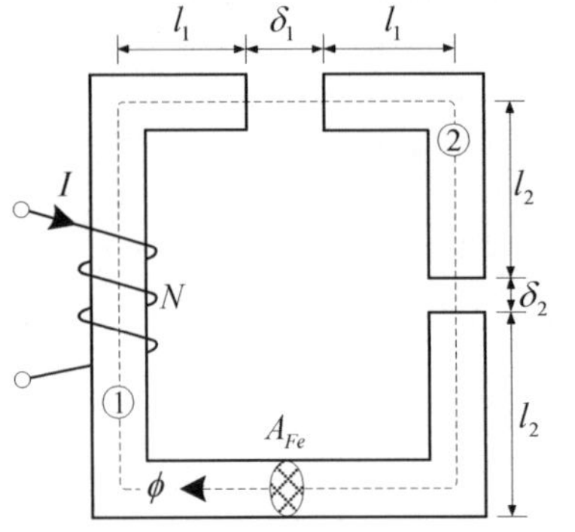

Fig. 9-6.1.

$N = 560$ $\delta_1 = 5$ mm
$I = 9$ A $\delta_2 = 3$ mm
$l_1 = 15$ cm $A_{Fe} = 90$ cm^2
$l_2 = 25$ cm
Tratto 1: acciaio C45
Tratto 2: acciaio fuso

Assegnato l'autoinduttore di figura, il cui nucleo è composto da due tratti costituiti, rispettivamente, da acciaio C45 e da acciaio fuso, determinare il valore del flusso magnetico ϕ *relativo alla linea di forza baricentrica del campo magnetico.*

Il problema proposto viene risolto con l'approccio numerico esposto negli esercizi 9-4 e 9-5. Rispetto a questi esercizi, le complicazioni aggiuntive sono dovute alla presenza simultanea di due traferri e di tratti del nucleo composti da materiali ferromagnetici differenti.

Il dispositivo proposto può essere descritto mediante la rete magnetica riportata in Fig. 9-6.2, per la quale risultano note *a priori* la forza magnetomotrice:

$$M = N \cdot I = 5040 \text{ A}$$

e le riluttanze relative ai due traferri:

$$\vartheta_{\delta 1} = \frac{1}{\mu_0} \cdot \frac{\delta_1}{A_{Fe}} = 4,42 \times 10^5 \text{ H}^{-1}$$

$$\vartheta_{\delta 2} = \frac{1}{\mu_0} \cdot \frac{\delta_2}{A_{Fe}} = 2,65 \times 10^5 \text{ H}^{-1}$$

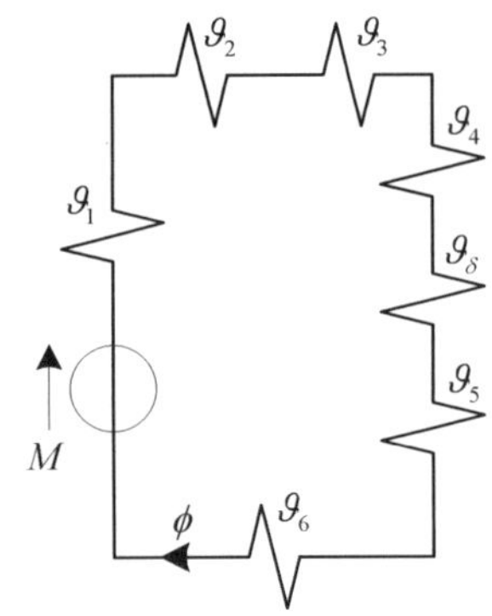

Fig. 9-6.2.

Il problema viene risolto mediante la tecnica numerica introdotta nel precedente esercizio 9-5; la caduta totale di tensione magnetica viene calcolata come:

$$U_{tot} = (2l_2 + \delta_2) \cdot H_1 + l_1 \cdot H_2 + l_1 \cdot H_3 + l_2 \cdot H_4 + l_2 \cdot H_5 + (2l_1 + \delta_1) \cdot H_6 + \delta_1 \cdot H_{\delta 1} + \delta_2 \cdot H_{\delta 2}$$

Iterazione	1	2	3	4	5
B [T]	1	0,8	0,7	0,75	0,74
$\phi = B \cdot A_{Fe}$ [mWb]	9	7,2	6,3	6,7	6,7
$H_{\delta 1} = B / \mu_0$ [A/m]	$7{,}96\times10^5$	$6{,}37\times10^5$	$5{,}57\times10^5$	$5{,}97\times10^5$	$5{,}89\times10^5$
$H_{\delta 2} = H_{\delta 1}$ [A/m]	$7{,}96\times10^5$	$6{,}37\times10^5$	$5{,}57\times10^5$	$5{,}97\times10^5$	$5{,}89\times10^5$
$H_1(B)$ [A/m]	400	250	200	222,47	217,31
$H_2(B)$ [A/m]	400	250	200	222,47	217,31
$H_5(B)$ [A/m]	400	250	200	222,47	217,31
$H_6(B)$ [A/m]	400	250	200	222,47	217,31
$H_3(B)$ [A/m]	400	270	220	245,88	240,82
$H_4(B)$ [A/m]	400	270	220	245,88	240,82
U_{tot} [A]	7×10^3	$5{,}5\times10^3$	$4{,}79\times10^3$	$5{,}14\times10^3$	$5{,}07\times10^3$
Errore %	-39,08	-9,19	5,04	-2,02	-0,59

Tab. 9-6.1.

in cui i campi H_1, H_2, H_5 ed H_6 sono ricavati mediante la curva B-H dell'acciaio C45 ed i campi H_3 ed H_4 dalla curva B-H dell'acciaio fuso. L'errore percentuale di ciascuna iterazione viene calcolato mediante la relazione già adottata negli esercizi 9-4 e 9-5.

In base ai risultati ottenuti, la risposta al quesito proposto è:

$$\phi \cong 6{,}7 \text{ mWb}$$

È da notare come l'ultima iterazione effettuata non abbia, di fatto, modificato il valore del flusso rispetto a quello dell'iterazione precedente. Ciò è evidentemente dovuto al valore del troncamento numerico considerato per tale grandezza; si nota, infatti, che le altre quantità sono sensibilmente variate passando dall'iterazione 4 all'iterazione 5. Tale osservazione suggerisce che è opportuno reiterare il procedimento finché l'errore percentuale non risulta inferiore alla tolleranza stabilita *a priori*, indipendentemente dal comportamento assunto dal valore numerico della/delle variabile/i di interesse.

■

Esercizio 9-7

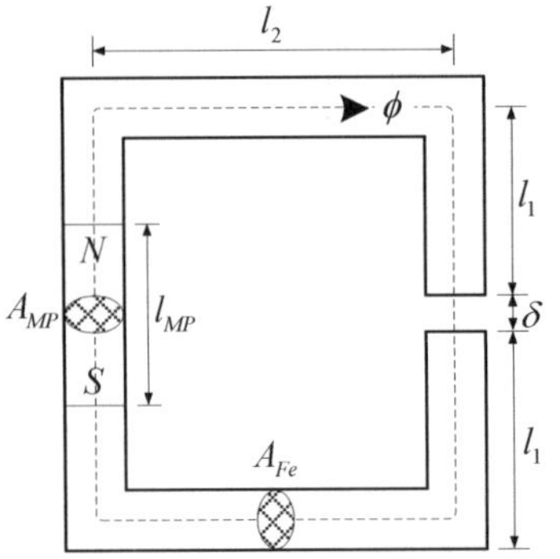

Fig. 9-7.1.

$$l_1 = 12 \text{ cm} \qquad l_{MP} = 10 \text{ cm}$$
$$l_2 = 34 \text{ cm} \qquad A_{MP} = 80 \text{ cm}^2$$
$$\delta = 4{,}5 \text{ mm} \qquad B_R = 1{,}4 \text{ T}$$
$$A_{Fe} = 85 \text{ cm}^2 \qquad H_C = 48 \text{ kA}$$
$$\mu_{Fe,r} = 1 \times 10^3 \qquad \mu_{MP} = 19{,}89$$

Assegnato i dispositivo magnetico di figura, alimentato mediante un magnete permanente in AlNiCo del quale vengono forniti il campo coercitivo H_C*, l'induzione residua* B_R*, la permeabilità reversibile* μ_{MP} *e le caratteristiche geometriche* l_{MP} *e* A_{MP}*, determinare il valore del flusso magnetico* ϕ *relativo alla linea di forza baricentrica del campo magnetico.*

Il problema proposto risulta, in generale, fortemente non lineare, a causa della presenza del magnete permanente e del nucleo ferromagnetico.

Viene qui proposto un approccio semplificato che prevede, simultaneamente, la linearizzazione della caratteristica B-H del materiale di cui è costituito il nucleo (implicita nel dato fornito rispetto alla sua permeabilità magnetica relativa) e la linearizzazione della caratteristica di smagnetizzazione del magnete.

La ricerca del punto di lavoro per il dispositivo proposto è da effettuarsi, in generale, mediante un metodo grafico. Ciò è dovuto alla simultanea presenza di un materiale ferromagnetico costituente il nucleo e del magnete permanente, i quali presentano entrambi un legame B-H di tipo non lineare.

Il testo del problema introduce, di fatto, una prima semplificazione, imponendo che la permeabilità magnetica del materiale di cui è costituito il nucleo debba essere costante. Ciò significa, così come ipotizzato per tutti i casi presentati nell'esercitazione 8, che la curva B-H di tale materiale sia linearizzata, escludendo che il materiale si trovi a funzionare in condizioni di saturazione.

Considerando tale ipotesi, il punto di lavoro $\left\{\overline{B}, \overline{H}\right\}$ del dispositivo può essere ricavato mediante un metodo grafico, intesecando la caratteristica si smagnetizzazione del magnete permanente in AlNiCo e la "retta di carico" rappresentante il nucleo ferromagnetico ed il traferro δ, così come mostrato in Fig. 9-7.2. In realtà è possibile adottare un metodo approssimato di analisi, che prevede la linearizzazione della caratteristica del magnete permanente, espressa, per valori negativi di H e positivi di B, mediante le seguenti relazioni:

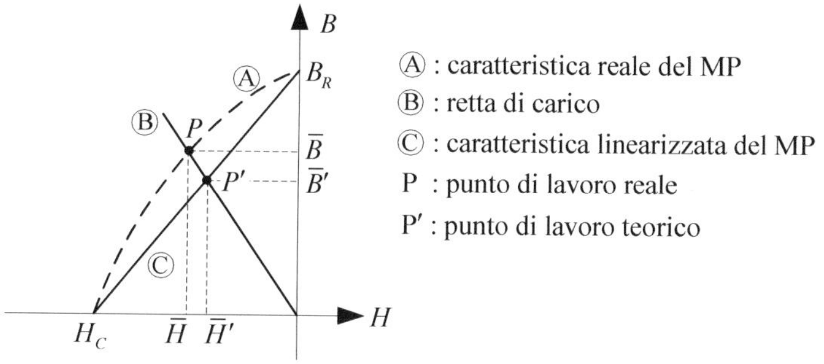

Fig. 9-7-2.

$$\begin{cases} B_{MP} = B_R + \mu_{MP} \cdot H_{MP} \\ H_{MP} = \dfrac{B_{MP}}{\mu_{MP}} - H_C \end{cases}$$

in cui μ_{MP} è la *permeabilità reversibile (relativa)* del magnete. In tal modo il punto di lavoro ricavato, di tipo teorico, è quello identificato dalle coordinate $\{\overline{B}', \overline{H}'\}$ in Fig. 9-7.2, differenti dalle coordinate $\{\overline{B}, \overline{H}\}$ del punto di lavoro reale. Con i moderni materiali impiegati per la costruzione dei magneti permanenti (AlNiCo come nel caso qui considerato, NdFeB, ecc.), si verifica sempre che i due punti di lavoro siano molto prossimi fra loro; in tal modo l'errore commesso adottando una linearizzazione della caratteristica di smagnetizzazione risulta, di fatto, ingegneristicamente trascurabile.

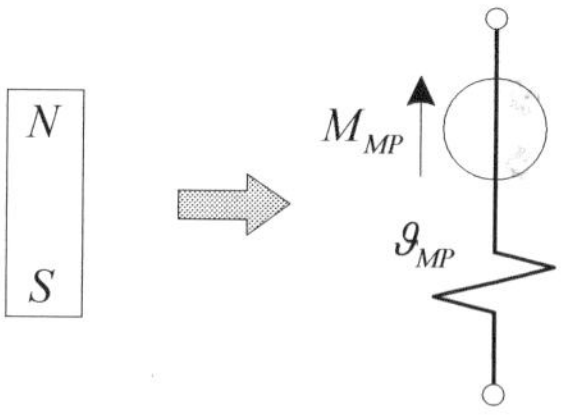

Fig. 9-7.3.

Con tale approccio è inoltre possibile, all'interno della rete magnetica equivalente, rappresentare il magnete permanente mediante il bipolo magnetico attivo di tipo serie di Fig. 9-7.3, per il quale si ha:

$$\begin{cases} M_{MP} = H_C \cdot l_{MP} = 4800 \ \text{A} \\ \vartheta_{MP} = \dfrac{1}{\mu_0 \cdot \mu_{MP}} \cdot \dfrac{l_{MP}}{A_{MP}} = 5 \times 10^3 \ \text{H}^{-1} \end{cases}$$

In tal modo il dispositivo allo studio risulta rappresentabile mediante la rete magnetica riportata in Fig. 9-7.4. Le riluttanze valgono:

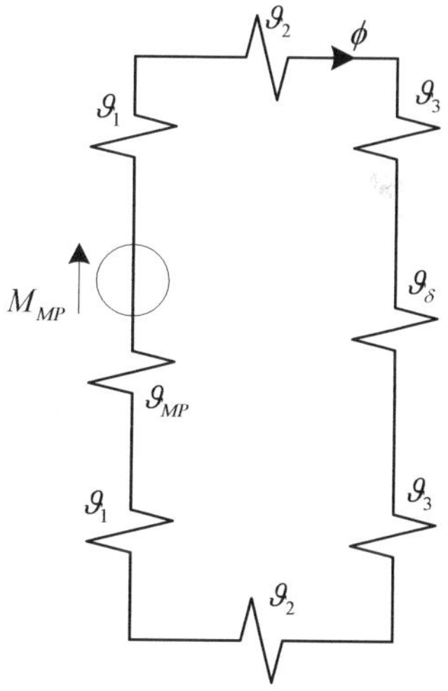

Fig. 9-7.4.

$$\vartheta_1 = \frac{1}{\mu_0 \mu_{Fe,r}} \cdot \frac{\left(l_1 + \frac{1}{2}\delta\right) - \frac{1}{2} l_{MP}}{A_{Fe}} = 6764{,}09 \ \text{H}^{-1}$$

$$\vartheta_2 = \frac{1}{\mu_0 \mu_{Fe,r}} \cdot \frac{l_2}{A_{Fe}} = 31831 \ \text{H}^{-1}$$

$$\vartheta_3 = \frac{1}{\mu_0 \mu_{Fe,r}} \cdot \frac{l_1}{A_{Fe}} = 11234,5 \ \text{H}^{-1}$$

$$\vartheta_\delta = \frac{1}{\mu_0} \cdot \frac{\delta}{A_{Fe}} = 421,292 \times 10^3 \ \text{H}^{-1}$$

Poiché la rete magnetica considerata è costituita da un'unica maglia magnetica, il flusso magnetico richiesto è immediatamente ricavabile come:

$$\phi = \frac{M_{MP}}{2\vartheta_1 + 2\vartheta_2 + 2\vartheta_3 + \vartheta_\delta + \vartheta_{MP}} = 9,1 \ \text{mWb}$$

Esercitazione 10

Azioni meccaniche

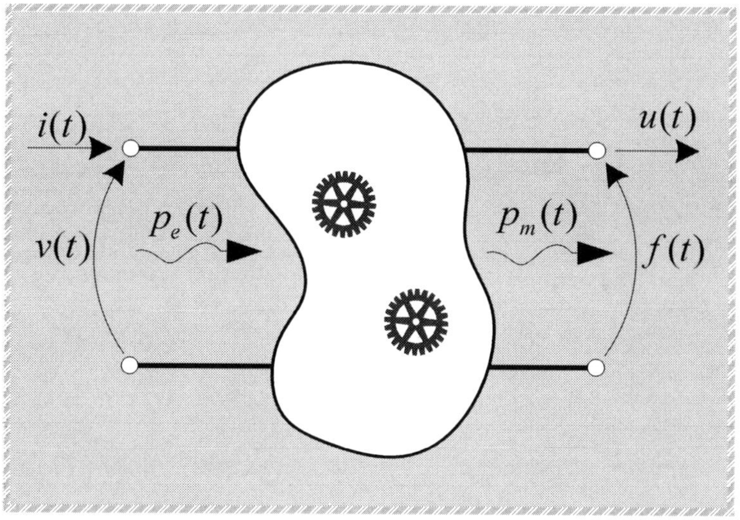

Esercizio 10-1

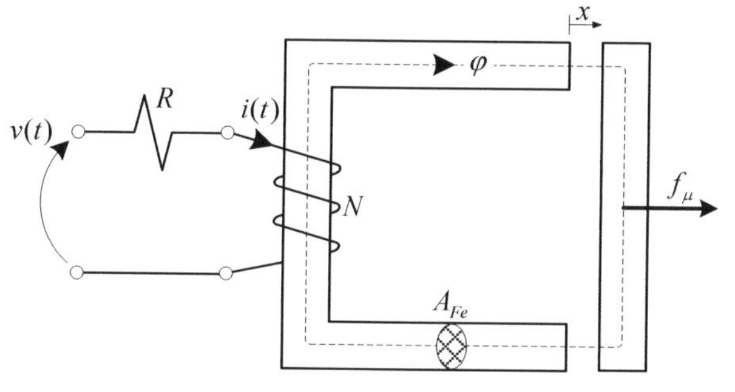

Fig. 10-1.1.

$R = 10\ \Omega$

$N = 100$

$A_{Fe} = 87\ \text{cm}^2$

$\mu_{Fe} \gg \mu_0$

$i_1(t) = I_1 = 10\ \text{A}$

$\begin{cases} i_2(t) = 10\cos(2\pi f t) \\ f = 50\ \text{Hz} \end{cases}$

Assegnato il dispositivo magnetoelettrico di figura, calcolare la forza agente sull'ancora mobile per uno spostamento x di 3 mm e con le due correnti di alimentazione indicate. Calcolare la pressione su ciascun traferro. Tracciare inoltre la rete elettrica equivalente dell'apparato.

Il tema assegnato viene risolto avvalendosi del principio dei lavori virtuali e particolarizzando poi i risultati ottenuti allo spostamento assegnato. Si esegue poi un confronto fra i risultati ottenuti per le due alimentazioni assegnate.

Viene infine tracciata la rete elettrica equivalente e commentato quanto ottenuto.

In base alle osservazioni esposte nelle esercitazioni 7, 8 e 9, si conclude che l'energia magnetica è accumulata nel solo traferro. La riluttanza di traferro e l'induttanza equivalente agli effetti esterni sono dipendenti dalla variabile x; ne segue che l'energia magnetica vale:

$$W_\mu = \frac{1}{2} L(x) \cdot i^2 = \frac{1}{2} \cdot \frac{\psi^2}{L(x)}$$

L'applicazione del principio dei lavori virtuali consente poi di ricavare la forza agente sull'ancora mobile come[1]:

$$f_\mu = -\left.\frac{\partial W_\mu}{\partial x}\right|_{\psi=\text{cost.}} = -\frac{d}{dx}\left(\frac{1}{2} \cdot \frac{\psi^2}{L(x)}\right) = -\frac{1}{2}\psi^2 \frac{d}{dx}\left(\frac{1}{L(x)}\right)$$

La riluttanza complessiva corrispondente ai due traferri è la somma delle singole riluttanze connesse in serie ed ha espressione:

$$\vartheta(x) = \frac{2}{\mu_0} \cdot \frac{x}{A_{Fe}}$$

[1] La forza creata dal campo magnetico viene convenzionalmente considerata positiva con il verso indicato in Fig. 10-1.1.

da cui si ricava l'induttanza equivalente:

$$L(x) = \frac{N^2}{\vartheta(x)} = \frac{1}{2} \cdot \frac{N^2}{x} \mu_0 A_{Fe}$$

e quindi:

$$\frac{1}{L(x)} = \frac{2x}{N^2 \mu_0 A_{Fe}}$$

In base all'espressione precedentemente ricavata, la forza agente sull'ancora vale dunque:

$$\begin{aligned} f_\mu &= -\frac{1}{2}\psi^2 \frac{d}{dx}\left(\frac{2x}{N^2 \mu_0 A_{Fe}}\right) = -\frac{1}{2}\left[L(x) \cdot i\right]^2 \frac{2}{N^2 \mu_0 A_{Fe}} = \\ &= -\frac{1}{2} L^2(x) \cdot i^2 \frac{1}{L(x) \cdot x} = -\frac{1}{2} L(x) \cdot i^2 \frac{1}{x} \end{aligned}$$

Con lo spostamento $x = 3 \times 10^{-3}$ m assegnato, l'induttanza risulta essere:

$$L = \frac{1}{2} \cdot \frac{100^2}{3 \times 10^{-3}} \cdot 4\pi \times 10^{-7} \cdot 87 \times 10^{-4} = 0,0182 \ \text{H}$$

Nel caso di alimentazione con corrente costante I_1, la forza vale dunque:

$$f_{\mu 1} = -\frac{1}{2} \cdot 0,0182 \cdot 10^2 \cdot \frac{1}{3 \times 10^{-3}} = -303,6873 \ \text{N} \triangleq F_{\mu 1}$$

Nel caso di alimentazione con corrente variabile $i_2(t)$, il valor medio della forza risulta essere ($I_2 = 10/\sqrt{2}$ è il valore efficace della corrente $i_2(t)$):

$$\langle f_{\mu 2} \rangle = \frac{1}{T}\int_0^T f_{\mu 2}(t)dt = -\frac{1}{2} L(x) \frac{1}{x} \cdot \frac{1}{T}\int_0^T i^2(t)dt = -\frac{1}{2} L(x) \cdot I_2^2 \cdot \frac{1}{x} = -151,8436 \ \text{N}$$

Quanto alla pressione agente su ciascun traferro, nel primo caso si ottiene:

$$p_1 = \frac{f_{\mu 1}}{A_{Fe}} = -34907 \ \frac{\text{N}}{\text{m}^2} = P_1$$

Per quanto riguarda il secondo caso, conviene riferirsi direttamente al valor medio della pressione, ottenendo:

$$\langle p_2 \rangle = \frac{\langle f_{\mu 2} \rangle}{A_{Fe}} = -1,7453 \ \frac{\text{N}}{\text{m}^2}$$

La rete elettrica equivalente è di immediata deduzione. Si ottiene infatti la seguente relazione di Ohm generalizzata:

$$\begin{aligned} v(t) &= Ri(t) + \mathrm{p}\psi(x,t) = Ri(t) + \frac{d}{dt}\left[L(x)\cdot i(t)\right] = \\ &= Ri(t) + L(x)\mathrm{p}i(t) + \frac{dx}{dt}\cdot\frac{dL(x)}{dx}\cdot i(t) = \\ &= Ri(t) + e_T(x,t) + e_m(x,t) = \\ &= Ri(t) + e(x,t) \end{aligned}$$

nella quale si identificano due distinti contributi, trasformatorico (T) e mozionale (m), all'azione meccanica esercitata sull'ancora. A tale relazione può essere fatta corrispondere la rete elettrica equivalente di cui alla Fig. 10-1.2.

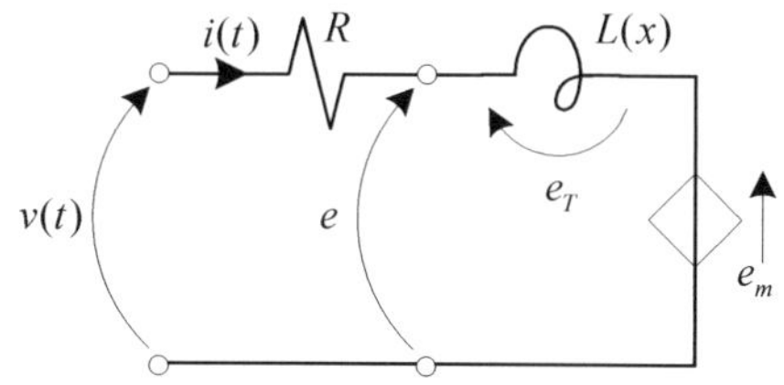

Fig. 10.1-2.

■

Esercizio 10-2

Con riferimento alla configurazione magnetoelettrica di cui all'esercizio precedente (cfr. Fig. 10-1.1), si consideri il legame costitutivo indicato in Fig. 10-2.1 e sia calcoli il valore della forza f_μ *agente sull'ancora per* ψ*=2 Wb ed* x*=5 mm.*

La risposta al quesito posto viene fornita avvalendosi dei risultati teorici richiamati nel precedente esercizio 10-1 e del principio dei lavori virtuali. Il calcolo viene eseguito considerando sia l'energia sia la coenergia accumulate.

Tenendo conto del legame costitutivo assegnato, l'energia accumulata dal campo magnetico per un generico valore del flusso concatenato ψ e dello spostamento x vale:

$$W_\mu = \int_0^\psi i d\psi = 2(x-1)^2 \int_0^\psi \psi^4 d\psi = \frac{2}{5}(x-1)^2 \psi^5$$

da cui, in base all'applicazione del principio dei lavori virtuali:

$$f_\mu = -\left.\frac{\partial W_\mu}{\partial x}\right|_{\psi=\text{cost.}} = -\frac{4}{5}(x-1)\psi^5$$

Il legame assegnato è invertibile; risulta dunque possibile ricavare l'espressione del flusso concatenato in funzione dello spostamento x e della corrente assorbita $i(t)$:

$$\psi(x, i(t)) = \left[\frac{i(t)}{2(x-1)^2}\right]^{1/4}$$

Ne segue che il calcolo della forza f_μ può in alternativa essere eseguito avvalendosi della coenergia magnetica:

$$W_{\mu c} = \int_0^i \psi\, di = \frac{1}{\left[2(x-1)^2\right]^{1/4}}\int_0^i i^{1/4}\, di = \frac{4}{5}\cdot\frac{1}{2^{1/4}}\cdot\frac{1}{(x-1)^{1/2}}\cdot i^{5/4}$$

da cui:

$$f_\mu = \left.\frac{\partial W_{\mu c}}{\partial x}\right|_{i=\text{cost.}} = -\frac{4}{5}\cdot i^{5/4}\cdot\frac{1}{2^{1/4}}\cdot\frac{1}{2}\cdot\frac{1}{(x-1)^{3/2}}$$

Poiché risulta (cfr. il legame costitutivo specificato in Fig. 10-2.1):

$$i^{5/4} = \left[2\psi^4(x-1)^2\right]^{5/4} = 2^{5/4}\psi^5(x-1)^{5/2}$$

la precedente espressione porge infine:

$$f_\mu = -\frac{4}{5}\cdot 2^{5/4}\psi^5(x-1)^{5/2}\cdot\frac{1}{2^{1/4}}\cdot\frac{1}{2}\cdot\frac{1}{(x-1)^{3/2}} = -\frac{4}{5}(x-1)\psi^5$$

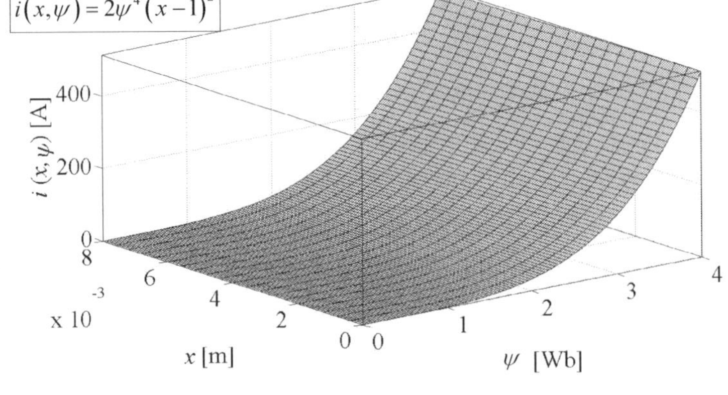

Fig. 10.2-1.

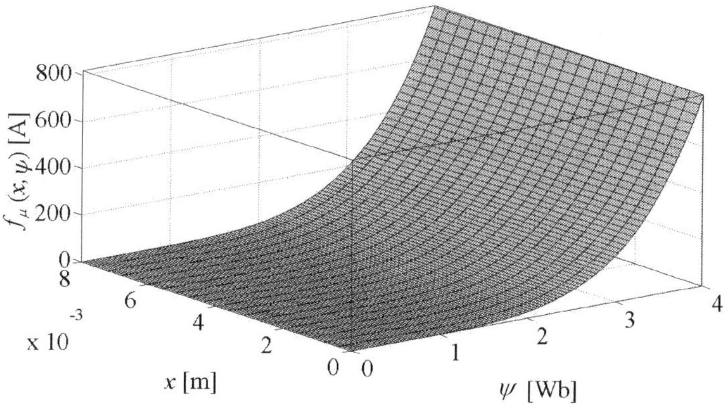

Fig. 10.2-2.

che coincide, come prevedibile, con l'espressione ottenuta a partire dall'energia.

L'andamento della forza agente sull'ancora al variare della coordinata x e del flusso concatenato ψ è rappresentato in Fig. 10-2.2. Per i valori assegnati di ψ ed x si ottiene:

$$f_\mu = 25{,}4720 \text{ N}$$

Si noti che il calcolo della forza compiuto a partire dall'energia o dalla coenergia magnetica, pur conducendo in entrambi i casi al medesimo risultato, non sempre risulta equivalente anche dal punto di vista "pratico" (rapidità e semplicità di calcolo). Nel presente caso, in particolare, il calcolo condotto a partire dall'espressione dell'energia magnetica è senz'altro da preferirsi in quanto richiede un numero minore di passaggi analitici.

■

Esercizio 10-3

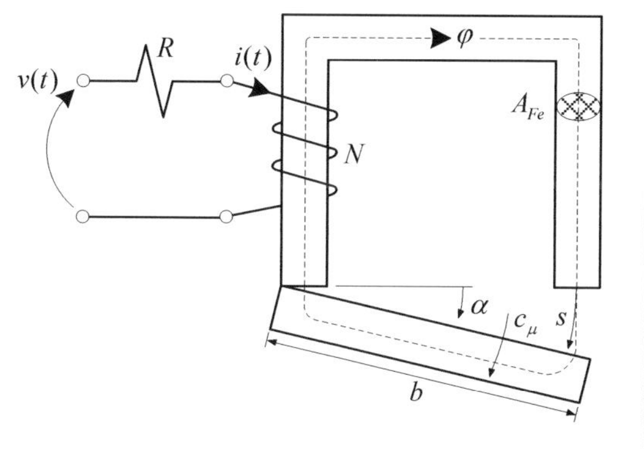

Fig. 10-3.1.

$R = 10\ \Omega$
$N = 300$
$A_{Fe} = 150\ \text{cm}^2$
$\mu_{Fe} \gg \mu_0$
$\alpha = 3°$
$b = 30\ \text{mm}$
$i(t) = I = 8\ \text{A}$

Assegnato il dispositivo elettromeccanico di figura, calcolare la coppia esercitata sulla parte mobile per uno spostamento angolare α=3°. Tracciare inoltre la rete elettrica equivalente agli effetti esterni.

L'esercizio proposto presenta la stessa struttura dell'esercizio 10-1. Ciò che differenzia i due temi è il tipo di movimento consentito alla parte mobile: traslatorio nel primo caso, rotatorio nel presente tema.

La tecnica di risoluzione ricalca pertanto quella già adottata per l'esercizio 10-1.

L'energia magnetica nel dispositivo assegnato viene accumulata, praticamente, nel solo traferro; si giunge a tale conclusione tenendo conto di quanto richiamato nelle esercitazioni 7, 8 e 9 e dell'indicazione fornita nel testo del precedente esercizio riguardo alla permeabilità magnetica del nucleo ferromagnetico. Tale energia vale dunque:

$$W_\mu = \frac{1}{2} L(\alpha) \cdot i(t)^2 = \frac{1}{2} \cdot \frac{\psi^2}{L(\alpha)}$$

e, in base al principio dei lavori virtuali, la coppia risulta:

$$c_\mu = -\left.\frac{\partial W_\mu}{\partial \alpha}\right|_{\psi=\text{cost.}} = -\frac{1}{2}\psi^2 \frac{d}{d\alpha}\left[\frac{1}{L(\alpha)}\right]$$

Il calcolo della riluttanza relativa al traferro richiede un'approccio diverso rispetto ai casi in cui la geometria è di tipo lineare (esercitazioni 7, 8 e 9 e precedente esercizio 10-1). L'espressione "esatta" di tale riluttanza è:

$$\vartheta(\alpha) = \frac{1}{\mu_0} \cdot \frac{s}{A_{Fe}}$$

in cui s è l'ascissa curvilinea (cfr. Fig. 10-3.1) che identifica la rotazione. In genere l'impiego di tale variabile geometrica risulta poco pratico; si preferisce invece impiegare direttamente, se possibile, l'angolo α. Infatti, per angoli α piccoli, risulta:

$$s \cong b \cdot \alpha$$

e quindi, con tale approssimazione, è possibile porre:

$$\vartheta(\alpha) = \frac{1}{\mu_0} \cdot \frac{b \cdot \alpha}{A_{Fe}}$$

L'induttanza vale quindi:

$$L(\alpha) = \frac{N^2}{\vartheta(\alpha)} = \frac{N^2}{\alpha} \cdot \frac{\mu_0 A_{Fe}}{b}$$

da cui:

$$\frac{1}{L(\alpha)} = \frac{\alpha b}{N^2 \mu_0 A_{Fe}}$$

Tenendo conto di tale risultato, l'espressione della coppia diviene dunque[2]:

$$\begin{aligned} c_\mu &= -\frac{1}{2}\psi^2 \frac{d}{d\alpha}\left[\frac{\alpha b}{N^2 \mu_0 A_{Fe}}\right] = -\frac{1}{2}L^2(\alpha)\cdot i^2(t)\cdot \frac{b}{N^2 \mu_0 A_{Fe}} = \\ &= -\frac{1}{2}L^2(\alpha)\cdot i^2(t)\cdot \frac{1}{\alpha \cdot L(\alpha)} = -\frac{1}{2}L(\alpha)\cdot i^2(t)\cdot \frac{1}{\alpha} \end{aligned}$$

Con i dati assegnati si ottiene[3]:

$$L(\alpha) = \frac{300^2 \cdot 4\pi \times 10^{-7} \cdot 150 \times 10^{-4}}{30 \times 10^{-3} \cdot 0,0524} = 1,0792 \text{ H}$$

e dunque:

$$c_\mu = -659,0370 \text{ Nm}$$

Quanto alla rete elettrica equivalente, in base alla seguente relazione di Ohm:

$$\begin{aligned} v(t) &= Ri(t) + \mathrm{p}\psi(\alpha,t) = Ri(t) + \frac{d}{dt}\left[L(\alpha)\cdot i(t)\right] = \\ &= Ri(t) + L(\alpha)\mathrm{p}i(t) + \frac{d\alpha}{dt}\cdot\frac{dL(\alpha)}{d\alpha}\cdot i(t) = \\ &= Ri(t) + e_T(\alpha,t) + e_m(\alpha,t) = \\ &= Ri(t) + e(\alpha,t) \end{aligned}$$

si ottiene il circuito rappresentato in Fig. 10.3-2.

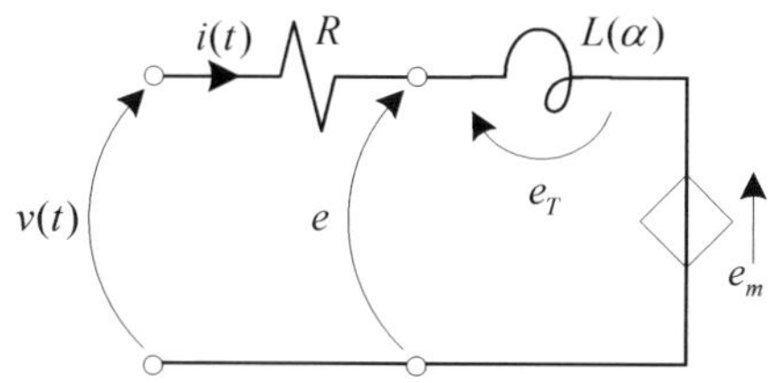

Fig. 10-3.2.

■

[2] È interessante notare l'analogia formale di tale espressione con quella della forza f_μ ottenuta per l'esercizio 10-1.

[3] Si osservi che risulta $\alpha = 3° = \pi/60$ rad $\cong 0,0524$ rad .

Esercizio 10-4

Con riferimento alla configurazione magnetoelettrica di cui all'esercizio precedente (cfr. Fig. 10-3.1), si consideri il legame costitutivo indicato in Fig. 10-4.1 e si calcoli il valore della coppia c_μ *agente sulla parte mobile per* ψ*=0,5 Wb ed* $\alpha = 5° = \pi/36\ rad$.

La risposta al quesito posto viene ottenuta avvalendosi dei risultati teorici richiamati nel precedente esercizio 10-3 e del principio dei lavori virtuali. Il calcolo viene eseguito considerando sia l'energia sia la coenergia accumulate.

Tenendo conto del legame costitutivo assegnato (cfr. Fig. 10-4.1), l'energia accumulata nel campo magnetico vale:

$$W_\mu = \int_0^\psi i d\psi = 3\sin(2\alpha)\int_0^\psi \psi^2 d\psi = \psi^3 \sin(2\alpha)$$

In base all'applicazione del principio dei lavori virtuali, la coppia ha espressione:

$$c_\mu = -\left.\frac{\partial W_\mu}{\partial \alpha}\right|_{\psi=\text{cost.}} = -2\psi^3\cos(2\alpha)$$

Al medesimo risultato si può giungere, anche se con alcuni passaggi matematici aggiuntivi, considerando la coenergia magnetica. Infatti, poiché il legame costitutivo assegnato è invertibile:

$$\psi(\alpha, i(t)) = i(t)^{1/2}\left[3\sin(2\alpha)\right]^{-1/2} \quad ,$$

si ha:

$$W_{\mu c} = \int_0^i \psi di = \left[3\sin(2\alpha)\right]^{-1/2}\int_0^i i^{1/2} di = \frac{2}{3}\cdot 3^{-1/2}\cdot\left[\sin(2\alpha)\right]^{-1/2}\cdot i^{3/2} =$$
$$= 2\cdot 3^{-3/2}\cdot i^{3/2}\cdot\left[\sin(2\alpha)\right]^{-1/2}$$

e quindi:

$$c_\mu = \left.\frac{\partial W_{\mu c}}{\partial \alpha}\right|_{i=\text{cost.}} = -2\cdot 3^{-3/2}\cdot i^{3/2}\cdot\frac{\cos(2\alpha)}{\left[\sin(2\alpha)\right]^{3/2}}$$

Poiché, a partire dal legame costitutivo assegnato (cfr. Fig. 10-4.1), risulta:

$$i^{3/2} = 3^{3/2}\cdot\psi^3\left[\sin(2\alpha)\right]^{3/2}$$

l'espressione della coppia diviene:

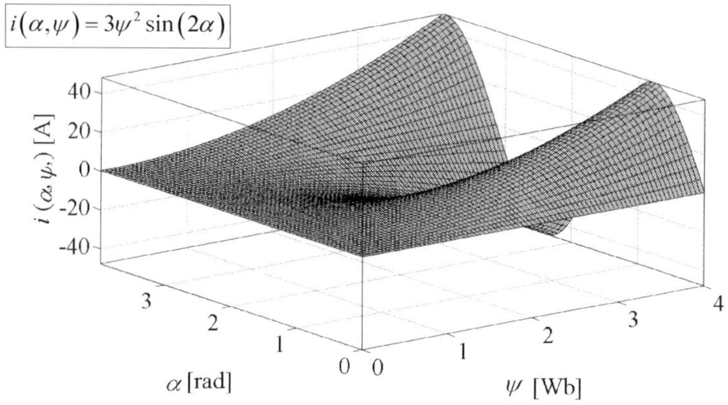

Fig. 10-4.1.

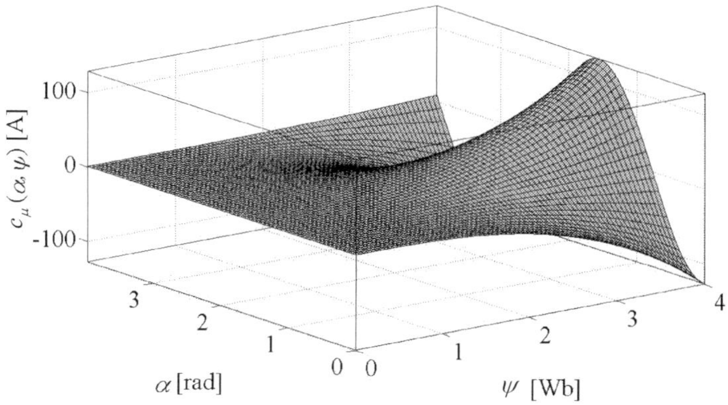

Fig. 10-4.2.

$$c_\mu = -2 \cdot 3^{-3/2} \cdot 3^{3/2} \cdot \psi^3 \left[\sin(2\alpha)\right]^{3/2} \cdot \frac{\cos(2\alpha)}{\left[\sin(2\alpha)\right]^{3/2}} = -2\psi^3 \cos(2\alpha)$$

identica a quella precedentemente ricavata a partire dall'espressione dell'energia magnetica accumulata. L'andamento della coppia al variare del flusso concatenato ψ e dell'angolo α è riportato in Fig. 10-4.2.

Con i dati assegnati, risulta infine:

$$c_\mu = -0{,}2462 \text{ Nm}$$

■

Esercizio 10-5

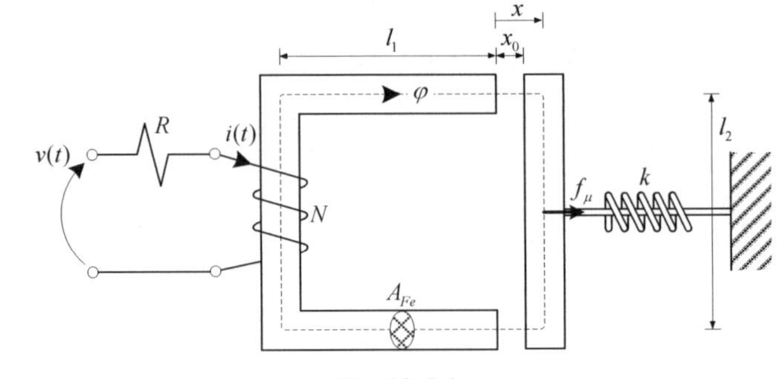

Fig. 10-5.1.

$R = 2\ \Omega$
$N = 200$
$A_{Fe} = 30\ \text{cm}^2$
$\mu_{Fe,r} = 5500$
$l_1 = l_2 = 0,215\ \text{m}$
$x_0 = 3\ \text{mm}$
$k = 1,5 \times 10^6\ \text{N/m}$
$m = 1,8\ \text{kg}$
$\begin{cases} v(t) = 40\cos(2\pi f t)\ \text{V} \\ f = 50\ \text{Hz} \end{cases}$

L'ancora mobile del dispositivo elettromeccanico di Fig. 10-5.1, di massa m, *è vincolata ad un piano di riferimento fisso attraverso una molla ideale di costante elastica* k. *L'alimentazione è realizzata, per mezzo di un avvolgimento di* N *spire e resistenza* R, *con tensione impressa* v(t).

Scrivere il sistema differenziale non lineare che modellizza il dispositivo assegnato.

La risposta al quesito proposto viene ottenuta ponendo a sistema l'equazione differenziale che descrive il moto dell'ancora e quella, ottenuta attraverso l'applicazione del principio dei lavori virtuali, che permette di esprimere la forza originata dal campo magnetico agente sulla parte mobile.

Per completezza di esposizione verranno riportati i diagrammi di diverse grandezze di interesse (meccaniche e magnetoelettriche), ottenuti attraverso una simulazione numerica del sistema risolvente.

L'equazione di equilibrio dinamico dell'ancora mobile può essere espressa come:

$$\frac{d^2x}{dt^2} = \frac{1}{m}\left(f_\mu - f_k\right)$$

in cui f_k è la forza elastica dovuta alla molla:

$$f_k = k\left(x - x_0\right)$$

ed f_μ è la forza dovuta al campo magnetico, ricavabile, in base ai risultati di cui all'esercizio 10-1, come:

$$f_\mu = -\frac{1}{\mu_0}\cdot\frac{1}{A_{Fe}}\cdot\frac{\psi^2(x)}{N^2} = -\frac{1}{\mu_0}\cdot\frac{1}{A_{Fe}}\varphi^2(x)$$

L'equazione di equilibrio dinamico dell'ancora è dunque di tipo differenziale, non lineare[4] e del secondo ordine. Come noto dall'Analisi Matematica, essa può essere riscritta mediante il seguente sistema differenziale del primo ordine:

$$\begin{cases} \mathrm{p}u = \dfrac{1}{m}\left[k\left(x - x_0\right) + \dfrac{1}{\mu_0 A_{Fe} N^2}\psi^2(x) \right] \\ \mathrm{p}x = u \end{cases}$$

A tale sistema è da aggiungersi la parte magnetoelettrica, che descrive, attraverso un'equazione differenziale, il comportamento della rete elettrica esterna e della rete magnetica equivalente del dispositivo. Quest'ultima, mostrata in Fig. 10-5.2, è costituita dalle riluttanze di traferro, dipendenti dalla coordinata x, dalle riluttanze lineari che rappresentano i tratti in materiale ferromagnetico e dalla forza magnetomotrice $m(t)=N \cdot i(t)$, dove $i(t)$ è la corrente che circola nell'avvolgimento di N spire.

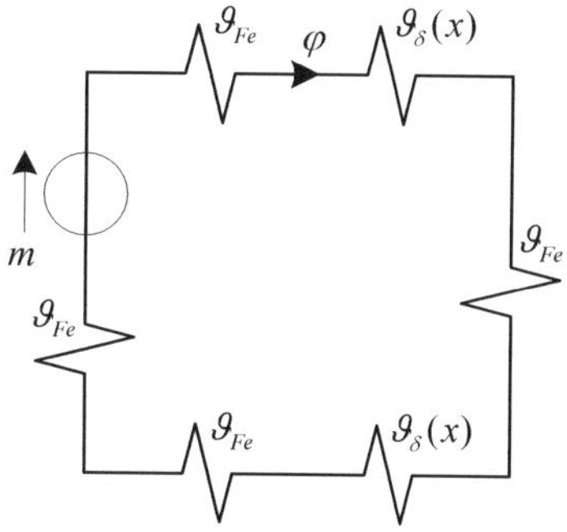

Fig. 10-5.2.

Le riluttanze hanno espressione:

$$\vartheta_\delta = \frac{1}{\mu_0} \cdot \frac{x}{A_{Fe}}$$

$$\vartheta_{Fe} = \frac{1}{\mu_{Fe,r}\mu_0} \cdot \frac{l}{A_{Fe}}$$

avendo posto $l=l_1=l_2$. La riluttanza complessiva "vista" da $m(t)$ vale dunque:

$$\vartheta(x) = 2\vartheta_\delta(x) + 4\vartheta_{Fe} = \frac{2}{\mu_0 \mu_{Fe,r} A_{Fe}}\left(2l + \mu_{Fe,r} x\right)$$

alla quale corrisponde l'induttanza:

$$L(x) = \frac{N^2}{\vartheta(x)} = \frac{N^2 \mu_0 \mu_{Fe,r} A_{Fe}}{2\left(2l + \mu_{Fe,r} x\right)}$$

La corrente che circola nell'avvolgimento di N spire vale, in base ai risultati appena ricavati:

$$i(x,\psi,t) = \frac{\psi(x,t)}{L(x)} = \frac{N^2 \mu_0 \mu_{Fe,r} A_{Fe}}{2\left(2l + \mu_{Fe,r} x\right)} \cdot \psi(x,t)$$

La relazione di Ohm $v = Ri + \mathrm{p}\psi$ particolarizzata al problema oggetto di studio è riscritta in forma normale come:

[4] L'equazione è non lineare a causa della presenza del termine $\psi^2(x)$.

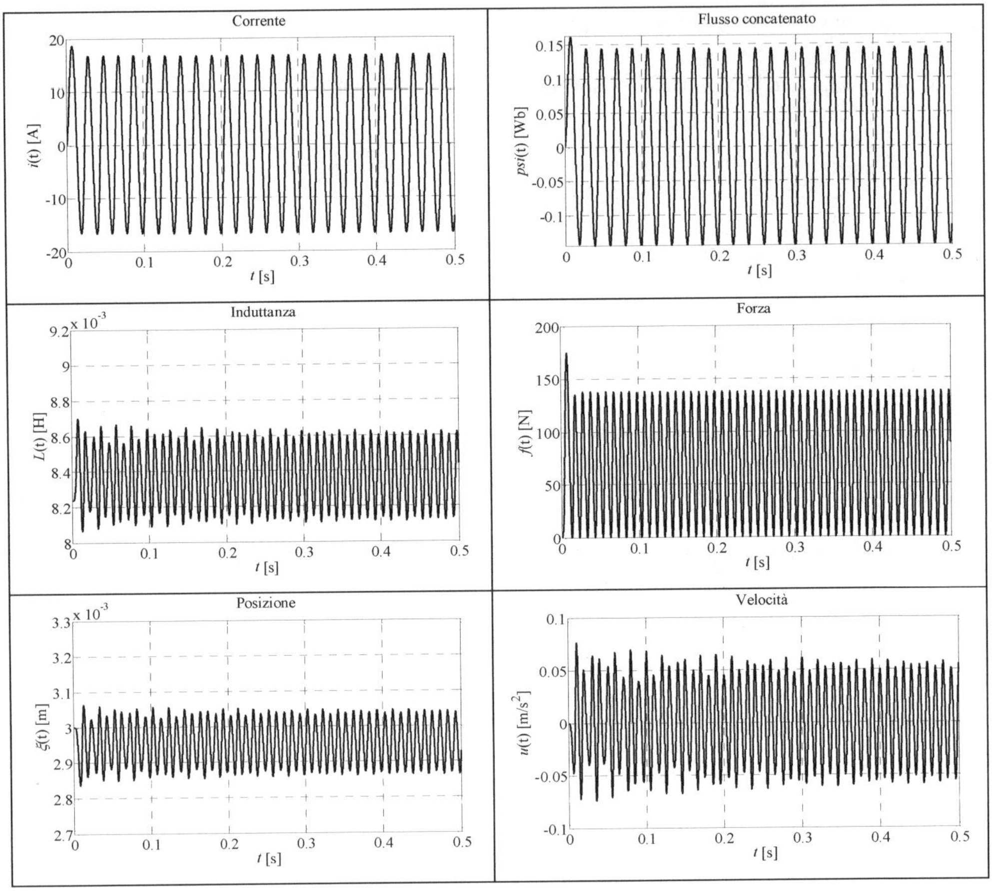

Fig. 10-5.3.

$$\mathrm{p}\psi(x,t) = v(t) - \frac{2R\left(2l + \mu_{Fe,r}x\right)}{N^2 \mu_0 \mu_{Fe,r} A_{Fe}} \cdot \psi(x,t) \quad ,$$

la quale mette in gioco un'unica variabile di stato, il flusso concatenato ψ, già presente nel sistema differenziale relativo all'equilibrio meccanico.

Ponendo a sistema la relazione appena ricavata e quella relativa all'equilibrio meccanico e particolarizzando le equazioni ai dati assegnati, si ottiene il sistema differenziale risolvente:

$$\begin{cases} \mathrm{p}\psi(x,t) = 40\cos\left(314{,}1593 \cdot t\right) - \left(2{,}0738 + 26525{,}8 \cdot x\right) \cdot \psi(x,t) \\ \mathrm{p}u(x,t) = -2500 + 833333 \cdot x + 3684{,}1 \cdot \psi^2(x,t) \\ \mathrm{p}x(t) = u(x,t) \end{cases}$$

il quale risulta non lineare sia per la presenza del termine ψ^2, sia per la presenza del prodotto fra le due variabili di stato x e ψ, sia, infine, per la presenza della funzione coseno. La soluzione di un tale tipo di sistema è dunque da ricercarsi per via numerica, e conduce ai risultati riportati in Fig. 10-5.3.

■

Esercizio 10-6

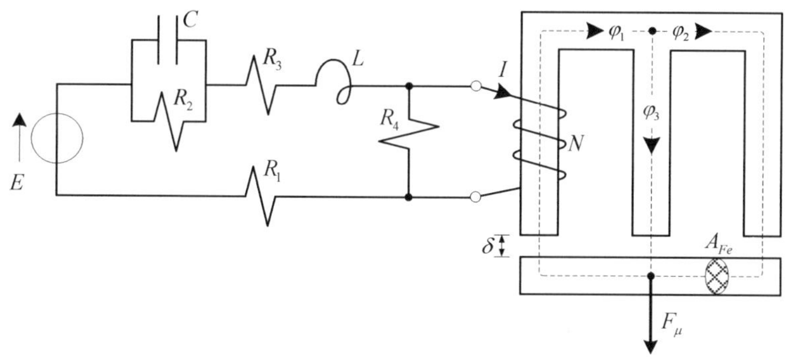

Fig. 10-6.1.

$E = 24$ V
$R_1 = 10\ \Omega$
$R_2 = 4\ \Omega$
$R_3 = 10\ \Omega$
$R_4 = 11{,}2\ \Omega$
$C = 1$ mF
$L = 12$ mH
$N = 90$
$\delta = 3$ mm
$A_{Fe} = 72\ \text{cm}^2$
$\mu_{Fe} \gg \mu_0$

Assegnata la configurazione magnetoelettrica-meccanica di figura, in regime stazionario, determinare il valore della forza F_μ *agente sull'ancora mobile, della quale è possibile trascurare il peso.*

Il problema proposto viene risolto in due passi successivi: inizialmente viene calcolata, in condizioni di regime, la corrente assorbita dal dispositivo magnetico, nota la quale è possibile esprimere numericamente la forza magnetomotrice presente nella relativa rete magnetica equivalente. Viene infine ricavata la forza richiesta utilizzando la rete magnetica ottenuta.

Il dispositivo magnetico presente nella configurazione proposta può essere rappresentato mediante un'opportuna induttanza equivalente agli effetti esterni. Secondo quanto illustrato nell'esercitazione 2 (cfr. Fig. 2-1.2), la rete elettrica risultante, in condizioni stazionarie, è quella rappresentata in Fig. 10-6.2, dalla quale risulta:

$$I = \frac{E}{R_1 + R_2 + R_3} = 1\ \text{A}$$

a cui corrisponde la forza magnetomotrice:

$$M = N \cdot I = 90\ \text{A}$$

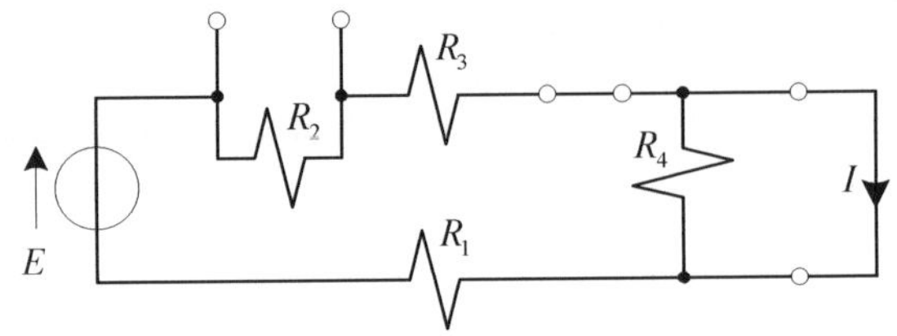

Fig. 10-6.2.

Il dispositivo magnetico proposto è rappresentabile mediante la rete magnetica equivalente di cui alla Fig. 10-6.3. L'unica riluttanza presente è quella relativa al traferro, la quale vale:

$$\vartheta_\delta = \frac{1}{\mu_0} \cdot \frac{\delta}{A_{Fe}} = 331573 \ \text{H}^{-1}$$

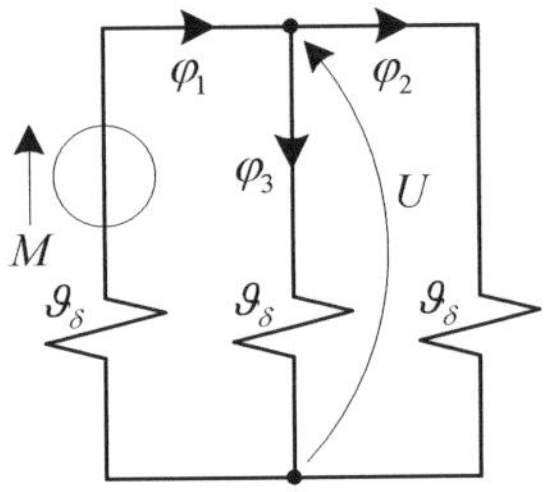

Fig. 10-6.3.

mentre la forza magnetomotrice è quella sopra ricavata.

Poiché la rete ottenuta è di tipo binodale, impiegando il corollario di Millmann è possibile ricavare la tensione magnetica U, che vale:

$$U = \frac{M / \vartheta_\delta}{1/\vartheta_\delta + 1/\vartheta_\delta + 1/\vartheta_\delta} = \frac{M}{3} = 30 \ \text{A}$$

I flussi magnetici di lato valgono allora:

$$\varphi_1 = \frac{M-U}{\vartheta_\delta} = 1{,}8096 \times 10^{-4} \ \text{Wb}$$

$$\varphi_2 = \varphi_3 = \frac{U}{\vartheta_\delta} = 9{,}0478 \times 10^{-5} \ \text{Wb}$$

noti i quali è possibile, infine, calcolare la forza richiesta come:

$$F_\mu = -\frac{1}{2\mu_0 A_{Fe}}\left(\varphi_1^2 + \varphi_2^2 + \varphi_3^2\right) = -2{,}7143 \ \text{N}$$

Volendo evitare il calcolo dei flussi, è possibile più semplicemente osservare che:

$$\vartheta_{eq} = \frac{\vartheta_\delta}{2} + \vartheta_\delta = \frac{3}{2}\vartheta_\delta \quad \Rightarrow \quad L = \frac{N^2}{\vartheta_{eq}} = \frac{2N^2}{3\vartheta_\delta} = 16{,}29 \ \text{mH} \quad ,$$

da cui:

$$F = -\frac{1}{2} L \cdot I^2 \cdot \frac{1}{\delta} = -2{,}7143 \ \text{N}$$

■

Esercizio 10-7

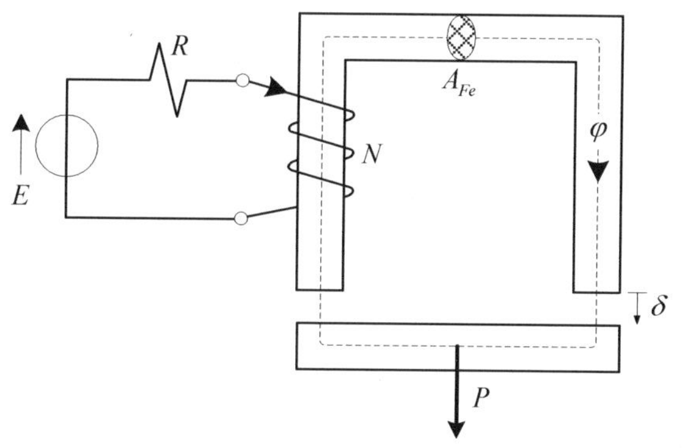

Fig. 10-7.1.

$E = 12$ V

$N = 10$

$\delta = 3$ mm

$A_{Fe} = 90$ cm^2

$\mu_{Fe} \gg \mu_0$

$P = 3$ N

Assegnata la configurazione magnetoelettrica-meccanica di figura, in regime stazionario, determinare il valore della resistenza R *affinché l'ancora mobile, di peso* P, *rimanga in equilibrio nella posizione* δ.

Il problema proposto viene risolto uguagliando la forza dovuta al campo magnetico e agente sull'ancora al peso dell'ancora stessa.

Date le condizioni di regime stazionario, la corrente assorbita dall'avvolgimento vale:

$$I = \frac{E}{R} = \frac{12}{R} \text{ A}$$

in cui R risulta incognita. La forza magnetomotrice risulta essere:

$$M = N \cdot I = \frac{120}{R} \text{ A}$$

Le uniche riluttanze presenti sono quelle dei due traferri; ciascuna di esse vale:

$$\vartheta_\delta = \frac{1}{\mu_0} \cdot \frac{\delta}{A_{Fe}} = 2,6526 \times 10^5 \text{ H}^{-1}$$

da cui il flusso:

$$\varphi = \frac{M}{2\vartheta_\delta} = \frac{2,2619 \times 10^{-4}}{R} \text{ Wb}$$

La forza agente sull'ancora mobile, causata dal campo magnetico, vale:

$$F_\mu = -\frac{1}{\mu_0 A_{Fe}} \cdot \varphi^2 = -4,5237 \cdot \frac{1}{R^2}$$

la quale deve eguagliare, all'equilibrio, il peso dell'ancora stessa:

$$F_\mu + P = 0$$

da cui, infine:

$$R = \sqrt{\frac{-4,5237}{-P}} = 1,2280 \ \Omega$$

■

Esercizio 10-8

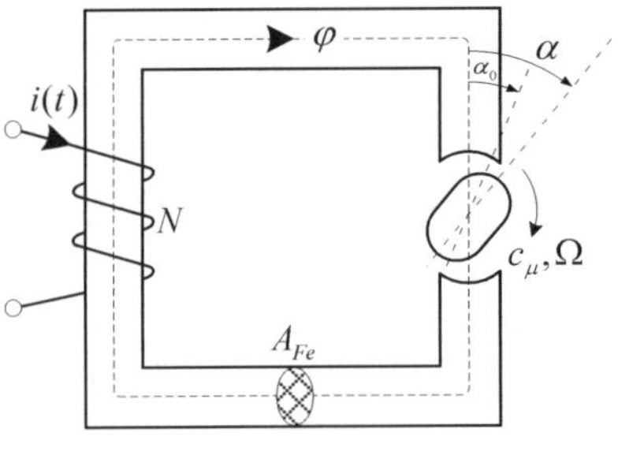

Fig. 10-8.1.

$\alpha_0 = 5° = \pi/36$

$\Omega = 150 \ \text{rad/s}$

$J = 10 \ \text{kg} \cdot \text{m}^2$

$\mu_{Fe} \gg \mu_0$

$$\begin{cases} i(t) = I_M \sin(\omega t) \\ I_M = 10 \ \text{A} \\ \omega = 314,1593 \ \text{rad/s} \end{cases}$$

Assegnata la macchina a riluttanza *di figura e sapendo che l'induttanza* L(α)*, equivalente agli effetti esterni, presenta l'andamento qualitativo illustrato in Fig. 10-8.2, calcolare la coppia generata dalla macchina stessa. Tracciare la rete elettrica equivalente agli effetti esterni. Scrivere l'equazione meccanica, ipotizzando che l'albero presenti un momento d'inerzia complessivo pari a* J *e che un carico di coppia* $c_r(t)$ *sia applicato all'albero stesso.*

Il dispositivo assegnato può essere risolto applicando le relazioni richiamate negli esercizi precedenti.

L'energia magnetica accumulata dal dispositivo vale:

$$W_\mu = \frac{1}{2} L(\alpha) \cdot i^2(t)$$

da cui, in base all'applicazione del principio dei lavori virtuali, si ottiene la coppia prodotta:

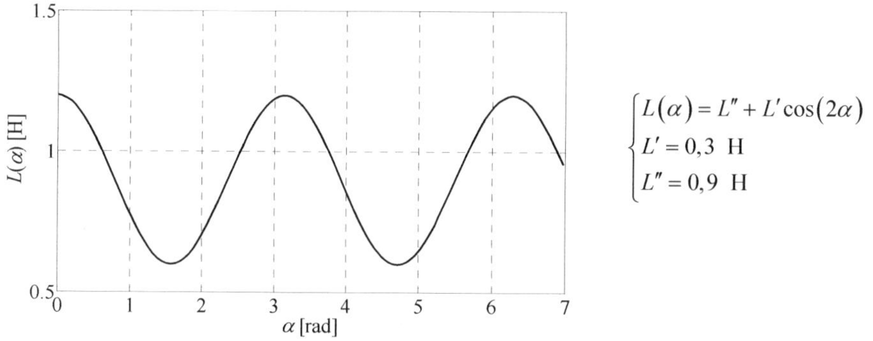

Fig. 10-8.2.

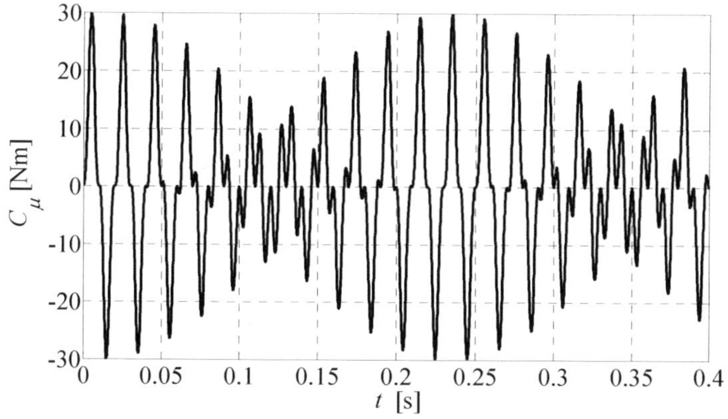

Fig. 10-8.3.

$$c_\mu(\alpha,t) = -\left.\frac{\partial W_\mu}{\partial \alpha}\right|_{\psi=\text{cost.}} = -\frac{1}{2}\frac{d}{d\alpha}\left\{\left[L'' + L'\cos(2\alpha)\right]\cdot i^2(t)\right\} = L'\sin(2\alpha)i^2(t)$$

Tenendo conto della corrente $i(t)$ assegnata, si ottiene:

$$c_\mu(\alpha,t) = L'I_M^2 \sin(2\alpha)\sin^2(\omega t)$$

Poiché viene fornita la velocità meccanica di funzionamento Ω, è possibile porre:

$$\alpha(t) = \Omega t + \alpha_0 \quad ,$$

con cui l'espressione della coppia diviene:

$$c_\mu(t) = L'I_M^2 \sin(2\Omega t + 2\alpha_0)\sin^2(\omega t) \quad ,$$

Con i valori assegnati per i diversi parametri si ottiene l'andamento riportato in Fig. 10-8.3.

La rete elettrica equivalente, comprensiva del contributo trasformatorico e di quello mozionale, è la medesima già ricavata per il dispositivo proposto nell'esercizio 10-3, al quale si rimanda (cfr. la Fig. 10-3.2).

L'equazione dell'equilibrio meccanico è, infine, esprimibile come:

$$c_\mu(t) - c_r(t) = J\text{p}\Omega$$

che diviene, con i dati assegnati e l'espressione già ricavata per la coppia:

$$30\sin\left(300\cdot t - \pi/18\right)\cdot\sin^2\left(314{,}1593\cdot t\right) - c_r(t) = 10\text{p}\Omega$$

■

Esercizio 10-9

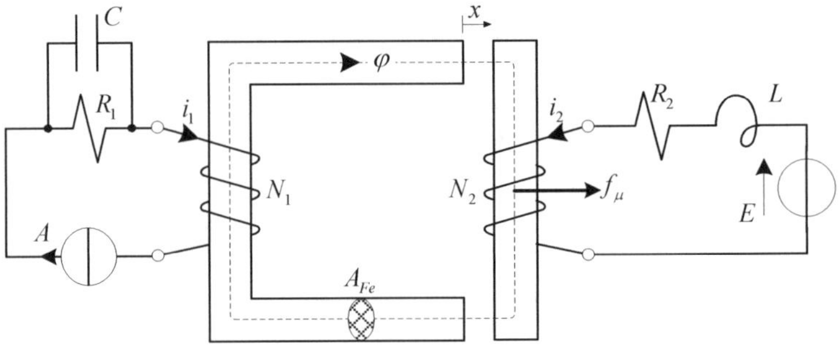

Fig. 10-9.1.

$E = 12$ V
$A = 4$ A
$R_1 = 8$ Ω
$R_2 = 6$ Ω
$C = 12$ pF
$L = 3$ mH
$\delta = 1{,}5$ mm
$A_{Fe} = 97$ cm^2
$N_1 = 100$
$N_2 = 80$
$\mu_{Fe} \gg \mu_0$

Assegnato il mutuo induttore tempo-variante *di figura, dotato di ancora mobile, e le reti elettriche connesse all'avvolgimento primario ed a quello secondario, determinare, in condizioni di regime, la forza agente sull'ancora mobile.*

Se si tenesse conto della formulazione generale in regime dinamico, il problema proposto apparirebbe complesso a causa della rete elettrica equivalente del mutuo induttore. Tale problema verrà affrontato nel successivo esercizio 10-10.

Nel presente caso di studio, invece, il problema risulta notevolmente semplificato, data la condizione di regime stazionario specificata nel testo assegnato. In particolare, la soluzione può essere direttamente ricavata considerando le variabili interne del mutuo induttore stesso.

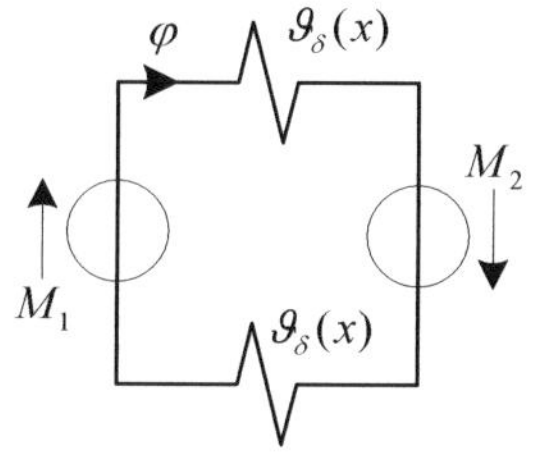

Fig. 10-9.2.

In condizioni di regime stazionario risulta direttamente:

$$I_1 = A = 4 \text{ A}$$

$$I_2 = \frac{E}{R_2} = 2 \text{ A}$$

La rete magnetica equivalente del mutuo induttore, riportata in Fig. 10-9.2, è pertanto così caratterizzata:

$$M_1 = N_1 \cdot I_1 = 400 \text{ A}$$

$$M_2 = N_2 \cdot I_2 = 160 \text{ A}$$

$$\vartheta_\delta = \frac{1}{\mu_0} \cdot \frac{\delta}{A_{Fe}} = 123058 \text{ H}^{-1}$$

avendo posto $x = \delta$. Risolvendo la rete magnetica si ottiene:

$$\varphi = \frac{M_1 + M_2}{2\vartheta_\delta} = 0,00227 \text{ Wb}$$

La forza richiesta vale infine:

$$F_\mu = -\frac{1}{\mu_0 A_{Fe}} \cdot \varphi^2 = -424,7322 \text{ N}$$

Si noti come le condizioni di regime considerate siano di tipo elettrico, magnetico e, avendo posto $x = \delta$, anche di tipo meccanico.

■

Esercizio 10-10

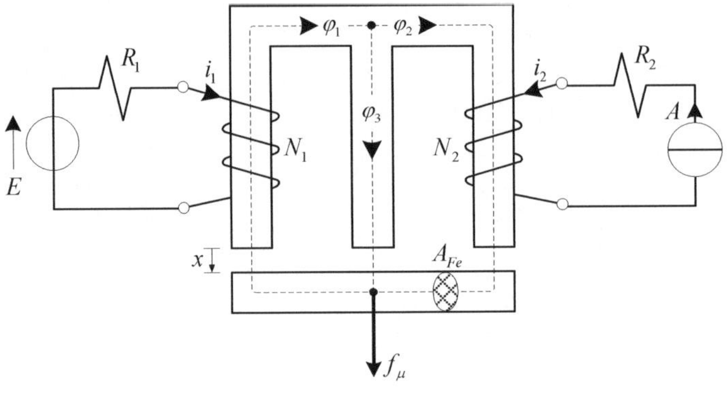

Fig. 10-10.1.

$E = 12$ V
$A = 4$ A
$R_1 = 5\ \Omega$
$R_2 = 8\ \Omega$
$A_{Fe} = 90\ \text{cm}^2$
$N_1 = 100$
$N_2 = 80$
$\mu_{Fe} \gg \mu_0$

Assegnato il mutuo induttore tempo-variante in figura e le reti elettriche connesse all'avvolgimento primario e secondario, calcolare la forza agente sull'ancora mobile per uno spostamento pari a x=*2 mm. Tracciare inoltre la rete elettrica equivalente del dispositivo.*

Il problema viene affrontato generalizzando ad una struttura a due avvolgimenti ed al caso tempo variante la procedura illustrata per l'esercizio 10-1. Tale generalizzazione viene, per comodità, effettuata attraverso il calcolo matriciale.

Generalizzando alla struttura magnetica a due avvolgimenti proposta le considerazioni teoriche esposte per l'esercizio 10-1, il mutuo induttore è descritto dalle seguenti relazioni di Ohm:

$$[v(t)] = [R]\cdot[i(t)] + \mathrm{p}[\psi(x,t)]$$

in cui sono stati introdotti i vettori:

$$[v] = \begin{bmatrix} v_1 \\ v_2 \end{bmatrix} \quad , \quad [i] = \begin{bmatrix} i_1 \\ i_2 \end{bmatrix} \quad , \quad [\psi] = \begin{bmatrix} \psi_1 \\ \psi_2 \end{bmatrix}$$

e la seguente matrice delle resistenze:

$$[R] = \begin{bmatrix} R_1 & 0 \\ 0 & R_2 \end{bmatrix}$$

Il legame costitutivo risulta essere:

$$[\psi(x,t)] = [L(x)]\cdot[i(t)]$$

la cui derivata temporale è:

$$\begin{aligned}
p[\psi(x,t)] &= [L(x)]p[i(t)] + [i(t)]p[L(x)] = \\
&= [L(x)]p[i(t)] + [i(t)]\cdot\frac{dx}{dt}\cdot\frac{d}{dx}[L(x)] = \\
&= [L(x)]p[i(t)] + u[G(x)]\cdot[i(t)]
\end{aligned}$$

dove sono state introdotte le seguenti matrici:

$$[L]=\begin{bmatrix} L_{11} & L_{12} \\ L_{21} & L_{22} \end{bmatrix} \quad , \quad [G]=\frac{d}{dx}\begin{bmatrix} L_{11} & L_{12} \\ L_{21} & L_{22} \end{bmatrix}=\begin{bmatrix} G_{11} & G_{12} \\ G_{21} & G_{22} \end{bmatrix}$$

ed in cui u=px rappresenta la velocità dell'ancora mobile. La matrice $[G]$ è detta *matrice mozionale*.

La soluzione richiede il calcolo degli elementi della matrice delle induttanze $[L]$. Alimentando il solo avvolgimento 1 ("spegnendo" dunque il generatore A) e "congelando" la variabile meccanica x al valore assegnato nel testo, la rete magnetica equivalente al mutuo induttore in tali condizioni è quella riportata in Fig. 10-10.2, per la quale risulta:

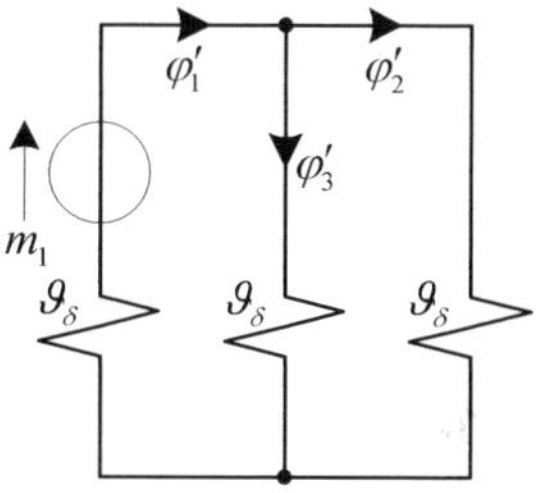

Fig. 10-10.2.

$$\vartheta_\delta = \frac{1}{\mu_0}\cdot\frac{x}{A_{fe}} = 176839 \ \ \text{H}^{-1}$$

$$\vartheta_{eq}' = \vartheta_\delta + \frac{\vartheta_\delta\cdot\vartheta_\delta}{\vartheta_\delta+\vartheta_\delta} = \frac{3}{2}\vartheta_\delta$$

$$\varphi_1' = \frac{m_1}{\vartheta_{eq}'} = N_1 i_1 \frac{2}{3\vartheta_\delta}$$

$$\psi_1' = N_1\varphi_1' = \frac{2N_1^2}{3\vartheta_\delta} i_1$$

$$\varphi_2' = \varphi_1'\cdot\frac{\vartheta_\delta}{\vartheta_\delta+\vartheta_\delta} = N_1 i_1 \frac{1}{3\vartheta_\delta}$$

$$\psi_2' = N_2\varphi_2' = \frac{N_1 N_2}{3\vartheta_\delta} i_1$$

da cui:

$$L_{11} = \frac{\psi_1'}{i_1} = \frac{2N_1^2}{3\vartheta_\delta} = 0{,}0377 \ \ \text{H}$$

$$L_{12} = \frac{\psi_2'}{i_1} = \frac{N_1 N_2}{3\vartheta_\delta} = 0{,}0151 \ \ \text{H}$$

Alimentando ora il solo avvolgimento 2 ("spegnendo" dunque il generatore E) e mantenendo congelata la variabile meccanica, la rete magnetica equivalente diviene quella riportata in Fig. 10-10.3, per la quale si ha:

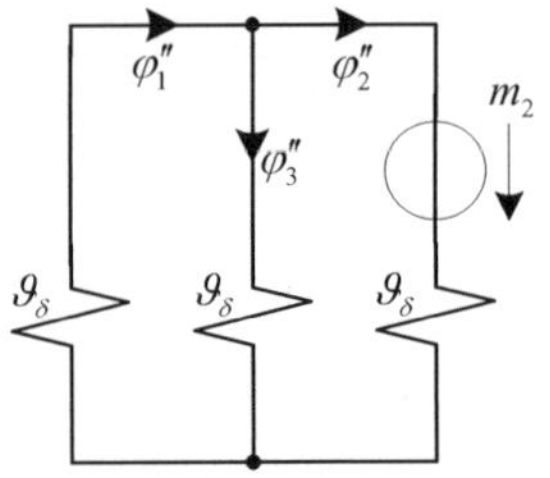

Fig. 10-10.3.

$$\vartheta_\delta = \frac{1}{\mu_0} \cdot \frac{x}{A_{fe}} = 176839 \ \text{H}^{-1}$$

$$\vartheta'_{eq} = \vartheta_\delta + \frac{\vartheta_\delta \cdot \vartheta_\delta}{\vartheta_\delta + \vartheta_\delta} = \frac{3}{2}\vartheta_\delta$$

$$\varphi''_2 = \frac{m_2}{\vartheta''_{eq}} = N_2 i_2 \frac{2}{3\vartheta_\delta}$$

$$\psi''_2 = N_2 \varphi''_2 = \frac{2N_2^2}{3\vartheta_\delta} i_2$$

$$\varphi''_1 = \varphi''_2 \cdot \frac{\vartheta_\delta}{\vartheta_\delta + \vartheta_\delta} = N_2 i_2 \frac{1}{3\vartheta_\delta}$$

$$\psi''_1 = N_1 \varphi''_1 = \frac{N_1 N_2}{3\vartheta_\delta} i_2$$

da cui:

$$L_{22} = \frac{\psi''_2}{i_2} = \frac{2N_2^2}{3\vartheta_\delta} = 0,0241 \ \text{H}$$

$$L_{21} = \frac{\psi''_1}{i_2} = \frac{N_1 N_2}{3\vartheta_\delta} = 0,0151 \ \text{H} \equiv L_{21}$$

Dai risultati ottenuti si nota come la condizione di reciprocità è soddisfatta, in quanto $L_{12}=L_{21}=M$. Per comodità, si pone allora:

$$[L] = \begin{bmatrix} L_{12} & L_{12} \\ L_{21} & L_{21} \end{bmatrix} \triangleq \begin{bmatrix} L_1 & M \\ M & L_2 \end{bmatrix} = \begin{bmatrix} 0,0377 & 0,0151 \\ 0,0151 & 0,0241 \end{bmatrix} \ \text{H}$$

Quanto agli elementi della matrice mozionale, è noto dalla Teoria che essi possono essere ricavati, tenendo conto della struttura magnetica del mutuo induttore assegnato, come:

$$G_{11} = \frac{dL_1}{dx} = -\frac{2}{3} N_1^2 \mu_0 A_{Fe} \frac{1}{x^2} = -\frac{L_1}{x} \triangleq G_1$$

$$G_{22} = \frac{dL_2}{dx} = -\frac{2}{3} N_2^2 \mu_0 A_{Fe} \frac{1}{x^2} = -\frac{L_2}{x} \triangleq G_2$$

$$G_{11} = G_{21} = \frac{dM}{dx} = -\frac{1}{3} N_1 N_2 \mu_0 A_{Fe} \frac{1}{x^2} = -\frac{M}{x} \triangleq G_m$$

da cui:

$$[G(x)] = \begin{bmatrix} G_1(x) & G_m(x) \\ G_m(x) & G_2(x) \end{bmatrix} = -\begin{bmatrix} \frac{L_1}{x} & \frac{M}{x} \\ \frac{M}{x} & \frac{L_2}{x} \end{bmatrix}$$

Per le condizioni assegnate di regime stazionario la velocità u e gli altri termini contenenti la derivata temporale p si annullano e il sistema descrittivo diviene:

$$\begin{cases} [V] = [R] \cdot [I] \\ [\Psi] = [L] \cdot [I] \end{cases}$$

Ne segue che, in tali condizioni, le correnti assorbite valgono:

$$[I] = \begin{bmatrix} I_1 \\ I_2 \end{bmatrix} = \begin{bmatrix} E / R_1 \\ A \end{bmatrix} = \begin{bmatrix} 2,4 \\ 4 \end{bmatrix} \text{ A}$$

e la forza agente sull'ancora mobile è calcolabile, in base all'applicazione del principio dei lavori virtuali in forma matriciale, come:

$$F_\mu = -\frac{1}{2}[I]_t [G][I] = -\frac{1}{2} \cdot \frac{L_1}{x} \cdot I_1^2 - \frac{1}{2} \cdot \frac{L_2}{x} \cdot I_2^2 - \frac{M}{x} \cdot I_1 \cdot I_2 = -223,1787 \text{ N}$$

in cui, essendo x costante e pari al valore assegnato di 2 mm, anche la matrice mozionale risulta costituita da termini costanti.

Quanto alla rete elettrica equivalente richiesta, è possibile procedere nel modo seguente. Si consideri il solo mutuo induttore tempo-variante e si supponga che le correnti $i_1(t)$ ed $i_2(t)$ risultino note (cfr. Fig. 10-10.4); il sistema descrittivo del modello magentoelettrico-meccanico è quello ottenuto in precedenza, in cui non sono però presenti i termini contenenti le resistenze:

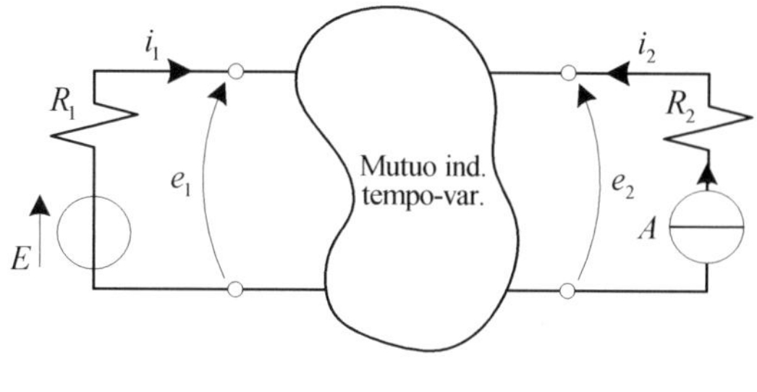

Fig. 10-10.4.

$$\begin{cases} [v(t)] = \text{p}[\psi(x,t)] \\ [\psi(x,t)] = [L(x)] \cdot [i(t)] \end{cases}$$

in cui:

$$\text{p}[\psi(x,t)] = [L(x)]\text{p}[i(t)] + u[G(x)] \cdot [i(t)]$$

che, riscritte in modo espanso, divengono:

$$\begin{cases} e_1 = L_1 \text{p} i_1 + M \text{p} i_2 + u G_1 i_1 + u G_m i_2 \\ e_2 = M \text{p} i_1 + L_2 \text{p} i_2 + u G_m i_1 + u G_2 i_2 \end{cases}$$

dove, data l'assenza di resistenze, alle tensioni v_1 e v_2 sono state sostituite le forze elettromotrici e_1 ed e_2.

Tali relazioni possono essere riformulate come segue:

$$\begin{cases} e_1 = L_1 \mathrm{p} i_1 + M\mathrm{p} i_2 + \left(M\mathrm{p} i_1 - M\mathrm{p} i_1\right) + uG_1 i_1 + uG_m i_2 + \left(uG_m i_1 - uG_m i_1\right) = \\ \quad = \left(L_1 - M\right)\mathrm{p} i_1 + M\mathrm{p}\left(i_1 + i_2\right) + u\left(G_1 - G_m\right) i_1 + uG_m\left(i_1 + i_2\right) = \\ \quad = e_{t1} + e_{tM} + e_{m1} + e_{mM} \\ e_2 = M\mathrm{p} i_1 + L_2 \mathrm{p} i_2 + \left(M\mathrm{p} i_2 - M\mathrm{p} i_2\right) + uG_m i_1 + uG_2 i_2 + \left(uG_m i_2 - uG_m i_2\right) = \\ \quad = \left(L_2 - M\right)\mathrm{p} i_2 + M\mathrm{p}\left(i_1 + i_2\right) + u\left(G_2 - G_m\right) i_2 + uG_m\left(i_1 + i_2\right) = \\ \quad = e_{t2} + e_{tM} + e_{m2} + e_{mM} \end{cases}$$

in cui si ravvisano i distinti contributi alla generazione delle forze elettromotrici complessive e_1 ed e_2: i contributi "auto-trasformatorici" e_{t1} ed e_{t2}, il contributo trasformatorico "mutuo" e_{tM}, i contributi "auto-mozionali" e_{m1} ed e_{m2} ed il contributo mozionale "mutuo" e_{mM}.

Tornando, infine, a considerare la presenza delle resistenze R_1 ed R_2 e delle reti elettriche connesse ai due avvolgimenti, la rete elettrica equivalente completa diviene quella riportata in Fig. 10-10.5. Si noti che la parte "interna" di tale rete, che rappresenta, attraverso le induttanze L_1, L_2 ed M, i contributi trasformatorici, coincide con la rete equivalente a T già ricavata per il mutuo induttore tempo-invariante (cfr. esercizio 7-6 e, in particolare, la Fig. 7-6.5).

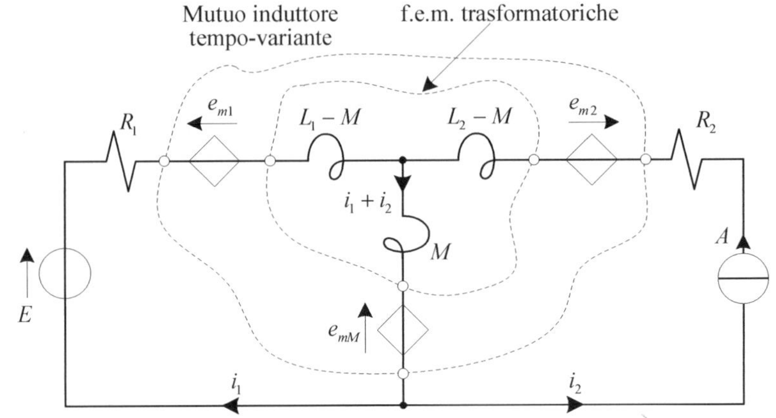

Fig. 10-10.5.

Transitori del primo ordine
(Parte I)

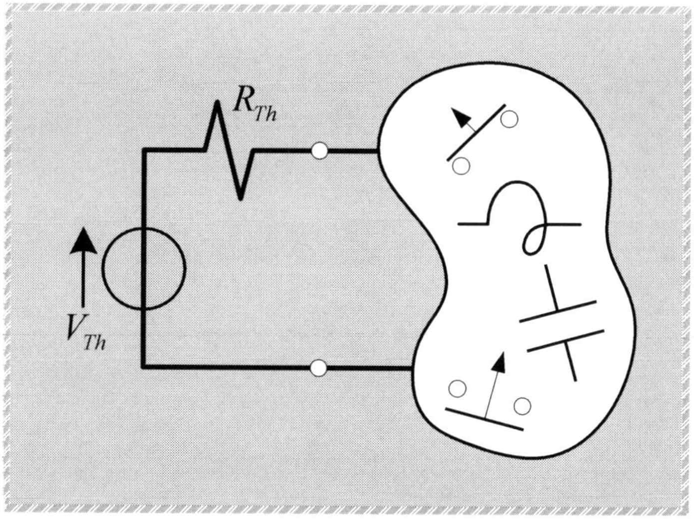

Esercizio 11-1

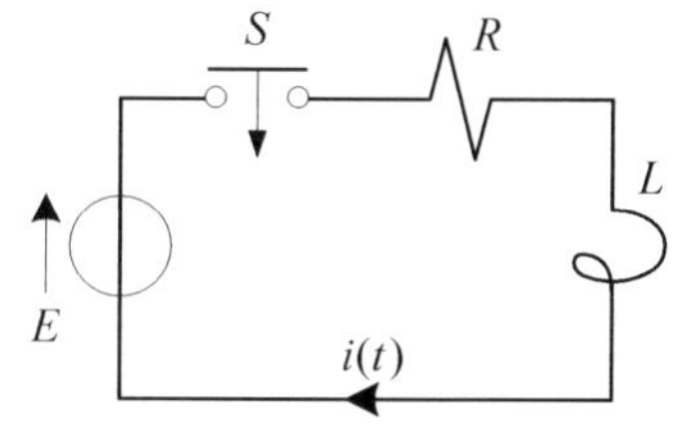

Fig. 11-1.1.

$E = 100\ \text{V}$
$R = 20\ \Omega$
$L = 0{,}28\ \text{H}$
$t^* = 0{,}2\ \text{s}$

Assegnata la rete di figura, in cui l'interruttore S *è aperto da un tempo infinito, determinare l'andamento temporale della corrente* i(t) *a seguito della chiusura dello stesso. Calcolare inoltre il valore dell'energia magnetica accumulata dall'induttore di induttanza* L *nell'istante* t^*.

La rete assegnata costituisce uno dei due casi elementari ai quali si cerca di ridurre le reti più complesse per effettuare lo studio dei regimi transitori del primo ordine (l'altro caso base è la rete di tipo *RC* a corrente impressa).

Il problema viene risolto avvalendosi del metodo *per ispezione*, che consente di ricavare la soluzione senza risolvere l'equazione differenziale associata alla dinamica della rete allo studio.

La rete assegnata si trova, a seguito della chiusura dell'interruttore *S*, in condizioni transitorie, che porteranno allo stabilirisi di una condizione di regime che, in generale, risulterà differente rispetto a quella precedente la manovra.

Le variabili coinvolte nel fenomeno – tensioni e correnti, ma anche energie accumulate e potenze – subiscono dunque delle variazioni dipendenti dal parametro temporale *t*. Lo studio di tali andamenti può essere condotto risolvendo l'equazione differenziale del primo ordine associata alla rete allo studio, una volta definte le condizioni iniziali. Tale procedura riporta alla soluzione di un problema di Cauchy, ben noto dall'Analisi Matematica.

In realtà esiste, per i transitori del primo ordine, un metodo alternativo, detto "per ispezione della rete", che consente di risolvere il problema in modo più snello ed elegante. Tale metodo verrà ora presentato attraverso la soluzione del tema proposto e verrà poi impiegato nella presente esercitazione e nella successiva esercitazione 12, in modo da mostrarne adeguatamente tutte le potenzialità.

È innanzitutto necessario distinguere fra *variabili di stato* e *variabili di rete*. Tale distinzione è basata su un insieme di concetti teorici che vanno ben al di là dello scopo delle presenti note; rimandando dunque ai testi

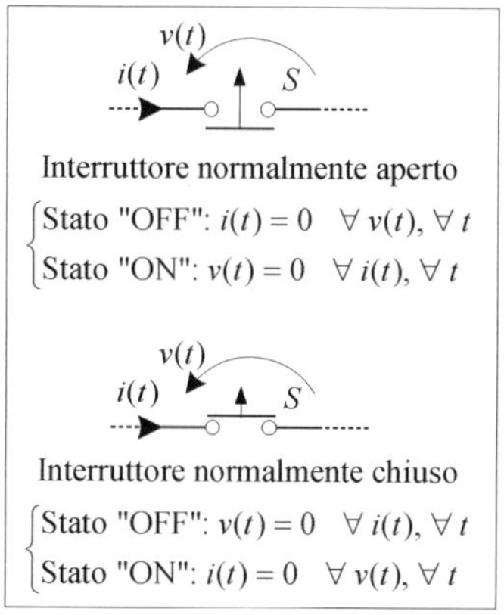

Fig. 11-1.2

citati in bibliografia, è qui sufficiente ricordare che le variabili di stato sono i flussi (magnetici) concatenati e le cariche elettriche; per sistemi lineari le variabili di stato possono in alternativa essere identificate con le correnti che attraversano gli induttori e le tensioni ai capi dei capacitori. Le variabili di rete sono le tensioni e/o le correnti che non sono variabili di stato (ivi comprese le tensioni ai capi degli induttori e le correnti nei capacitori).

L'istante in cui avviene la manovra dell'interruttore è convenzionalmente identificato come t=0; l'istante subito precedente a tale manovra è l'intorno sinistro t=0$^-$, mentre quello subito successivo è l'intorno destro t=0$^+$. Fondamentale è ricordare che le variabili di stato non ammettono discontinuità attorno all'origine dell'asse temporale, ossia nel "passaggio" da t=0$^-$ a t=0$^+$, mentre tale discontinuità è ammissibile per una variabile di rete.

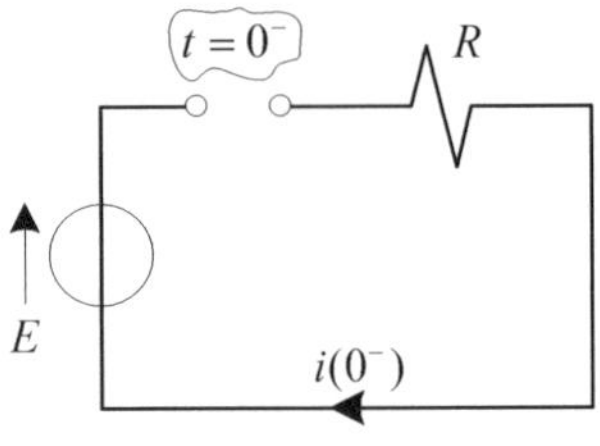

Fig. 11-1.3

Un ultimo richiamo è opportuno riguardo ai due possibili interruttori presenti nelle reti analizzate nelle presenti note: l'interruttore *normalmente aperto* e l'interruttore *normalmente chiuso*. Le condizioni tipologiche e topologiche ad essi associate negli stati "ON" ed "OFF" sono riportate, assieme ai simboli dei due dispositivi, in Fig. 11-1.2.

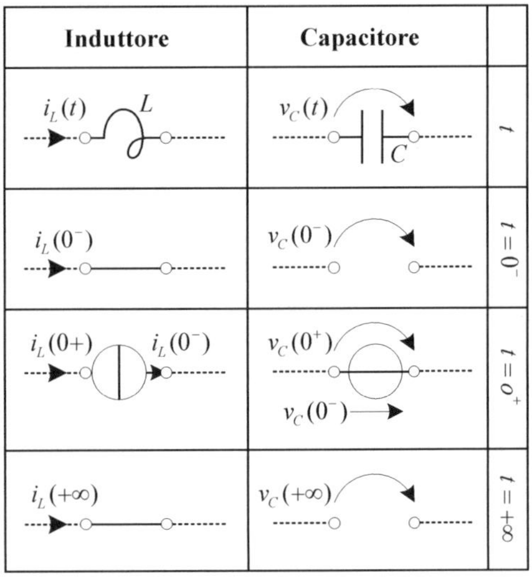

Fig. 11-1.4.

Quanto alla rete proposta, essa si presenta, nell'istante t=0$^-$, come mostrato in Fig. 11-1.3: l'interruttore S, di tipo normalmente aperto, risulta ancora in stato "OFF" , mentre l'induttanza costituisce un corto circuito in quanto, essendo S aperto da un tempo infinito, essa si trova in stato stazionario. In questa condizione la corrente allo studio vale dunque:

$$i(0^-) = 0 \text{ A}$$

Nell'istante subito successivo alla manovra i due possibili bipoli dinamici considerati nelle presenti note – induttanza e condensatore – si comportano, come richiamato in Fig. 11-1.4, come, rispettivamente, un generatore ideale di corrente di valore $i(0^-)$ e un generatore ideale di tensione di valore $v(0^-)$. Partendo da tale osservazione, il metodo per ispezione permette dunque di definire le condizioni iniziali della rete, ossia i valori che le grandezze di interesse assumono nel regime precedente la manovra.

La rete proposta diviene dunque, nell'istante t=0$^+$, quella mostrata in Fig. 11-1.5, in cui l'interruttore S si trova ora in stato "ON" e l'induttanza è sostituita dal generatore ideale di corrente di valore $i(0^-)$. Si noti come per tale rete risulta:

$$i(0^+) \equiv i(0^-) = 0 \text{ A} \quad ,$$

essendo le corrente nell'induttanza L è una variabile di stato e non ammettendo, dunque, discontinuità.

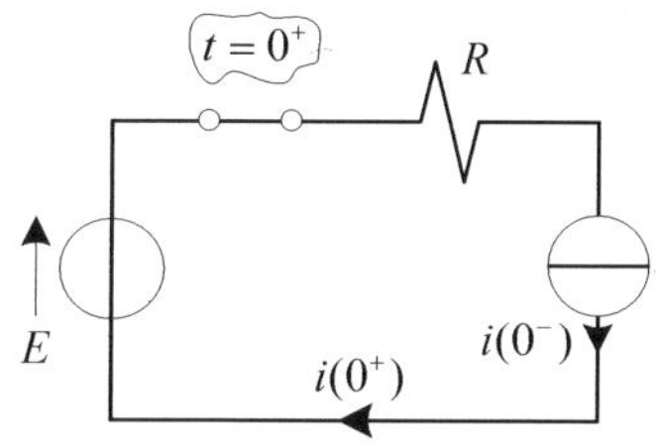

Fig. 11-1.5.

Il transitorio si esaurisce in un tempo teoricamente infinito; tuttavia si mostrerà a breve che è possibile quantificare l'intervallo di tempo esaurito il quale si considera la rete nuovamente a regime. In tale condizione, la rete diviene quella riportata in Fig. 11-1.6, in cui l'interruttore S permane nello stato "ON", mentre l'induttanza torna ad essere un corto circuito, in quanto la rete si trova nuovamente in condizioni di regime. Risulta allora:

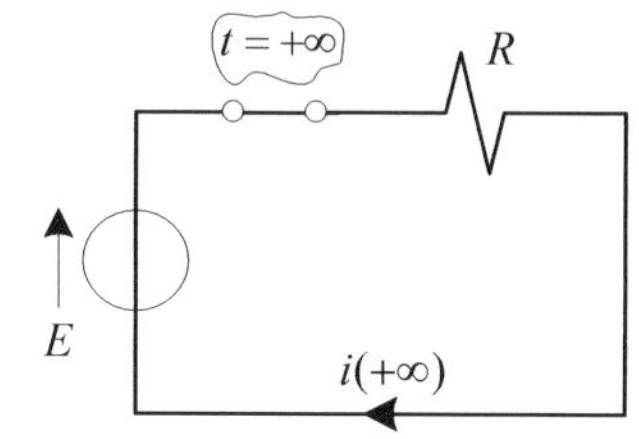

Fig. 11-1.6.

$$i(+\infty) = \frac{E}{R} = 5 \text{ A}$$

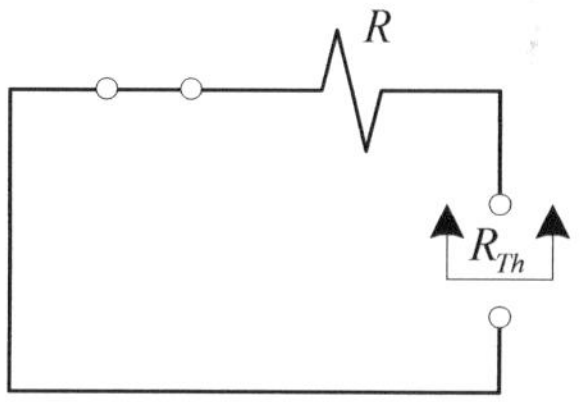

Fig. 11-1.7.

Rimane ora da calcolare la *costante di tempo* τ del circuito. Tale grandezza, che compare nell'equazione differenziale associata alla rete, costituisce il tempo cinque volte dopo il quale il transitorio può considerarsi esaurito, ossia la rete può considerarsi nuovamente a regime. In altri termini, il transitorio si considera esaurito dopo un tempo infinito in termini matematici, ma pari a 5τ in termini ingegneristici. Per calcolare la costante di tempo è necessario ricavare la resistenza equivalente di Thévenin della rete "vista" dall'elemento dinamico, ossia, nel presente caso, dall'induttanza L. Tale calcolo è da eseguirsi a manovra avvenuta (per la rete analizzata, dunque, con interruttore S chiuso). Ci si riferisce quindi alla Fig. 11-1.7, da cui si ricava[1]:

$$R_{Th} = R = 20 \ \Omega \quad \Rightarrow \quad \tau = \frac{L}{R_{Th}} = 0,014 \text{ s}$$

La soluzione cercata, che fornisce l'andamento delle grandezze di interesse al variare del tempo t, si ricava, a questo punto in modo, immediato. Per la generica grandezza $f(t)$ (tensione o corrente) la soluzione presenta la seguente forma analitica:

$$f(t) = \left[f(0^+) - f(+\infty) \right] e^{-t/\tau} + f(+\infty)$$

in cui le grandezze $f(0^+)$, $f(+\infty)$ e τ sono da ricavarsi come mostrato in precedenza.

[1] Una diversa espressione per la costante di tempo è necessaria se la rete è di tipo RC, così come verrà mostrato nel seguente esercizio 11-2.

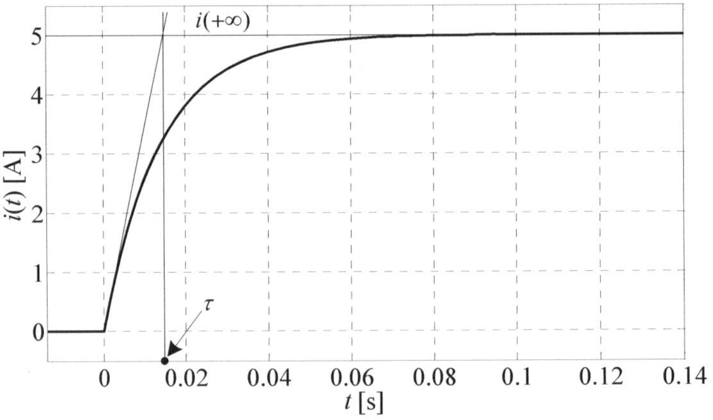

Fig. 11-1.8.

Si noti che la funzione $f(t)$ ha come dominio di definizione l'intervallo $[0^+,+\infty)$, ma include anche la condizione iniziale $f(0^-)$ in quanto la grandezza $f(0^+)$ dipende, come illustrato in precedenza, dalla condizione iniziale. Poiché le variabili di stato non possono presentare discontinuità nel passaggio da $t=0^-$ e $t=0^+$, si è soliti, convenzionalmente, sostituire la precedente scrittura con la seguente:

$$g(t) = \left[g(0^-) - g(+\infty)\right]e^{-t/\tau} + g(+\infty) \quad (g \text{ variabile di stato})$$

per le variabili di stato. Tale scrittura risulta formalmente scorretta, ma presenta il vantaggio di mostrare chiaramente e senza errore come essa sia riferita, appunto, ad una variabile di stato. Nel caso qui studiato la corrente richiesta è una variabile di stato; si ha allora:

$$i(t) = \left[i(0^-) - i(+\infty)\right]e^{-t/\tau} + i(+\infty) = 5\left(1 - e^{-t/\tau}\right) \text{ A}$$

il cui diagramma temporale è riportato in Fig. 11-1.8. Si noti, al proposito, che la costante di tempo τ gode di una parallela interpretazione geometrica: essa costituisce la proiezione sull'asse delle ascisse del punto di intersezione fra la sottotangente alla curva tracciata nell'origine e la retta, parallela all'asse temporale, rappresentante il valore di regime della grandezza transitoria. Si noti come dopo un intervallo pari a circa 5τ=0,07 s il transitorio possa, di fatto, considerarsi concluso: la corrente $i(t)$ ha ingegneristicamente raggiunto il suo valore di regime $i(+\infty)$.

Quanto, infine, all'energia richiesta, si ha immediatamente:

$$i\left(t^*\right) = 5 \text{ A} \;\Rightarrow\; W_\mu\left(t^*\right) = \frac{1}{2}Li\left(t^*\right)^2 = 3{,}5 \text{ J}$$

■

Esercizio 11-2

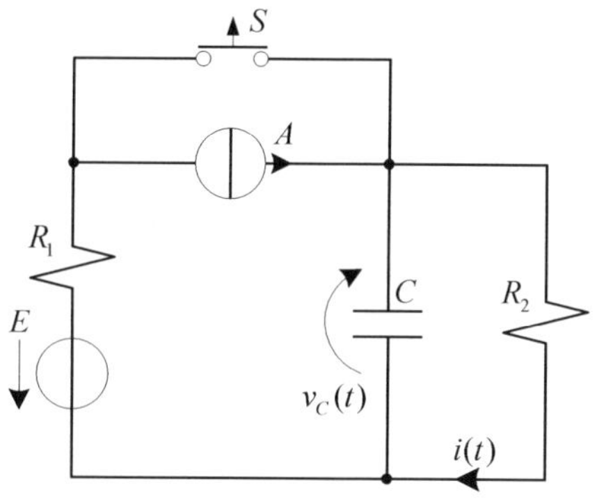

Fig. 11-2.1.

$E = 18$ V
$A = 12$ A
$R_1 = 6$ Ω
$R_2 = 2$ Ω
$C = 1$ mF
$t^* = 2,5$ ms

Assegnata la rete di figura, in cui l'interruttore S *è chiuso da un tempo infinito, determinare gli andamenti temporali della corrente* i(t) *e della tensione* v_C(t) *a seguito dell'apertura dello stesso. Calcolare inoltre il valore dell'energia elettrica accumulata dal capacitore di capacità* C *nell'istante* t^*.

I quesiti proposti vengono risolti avvalendosi del metodo per ispezione richiamato nel precedente esercizio 11-1. In questo caso si determinano gli andamenti sia della variabile di stato $v_C(t)$ sia della variabile di rete $i(t)$.

Nell'istante $t=0^-$, precedente la manovra di S, la rete si presenta come in Fig. 11-2.2 (si noti come il generatore A risulta cortocircuitato dall'interruttore S). In base a tale figura si ha:

$$i(0^-) = \frac{-E}{R_1 + R_2} = -2,25 \text{ A}$$

$$v_C(0^-) = R_2 i(0^-) = -4,5 \text{ V}$$

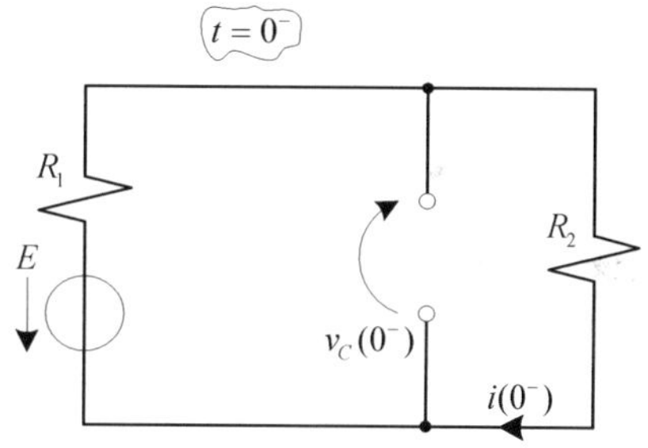

Fig. 11-2.2.

Nell'istante $t=0^+$ la rete è quella rappresentata in Fig. 11-2.3, in cui, secondo quanto richiamato in Fig. 11-1.4, la capacità C è stata sostituita dal generatore ideale di tensione $v_C(0^-)$. In base a tale rete si ottiene allora:

$$v_C(0^+) = v_C(0^-) = -4,5 \text{ V} \quad ,$$

condizione correttamente soddisfatta essendo $v_C(t)$ una variabile di stato, e:

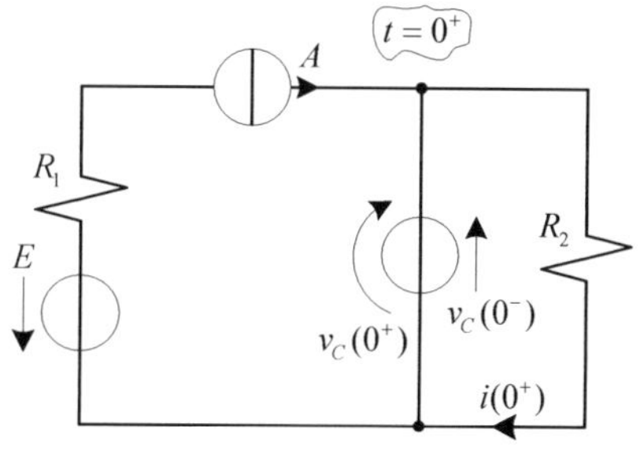

Fig. 11-2.3.

$$i(0^+) = \frac{v_C(0^+)}{R_2} = -2,25 \text{ A}$$

Si noti che anche la variabile di rete $i(t)$ non presenta, in questo caso particolare, alcuna discontinuità nell'origine. Tale evenienza non ha alcuna validità generale, così come già chiarito nel precedente esercizio 11-1.

All'istante t=+∞ (praticamente dopo un tempo pari a cinque volte la costante di tempo τ, cfr. esercizio 11-1), la rete diviene quella riportata in Fig. 11-2.4, dalla quale si ottiene:

$$i(+\infty) = A = 12 \text{ A}$$

$$v_C(+\infty) = R_2 i(+\infty) = 24 \text{ V}$$

Quanto al calcolo della costante di tempo, è necessario rendere passiva la rete "vista" dal condensatore C e considerare la manovra avvenuta, ottenendo così la rete riportata in Fig. 11-2.5. Si ha allora[2]:

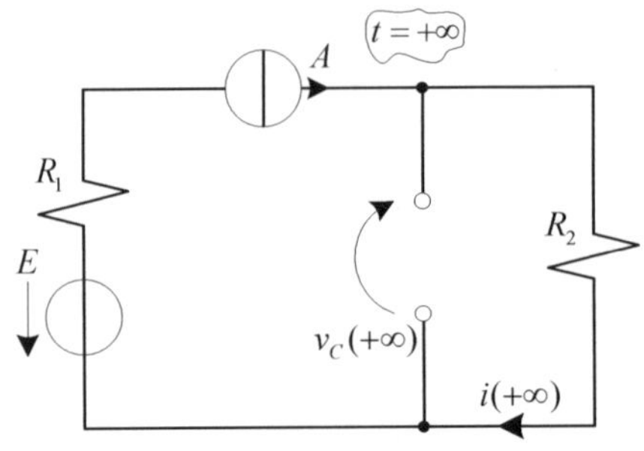

Fig. 11-2.4.

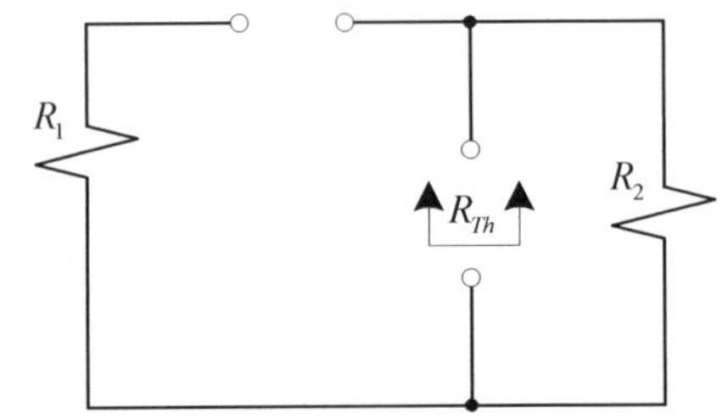

Fig. 11-2.5.

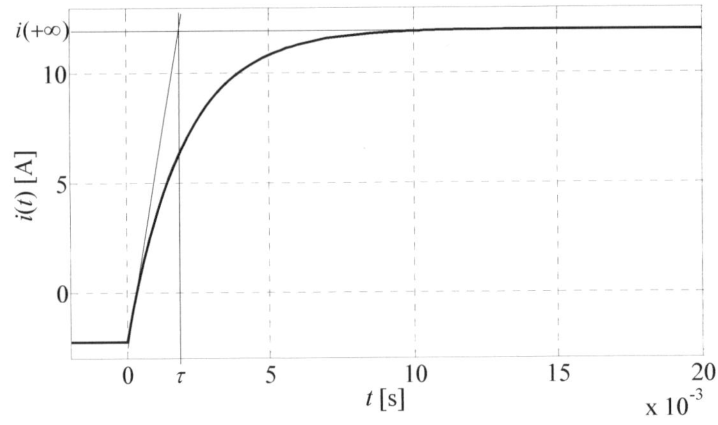

Fig. 11-2.6.

[2] Si noti come l'espressione per il calcolo della costante di tempo di un circuito RC sia differente da quella, analoga, per un circuito RL (cfr. esercizio 11-1).

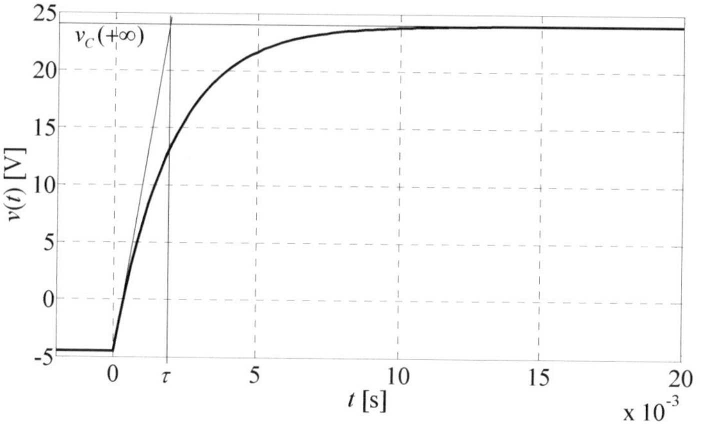

Fig. 11-2.7.

$$R_{Th} = R_2 = 2\ \Omega \quad \Rightarrow \quad \tau = R_{Th} \cdot C = 2\ \text{ms}$$

Note tutte le necessarie grandezze, è infine possibile fornire gli andamenti temporali delle variabili richieste; si ha allora:

$$i(t) = \left[i(0^+) - i(+\infty) \right] e^{-t/\tau} + i(+\infty) = -14{,}25 e^{-t/\tau} + 12\ \text{A}$$

$$v_C(t) = \left[v_C(0^-) - v_C(+\infty) \right] e^{-t/\tau} + v_C(+\infty) = -28{,}5 e^{-t/\tau} + 24\ \text{V}$$

alle quali corrispondono i diagrammi di Fig. 11-2.6. e Fig. 11-2.7.

Quanto all'energia richiesta, si ha immediatamente:

$$v_C\left(t^*\right) = 15{,}8346\ \text{V} \quad \Rightarrow \quad W_\varepsilon\left(t^*\right) = \frac{1}{2} C v_C\left(t^*\right)^2 = 0{,}1254\ \text{J}$$

■

Esercizio 11-3

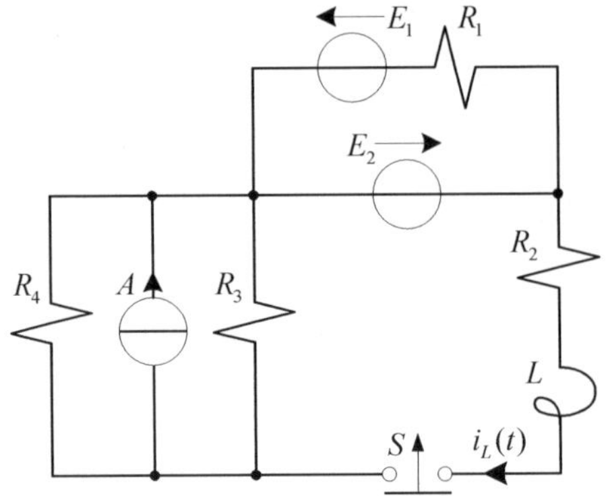

Fig. 11-3.1.

$E_1 = 12$ V $\quad R_1 = 10$ Ω
$E_2 = 24$ V $\quad R_2 = 15$ Ω
$A = 10$ A $\quad R_3 = 5$ Ω
$L = 20$ mH $\quad R_4 = 8$ Ω

Assegnata la rete di figura, in cui l'interruttore S *è aperto da un tempo infinito, determinare l'andamento della corrente* $i_L(t)$ *a seguito della chiusura di tale interruttore.*

La rete proposta viene ridotta, in modo opportuno, ad una rete *RL* del tipo studiato nell'esercizio 11-1, avvalendosi del teorema di Thévenin.

Il circuito ridotto così ottenuto viene poi risolto con il metodo per ispezione.

Impiegando opportunamente il teorema di Thévenin (cfr. esercitazione 5) è possibile ridurre la rete proposta ad una rete equivalente di tipo *RL*. Successivamente questa può essere analizzata con il metodo per ispezione richiamato nell'esercizio 11-1.

L'unico accorgimento nell'applicazione del teorema di Thévenin consiste nel non includere nella parte di rete ridotta i lati comprendenti l'interruttore presente (di qualsiasi tipo esso sia) ed eventuali bipoli (tipicamente resistivi) collocati nei pressi dell'elemento dinamico (induttanza o capacità).

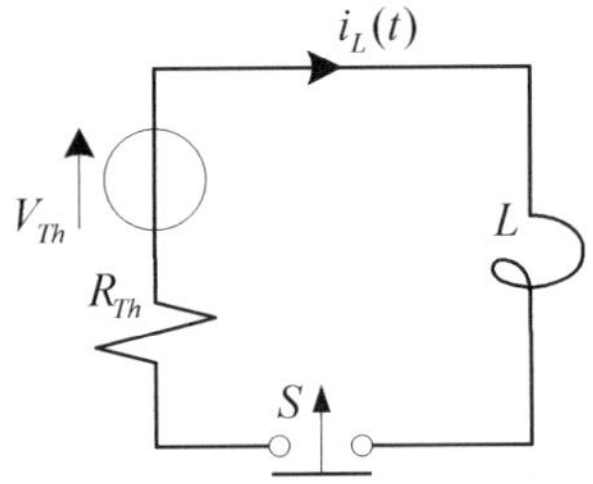

Fig. 11-3.2.

Nel presente caso di studio è opportuno, ad esempio, ridurre la rete come mostrato in Fig. 11-3.2; si noti come né il lato contenente l'interruttore *S* né quello contenente l'induttanza *L* siano interessati da tale riduzione. Per il generatore equivalente di Thévenin risulta:

$$\begin{cases} V_{Th} = E_2 + A \cdot \dfrac{R_3 R_4}{R_3 + R_4} = 54,7692 \text{ V} \\ R_{Th} = R_2 + \dfrac{R_3 R_4}{R_3 + R_4} = 18,0769 \ \Omega \end{cases}$$

e la rete allo studio è ora quella rappresentata in Fig. 11-3.2, alla quale è direttamente applicabile il metodo per ispezione.

All'istante t=0⁻ (Fig. 11-3.3) si ha:

$$i_L(0^-) = 0 \text{ A}$$

che, per la richiesta continuità della variabile di stato, impone anche (cfr. Fig. 11-3.4):

$$i_L(0^+) = i_L(0^-) = 0 \text{ A}$$

All'istante di regime t=+∞ (Fig. 11-3.5) si ha invece:

$$i_L(+\infty) = \frac{V_{Th}}{R_{Th}} = 3,0298 \text{ A}$$

La costante di tempo è poi immediatamente calcolabile; infatti la resistenza di Thévenin R_{Th} della rete ridotta è anche la resistenza equivalente "vista", a manovra avvenuta, dall'induttanza L. Si ha allora:

$$\tau = \frac{L}{R_{Th}} = 0,0011 \text{ s}$$

È allora possibile, per ispezione, esprimere la corrente richiesta come:

$$i_L(t) = \left[i_L(0^-) - i_L(+\infty)\right]e^{-t/\tau} + i_L(+\infty) = 3,0298\left(1 - e^{-t/\tau}\right) \text{ A}$$

il cui diagramma è riportato in Fig. 11-3.6.

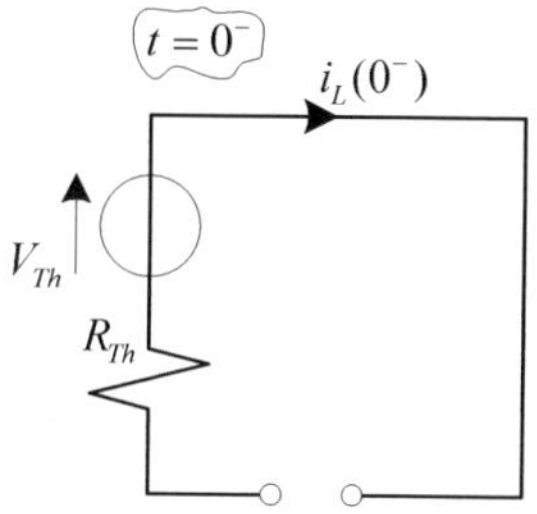

Fig. 11-3.3.

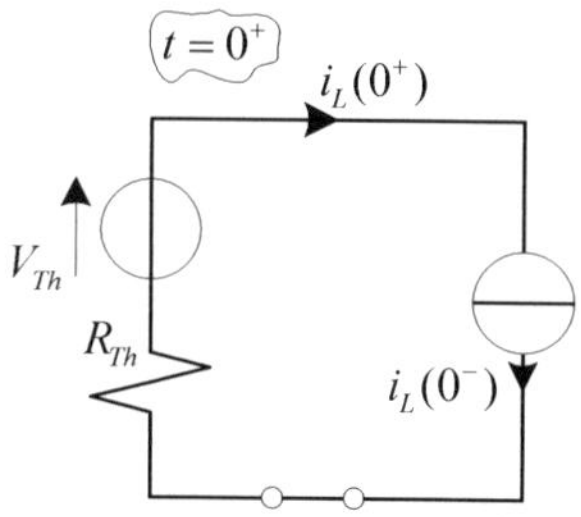

Fig. 11-3.4.

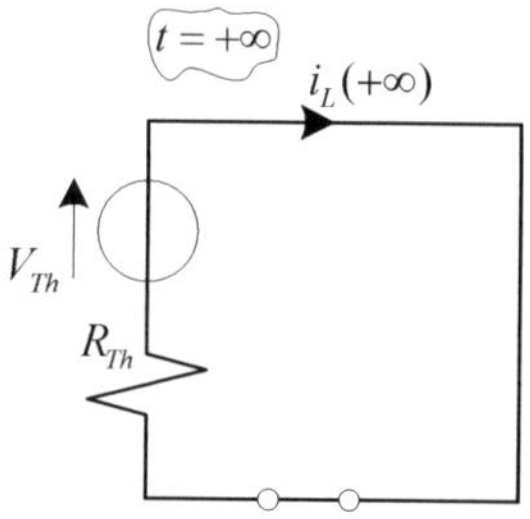

Fig. 11-3.5.

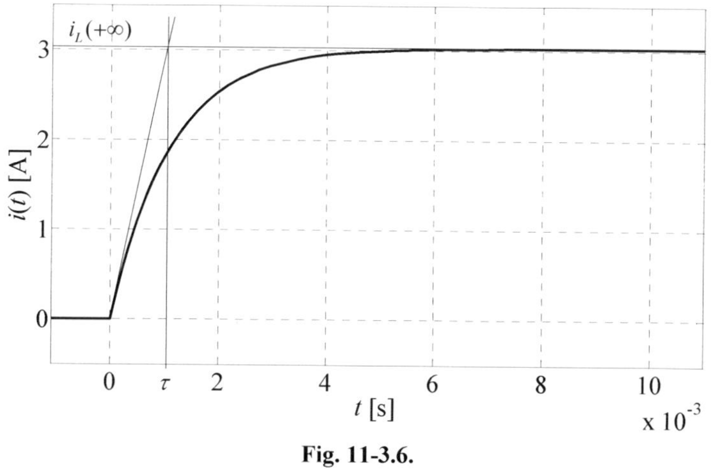

Fig. 11-3.6.

■

Esercizio 11-4

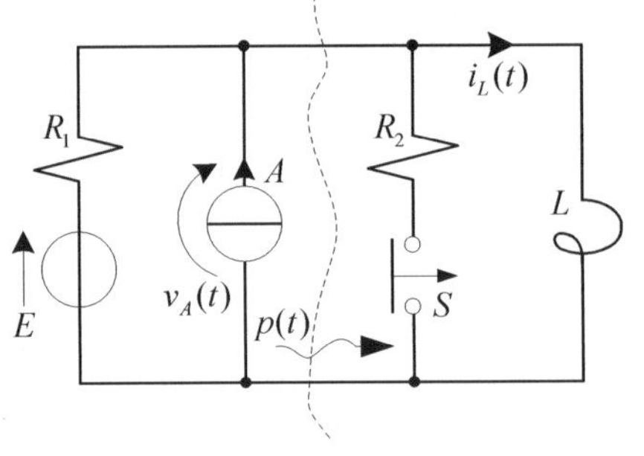

Fig. 11-4.1.

$E = 18$ V
$A = 12$ A
$R_1 = 6\ \Omega$
$R_2 = 8\ \Omega$
$L = 0{,}0628$ H
$t^* = 20$ ms

Assegnata la rete di figura, in cui l'interruttore S *è aperto da un tempo infinito, determinare l'andamento della corrente* $i_L(t)$ *e della tensione* $v_A(t)$ *a seguito della chiusura di tale interruttore. Calcolare inoltre la potenza istantanea* p(t)*, in transito attraverso la superficie indicata, all'istante* t^*.

La risposta al quesito proposto viene ricercata riducendo la rete mediante il teorema di Thévenin, così come richiamato nel precedente esercizio 11-3.

Escludendo, per i motivi esposti nel precedente esercizio 11-3, il lato contenente l'interruttore S e quello costituito dall'induttanza L, la rete proposta può essere ridotta, avvalendosi del teorema di Thévenin, come mostrato in Fig. 11-4.2; si ha dunque:

$$\begin{cases} V_{Th} = E + R_1 A = 90 \text{ V} \\ R_{Th} = R_1 = 6\ \Omega \end{cases}$$

In tal modo è ora possibile procedere con il metodo per ispezione. All'istante $t=0^-$ (Fig. 11-4.3) risulta:

$$i_L(0^-) = \frac{V_{Th}}{R_{Th}} = 15 \text{ A}$$

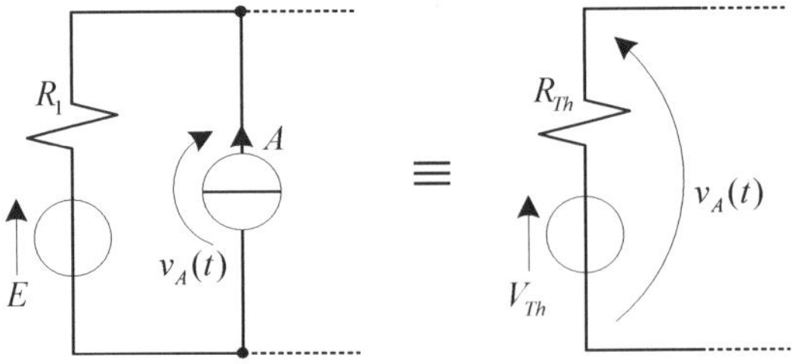

Fig. 11-4.2.

$$i^*(0^-) = i_L(0^-) = 15 \text{ A}$$

$$v_A(0^-) = V_{Th} - R_{Th} i_L(0^-) = 0 \text{ V}$$

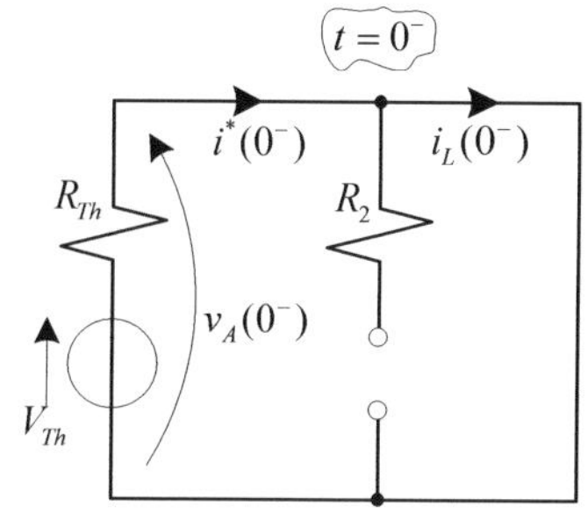

Fig. 11-4.3.

All'istante t=0+ si ha poi (cfr. Fig. 11-4.4):

$$i_L(0^+) = i_L(0^-) = 15 \text{ A}$$

$$v_A(0^+) = \frac{V_{Th}/R_{Th} - i_L(0^+)}{1/R_{Th} + 1/R_2} = 0 \text{ V}$$

$$i^*(0^+) = \left[V_{Th} - v_A(0^+)\right]/R_{Th} = 15 \text{ A}$$

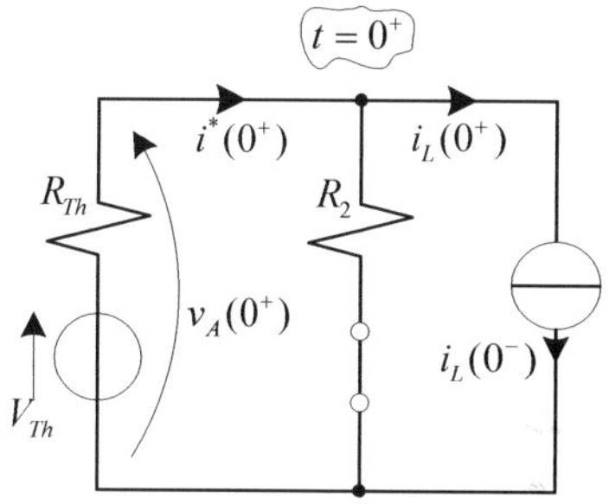

Fig. 11-4.4.

A regime raggiunto, ossia nell'istante t=+∞ (in realtà, come più volte richiamato, già a partire da t=5τ), si ha (cfr. Fig. 11-4.5):

$$i_L(+\infty) = \frac{V_{Th}}{R_{Th}} = 15 \text{ A}$$

$$i^*(+\infty) = i_L(+\infty) = 15 \text{ A}$$

$$v_A(+\infty) = 0 \text{ V}$$

L'ultima condizione è stata ricavata osservando che la resistenza R_2 si trova in corto circuito. Alternativamente è possibile giungere al medesimo risultato come:

$$v_A(+\infty) = V_{Th} - R_{Th} i^*(+\infty) = 0 \text{ V}$$

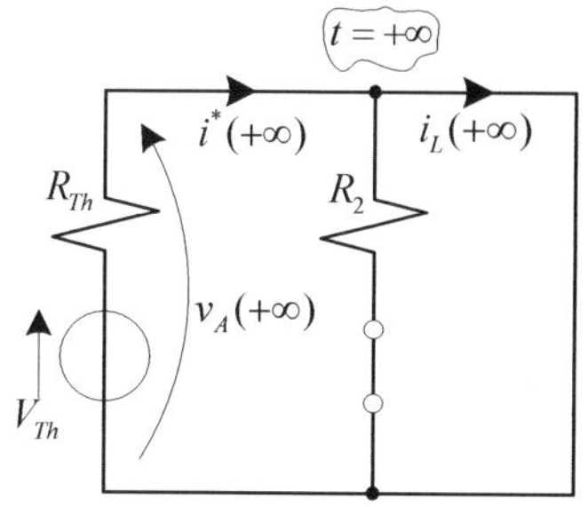

Fig. 11-4.5.

Quanto alla costante di tempo τ, si ha immediatamente:

$$R_{eq} = \frac{R_{Th} R_2}{R_{Th} + R_2} = 3{,}4286 \ \Omega \ \Rightarrow \ \tau = \frac{L}{R_{eq}} = 0{,}0183 \text{ s}$$

Le due grandezze richieste valgono infine:

$$i_L(t) = \left[i_L(0^-) - i_L(+\infty)\right]e^{-t/\tau} + i_L(+\infty) = 15 \text{ A} \ \ \forall t \in \left[0^-, +\infty\right)$$

$$v_A(t) = \left[v_A(0^+) - i_L(+\infty)\right]e^{-t/\tau} + v_A(+\infty) = 0 \text{ V} \ \ \forall t \in \left[0^+, +\infty\right)$$

e, allo stesso modo, la corrente "ausiliaria" $i^*(t)$ vale:

$$i^*(t) = \left[i^*(0^+) - i^*(+\infty)\right]e^{-t/\tau} + i^*(+\infty) = 15 \text{ A} \ \ \forall t \in \left[0^+, +\infty\right)$$

Si nota pertanto che la manovra dell'interruttore S non causa alcuna condizione transitoria nella rete allo studio. La potenza richiesta vale allora:

$$p\left(t^*\right) = v_A\left(t^*\right) \cdot i^*\left(t^*\right) = 0 \text{ W} \ \ \forall t \in \left[0^+, +\infty\right)$$

■

Esercizio 11-5

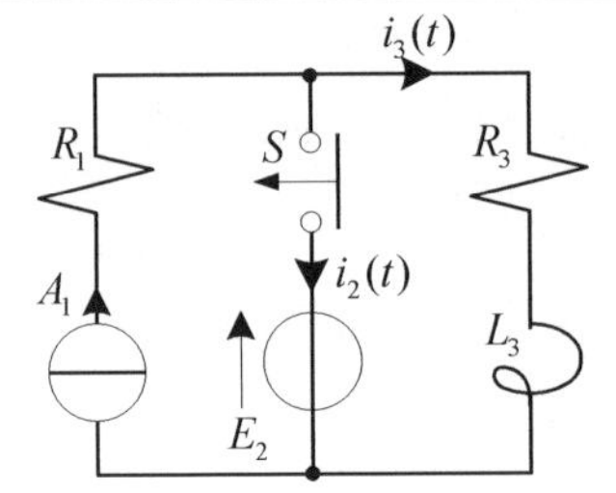

Fig. 11-5.1.

$E_2 = 100$ V
$A_1 = 15$ A
$R_1 = 30\ \Omega$
$R_3 = 5\ \Omega$
$L_3 = 10$ mH

Assegnata la rete di figura, in cui l'interruttore S *è aperto da un tempo infinito, determinare l'andamento delle correnti* $i_2(t)$ *ed* $i_3(t)$ *a seguito della chiusura di tale interruttore.*

Il problema proposto viene risolto applicando il metodo per ispezione. mediante il quale si ricavano gli andamenti delle due correnti richieste, di cui una risulta essere una variabile di rete, l'altra una variabile di stato.

La corrente $i_2(t)$ è una variabile di rete, mentre la corrente $i_3(t)$ è una variabile di stato, in quanto transita attraverso l'induttanza L. All'istante $t=0^-$ (Fig. 11-5.2) risulta:

$$i_3(0^-) = A_1 = 15 \text{ A}$$

$$i_2(0^-) = 0 \text{ A}$$

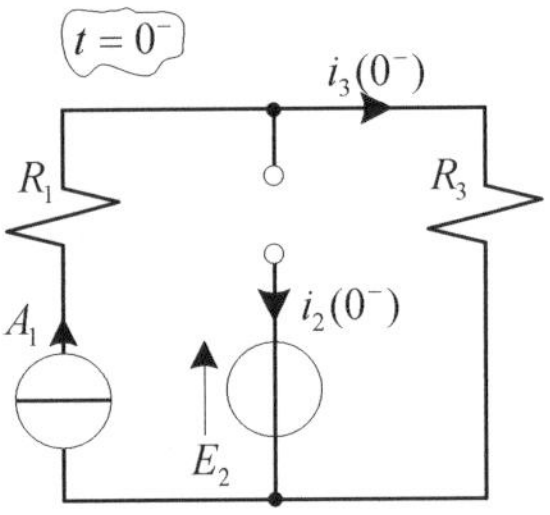

Fig. 11-5.2.

All'istante $t=0^+$ è necessario considerare la rete riportata in Fig. 11-5.3, per la quale si ottiene:

$$i_3(0^+) = i_3(0^-) = 15 \text{ A}$$

$$i_2(0^+) = A_1 - i_3(0^+) = 0 \text{ A}$$

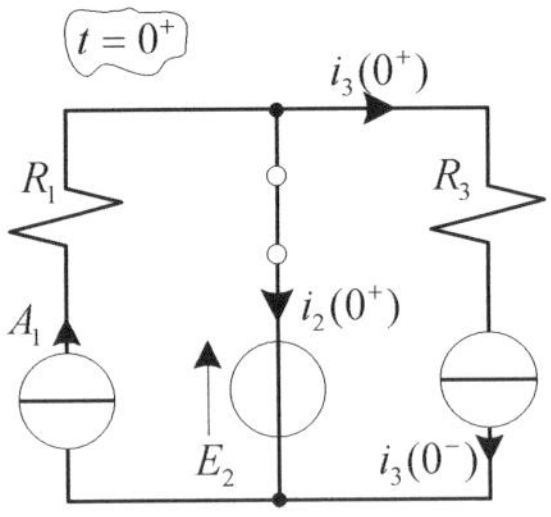

Fig. 11-5.3.

Una volta raggiunto il nuovo regime di funzionamento (cfr. Fig. 11-5.4) si ha poi:

$$i_3(+\infty) = \frac{E_2}{R_3} = 20 \text{ A}$$

$$i_2(+\infty) = A_1 - i_3(+\infty) = -5 \text{ A}$$

La costante di tempo è inoltre calcolabile in modo immediato come (Fig. 11-5.5):

$$R_{Th} = R_3 = 5\ \Omega \quad \Rightarrow \quad \tau = \frac{L}{R_{Th}} = 2 \text{ ms}$$

Note tutte le grandezze necessarie, le due correnti richieste possono al solito essere formulate come:

$$i_2(t) = \left[i_2(0^+) - i_2(+\infty) \right] e^{-t/\tau} + i_2(+\infty) = -5\left(1 - e^{-t/\tau}\right) \text{ A}$$

$$i_3(t) = \left[i_3(0^-) - i_3(+\infty) \right] e^{-t/\tau} + i_3(+\infty) = -5e^{-t/\tau} + 20 \text{ A}$$

A tali correnti corrispondono gli andamenti riportati, rispettivamente, in Fig. 11-5.6 e Fig. 11-5.7.

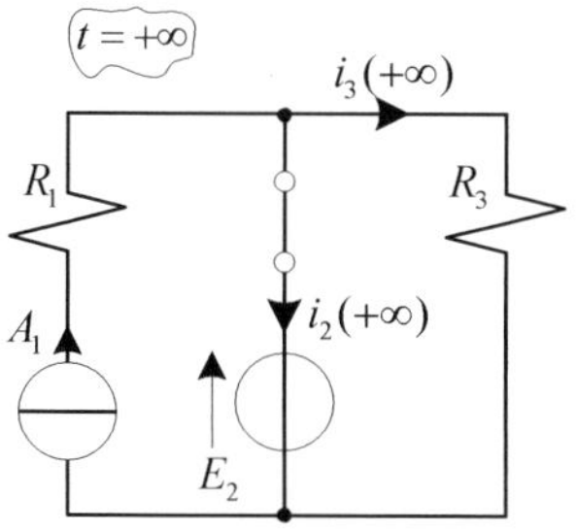

Fig. 11-5.4.

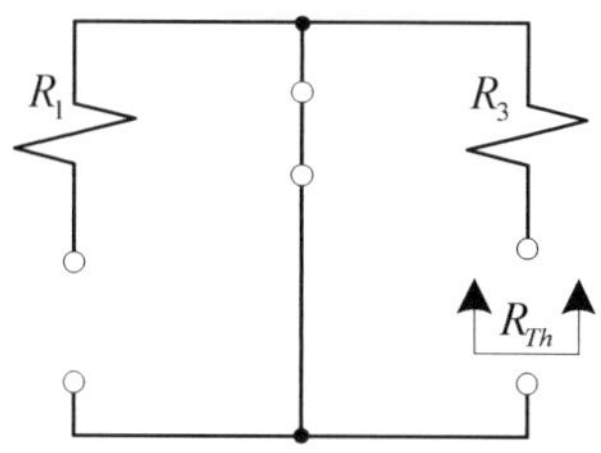

Fig. 11-5.5.

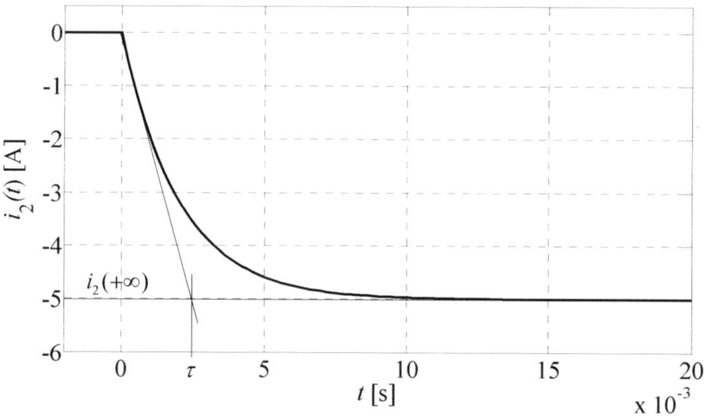

Fig. 11-5.6.

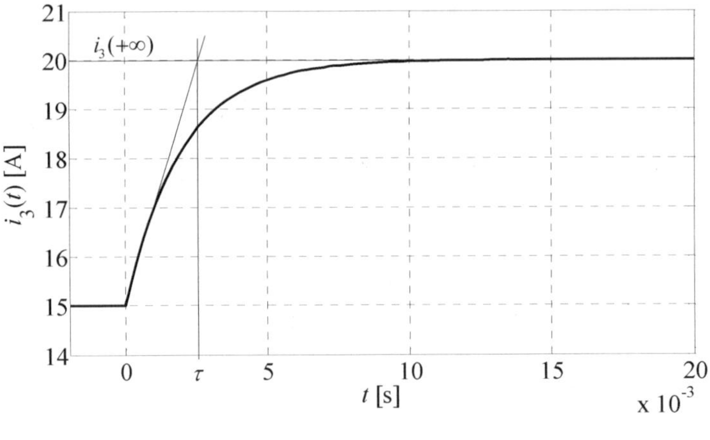

Fig. 11-5.7.

■

Esercizio 11-6

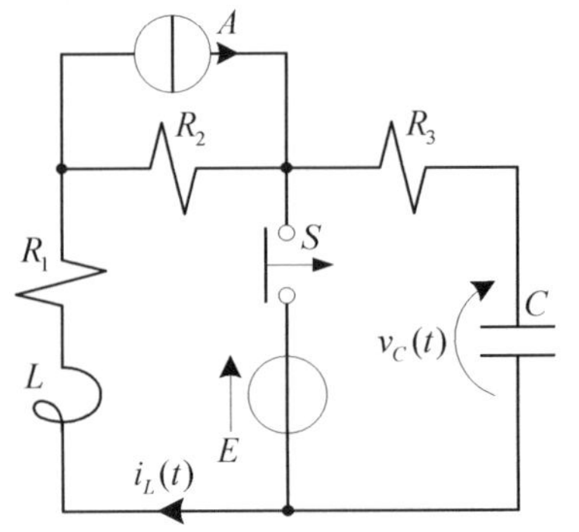

Fig. 11-6.1.

$E = 15$ V $R_3 = 4\ \Omega$
$A = 5$ A $L = 8$ mH
$R_1 = 2\ \Omega$ $C = 12\ \mu$F
$R_2 = 6\ \Omega$

Assegnata la rete di figura, in cui l'interruttore S *è aperto da un tempo infinito, determinare l'andamento della corrente* $i_L(t)$ *e della tensione* $v_C(t)$ *a seguito della chiusura di tale interruttore.*

La rete assegnata contiene due elementi di tipo dinamico (un induttore ed un capacitore). Nonostante ciò, la presenza del generatore ideale di tensione E permette, una volta avvenuta la manovra dell'interruttore S, di disaccoppiare la rete assegnata in due distinte sottoreti, ciascuna delle quali può essere risolta con il metodo per ispezione illustrato negli esercizi precedenti.

La rete proposta sembrerebbe prevaricare i limiti delle presenti note: infatti la presenza contemporanea di due elementi dinamici potrebbe portare alla conclusione che i fenomeni trasitori associati alla manovra dell'interruttore S siano associati ad equazioni differenziali del secondo ordine.

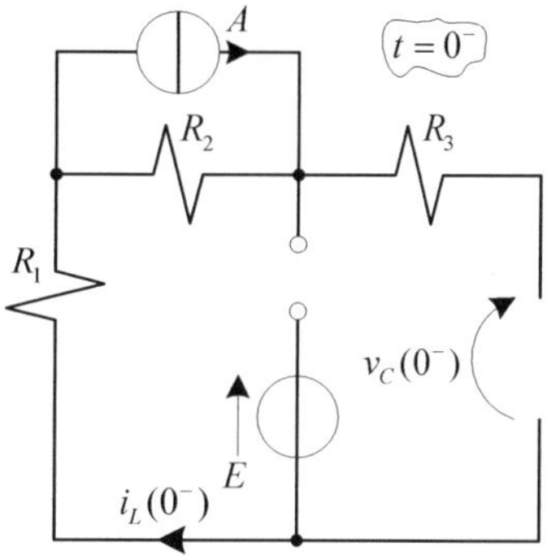

Fig. 11-6.2.

In realtà tale conclusione è errata, come risulterà chiaro nel prosieguo. Per rendersene conto, è sufficiente osservare che nella condizione iniziale (ossia in t=0⁻; cfr. Fig. 11-6.2) il lato contenente l'interruttore non influenza in alcun modo il funzionamento della rete, la quale si trova in condizioni di regime. All'istante t=0⁺, a causa della condizione di continuità che le due variabili di stato debbono necessariamente soddisfare, la situazione è analoga (cfr. Fig. 11-6.3). Negli istanti successivi la presenza del generatore ideale di tensione E disaccoppia la rete iniziale in due sottoreti, l'una di tipo RL e l'altra di tipo RC, le quali evolvono secondo condizioni dinamiche che sono in generale differenti e che, in ogni caso, non si influenzano a vicenda. Il fatto che le due grandezze allo studio costituiscano le variabili di stato di tali sottoreti costituisce inoltre un'ulteriore semplificazione nell'analisi del problema. La rete nell'istante t=+∞ è rappresentata in Fig. 11-6.4, assieme alle due sottoreti nella quale risulta disaccoppiata.

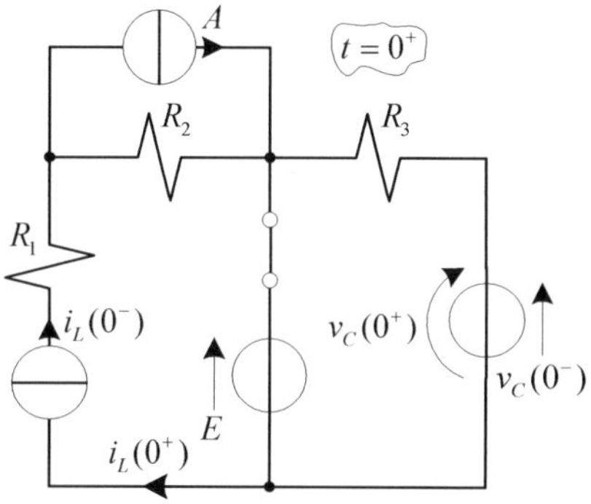

Fig. 11-6.3.

In base a tutte le precedenti considerazioni, risulta dunque:

$$i_L(0^-) = i_L(0^+) = 0 \text{ A}$$

$$v_C(0^-) = v_C(0^+) = R_2 A = 30 \text{ V}$$

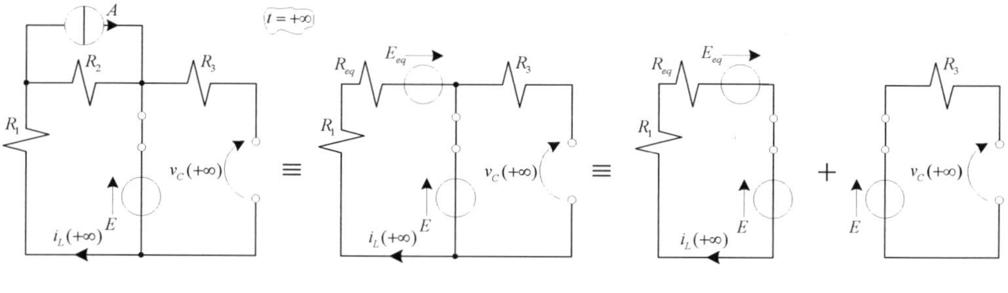

Fig. 11-6.4.

$$i_L(+\infty) = \frac{R_2 A - E}{R_1 + R_2} = 1{,}875 \ \text{A}$$

$$v_C(+\infty) = E = 15 \ \text{V}$$

Le due costanti di tempo valgono (cfr. Fig. 11-6.5):

$$R' = R_1 + R_2 = 8 \ \Omega \ \Rightarrow \ \tau' = \frac{L}{R'} = 1 \ \text{ms}$$

$$R'' = R_3 = 4 \ \Omega \ \Rightarrow \ \tau'' = R''C = 48 \ \mu\text{s}$$

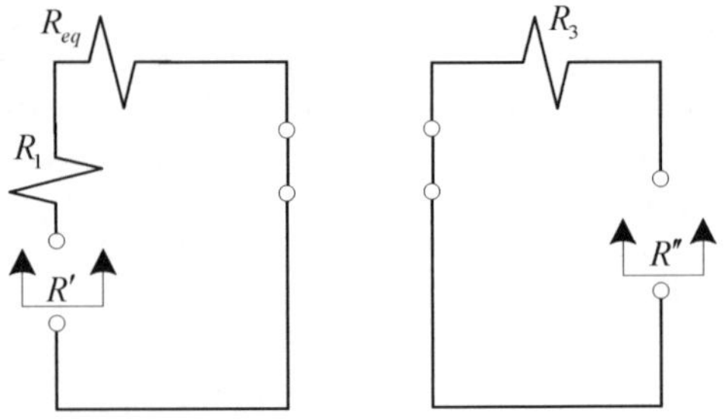

Fig. 11-6.5.

È opportuno sottolineare nuovamente come le due sottoreti evolvono in modo differente, così come si può notare dai valori differenti delle due costanti di tempo appena calcolate

Gli andamenti delle grandezze richieste risultano infine:

$$i_L(t) = \left[i_L(0^-) - i_L(+\infty)\right]e^{-t/\tau'} + i_L(+\infty) = 1{,}875\left(1 - e^{-t/\tau'}\right) \ \text{A}$$

$$v_C(t) = \left[v_C(0^-) - v_C(+\infty)\right]e^{-t/\tau''} + v_C(+\infty) = 15\left(1 + e^{-t/\tau''}\right) \ \text{V}$$

i cui diagrammi sono rispettivamente riportati in Fig. 11-6.6 e Fig. 11-6.7.

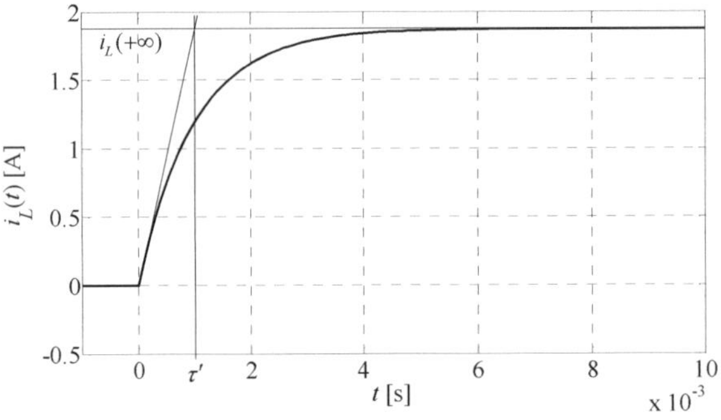

Fig. 11-6.6.

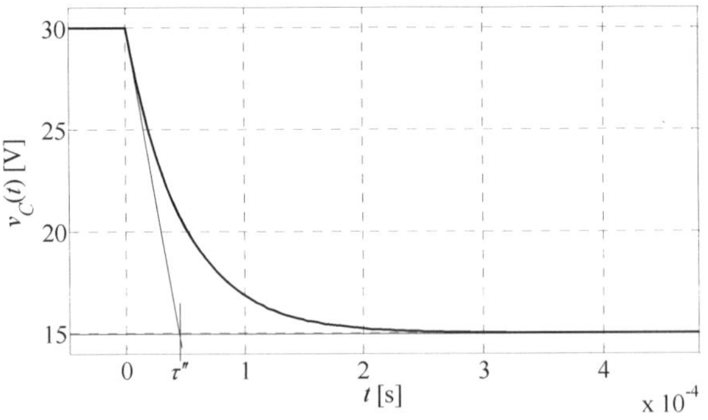

Fig. 11-6.7.

Esercizio 11-7

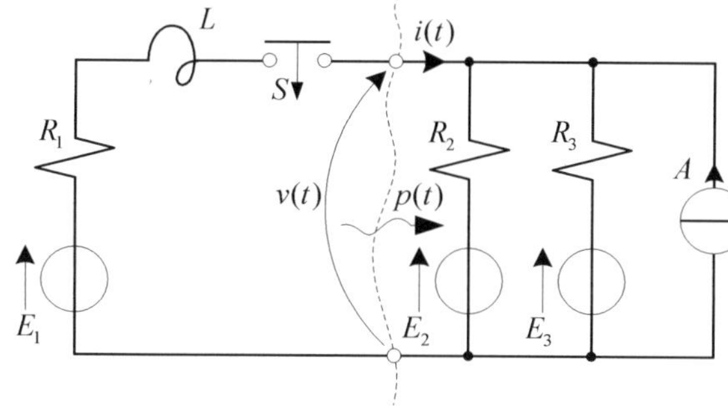

Fig. 11-7.1.

$E_1 = 20$ V $R_1 = 8$ Ω
$E_2 = 15$ V $R_2 = 12$ Ω
$E_3 = 10$ V $R_3 = 3$ Ω
$A = 5$ A $L = 82$ mH

Assegnata la rete di figura, in cui l'interruttore S *è aperto da un tempo infinito, determinare l'andamento della potenza istantanea* p(t) *a seguito della chiusura di tale interruttore.*

La risposta al quesito proposto prevede implicitamente di ricavare, a seguito della manovra dell'interruttore *S*, gli andamenti temporali della tensione $v(t)$ e della corrente $i(t)$. Tale operazione viene eseguita riducendo la parte destra della rete ed impiegando poi il metodo per ispezione.

Conviene innanzitutto ridurre la parte destra della rete proposta mediante l'impiego del teorema di Thévenin. La parte di sinistra, contenendo sia l'interruttore *S* che l'induttanza *L*, è esclusa dal calcolo di tale equivalente. Si ha dunque:

$$V_{Th} = \frac{E_2 / R_2 + E_3 / R_3 + A}{1/R_2 + 1/R_3} = 23 \text{ V}$$

$$R_{Th} = \frac{R_2 R_3}{R_2 + R_3} = 2,4 \ \Omega$$

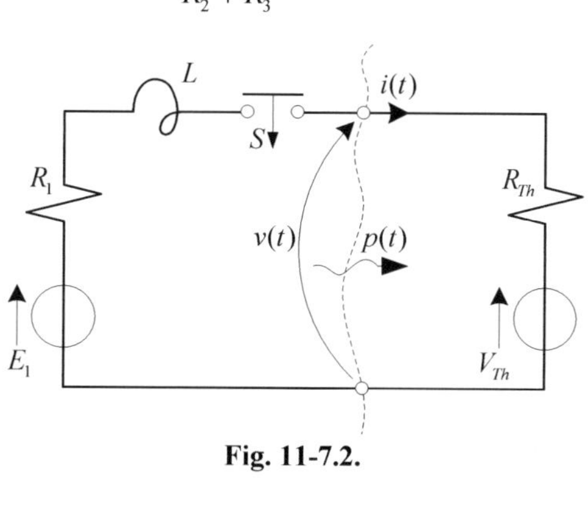

Fig. 11-7.2.

e la rete allo studio diviene quella rappresentata in Fig. 11-7.2.

All'istante t=0⁻ (Fig. 11-7.3) si ha:

$$i(0^-) = 0 \text{ A}$$

$$v(0^-) = V_{Th} = 23 \text{ V}$$

ed all'istante t=0⁺ (Fig. 11-7.4):

$$i(0^+) = i(0^-) = 0 \text{ A}$$

$$v(0^+) = V_{Th} + R_{Th} i(0^-) = 23 \text{ V}$$

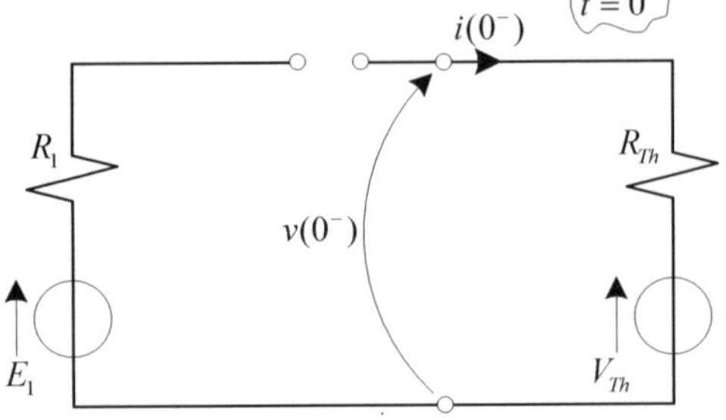

Fig. 11-7.3.

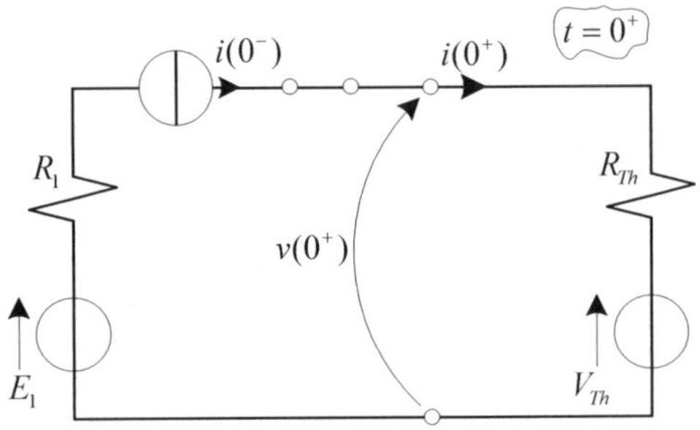

Fig. 11-7.4.

Raggiunto il nuovo regime, la rete si presenta come in Fig. 11-7.5, per la quale si ottiene:

$$i(+\infty) = \frac{E_1 - V_{Th}}{R_1 + R_{Th}} = -0,2885 \text{ A}$$

$$v(+\infty) = V_{Th} + R_h i(+\infty) = 22,3077 \text{ V}$$

Il calcolo della costante di tempo è immediato; si ha infatti:

$$R_{eq} = R_1 + R_{Th} = 10,4 \ \Omega \Rightarrow \tau = \frac{L}{R_{eq}} = 7,9 \text{ ms}$$

Note tutte le necessarie grandezze, risulta:

$$i(t) = \left[i(0^-) - i(+\infty) \right] e^{-t/\tau} + i(+\infty) = -0,2855\left(1 - e^{-t/\tau}\right) \text{ A}$$

$$v(t) = \left[v(0^+) - v(+\infty) \right] e^{-t/\tau} + v(+\infty) = 0,6923 e^{-t/\tau} + 22,3077 \text{ V}$$

da cui, infine, la potenza richiesta:

$$p(t) = v(t) \cdot i(t) = 0,1997 e^{-2t/\tau} + 6,5246 e^{-t/\tau} - 6,4358 \text{ W}$$

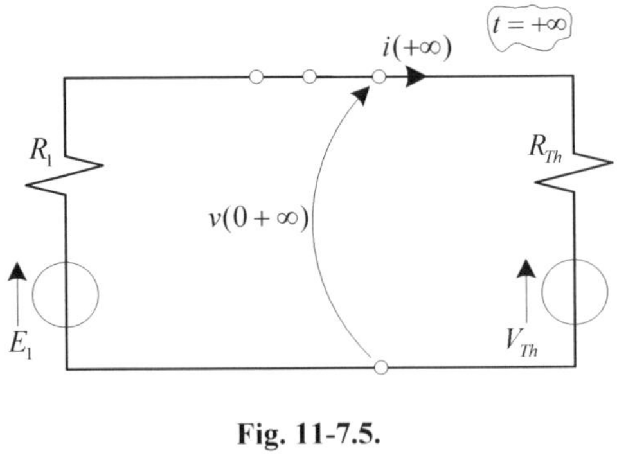

Fig. 11-7.5.

In Fig. 11-7.6 si riportano i diagrammi temporali della corrente $i(t)$, della tensione $v(t)$ e della potenza $p(t)$.

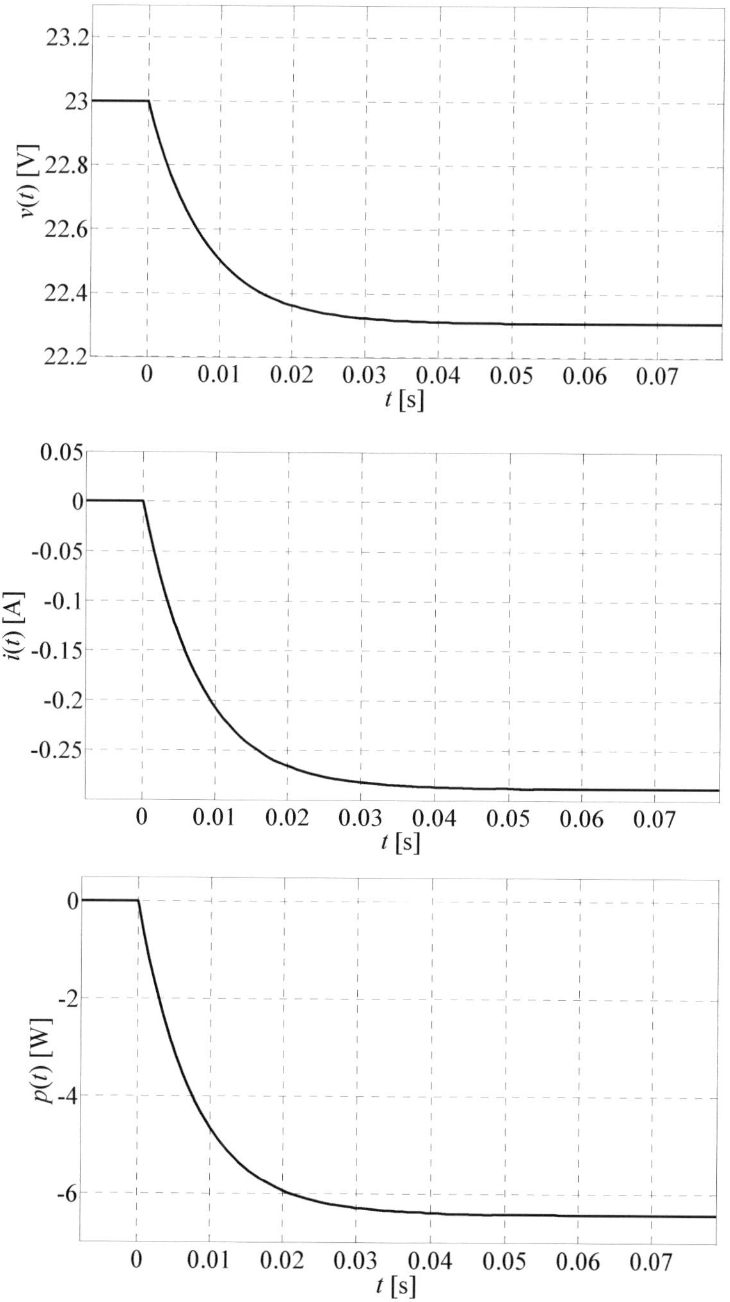

Fig. 11-7.7.

Transitori del primo ordine
(Parte II)

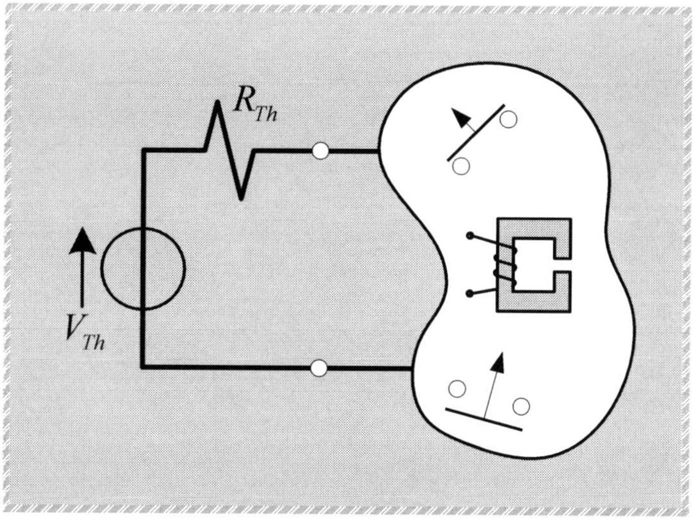

Esercizio 12-1

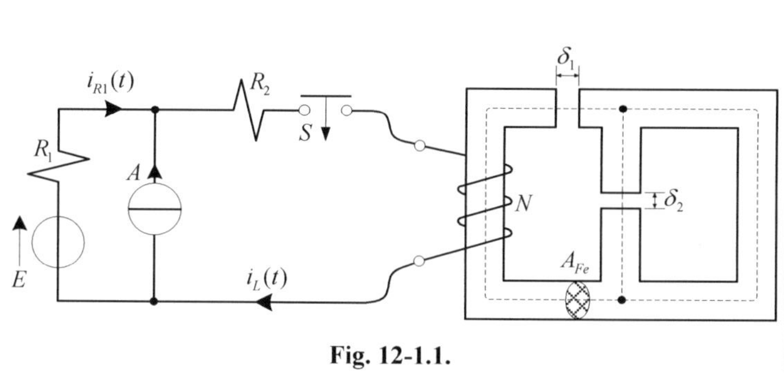

Fig. 12-1.1.

$E = 250$ V
$A = 16$ A
$R_1 = 30\ \Omega$
$R_2 = 15\ \Omega$
$N = 250$
$A_{Fe} = 2{,}63\ \text{cm}^2$
$\delta_1 = 1$ mm
$\delta_2 = 0{,}8$ mm
$\mu_{Fe} \gg \mu_0$
$t^* = 0{,}2$ ms

Assegnata la rete magnetoelettrica di figura, in cui l'interruttore S *è aperto da un tempo infinito, determinare l'andamento della corrente* $i_L(t)$ *e della corrente* $i_{R1}(t)$ *a seguito della chiusura di tale interruttore. Determinare inoltre il valore dell'energia magnetica accumulata all'istante* t^*.

Il problema proposto viene affrontato in due distinte fasi. Nella prima si ricava, con il metodo della rete magnetica equivalente, l'induttanza equivalente, agli effetti esterni, del dispositivo magnetico presente.

Nella fase successiva si risolve la rete elettrica così ottenuta impiegando il metodo per ispezione, già presentato nella precedente esercitazione 11.

Il dispositivo magnetico presente nella rete magnetoelettrica proposta può essere interpretato mediante la rete magnetica equivalente di cui alla Fig. 12-1.2 (cfr. esercitazione 7). Per essa risulta:

$$\vartheta_{\delta 1} = \frac{1}{\mu_0} \cdot \frac{\delta_1}{A_{Fe}} = 3{,}0258 \times 10^6\ \ \text{H}^{-1}$$

e quindi, risultando la riluttanza $\vartheta_{\delta 2}$ in parallelo ad un corto circuito magnetico:

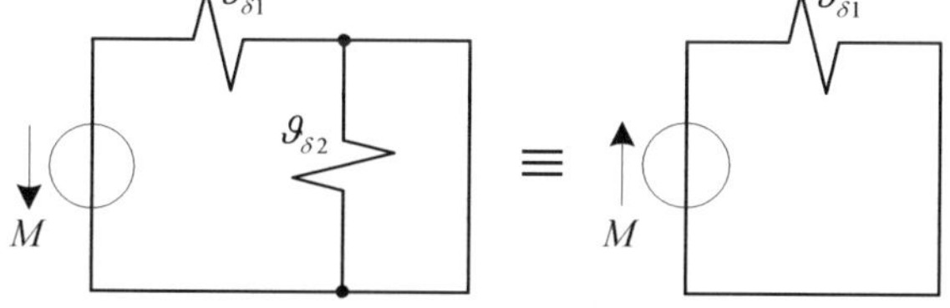

Fig. 12-1.2.

$$L = \frac{N^2}{\vartheta_{\delta 1}} = 0,0207 \text{ H}$$

La rete elettrica allo studio, in regime transitorio, si modifica così come riportato in Fig. 12.1.3. All'istante t=0$^-$ (Fig. 12.1-4) si ha:

$$i_L(0^-) = 0 \text{ A}$$

$$i_{R1}(0^-) = -A = -16 \text{ A}$$

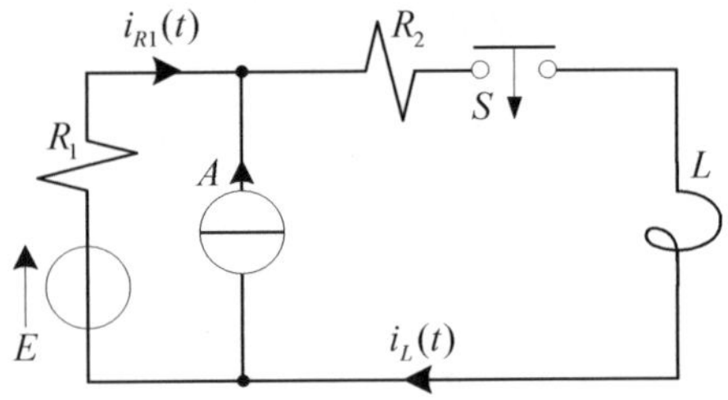

Fig. 12-1.3.

All'istante t=0$^+$ la rete diviene quella rappresentata in Fig. 12.1-5, da cui si ricava:

$$i_L(0^+) = i_L(0^-) = 0 \text{ A}$$

$$i_{R1}(0^+) = -A + i_L(0^-) = -16 \text{ A}$$

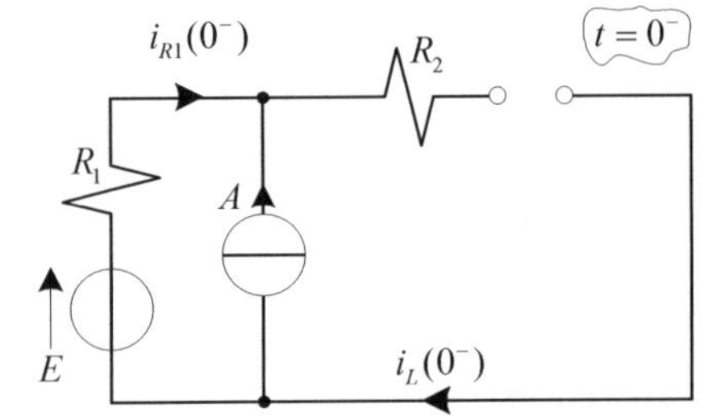

Fig. 12-1.4.

In condizioni di regime, raggiunte a seguito del transitorio dovuto alla manovra di S, si ha poi (cfr. Fig. 12.1-6):

$$v_A(+\infty) = \frac{E / R_1 + A}{1/R_1 + 1/R_2} = 243,3333 \text{ V}$$

$$i_L(+\infty) = \frac{v_A(+\infty)}{R_2} = 16,2222 \text{ A}$$

$$i_{R1}(+\infty) = -A + i_L(+\infty) = 0,2222 \text{ A}$$

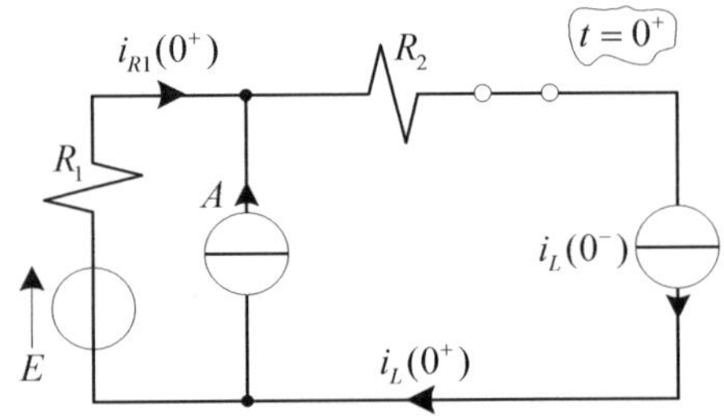

Fig. 12-1.5.

Quanto alla costante di tempo, considerando la rappresentazione di cui alla Fig. 12.1-7 si ottiene:

$$R_{eq} = R_1 + R_2 = 45 \ \Omega \ \Rightarrow \ \tau = \frac{L}{R_{eq}} = 0,459 \text{ ms}$$

Impiegando il metodo per ispezione, è ora possibile ricavare le espressioni degli andamenti temporali delle due correnti richieste:

$$i_L(t) = \left[i_L(0^-) - i_L(+\infty) \right] e^{-t/\tau} + i_L(+\infty) = 16,2222\left(1 - e^{-t/\tau}\right) \text{ A}$$

$$i_{R1}(t) = \left[i_{R1}(0^+) - i_{R1}(+\infty) \right] e^{-t/\tau} + i_{R1}(+\infty) = -16,2222 e^{-t/\tau} + 0,2222 \text{ A}$$

rappresentati in Fig. 12-1.8 e Fig. 12-1.9 rispettivamente.

Infine, l'energia richiesta vale:

$$W_\mu\left(t^*\right) = \frac{1}{2} L \cdot i_L\left(t^*\right)^2 = 0,3390 \text{ J}$$

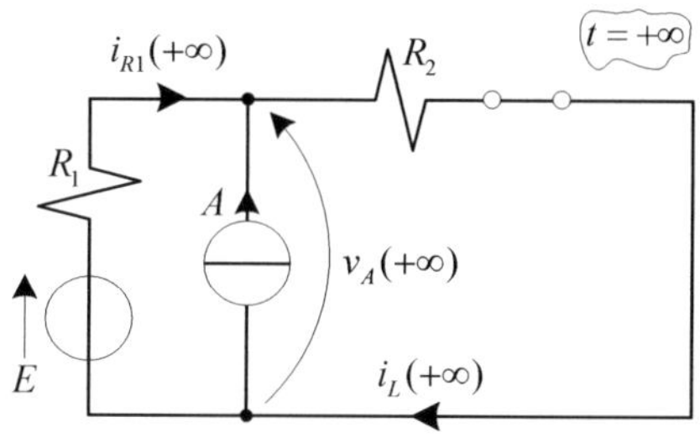

Fig. 12-1.6.

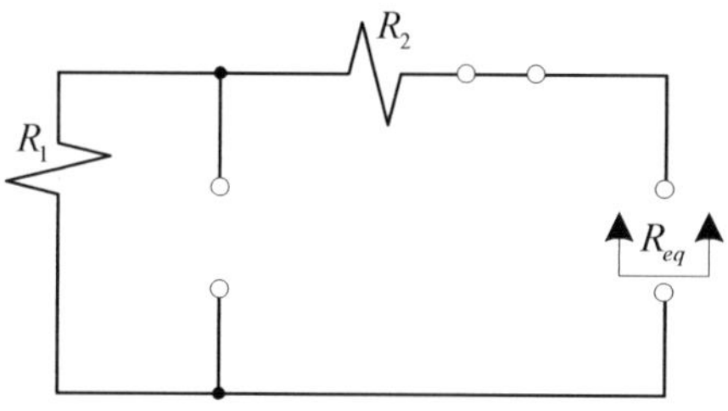

Fig. 12-1.7.

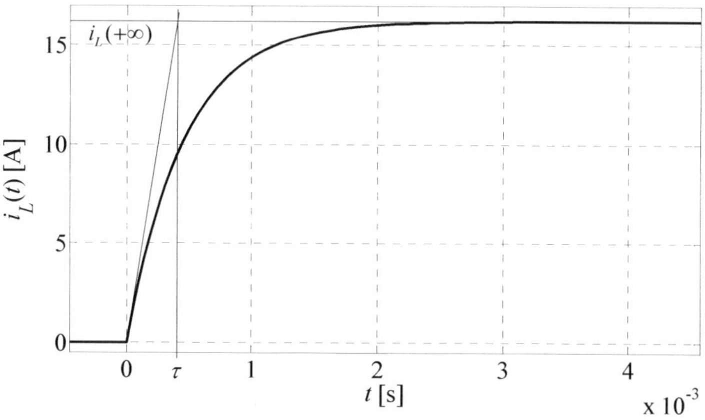

Fig. 12-1.8.

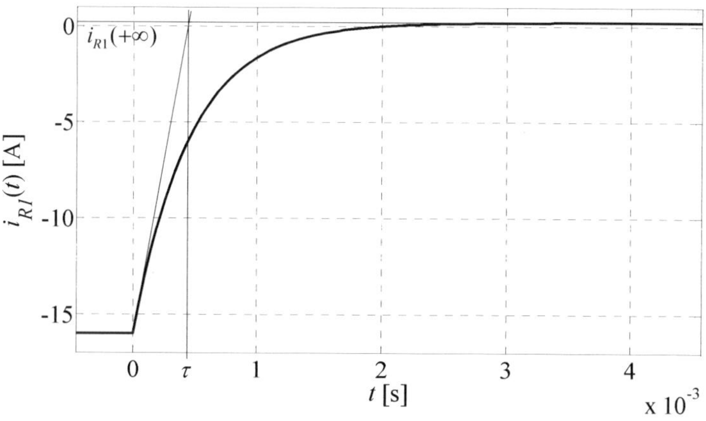

Fig. 12-1.9.

Esercizio 12-2

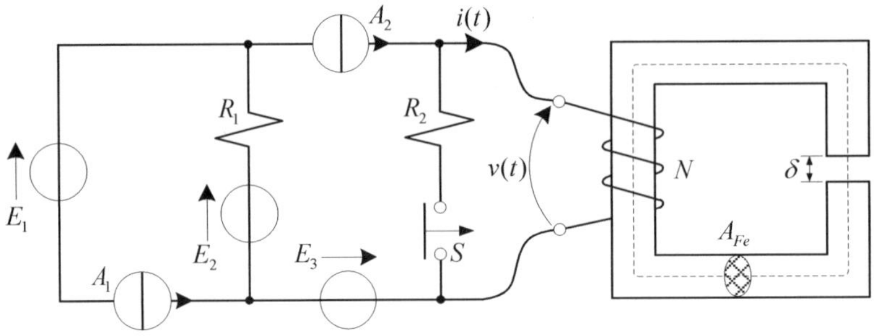

Fig. 12-2.1.

$E_1 = 12$ V
$E_2 = 16$ V
$E_3 = 18$ V
$A_1 = 8$ A
$A_2 = 10$ A
$R_1 = 4$ Ω
$R_2 = 6$ Ω
$N = 100$
$A_{Fe} = 100$ cm^2
$\delta = 1$ mm
$\mu_{Fe} \gg \mu_0$
$t^* = 3$ ms

Assegnata la rete magnetoelettrica di figura, in cui l'interruttore S *è aperto da un tempo infinito, determinare l'andamento della corrente* i(t) *e della tensione* v(t) *a seguito della chiusura di tale interruttore. Determinare inoltre il valore della tensione* v(t) *all'istante* t*.

Il problema proposto viene risolto ricavando l'induttanza equivalente agli effetti esterni del dispositivo magnetico presente ed impiegando poi il metodo per ispezione.

L'autoinduttore presente nella rete proposta è caratterizzato dalla sola riluttanza di traferro:

$$\vartheta_\delta = \frac{1}{\mu_0} \cdot \frac{\delta}{A_{Fe}} = 79577{,}5 \ \text{H}^{-1} \quad ,$$

alla quale corrisponde l'induttanza:

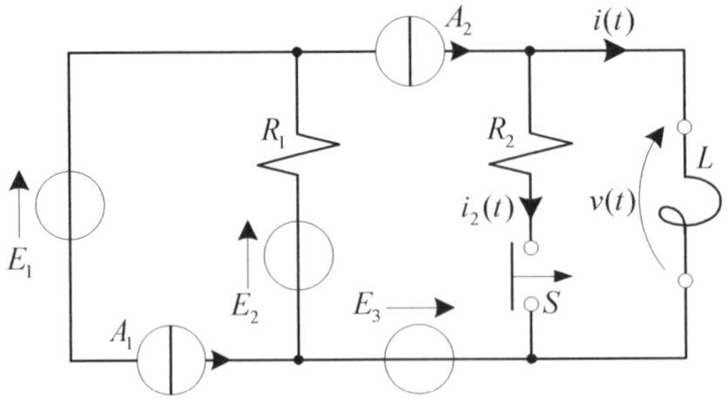

Fig. 12-2.2.

$$L = \frac{N^2}{\vartheta_\delta} = 0{,}1257 \text{ H}$$

La rete proposta diviene allora quella riportata in Fig. 12-2.2. All'istante t=0⁻ (Fig. 12-2.3) si ha:

$$i(0^-) = A_2 = 10 \text{ A}$$

$$v(0^-) = 0 \text{ V}$$

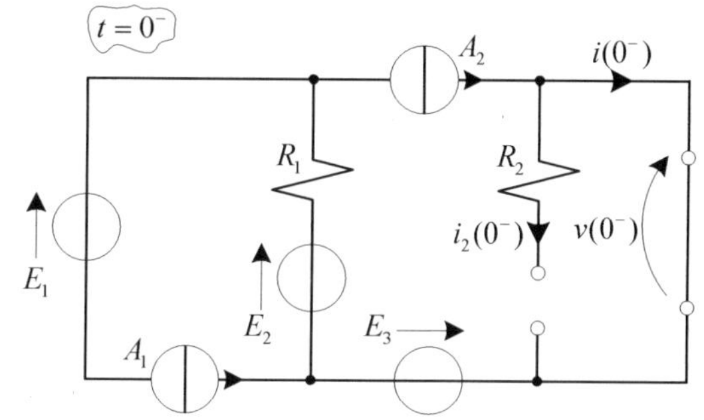

Fig. 12-2.3.

ed all'istante t=0⁺ (Fig. 12-2.4) si ottiene:

$$i(0^+) = i(0^-) = 10 \text{ A}$$

$$v(0^+) = R_2 i_2 = R_2\left[A_2 - i(0^+)\right] = \\ = 0 \text{ V}$$

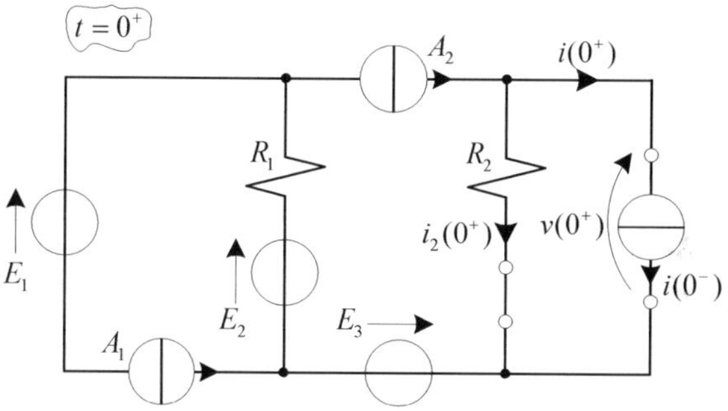

Fig. 12-2.4.

Una volta raggiunte le nuove condizioni di regime, la rete si presenta come in Fig. 12-2.5, per la quale si ottiene:

$$i(+\infty) = A_2 = 10 \text{ A}$$

$$v(+\infty) = 0 \text{ V}$$

Il calcolo della costante di tempo è immediato e conduce al seguente risultato:

$$\tau = \frac{L}{R_2} = 0{,}0201 \text{ s}$$

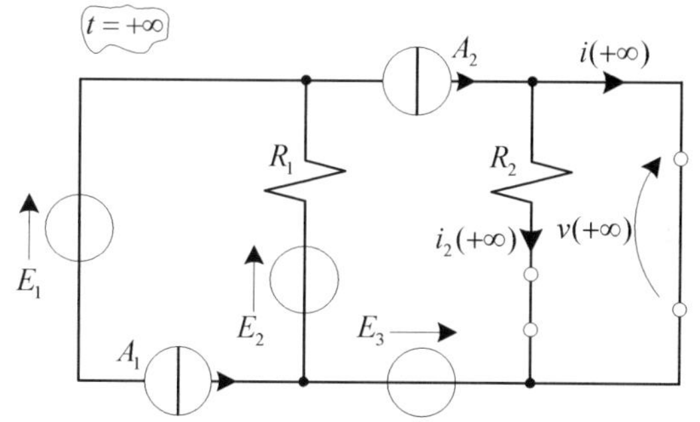

Fig. 12-2.5.

Impiegando il metodo per ispezione è ora possibile ricavare gli andamenti temporali delle due variabili – l'una di stato, l'altra di rete – richieste:

$$i(t) = \left[i(0^-) - i(+\infty)\right]e^{-t/\tau} + i(+\infty) = 10 \text{ A} \quad \forall t \in \left[0^-, +\infty\right)$$

$$v(t) = \left[v(0^+) - v(+\infty)\right]e^{-t/\tau} + v(+\infty) = 0 \text{ V} \quad \forall t \in \left[0^+, +\infty\right)$$

Da quanto ricavato si nota come, di fatto, la rete non si trovi in condizioni transitorie. Se ne deduce, in particolare, che la tensione $v(t)$ risulta nulla anche nell'istante t^* assegnato.

■

Esercizio 12-3

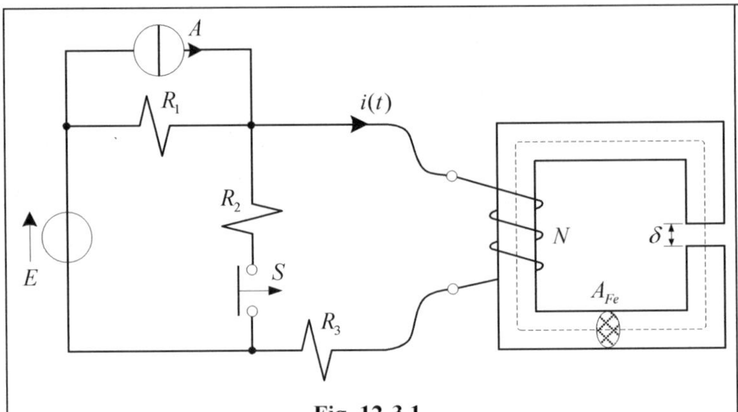

Fig. 12-3.1.

$E = 18$ V
$A = 12$ A
$R_1 = 6\ \Omega$
$R_2 = 8\ \Omega$
$R_3 = 10\ \Omega$
$N = 100$
$A_{Fe} = 100\ \text{cm}^2$
$\delta = 1$ mm
$\mu_{Fe} \gg \mu_0$
$t^* = 2$ ms

Assegnata la rete magnetoelettrica di figura, in cui l'interruttore S *è aperto da un tempo infinito, determinare l'andamento della corrente* i(t) *a seguito della chiusura di tale interruttore. Determinare inoltre il valore dell'energia magnetica accumulata all'istante* t^*.

Come per i precedenti esercizi, il problema viene risolto calcolando preventivamente l'induttanza equivalente dell'autoinduttore ed applicando poi il metodo per ispezione.

L'autoinduttore presente nella rete proposta è rappresentabile, in base ai dati assegnati, mediante la seguente permeanza di traferro:

$$\Lambda_\delta = \mu_0 \frac{A_{Fe}}{\delta} = 40\pi \times 10^{-7}\ \text{H} \quad ,$$

alla quale corrisponde l'induttanza:

$$L = N^2 \Lambda_\delta = 0{,}1257\ \text{H} \quad ,$$

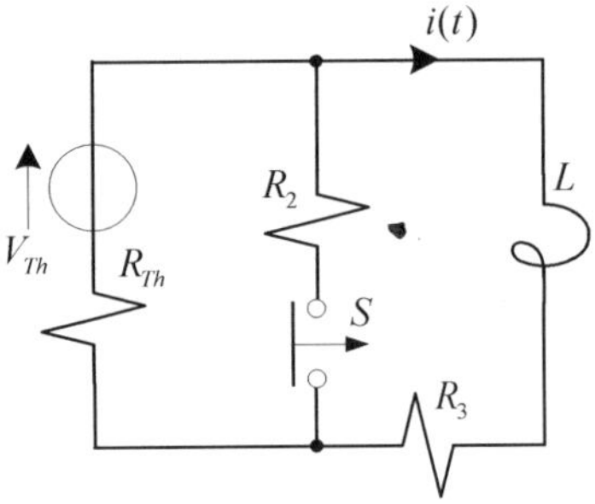

Fig. 12-3.2.

mediante la quale è possibile considerare la rete elettrica equivalente, in condizioni transitorie, riportata in Fig. 12-3.2. Per ottenere tale rete è stato inoltre applicato il teorema di Thévenin, ottenendo:

$$V_{Th} = R_1 A + E = 90\ \text{V}$$

$$R_{Th} = R_1 = 6\ \Omega$$

All'istante $t=0^-$ (Fig. 12-3.3) si ha:

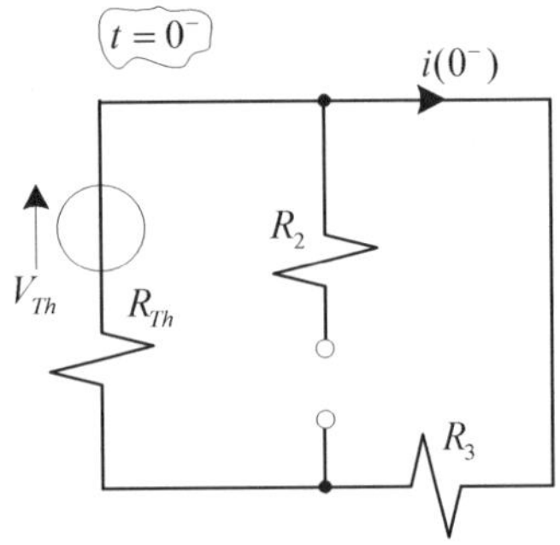

Fig. 12-3.3.

$$i(0^-) = \frac{V_{Th}}{R_{Th} + R_3} = 5,625 \text{ A}$$

e, per la continuità della variabile di stato, all'istante t=0$^+$ (Fig. 12-3.4) risulta:

$$i(0^+) = i(0^-) = 5,625 \text{ A}$$

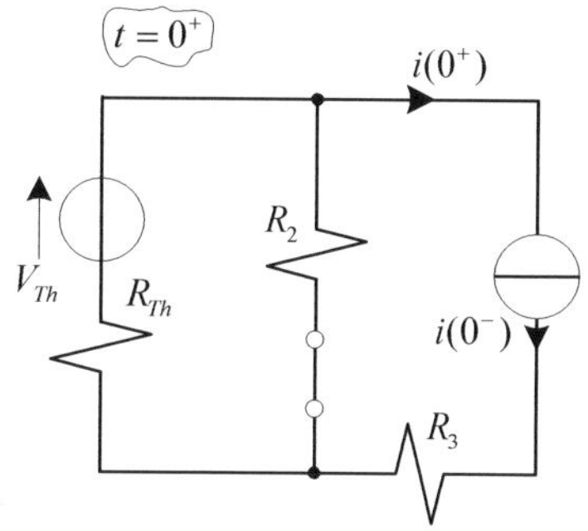

Fig. 12-3.4.

Nelle nuove condizioni di regime si ha poi (cfr. Fig. 12-3.5):

$$u(+\infty) = \frac{V_{Th} / R_{Th}}{1/R_{Th} + 1/R_2 + 1/R_3} = 38,2979 \text{ V}$$

$$i(+\infty) = \frac{u(+\infty)}{R_3} = 3,8298 \text{ A}$$

Per il calcolo della costante di tempo è necessario riferirsi a quanto riportato in Fig. 12-3.6, da cui si ricava:

$$R_{eq} = R_3 + \frac{R_2 R_{Th}}{R_2 + R_{Th}} = 13,4286 \ \Omega$$

e quindi:

$$\tau = \frac{L}{R_{eq}} = 0,0094 \text{ s}$$

Noti tutti i necessari parametri, il metodo per ispezione porge:

$$i(t) = \left[i(0^-) - i(+\infty) \right] e^{-t/\tau} + i(+\infty) = 1,7952 e^{-t/\tau} + 3,8298 \text{ A}$$

espressione alla quale corrisponde l'andamento temporale riportato in Fig. 12-3.7.

Infine, l'energia magnetica richiesta vale:

$$W_\mu\left(t^*\right) = \frac{1}{2} L \cdot i\left(t^*\right)^2 = 1,7214 \text{ J}$$

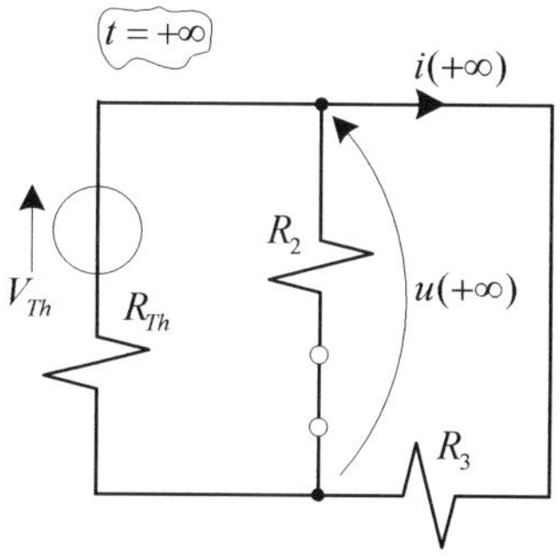

Fig. 12-3.5.

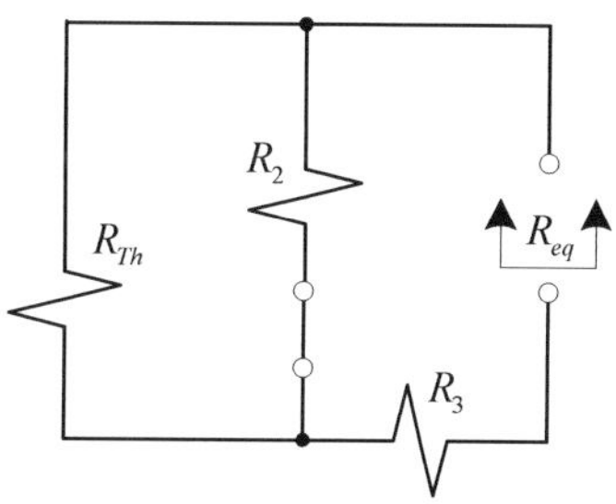

Fig. 12-3.6.

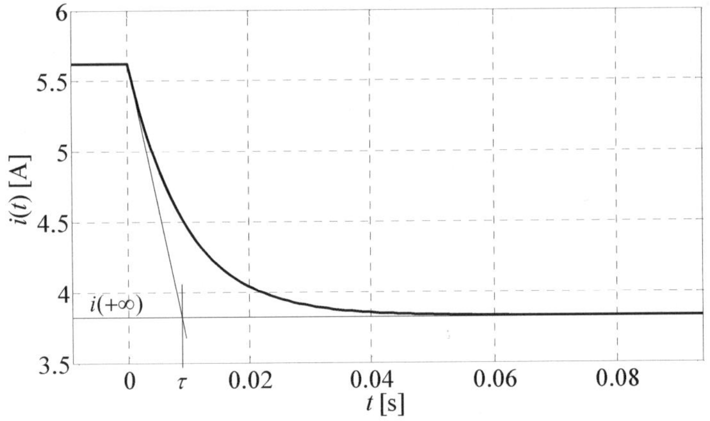

Fig. 12-3.7.

Esercizio 12-4

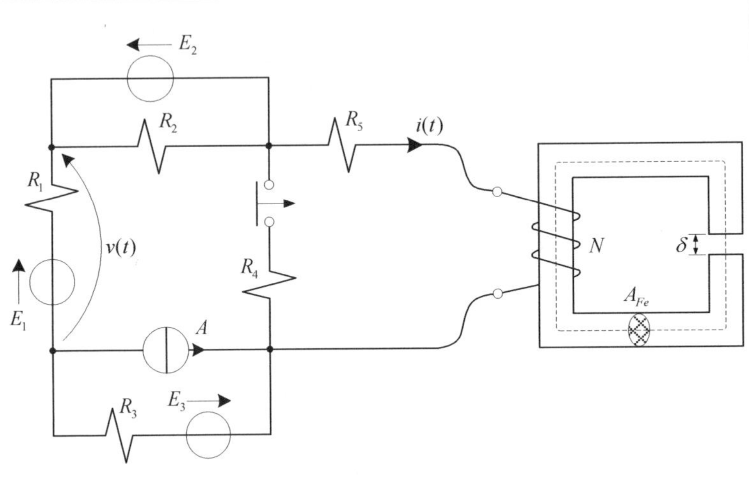

Fig. 12-4.1.

$E_1 = 18$ V
$E_2 = 20$ V
$E_3 = 22$ V
$A = 12$ A
$R_1 = 4\ \Omega$
$R_2 = 6\ \Omega$
$R_3 = 8\ \Omega$
$R_4 = 10\ \Omega$
$R_5 = 12\ \Omega$
$N = 100$
$A_{Fe} = 100\ \text{cm}^2$
$\delta = 1$ mm
$\mu_{Fe} \gg \mu_0$
$t^* = 0{,}02$ s

Assegnata la rete magnetoelettrica di figura, in cui l'interruttore S *è aperto da un tempo infinito, determinare l'andamento della corrente* i(t) *e della tensione* v(t) *a seguito della chiusura di tale interruttore. Determinare inoltre il valore dell'energia magnetica accumulata all'istante* t^*.

Il problema viene risolto con l'approccio impiegato nei precedenti esercizi: si calcola l'induttanza equivalente agli effetti esterni dell'autoinduttore e si applica poi il metodo per ispezione.

L'autoinduttore presente nella rete proposta è rappresentabile, in base ai dati assegnati, mediante la seguente permeanza di traferro:

$$\Lambda_\delta = \mu_0 \frac{A_{Fe}}{\delta} = 40\pi \times 10^{-7} \text{ H} \quad ,$$

alla quale corrisponde l'induttanza:

$$L = N^2 \Lambda_\delta = 0,1257 \text{ H}$$

Conviene ridurre la parte di rete posta a sinistra dell'interruttore *S*. Si osservi, innanzitutto, come sia conveniente considerare l'equivalenza di cui alla Fig. 12-4.2, per la quale vale:

$$\begin{cases} E_A = E_3 + R_3 A = 118 \text{ V} \\ R_A = R_3 = 8 \ \Omega \end{cases}$$

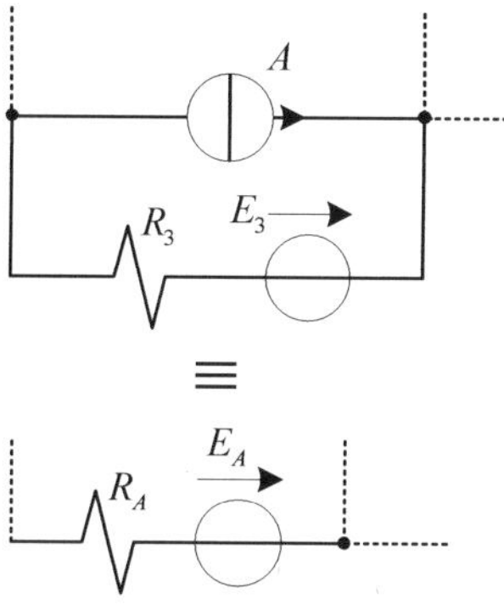

Fig. 12-4.2.

Con tale semplificazione risulta più semplice calcolare il generatore equivalente di Thévenin della parte di rete che si intende ridurre, ottenendo (cfr. Fig. 12-4.3):

$$\begin{cases} V_{Th} = E_1 - E_2 - E_A = -120 \text{ V} \\ R_{Th} = R_1 + R_A = 12 \ \Omega \end{cases}$$

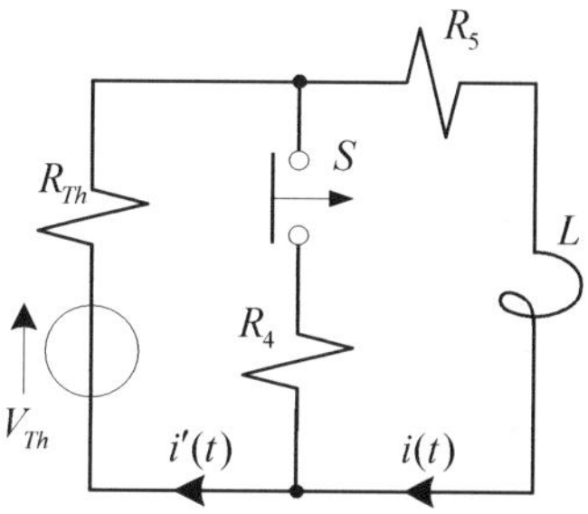

Fig. 12-4.3.

In base a tali riduzioni, la rete allo studio diviene quella riportata in Fig. 12-4.3. All'istante t=0⁻ (Fig. 12-4.4) risulta:

$$i(0^-) = \frac{V_{Th}}{R_{Th} + R_5} = -5 \text{ A}$$

$$i'(0^-) = i(0^-) = -5 \text{ A}$$

$$v(0^-) = E_1 - R_1 i'(0^-) = 38 \text{ V}$$

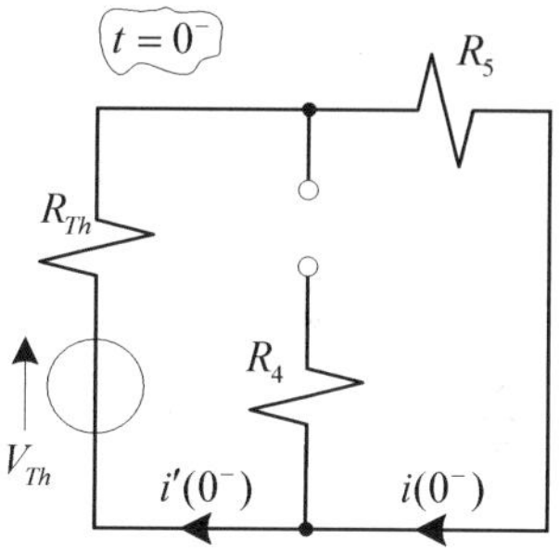

Fig. 12-4.4.

Quanto all'istante t=0⁺, è necessario riferirsi alla rete di Fig. 12-4.5, ottenendo così:

$$u(0^+) = \frac{V_{Th} / R_{Th} - i(0^-)}{1/R_{Th} + 1/R_4} = -27,2727 \text{ V}$$

$$i'(0^+) = \frac{V_{Th} - u(0^+)}{R_{Th}} = -7,7273 \text{ A}$$

$$i(0^+) = i(0^-) = -5 \text{ A}$$

$$v(0^+) = E_1 - R_1 i'(0^+) = 48,9091 \text{ V}$$

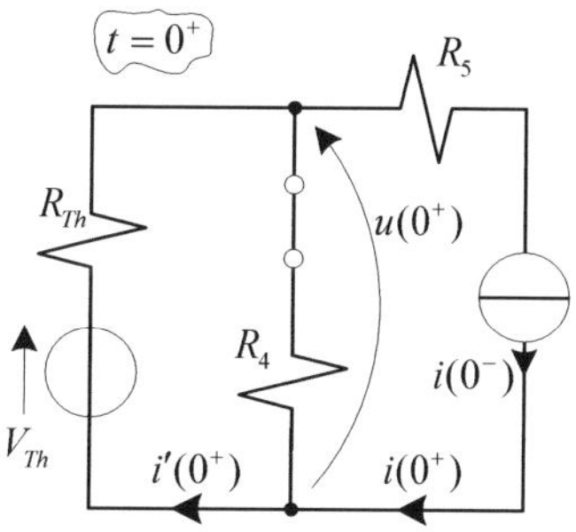

Fig. 12-4.5.

Raggiunte le nuove condizioni di regime, la rete è rapresentabile come riportato in Fig. 12-4.6, per la quale si ha:

$$u(+\infty) = \frac{V_{Th} / R_{Th}}{1/R_{Th} + 1/R_4 + 1/R_5} = -37,5 \text{ V}$$

$$i(+\infty) = \frac{u(+\infty)}{R_5} = -3,1250 \text{ A}$$

$$i'(+\infty) = \frac{V_{Th} - u(+\infty)}{R_{Th}} = -6,875 \text{ A}$$

$$v(+\infty) = E_1 - R_1 i'(+\infty) = 45,5 \text{ V}$$

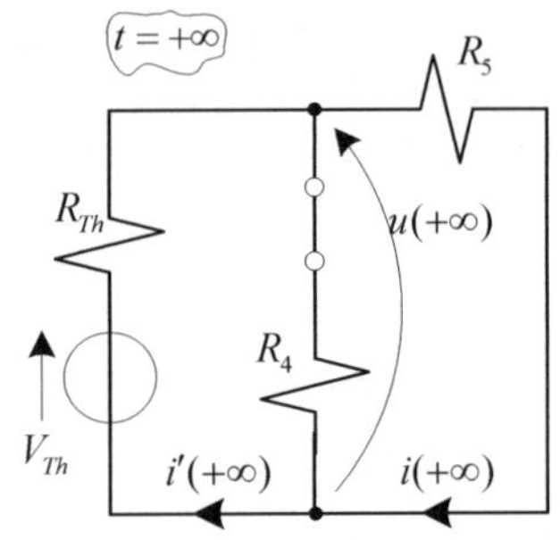

Fig. 12-4.6.

Per il calcolo della costante di tempo è necessario riferirsi alla Fig. 12-4.7, in base alla quale si ottiene:

$$R_{eq} = R_5 + \frac{R_{Th} R_4}{R_{Th} + R_4} = 17,4545 \ \Omega$$

da cui:

$$\tau = \frac{L}{R_{eq}} = 7,2 \text{ ms}$$

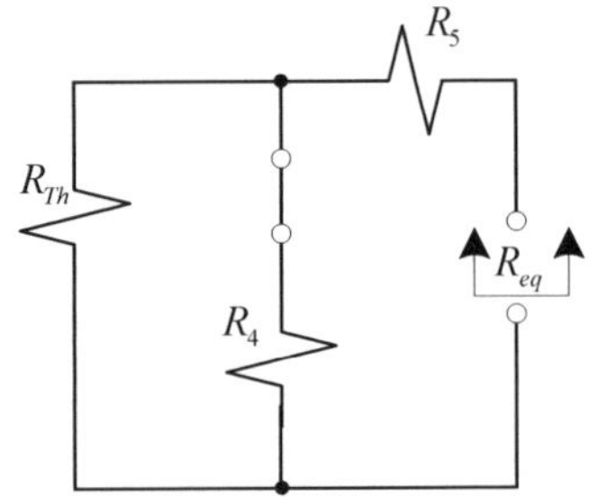

Fig. 12-4.7.

Note tutte le grandezze necessarie, il metodo per ispezione porge le seguenti espressioni:

$$i(t) = \left[i(0^-) - i(+\infty) \right] e^{-t/\tau} + i(+\infty) = -1,875 e^{-t/\tau} - 3,1250 \text{ A}$$

$$v(t) = \left[v(0^+) - v(+\infty) \right] e^{-t/\tau} + v(+\infty) = 3,4092 e^{-t/\tau} + 45,5 \text{ V}$$

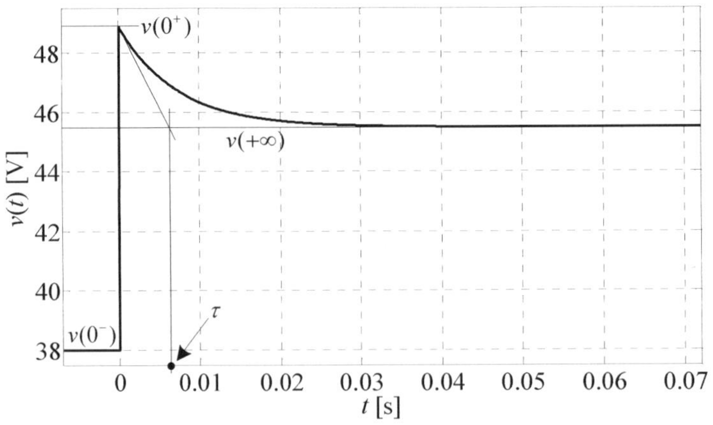

Fig. 12-4.8.

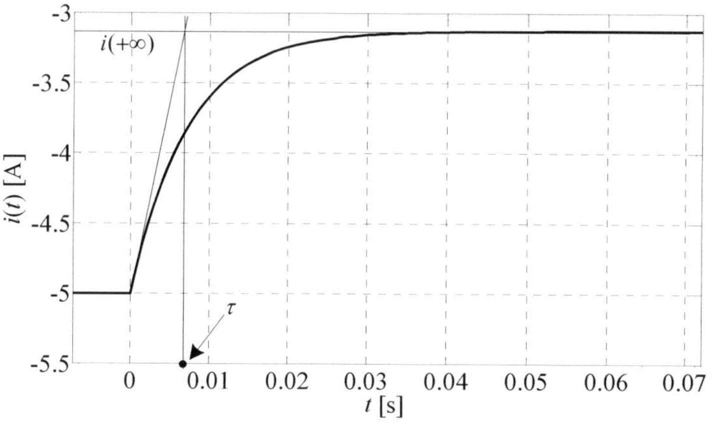

Fig. 12-4.9.

alle quali corrispondono gli andamenti temporali di Fig. 14-4.8 e Fig. 14-4.9 rispettivamente.

L'energia magnetica richiesta vale infine:

$$W_\mu\left(t^*\right)=\frac{1}{2}L\cdot i\left(t^*\right)^2=0,6602 \ \text{J}$$

■

Esercizio 12-5

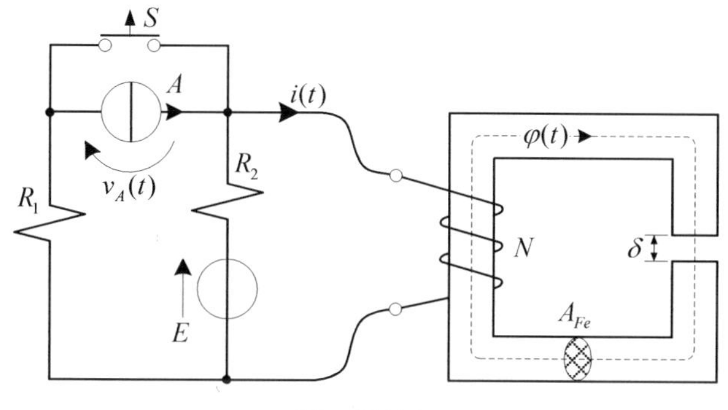

Fig. 12-5.1.

$E=18$ V

$A=12$ A

$R_1=4\ \Omega$

$R_2=6\ \Omega$

$N=100$

$A_{Fe}=100\ \text{cm}^2$

$\delta=2$ mm

$\mu_{Fe}\gg\mu_0$

$t^*=1$ ms

Assegnata la rete magnetoelettrica di figura, in cui l'interruttore S *è chiuso da un tempo infinito, determinare l'andamento della tensione* $v_A(t)$ *a seguito dell'apertura di tale interruttore. Determinare inoltre il valore dell'energia magnetica accumulata e del flusso* $\varphi(t)$ *all'istante* t^*.

Il problema assegnato viene risolto con modalità simili a quelle impiegate nei precedenti esercizi. Il flusso magnetico richiesto viene calcolato avvalendosi del concetto, noto dalla teoria, di *flusso concatenato*.

L'autoinduttore presente nella rete proposta è rappresentabile, in base ai dati assegnati, mediante la seguente permeanza di traferro:

$$\Lambda_\delta = \mu_0 \frac{A_{Fe}}{\delta} = 6,2832 \times 10^{-6} \text{ H} \quad ,$$

alla quale corrisponde l'induttanza:

$$L = N^2 \Lambda_\delta = 0,0628 \text{ H}$$

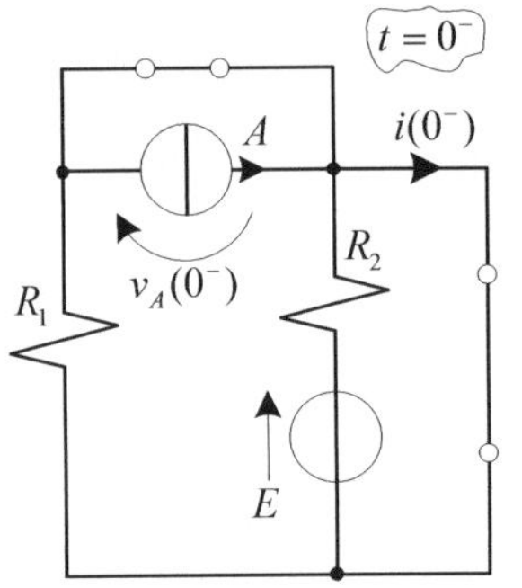

Fig. 12-5.2.

All'istante t=0⁻ (cfr. Fig. 12.5.2) si ha:

$$i(0^-) = \frac{E}{R_2} = 3 \text{ A}$$

$$v_A(0^-) = 0 \text{ V}$$

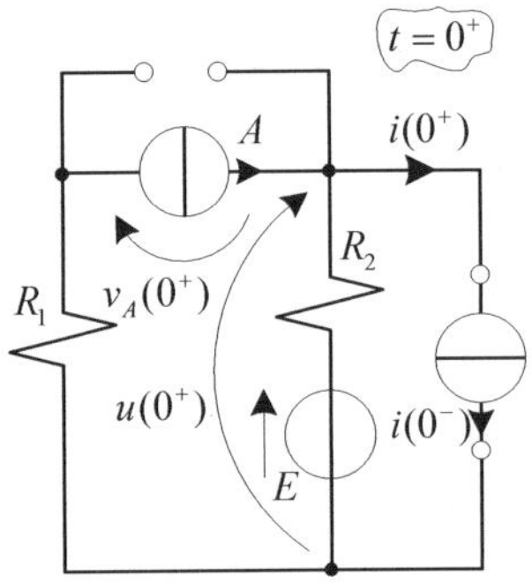

Fig. 12-5.3.

All'istante t=0⁺ la rete si presenta come riportato in Fig. 12-5.3, per la quale si ha:

$$i(0^+) = i(0^-) = 3 \text{ A}$$

$$u(0^+) = \frac{A - i(0^-) + E / R_2}{1 / R_2} = 72 \text{ V}$$

$$v_A(0^+) = -u(0^+) - R_1 A = -120 \text{ V}$$

Nelle nuove condizioni di regime, raggiunte dopo il transitorio dovuto all'apertura dell'interruttore S, si ha (Fig. 12-5.4):

$$i(+\infty) = \frac{E}{R_2} + A = 15 \text{ A}$$

$$v_A(+\infty) = -R_1 A = -48 \text{ V}$$

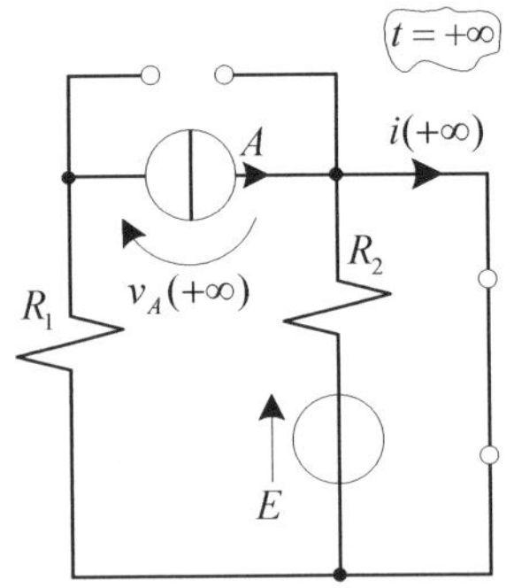

Fig. 12-5.4.

Per il calcolo della costante di tempo è necessario riferirsi alla Fig. 12-5.5. Si ottiene in tal modo:

$$R_{Th} = R_2 = 6 \ \Omega \quad \Rightarrow \quad \tau = \frac{L}{R_{Th}} = 0,0105 \text{ s}$$

Il metodo per ispezione consente ora, note tutte le grandezze necessarie, di ricavare l'andamento temporale della corrente $i(t)$ e della tensione $v_A(t)$:

$$i(t) = \left[i(0^-) - i(+\infty) \right] e^{-t/\tau} + i(+\infty) = -12 e^{-t/\tau} + 15 \text{ A}$$

$$v_A(t) = \left[v_A(0^+) - v_A(+\infty) \right] e^{-t/\tau} + v_A(+\infty) = -72 e^{-t/\tau} - 48 \text{ V}$$

rappresentati, rispettivamente, in Fig. 12-5.6 e Fig.12-5.7.

Si ha inoltre:

$$i\left(t^*\right) = 4,0929 \text{ A} \Rightarrow W_\mu\left(t^*\right) = \frac{1}{2} L \cdot i\left(t^*\right)^2 = 0,5263 \text{ J}$$

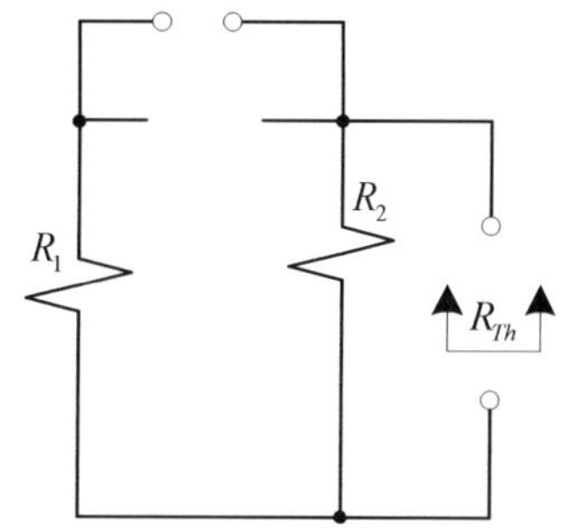

Fig. 12-5.5.

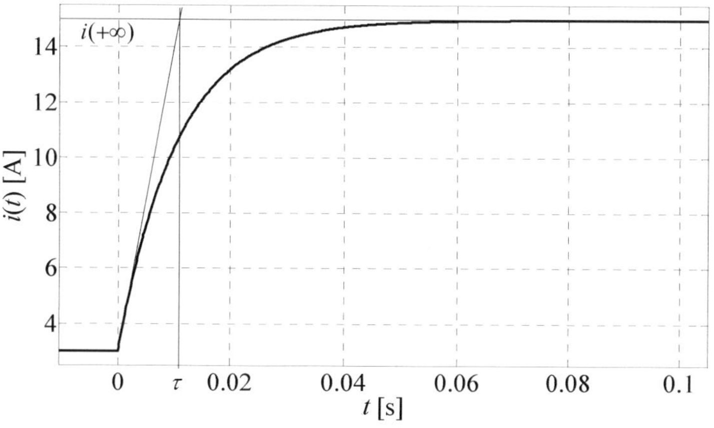

Fig. 12-5.6.

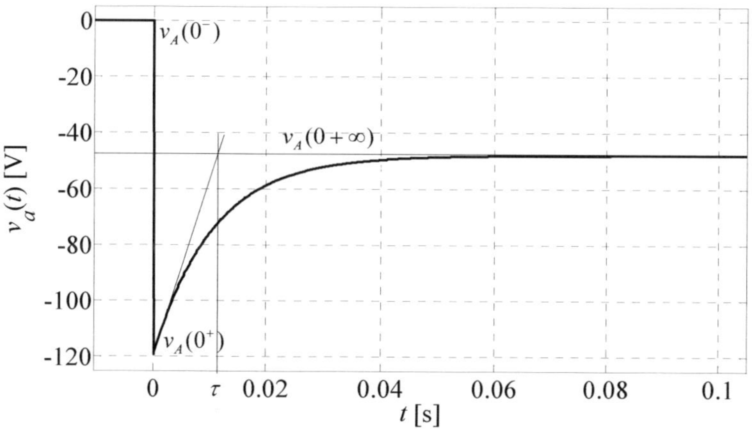

Fig. 12-5.7.

Quanto al flusso magnetico richiesto, è sufficiente ricordare che, per qualsiasi istante t, il flusso concatenato è esprimibile come:

$$\psi(t) = L \cdot i(t)$$

Essendo poi:

$$\psi(t) = N \cdot \varphi(t)$$

si ottiene, all'istante t^*:

$$\varphi\left(t^*\right) = \frac{L}{N} i\left(t^*\right) = 0,0026 \text{ Wb}$$

■

Esercizio 12-6

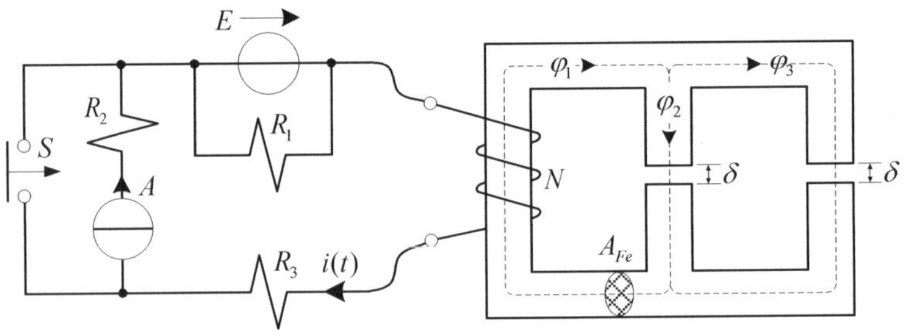

Fig. 12-6.1.

$E = 20$ V

$A = 15$ A

$R_1 = 8\ \Omega$

$R_2 = 14\ \Omega$

$R_3 = 2\ \Omega$

$N = 200$

$A_{Fe} = 150\ \text{cm}^2$

$\delta = 3$ mm

$\mu_{Fe} \gg \mu_0$

$t^* = 2$ ms

Assegnata la rete magnetoelettrica di figura, in cui l'interruttore S *è aperto da un tempo infinito, determinare l'andamento dei flussi magnetici indicati a seguito della chiusura di tale interruttore. Determinare inoltre il valore dell'energia magnetica accumulata e di tali flussi all'istante* t^*.

Il problema viene risolto con procedura identica a quella già adottata per il precedente esercizio 12-5.

Il dispositivo magnetico presente nella rete proposta può essere analizzato avvalendosi della relativa rete magnetica equivalente, composta da due riluttanze di traferro, identiche fra loro ed in parallelo, che valgono:

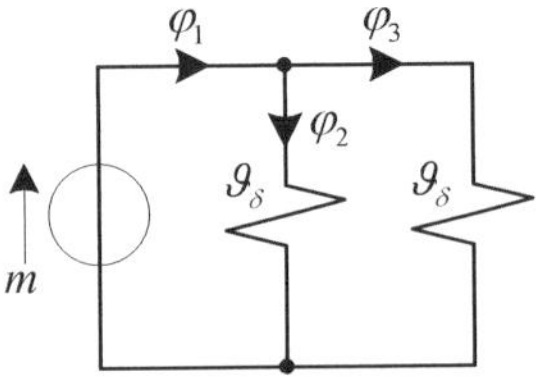

Fig. 12-6.2.

$$\vartheta_\delta = \frac{1}{\mu_0} \cdot \frac{\delta}{A_{Fe}} = 1,5915 \times 10^5 \ \text{H}^{-1}$$

La forza magnetomotrice m "vede" dunque una riluttanza equivalente pari a:

$$\vartheta_{eq} = \frac{1}{2}\vartheta_{\delta} = 7{,}9577 \times 10^{4} \ \ \mathrm{H}^{-1} \quad ,$$

nota la quale è possibile ricavare l'induttanza equivalente agli effetti esterni:

$$L = \frac{N^2}{\vartheta_{eq}} = 0{,}5027 \ \ \mathrm{H}$$

All'istante t=0$^-$ la rete magnetoelettrica proposta è rappresentabile come in Fig. 12-6.3, dalla quale si ricava:

$$i(0^-) = A = 15 \ \ \mathrm{A}$$

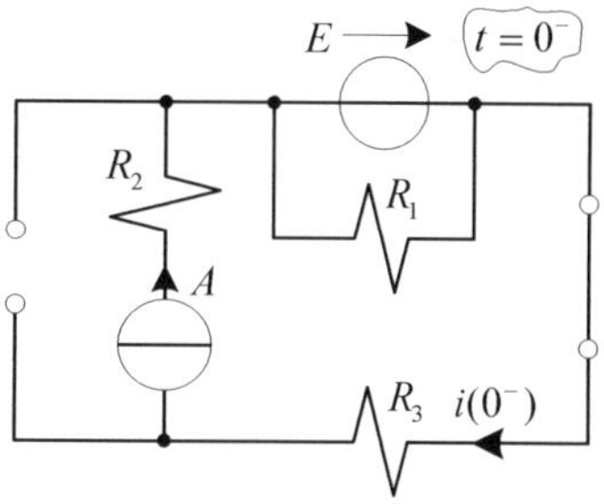

Fig. 12-6.3.

Inoltre all'istante t=0$^+$ (Fig. 12-6.4) si ha:

$$i(0^+) = i(0^-) = 15 \ \ \mathrm{A}$$

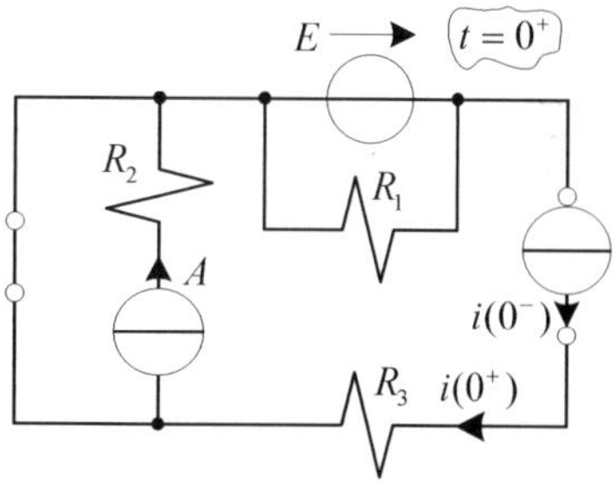

Fig. 12-6.4.

e, infine, a nuovo regime raggiunto (Fig. 12-6.5) si ottiene

$$i(+\infty) = \frac{E}{R_3} = 10 \ \ \mathrm{A}$$

Per il calcolo della costante di tempo ci si riferisce alla Fig. 12-6.6, in base alla quale si ricava:

$$R_{Th} = R_3 = 2 \ \ \Omega \quad \Rightarrow \quad \tau = \frac{L}{R_{Th}} = 0{,}2513 \ \ \mathrm{s}$$

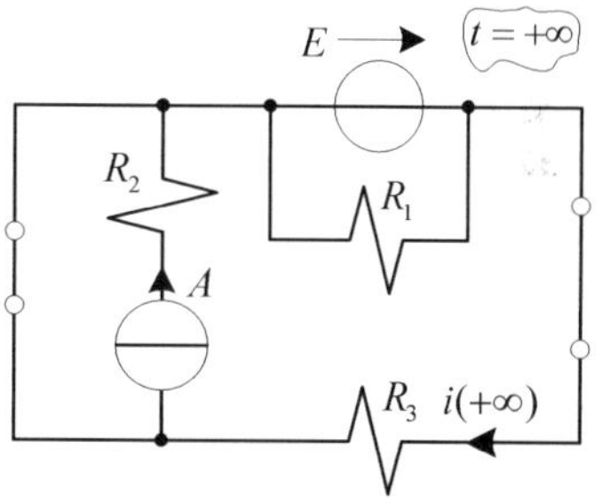

Fig. 12-6.5.

Note tutte le grandezze necessarie, il metodo per ispezione porge:

$$i(t) = \left[i(0^-) - i(+\infty) \right] e^{-t/\tau} + i(+\infty) = 5e^{-t/\tau} + 10 \ \ \mathrm{A}$$

corrispondente al diagramma riportato in Fig. 12-6.7.

Avvalendosi, così come fatto nel precedente esercizio 12-5, del concetto di flusso concatenato, è possibile ricavare gli andamenti dei flussi richiesti come:

$$\varphi_1(t) = \frac{L}{N} i(t) = 0{,}0126 e^{-t/\tau} + 0{,}0251 \ \ \mathrm{Wb}$$

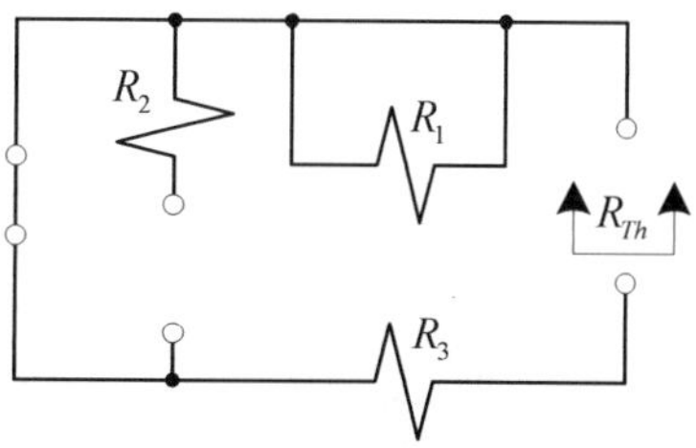

Fig. 12-6.6.

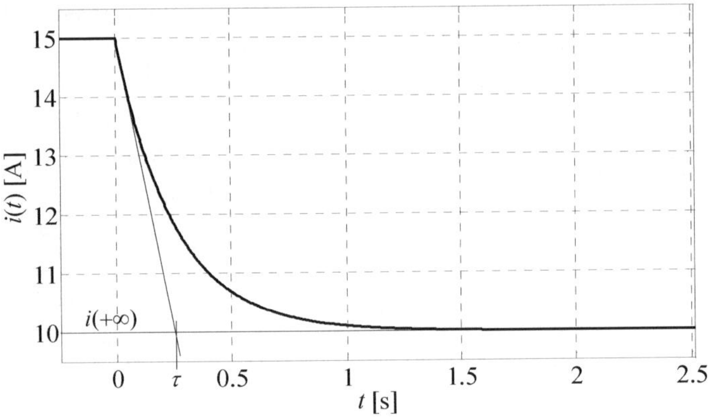

Fig. 12-6.7.

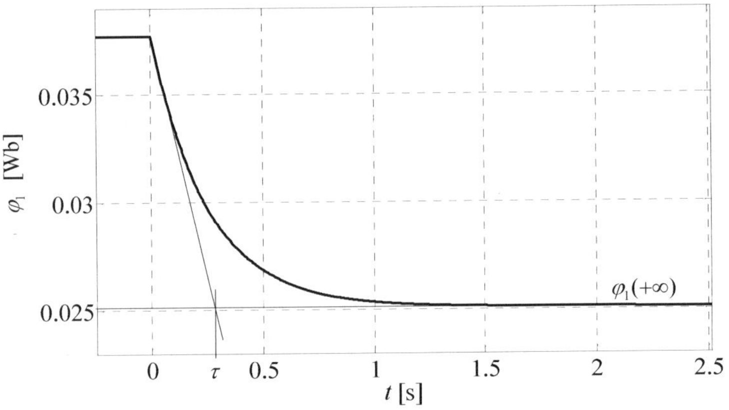

Fig. 12-6.8.

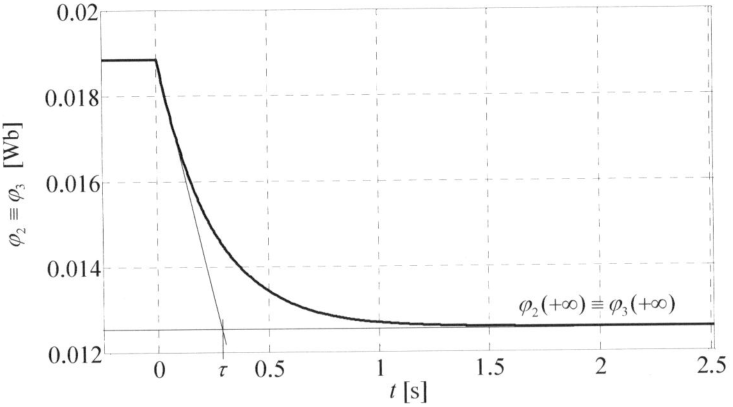

Fig. 12-6.9.

$$\varphi_2(t) \equiv \varphi_3(t) = \frac{1}{2}\varphi_1(t) = 0,0063e^{-t/\tau} + 0,0126 \ \text{Wb}$$

A tali flussi corrispondono, rispettivamente, i diagrammi di Fig. 12-6.8 e Fig. 12-6.9.

I flussi magnetici possono alternativamente essere calcolati facendo riferimento alla rete magnetica equivalente di Fig. 12-6.2. Si ha in tal caso:

$$\varphi_2(t) = \varphi_3(t) = \frac{m(t)}{\vartheta_\delta} = \frac{N}{\vartheta_\delta} i(t) = 0,0063e^{-t/\tau} + 0,0126 \ \text{Wb}$$

$$\varphi_1(t) = \varphi_2(t) + \varphi_3(t) = 0,0126e^{-t/\tau} + 0,0251 \ \text{Wb}$$

risultati coincidenti con quelli sopra ricavati.

Quanto all'energia magnetica accumulata all'istante t^*, si ha immediatamente:

$$i\left(t^*\right) = 14,9604 \ \text{A} \ \Rightarrow \ W_\mu\left(t^*\right) = \frac{1}{2} L \cdot i\left(t^*\right)^2 = 56,2503 \ \text{J}$$

■

Esercizio 12-7

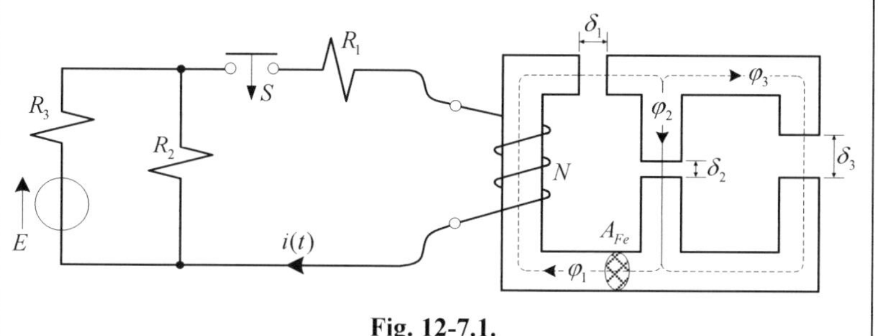

Fig. 12-7.1.

$E = 40$ V
$R_1 = 5 \ \Omega$
$R_2 = 7 \ \Omega$
$R_3 = 15 \ \Omega$
$N = 200$
$A_{Fe} = 100 \ \text{cm}^2$
$\delta_1 = 4$ mm
$\delta_2 = 1$ mm
$\delta_3 = 6$ mm
$\mu_{Fe} \gg \mu_0$
$t^* = 1$ ms

Assegnata la rete magnetoelettrica di figura, in cui l'interruttore S *è aperto da un tempo infinito, determinare l'andamento dei flussi magnetici indicati a seguito della chiusura di tale interruttore. Determinare inoltre il valore di tali flussi all'istante* t*.

Il problema allo studio viene risolto con la medesima procedura già impiegata nel precedente esercizio 12-6.

Il dispositivo magnetico proposto può essere rappresentato mediante la rete magnetica equivalente di Fig. 12-7.2, caratterizzata dalle seguenti riluttanze:

$$\vartheta_{\delta 1} = \frac{1}{\mu_0} \cdot \frac{\delta_1}{A_{Fe}} = 3,1831 \times 10^5 \ \ \mathrm{H}^{-1}$$

$$\vartheta_{\delta 2} = \frac{1}{\mu_0} \cdot \frac{\delta_2}{A_{Fe}} = 7,9577 \times 10^4 \ \ \mathrm{H}^{-1}$$

$$\vartheta_{\delta 3} = \frac{1}{\mu_0} \cdot \frac{\delta_3}{A_{Fe}} = 4,7746 \times 10^5 \ \ \mathrm{H}^{-1}$$

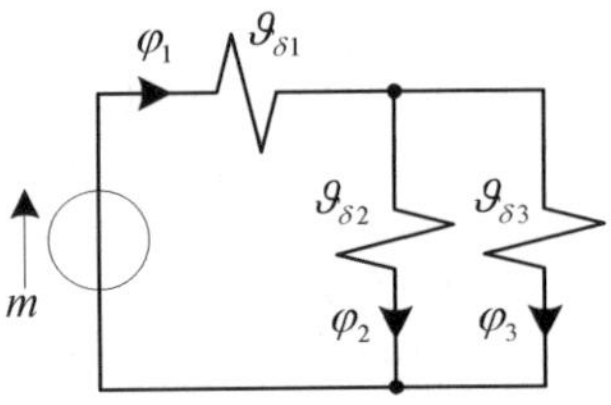

Fig. 12-7.2.

La forza magnetomotrice m "vede" una riluttanza equivalente pari a:

$$\vartheta_{eq} = \vartheta_{\delta 1} + \frac{\vartheta_{\delta 2}\vartheta_{\delta 3}}{\vartheta_{\delta 2} + \vartheta_{\delta 3}} = 3,8652 \times 10^5 \ \ \mathrm{H}^{-1}$$

nota la quale è possibile ricavare l'induttanza equivalente agli effetti esterni dell'intero dispositivo:

$$L = \frac{N^2}{\vartheta_{eq}} = 0,1035 \ \ \mathrm{H}$$

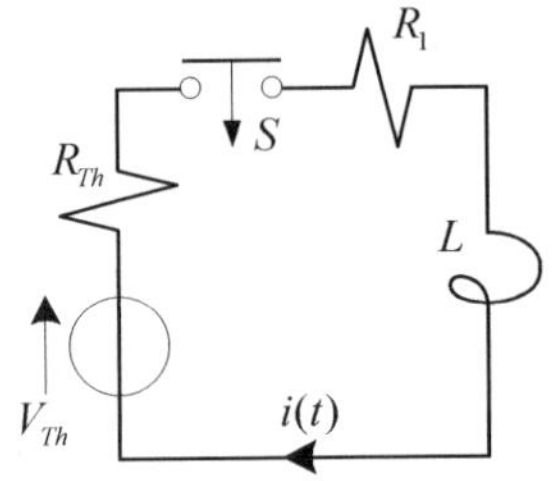

Fig. 12-7.3.

La rete proposta può essere equivalentemente rappresentata come riportato in Fig. 12-7.3. Per ottenere tale rappresentazione si è sostituita l'induttanza L appena calcolata al dispositivo magnetico e si è ridotta la parte di sinistra della rete originaria avvalendosi del teorema di Thévenin, in base al quale risulta:

$$\begin{cases} V_{Th} = E \cdot \dfrac{R_2}{R_2 + R_3} = 12,7273 \ \ \mathrm{V} \\ R_{Th} = \dfrac{R_2 R_3}{R_2 + R_3} = 4,7727 \ \ \Omega \end{cases}$$

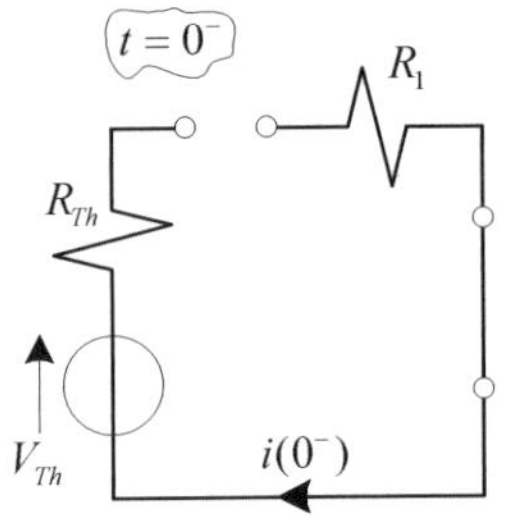

Fig. 12-7.4.

All'istante t=0$^-$ (cfr. Fig. 12-7.4) si ha:

$$i(0^-) = 0 \ \ \mathrm{A}$$

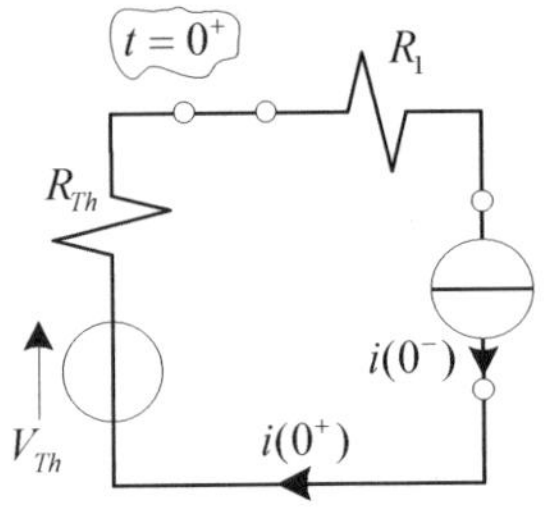

Fig. 12-7.5.

ed all'istante t=0$^+$ (Fig. 12-7.5), per la continuità della variabile di stato, si ottiene:

$$i(0^+) = i(0^-) = 0 \ \ \mathrm{A}$$

All'istante t=+∞ (Fig. 12-7.6) si ha poi:

$$i(+\infty) = \frac{V_{Th}}{R_1 + R_{Th}} = 1,3023 \ \ \mathrm{A}$$

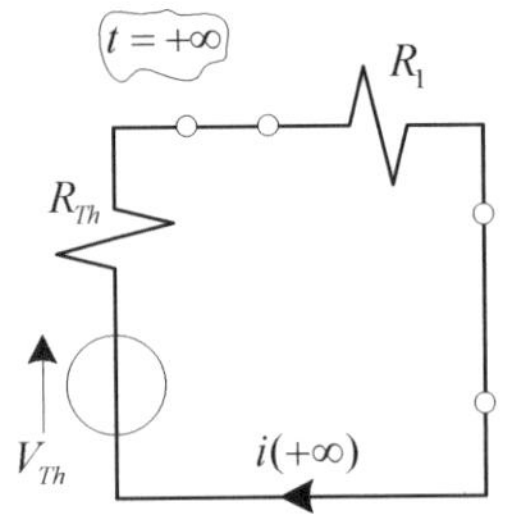

Fig. 12-7.6.

e la costante di tempo vale:

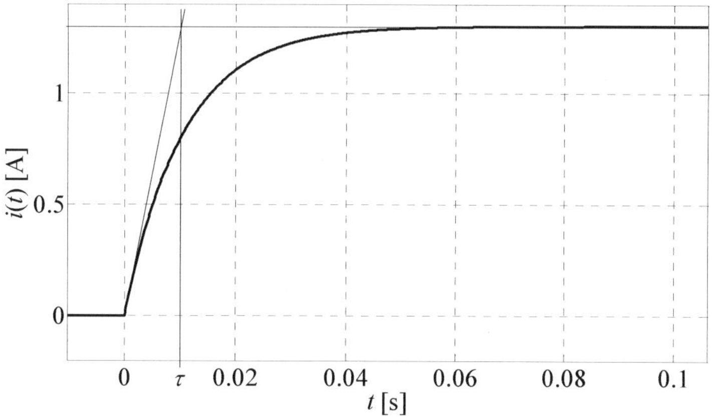

Fig. 12-7.7.

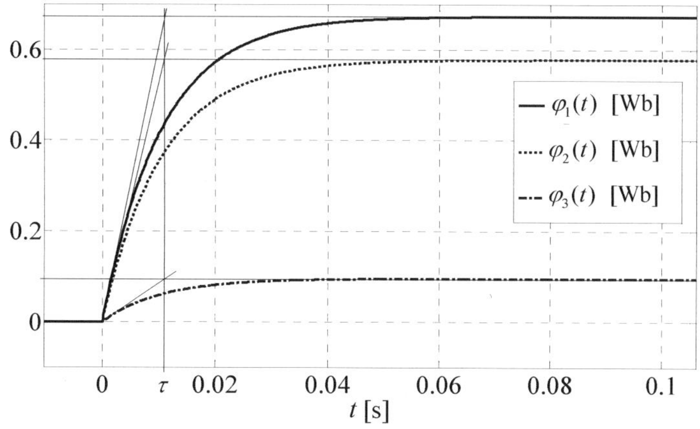

Fig. 12-7.8.

$$R_{eq} = R_1 + R_{Th} = 9,7727\ \Omega \quad \Rightarrow \quad \tau = \frac{L}{R_{eq}} = 0,0106\ \text{s}$$

Il metodo per ispezione porge allora:

$$i(t) = \left[i(0^-) - i(+\infty) \right] e^{-t/\tau} + i(+\infty) = 1,3023\left(1 - e^{-t/\tau}\right)\ \text{A}$$

a partire dalla quale si ricava immediatamente:

$$\varphi_1(t) = \frac{L}{N} i(t) = 0,6739\left(1 - e^{-t/\tau}\right)\ \text{mWb}$$

Segue inoltre, avvalendosi del partitore di flussi magnetici:

$$\varphi_2(t) = \varphi_1(t) \cdot \frac{\vartheta_{\delta 3}}{\vartheta_{\delta 2} + \vartheta_{\delta 3}} = 0,5776\left(1 - e^{-t/\tau}\right) \text{ mWb}$$

e, considerando la legge ai nodi magnetici:

$$\varphi_3(t) = \varphi_1(t) - \varphi_2(t) = 0,0963\left(1 - e^{-t/\tau}\right) \text{ mWb}$$

In Fig. 12-7.7 ed in Fig. 12-7.8 si riportano, rispettivamente, i diagrammi temporali della corrente $i(t)$ e dei tre flussi magnetici appena calcolati. All'istante t^* questi ultimi valgono:

$$\varphi_1\left(t^*\right) = 0,0607 \text{ mWb}$$

$$\varphi_2\left(t^*\right) = 0,0520 \text{ mWb}$$

$$\varphi_3\left(t^*\right) = 0,0087 \text{ mWb}$$

■

Esercizio 12-8

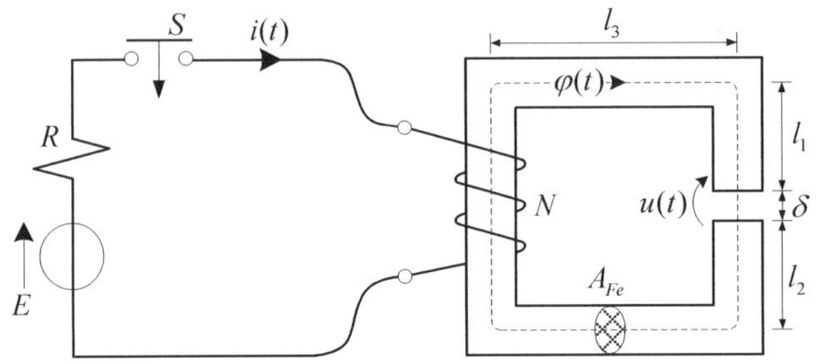

Fig. 12-8.1.

$E = 42$ V
$R = 15\ \Omega$
$N = 50$
$l_1 = 20$ cm
$l_2 = 22$ cm
$l_3 = 40$ cm
$\delta = 1$ mm
$A_{Fe} = 30\ \text{cm}^2$
$\mu_{Fe.r} = 2 \times 10^4$

Assegnato il dispositivo magnetico di figura e la relativa rete di alimentazione, in cui l'interruttore S *è aperto da un tempo infinito, determinare, a seguito della chiusura dello stesso, l'andamento temporale del flusso e della tensione magnetica indicati.*

Il problema proposto è risolvibile con una procedura simile a quella adottata nei precedenti esercizi. L'unica differenza risiede nel fatto che il dispositivo magnetico presenta dei tratti in materiale ferromagnetico che non possono essere trascurati nella rete magnetica equivalente in quanto la loro permeabilità relativa è finita. Ci si avvale pertanto dei metodi già impiegati nell'esercitazione 8 per rappresentare adeguatamente tali tratti.

Il dispositivo magnetico lineare presente nella rete allo studio può essere rappresentato mediante la rete magnetica equivalente di Fig. 12-8.2, per la quale si ha:

$$\vartheta_1 = \frac{1}{\mu_0 \cdot \mu_{Fe,r}} \cdot \frac{l_1 + l_2 + \delta}{A_{Fe}} = 5,5837 \times 10^3 \ \text{H}^{-1}$$

$$\vartheta_2 = \frac{1}{\mu_0 \cdot \mu_{Fe,r}} \cdot \frac{l_3}{A_{Fe}} = 5,3052 \times 10^3 \ \text{H}^{-1}$$

$$\vartheta_3 = \frac{1}{\mu_0 \cdot \mu_{Fe,r}} \cdot \frac{l_1}{A_{Fe}} = 2,6526 \times 10^3 \ \text{H}^{-1}$$

$$\vartheta_4 = \frac{1}{\mu_0 \cdot \mu_{Fe,r}} \cdot \frac{l_2}{A_{Fe}} = 2,9178 \times 10^3 \ \text{H}^{-1}$$

$$\vartheta_5 = \vartheta_2 = 5,3052 \times 10^3 \ \text{H}^{-1}$$

$$\vartheta_\delta = \frac{1}{\mu_0} \cdot \frac{\delta}{A_{Fe}} = 2,6526 \times 10^5 \ \text{H}^{-1}$$

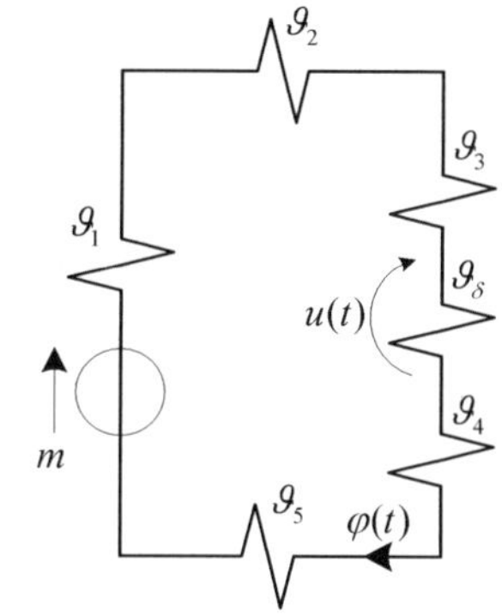

Fig. 12-8.2.

La riluttanza equivalente "vista" dalla forza magnetomotrice m vale poi:

$$\vartheta_{eq} = \vartheta_\delta + \sum_{k=1}^{5} \vartheta_k = 2,8702 \times 10^5 \ \text{H}^{-1}$$

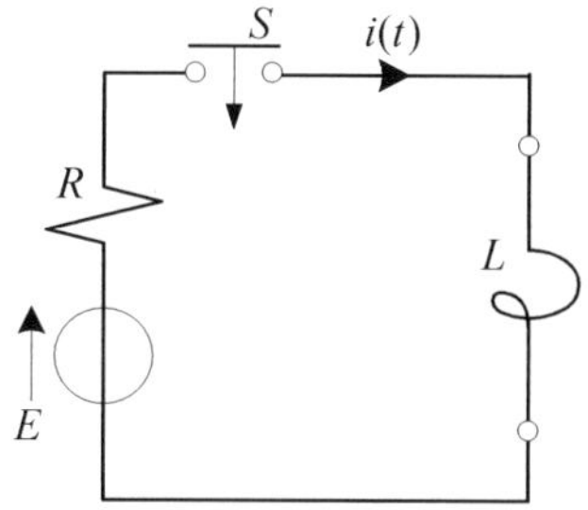

Fig. 12-8.3.

da cui è possibile ricavare l'induttanza equivalente agli effetti esterni:

$$L = \frac{N^2}{\vartheta_{eq}} = 0,0087 \ \text{H}$$

considerando la quale la rete proposta diviene quella riportata in Fig. 12-8.3, che ora verrà analizzata durante il transitorio, avvalendosi del metodo per ispezione.

All'istante t=0$^-$, rappresentato in Fig. 12-8.4, si ha:

$$i(0^-) = 0 \ \text{A}$$

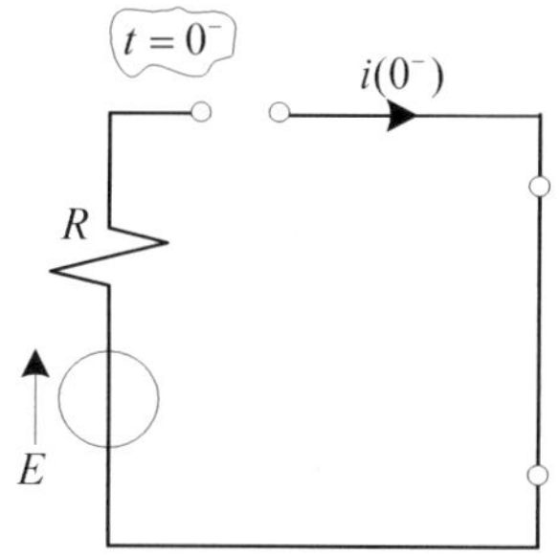

Fig. 12-8.4.

cui segue, grazie alla continuità della variabile di stato:

$$i(0^+) = i(0^-) = 0 \ \text{A}$$

Una volta raggiunto il nuovo regime (Fig. 12-8.5), risulta:

$$i(+\infty) = \frac{E}{R} = 2,8 \ \text{A}$$

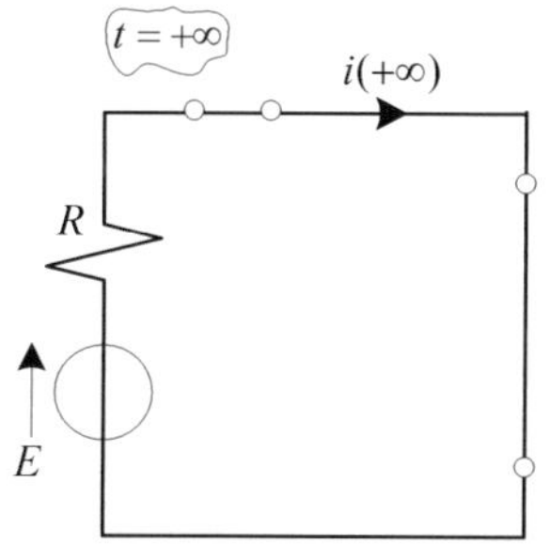

Fig. 12-8.5.

e la costante di tempo vale:

$$\tau = \frac{L}{R} = 0,5807 \text{ ms}$$

Il metodo per ispezione consente di esprimere la corrente richiesta come:

$$i(t) = \left[i(0^-) - i(+\infty)\right]e^{-t/\tau} + i(+\infty) = 2,8\left(1 - e^{-t/\tau}\right) \text{ A}$$

rappresentata in Fig. 12-8.6. A tale corrente corrisponde la forza magnetomotrice:

$$m(t) = N \cdot i(t) = 140\left(1 - e^{-t/\tau}\right) \text{ A}$$

nota la quale si ricavano il flusso richiesto (rappresentato in Fig. 12-8.7):

$$\varphi(t) = \frac{m(t)}{\vartheta_{eq}} = 0,4878\left(1 - e^{-t/\tau}\right) \text{ mWb}$$

e la tensione magnetica incognita:

$$u(t) = \vartheta_\delta \cdot \varphi(t) = 129,393\left(1 - e^{-t/\tau}\right) \text{ A}$$

rappresentata in Fig. 12-8.8.

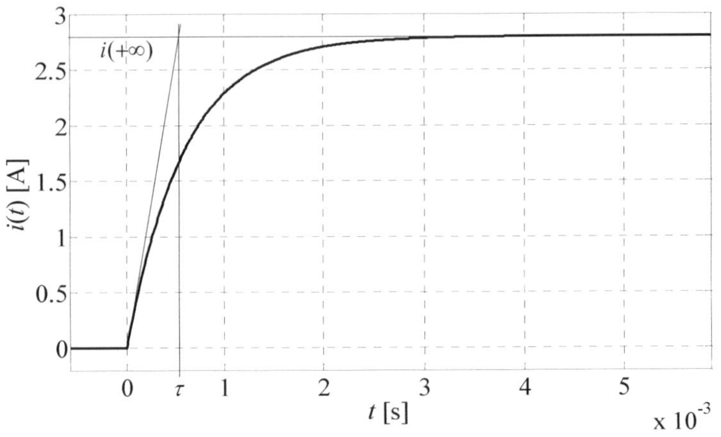

Fig. 12-8.6.

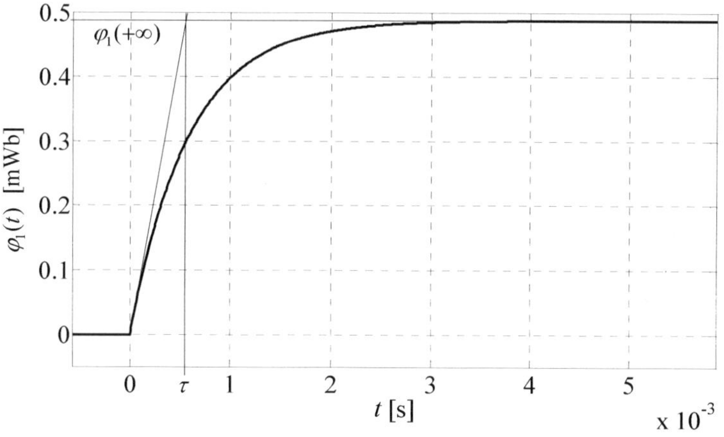

Fig. 12-8.7.

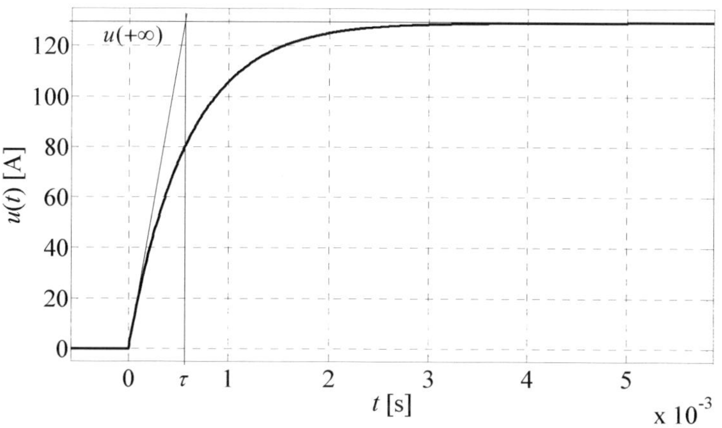

Fig. 12-8.8.

■

Esercizio 12-9

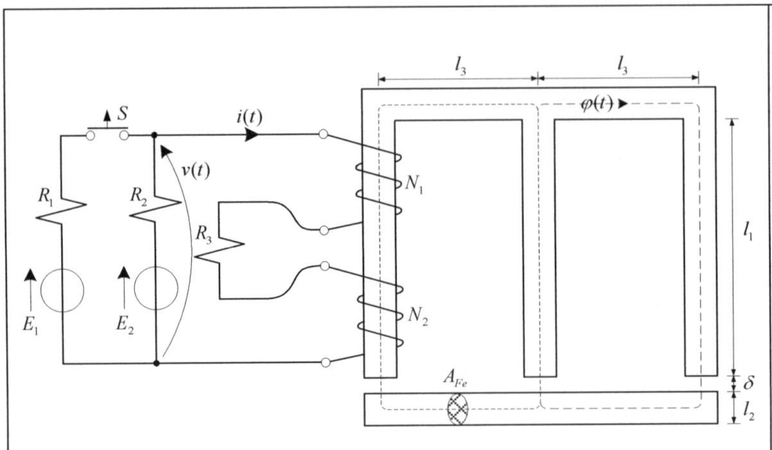

Fig. 12-9.1.

$E_1 = 24$ V
$E_2 = 30$ V
$R_1 = 10\ \Omega$
$R_2 = 15\ \Omega$
$R_3 = 8\ \Omega$
$N_1 = 100$
$N_2 = 150$
$l_1 = 60$ cm
$l_2 = 5$ cm
$l_3 = 20$ cm
$\delta = 3$ mm
$\mu_{Fe,r} = 5 \times 10^3$
$A_{Fe} = 95$ cm^2

Assegnato il dispositivo magnetico di figura e la relativa rete di alimentazione, in cui l'interruttore S *è chiuso da un tempo infinito, determinare, a seguito dell'apertura dello stesso, l'andamento temporale del flusso magnetico indicato, della corrente* $i_L(t)$ *e della tensione* v(t).

Il dispositivo assegnato, di tipo lineare, è alimentato da due avvolgimenti posti in serie fra loro. Tenendo presente tale aspetto, il tema assegnato si risolve con modalità analoghe a quelle impiegate nel precedente esercizio 12-8.

Il dispositivo magnetico assegnato è interpretabile mediante la rete magnetica di Fig. 12-9.2, le cui riluttanze valgono:

$$\vartheta_\delta = \frac{1}{\mu_0} \cdot \frac{\delta}{A_{Fe}} = 2,531 \times 10^5 \ \text{H}^{-1}$$

$$\vartheta_1 = \frac{1}{\mu_0 \mu_{Fe,r}} \cdot \frac{l_1}{A_{Fe}} = 1 \times 10^4 \ \text{H}^{-1}$$

$$\vartheta_2 = \frac{1}{\mu_0 \mu_{Fe,r}} \cdot \frac{l_3}{A_{Fe}} = 3,351 \times 10^3 \ \text{H}^{-1}$$

$$\vartheta_3 = \vartheta_1 = 1 \times 10^4 \ \text{H}^{-1}$$

$$\vartheta_4 = \vartheta_2 = 3,351 \times 10^3 \ \text{H}^{-1}$$

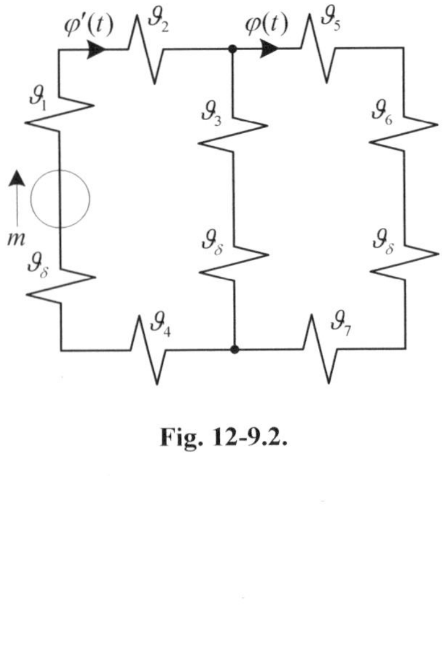

Fig. 12-9.2.

$$\vartheta_5 = \vartheta_2 = 3,351 \times 10^3 \ \text{H}^{-1}$$

$$\vartheta_6 = \vartheta_1 = 1 \times 10^4 \ \text{H}^{-1}$$

$$\vartheta_7 = \vartheta_2 = 3,351 \times 10^3 \ \text{H}^{-1}$$

Per ricavare l'induttanza equivalente agli effetti esterni del dispositivo, conviene procedere per successive riduzioni, secondo lo schema riportato in Fig. 12-9.3. Si ha allora:

$$\vartheta_{eq1} = \vartheta_\delta + \vartheta_1 + \vartheta_2 + \vartheta_4 = 2,681 \times 10^5 \ \text{H}^{-1}$$

$$\vartheta_{eq2} = \vartheta_\delta + \vartheta_3 = 2,613 \times 10^5 \ \text{H}^{-1}$$

$$\vartheta_{eq3} = \vartheta_\delta + \vartheta_5 + \vartheta_6 + \vartheta_7 = 2,681 \times 10^5 \ \text{H}^{-1}$$

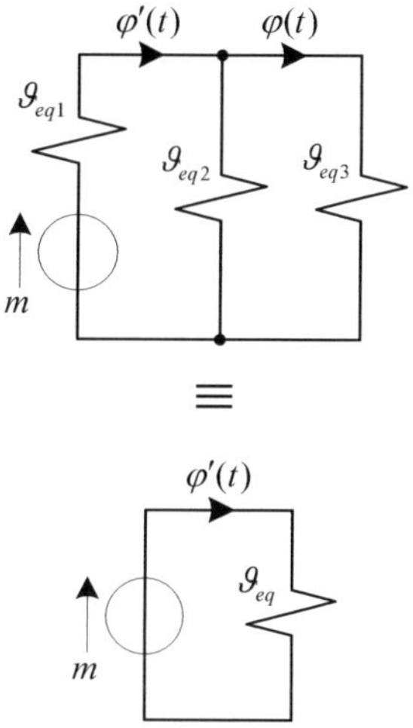

Fig. 12-9.3

da cui, infine:

$$\vartheta_{eq} = \vartheta_{eq1} + \frac{\vartheta_{eq2}\vartheta_{eq3}}{\vartheta_{eq2} + \vartheta_{eq3}} = 4,004 \times 10^5 \ \text{H}^{-1}$$

nota la quale è ora possibile calcolare l'induttanza desiderata:

$$L = \frac{(N_1 + N_2)^2}{\vartheta_{eq}} = 0,1561 \ \text{H}$$

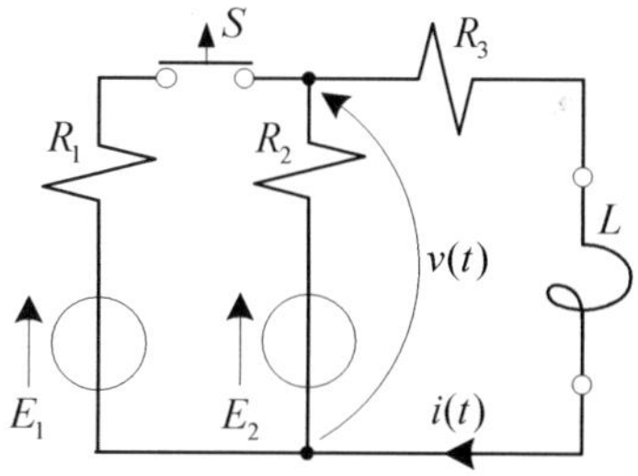

Fig. 12-9.4.

Le rete allo studio si semplifica allora nel circuito riportato in Fig. 12-9.4. All'istante $t=0^-$ (cfr. Fig. 12-9.5) si ha:

$$v(0^-) = \frac{E_1 / R_1 + E_2 / R_2}{1/R_1 + 1/R_2 + 1/R_3} = 15,086 \ \text{V}$$

$$i_L(0^-) = \frac{v(0^-)}{R_3} = 1,886 \ \text{A}$$

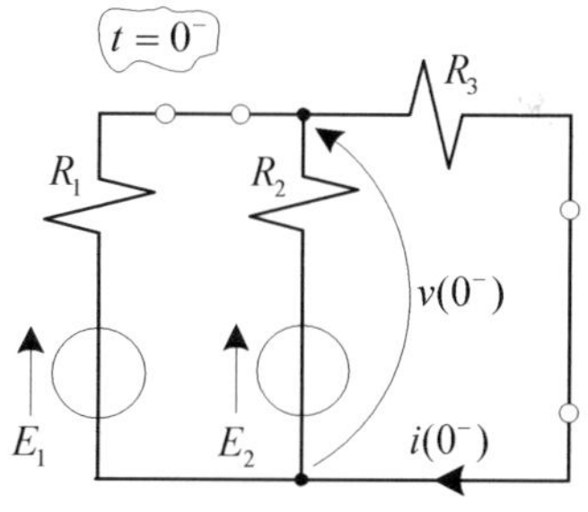

Fig. 12-9.5

mentre all'istante $t=0^+$ risulta (Fig. 12-9.6):

$$i_L(0^+) = i_L(0^-) = 1,886 \ \text{A}$$

$$v(0^+) = E_2 - R_2 i_L(0^+) = 1,714 \ \text{A}$$

Raggiunte le nuove condizioni di regime a seguito della manovra di S, la rete si presenta come in Fig. 12-9.7, per la quale si ha:

$$i_L(+\infty) = \frac{E_2}{R_2 + R_3} = 1,304 \ \text{A}$$

$$v(+\infty) = E_2 - R_2 i_L(+\infty) = 10,435 \ \ \text{A}$$

Per il calcolo della costante di tempo è necessario riferirsi alla Fig. 12-9.8, ottenendo così:

$$R_{eq} = R_2 + R_3 = 23 \ \ \Omega \ \ \Rightarrow \ \ \tau = \frac{L}{R_{eq}} = 6,8 \ \ \text{ms}$$

Note tutte le grandezze necessarie, il metodo per ispezione porge:

$$i_L(t) = \left[i_L(0^-) - i_L(+\infty) \right] e^{-t/\tau} + i_L(+\infty) =$$
$$= 0,581 e^{-t/\tau} + 1,304 \ \ \text{A}$$

$$v(t) = \left[v(0^+) - v(+\infty) \right] e^{-t/\tau} + v(+\infty) =$$
$$= -8,72 e^{-t/\tau} + 10,435 \ \ \text{V}$$

i cui andamenti sono rappresentati, rispettivamente, in Fig. 12-9.9 e Fig. 12-9.10.

Quanto al flusso magnetico richiesto, in base alla Fig. 12-9.3 risulta:

$$\varphi'(t) = \frac{m(t)}{\vartheta_{eq}} = \frac{N_1 + N_2}{\vartheta_{eq}} i(t) = 0,363 e^{-t/\tau} + 0,814 \ \ \text{mWb}$$

essendo i due avvolgimenti di alimentazione posti in serie fra loro. Sfruttando la regola del partitore di flusso magnetico si ottiene infine:

$$\varphi(t) = \varphi'(t) \cdot \frac{\vartheta_{eq2}}{\vartheta_{eq2} + \vartheta_{eq3}} = 0,179 e^{-t/\tau} + 0,402 \ \ \text{mWb}$$

al quale corrisponde l'andamento riportato in Fig. 12-9.11.

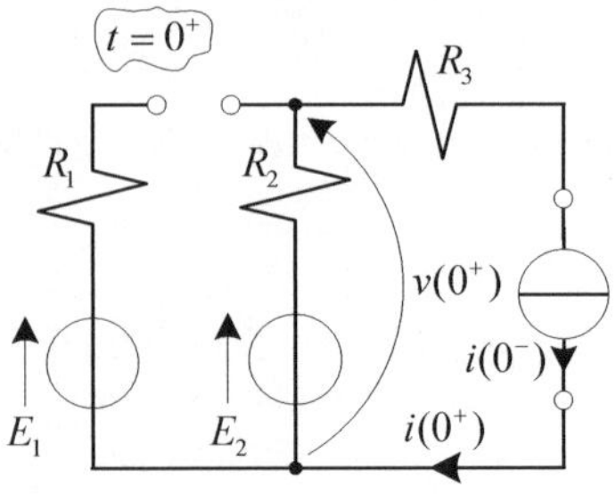

Fig. 12-9.6.

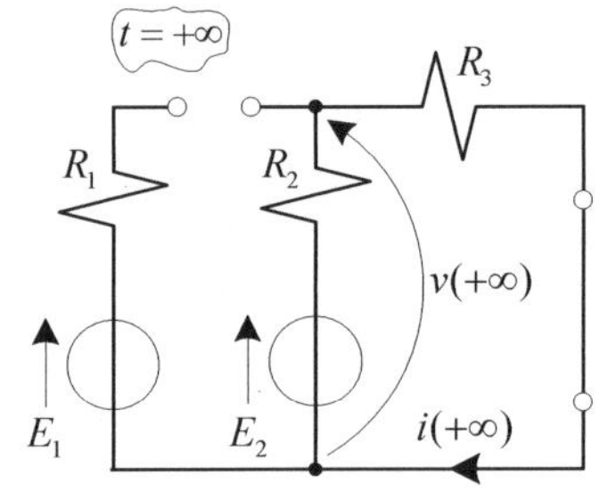

Fig. 12-9.7.

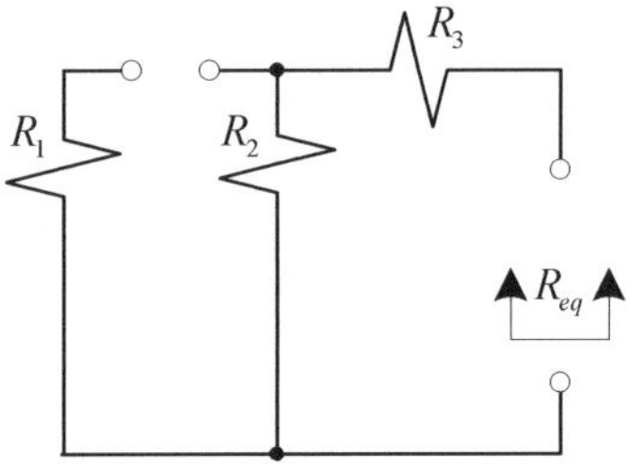

Fig. 12-9.8.

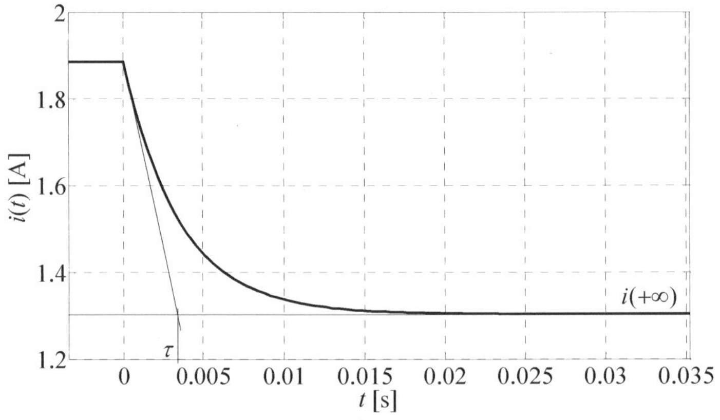

Fig. 12-9.9.

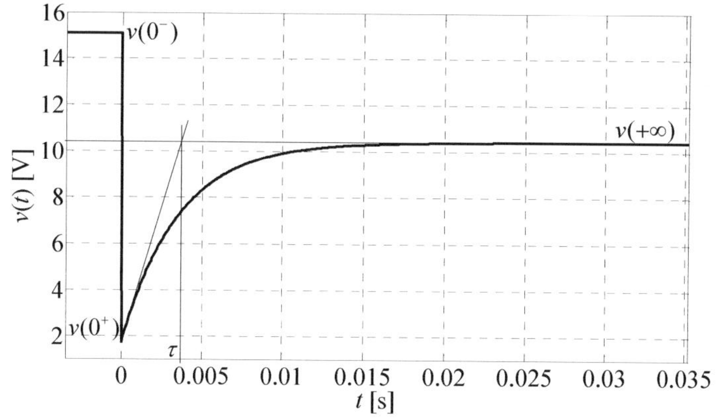

Fig. 12-9.10.

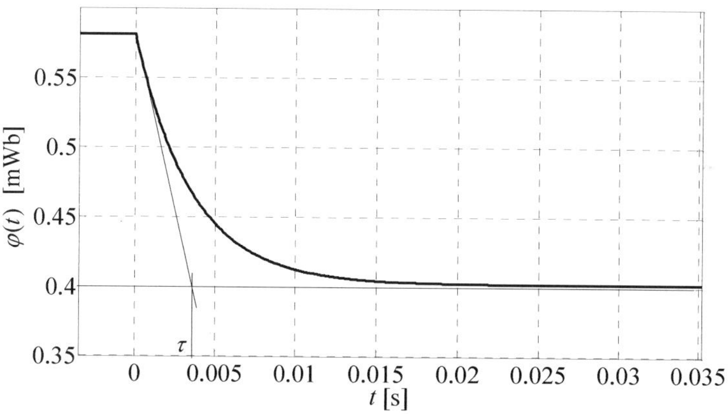

Fig. 12-9.11.

■

Reti in regime alternato monofase sinusoidale

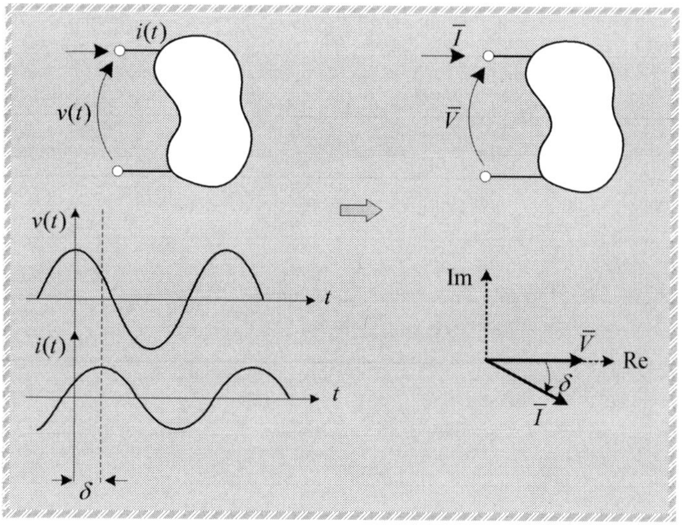

Esercizio 13-1

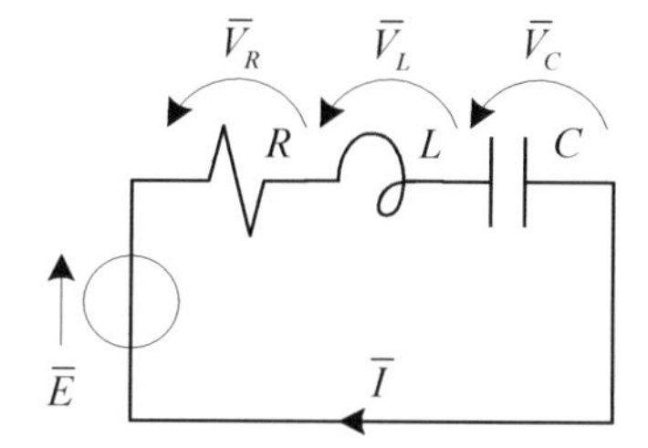

Fig. 13-1.1.

$E = 120$ V
$R = 10$ Ω
$L = 8$ mH
$C = 40$ mF
$f = 50$ Hz

Assegnata la configurazione in Fig. 13-1.1, determinare i fasori $\overline{I}$, $\overline{V}_R$, $\overline{V}_L$ e $\overline{V}_C$. *Tracciare inoltre il corrispondente diagramma fasoriale, assumendo come grandezza di riferimento la forza elettromotrice impressa* $\overline{E}$.

L'esercizio proposto costituisce, di fatto, una maglia primitiva in regime alternato monofase sinusoidale. I bipoli passivi presenti sono posti in serie fra loro e costituiscono l'impedenza complessiva alimentata dal generatore di tensione.

Il problema viene risolto avvalendosi dell'algebra dei numeri complessi e della trasformata di Kennelly-Steinmetz (cfr. appendice D).

L'analisi delle reti in regime monofase sinusoidale può essere condotto avvalendosi della trasformata di Kennelly-Steinmetz e dell'algebra dei numeri complessi, così come richiamato in appendice D.

In tal caso è necessario verificare preventivamente che la rete allo studio risulti lineare e che le sorgenti impresse (tensioni e/o correnti) risultino isofrequenziali fra loro (cioè che i generatori presenti risultino tutti caratterizzati dalla medesima frequenza *f*). Se tali due condizioni sono soddisfatte, allora è possibile impiegare il metodo fasoriale sopra specificato.

I fasori sono rappresentabili nel piano complesso (piano di Gauss) mediante vettori a due dimensioni; la rappresentazione di tutti i fasori coinvolti nello studio della rete in analisi è detta *diagramma fasoriale*. In Fig. 13-1.2 vengono considerate alcune configurazioni circuitali di base, assieme alle relative relazioni di Ohm nel dominio generico (operatore p) e nel dominio fasoriale (operatore jω), in base a quanto riportato in Tab. D-1. Per ciascuna configurazione viene inoltre riportato il relativo diagramma fasoriale.

Nella forma più generale, la relazione tra fasori nel piano complesso si scrive:

$$\overline{V} = \overline{Z}\,\overline{I} \qquad \text{(formulazione serie)}$$

$$\overline{I} = \overline{Y}\,\overline{V} \qquad \text{(formulazione parallelo)}$$

dove $\overline{Z}$ è l'*impedenza* corrispondente all'elemento circuitale considerato e $\overline{Y} = 1/\overline{Z}$ è l'*ammettenza* corrispondente al medesimo elemento.

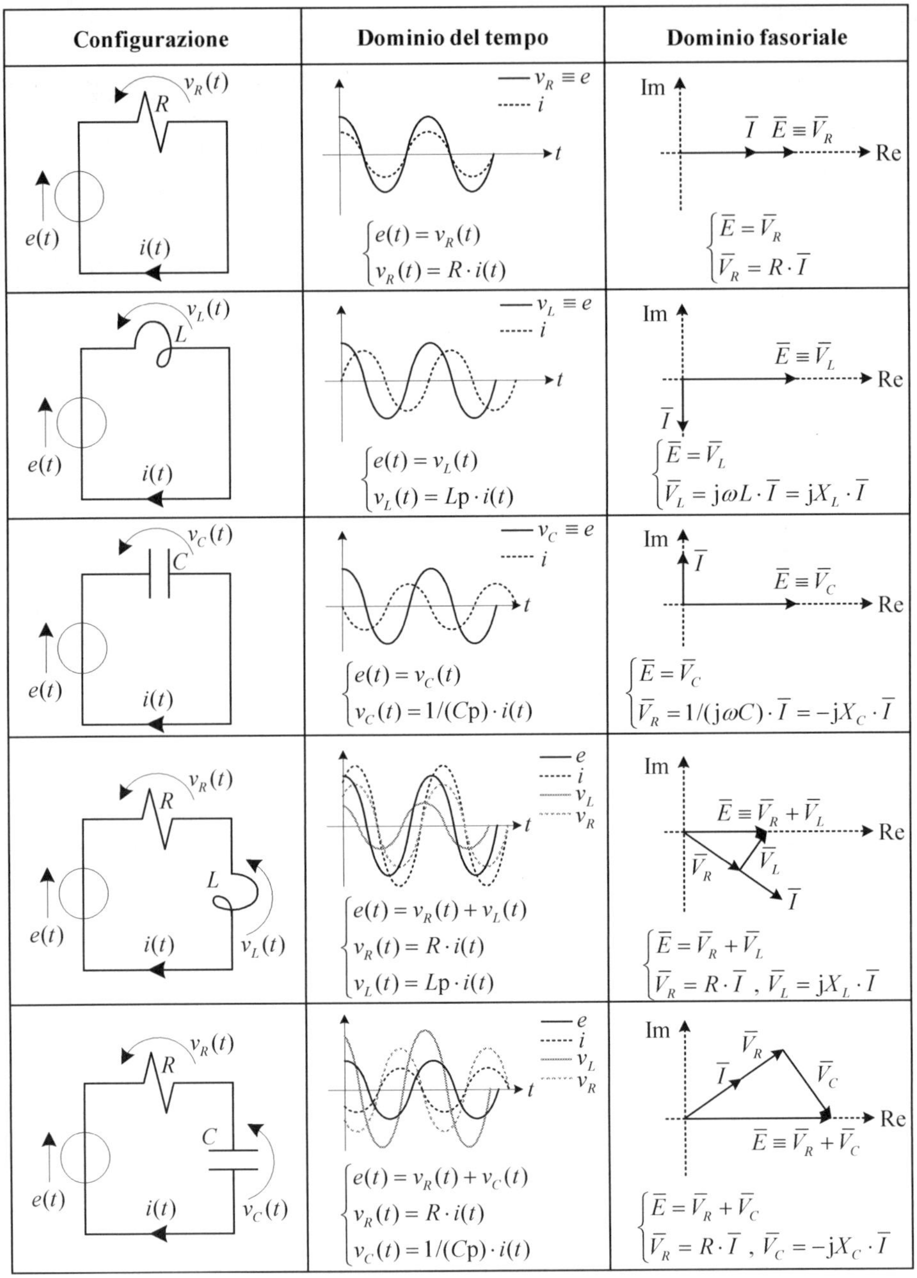

Fig. 13-1.2.

L'impedenza è un operatore fasoriale che descrive, in termini di relazione costitutiva, un insieme di bipoli elementari, ossia di resistenze e di reattanze (induttive e/o capacitive). Così, ad esempio, nel penultimo caso rappresentato in Fig. 13-1.2, si ha:

$$\bar{Z} = R + jX_L \quad \Rightarrow \quad \bar{I} = \frac{\bar{E}}{\bar{Z}}$$

mentre nell'ultimo caso si ottiene:

$$\bar{Z} = R - jX_C \quad \Rightarrow \quad \bar{I} = \frac{\bar{E}}{\bar{Z}}$$

con perfetta analogia formale.

Nel caso in cui siano presenti configurazioni circuitali più complicate, è sempre possibile, impiegando le solite regole per le connessioni in serie, in parallelo, a stella e a triangolo, ridurre la parte passiva della rete ad un'unica impedenza equivalente. Se risulta necessario effettuare la stessa operazione per una parte attiva del circuito, allora, come verrà mostrato nel seguito, anche nel dominio fasoriale è possibile impiegare i metodi già considerati nelle esercitazioni precedenti (corollario di Millmann, teorema di Thévenin, teorema di Norton, ecc.).

Il diagramma fasoriale viene costruito a partire dal fasore corrispondente alla grandezza scelta come riferimento, il quale viene posto, per comodità, sull'asse reale del piano di Gauss. In generale, si considera come grandezza di riferimento la tensione o la corrente impressa da uno dei generatori presenti nel circuito. Negli esercizi proposti nelle presenti note la grandezza di riferimento è sempre assegnata; in ogni caso, la scelta di una differente grandezza di riferimento richiede soltanto una rotazione dell'intero diagramma fasoriale, non alterando la posizione relativa dei singoli fasori.

L'ampiezza di ciascun fasore è uguale al valore efficace della corrispondente grandezza sinusoidale. L'angolo formato dal fasore con l'asse reale coincide inoltre, secondo quanto riportato in appendice D, con lo sfasamento temporale tra la grandezza considerata e la grandezza di riferimento.

La soluzione delle reti in regime alternato sinusoidale tramite l'algebra dei fasori si avvale delle stesse tecniche utilizzate nelle precedenti esercitazioni. L'unica differenza è che le grandezze utilizzate non sono rappresentate da quantità scalari, ma da numeri complessi. Al termine della risoluzione si applica in genere la trasformata inversa di Kennelly-Steinmetz (cfr. appendice D), in modo da ottenere le grandezze richieste nel dominio del tempo.

Nel caso del circuito assegnato, la pulsazione è:

$$\omega = 2\pi f = 314{,}1593 \text{ rad/s}$$

e le reattanze induttiva e capacitiva valgono dunque:

$$X_L = \omega L = 2{,}5133 \ \Omega$$

$$X_C = \frac{1}{\omega C} = 0{,}0796 \ \Omega$$

Il testo dell'esercizio assegnato indica che la grandezza di riferimento per il tracciamento del diagramma fasoriale è il fasore associato al generatore di tensione; in base alla precedente osservazione, tale fasore viene dunque disposto sull'asse reale ed ha espressione:

$$\bar{E} = E = 120 \text{ V}$$

La corrente $\bar{I}$ si ottiene applicando la legge di Kirchhoff delle tensioni:

$$\bar{I} = \frac{\bar{E}}{R + \mathrm{j}X_L - \mathrm{j}X_C} = 11,3290 - \mathrm{j}2,7571 = 11,6597 e^{-\mathrm{j}0,2387} \text{ A}$$

Nota la corrente di maglia, la caduta di tensione ai capi dei singoli bipoli presenti si ricava considerando le relative relazioni di Ohm:

$$\bar{V}_R = R \cdot \bar{I} = 113,29 - \mathrm{j}27,571 = 116,5967 e^{-\mathrm{j}0,2387} \text{ V}$$

$$\bar{V}_L = \mathrm{j}X_L \cdot \bar{I} = 6,9294 + \mathrm{j}28,4729 = 29,304 e^{\mathrm{j}1,3321} \text{ V}$$

$$\bar{V}_C = -\mathrm{j}X_C \cdot \bar{I} = -0,2194 - \mathrm{j}0,9015 = 0,9278 e^{-\mathrm{j}1,8095} \text{ V}$$

Il diagramma fasoriale richiesto è mostrato in Fig. 13-1.3. Tale diagramma si ottiene applicando la seguente procedura: in primo luogo si rappresenta la tensione $\bar{E}$, che è allineata all'asse reale. Il fasore $\bar{I}$ è in ritardo di un angolo pari a 0,2387 rad (ossia 13,678°) rispetto al fasore $\bar{E}$. La tensione $\bar{V}_R$ è allineata con la corrente $\bar{I}$. La tensione $\bar{V}_L$ è sfasata in anticipo di 90° rispetto alla corrente $\bar{I}$, la tensione $\bar{V}_C$ è sfasata di 90° in ritardo. La correttezza del diagramma ottenuto è confermata dal soddisfacimento della seguente uguaglianza vettoriale:

$$\bar{V}_R + \bar{V}_L + \bar{V}_C = \bar{E}$$

la quale implica, a sua volta, il soddisfacimento della legge delle tensioni scritta per la maglia assegnata.

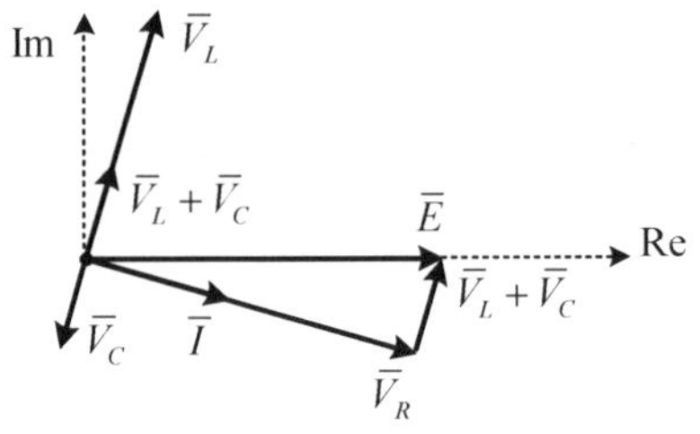

Fig. 13-1.3.

Esercizio 13-2

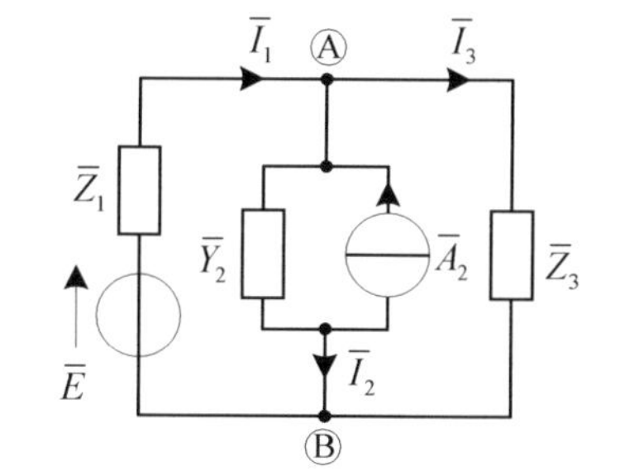

Fig. 13-2.1.

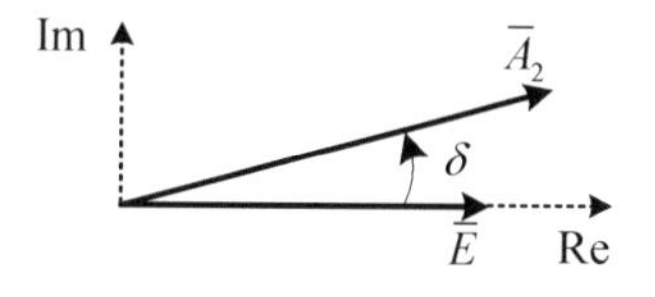

$E = 50$ V	$\overline{Z}_1 = 4 + \mathrm{j}6\ \Omega$
$A_2 = 10$ A	$\overline{Y}_2 = 10 + \mathrm{j}10$ S
$\delta = \pi / 3$	$\overline{Z}_3 = 4\ \Omega$

Assegnata la configurazione in Fig. 13-2.1, determinare i fasori $\overline{\mathrm{I}}_1$, $\overline{\mathrm{I}}_2$ *e* $\overline{\mathrm{I}}_3$ *e l'angolo tra i fasori* $\overline{\mathrm{E}}$ *e* $\overline{\mathrm{I}}_3$.

Il diagramma fasoriale assegnato consente di determinare i fasori corrispondenti ai generatori di corrente e di tensione; le rimanenti grandezze saranno calcolate applicando il corollario di Millmann, essendo la rete di tipo binodale.

La frequenza alla quale opera il circuito non è assegnata; ciò è del tutto corretto, in quanto tale grandezza non risulta necessaria per la soluzione, dato che l'intera analisi viene svolta nel dominio fasoriale, in quanto non viene richiesto il calcolo delle grandezze incognite nel dominio del tempo, ma soltanto dei rispettivi fasori.

In base al diagramma fasoriale assegnato, il fasore corrispondente alla tensione impressa $\overline{E}$ è allineato con l'asse reale:

$$\overline{E} = E = 50 \text{ V}$$

Il fasore associato al generatore di corrente vale poi:

$$\overline{A}_2 = A_2 e^{\mathrm{j}\delta} = 5 + \mathrm{j}8{,}6603 \text{ A}$$

Essendo la rete di tipo binodale, è possibile calcolare la tensione tra i morsetti A e B applicando il corollario di Millmann:

$$\overline{V}_{\mathrm{AB}} = \frac{\overline{E} / \overline{Z}_1 + \overline{A}_2}{1/\overline{Z}_1 + \overline{Y}_2 + 1/\overline{Z}_3} = 0{,}5869 - \mathrm{j}0{,}2818 = 0{,}6510 e^{-\mathrm{j}0{,}4476} \text{ V}$$

Le correnti richieste risultano dunque essere:

$$\overline{I}_1 = \frac{\overline{E} - \overline{V}_{\mathrm{AB}}}{\overline{Z}_1} = 3{,}8335 - \mathrm{j}5{,}6798 = 6{,}5825 e^{-\mathrm{j}0{,}9771} \text{ A}$$

$$\overline{I}_2 = -\overline{A}_2 + \overline{Y}_2\overline{V}_{\text{AB}} = 3,6868 - \text{j}5,6094 = 6,7125e^{-\text{j}0,9893} \text{ A}$$

$$\overline{I}_3 = \frac{\overline{V}_{\text{AB}}}{\overline{Z}_3} = 0,1467 - \text{j}0,0704 = 0,1628e^{-\text{j}0,4476} \text{ A}$$

La correttezza dei risultati in tal modo ottenuti è verificabile scrivendo la legge di Kirchhoff delle correnti al nodo A:

$$\overline{I}_1 - \overline{I}_2 - \overline{I}_3 = 0 \quad ,$$

la quale risulta, come necessario, soddisfatta dai valori numerici ricavati.

L'angolo tra i fasori $\overline{E}$ e $\overline{I}_3$ si ottiene, in base a quanto riportato in appendice D, come:

$$\vartheta = \arg\{\overline{E} \cdot \underline{I}_3\} = 0,4476$$

■

Esercizio 13-3

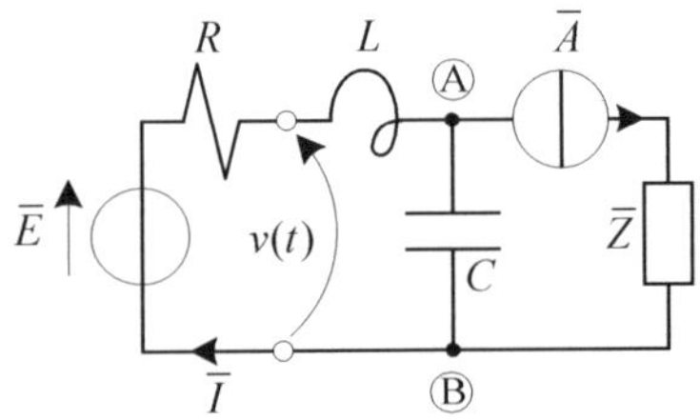

Fig. 13-3.1.

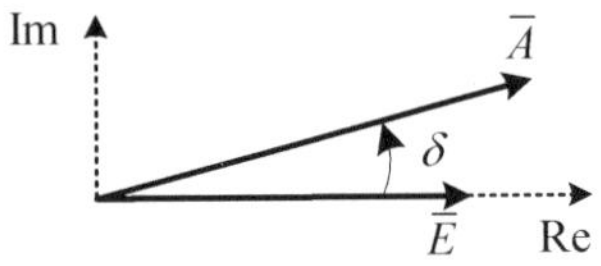

$E = 18$ V $\qquad \overline{Z} = 7 + \text{j}5 \ \Omega$

$A = 12$ A $\qquad X_L = 8 \ \Omega$

$\delta = \pi / 6 \qquad X_C = 8 \ \Omega$

$f = 50$ Hz $\qquad t^* = T / 4$

$R = 10 \ \Omega$

Assegnata la configurazione in Fig. 13-3.1, calcolare il valore della tensione v(t) *all'istante* t* *assegnato.*

Essendo la rete proposta di tipo binodale, il calcolo del fasore $\overline{V}$ viene condotto avvalendosi del corollario di Millmann. L'andamento temporale della tensione *v(t)* viene poi ricavato applicando la trasformata inversa di Kennelly-Steinmetz.

In accordo con il diagramma fasoriale assegnato, i fasori corrispondenti alla tensione ed alla corrente impressa hanno le seguenti espressioni:

$$\overline{E} = E = 18 \text{ V}$$

$$\overline{A} = Ae^{\text{j}\delta} = 12e^{\text{j}\pi/6} \text{ A}$$

La tensione tra i morsetti A e B si ottiene applicando il corollario di Millmann:

$$\bar{V}_{\mathrm{AB}} = \frac{\bar{E}/(R+\mathrm{j}X_L)-\bar{A}}{1/(R+\mathrm{j}X_L)+1/(-\mathrm{j}X_C)} = 118,4607e^{\mathrm{j}2,8826} \ \mathrm{V} \quad ,$$

da cui si ricava la corrente $\bar{I}$:

$$\bar{I} = \frac{\bar{E}-\bar{V}_{\mathrm{AB}}}{R+\mathrm{j}X_L} = 10,6151e^{-\mathrm{j}0,8998} \ \mathrm{A}$$

Il fasore $\bar{V}$ rappresentativo della tensione $v(t)$ può essere ottenuto applicando la legge di Kirchhoff delle tensioni alla maglia di sinistra della rete proposta:

$$\bar{V} = \bar{E} - R\cdot\bar{I} = 96,00e^{\mathrm{j}2,0944} \ \mathrm{V} \quad ,$$

Questo risultato indica che il fasore $\bar{V}$ è in anticipo dell'angolo δ_V rispetto al fasore $\bar{E}$.

Il calcolo del periodo *T*, che è inversamente proporzionale alla frequenza, consente di ricavare il valore dell'istante t^*:

$$T = 1/f = 20 \ \mathrm{ms} \ \Rightarrow \ \mathrm{t}^* = T/4 = 5 \ \mathrm{ms}$$

La pulsazione alla quale opera il circuito vale:

$$\omega = 2\pi f = 314,1593 \ \mathrm{rad/s}$$

da cui, applicando la trasformata inversa di Kennelly-Steinmetz (cfr. Appendice D), si ricava l'espressione temporale della tensione $v(t)$:

$$v(t) = \sqrt{2}\,\mathrm{Re}\left\{\bar{V}e^{\mathrm{j}\omega t}\right\} = \sqrt{2}\,\mathrm{Re}\left\{Ve^{\mathrm{j}(\vartheta_V+\omega t)}\right\}$$

Il valore di tale tensione all'istante $t^* = 5$ ms vale infine:

$$v\left(t^*\right) = v(t)\big|_{t=t^*} = -117,5755 \ \mathrm{V}$$

■

Esercizio 13-4

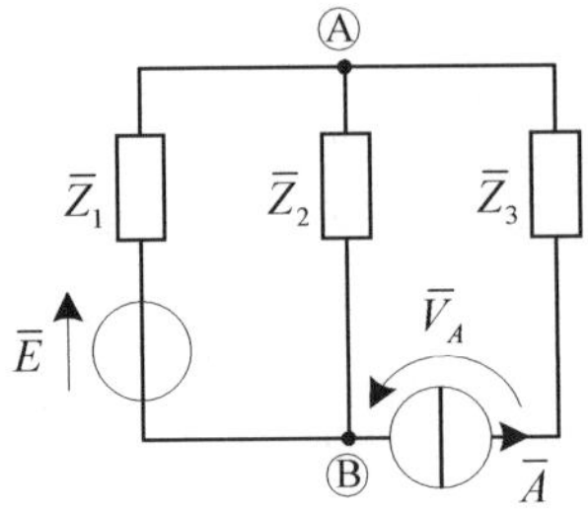

Fig. 13-4.1.

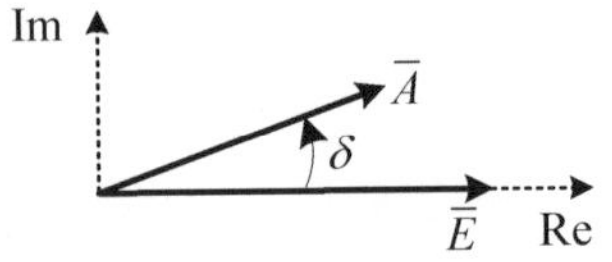

$E = 120$ V $\overline{Z}_1 = 1 + \mathrm{j}\ \Omega$

$A = 12$ A $\overline{Z}_2 = 0{,}5 + \mathrm{j}4\ \Omega$

$\delta = \pi / 5$ $\overline{Z}_3 = 20\ \Omega$

$f = 50$ Hz $t^* = 0{,}4$ s

Assegnata la configurazione in Fig. 13-4.1, si determini il valore della tensione $v_A(t)$ *nell'istante assegnato.*

La rete proposta è di tipo binodale. Essa verrà dunque risolta, nel dominio fasoriale, impiegando il corollario di Millmann. Applicando poi la trasformata inversa di Kennelly-Steinmetz verrà poi ricavato l'andamento temporale della tensione indicata e da questo, infine, il relativo valore nell'istante di tempo assegnato.

I fasori corrispondenti alla corrente ed alla tensione impressa hanno i seguenti valori, in accordo al diagramma fasoriale assegnato:

$$\overline{A} = A = 12 \text{ A}$$

$$\overline{E} = Ee^{\mathrm{j}\delta} = 120e^{\mathrm{j}\pi/5} \text{ V}$$

Essendo la rete proposta di tipo binodale, la tensione fra i morsetti A e B può essere calcolata applicando il corollario di Millmann:

$$\overline{V}_{\mathrm{AB}} = \frac{\overline{E} / \overline{Z}_1 + \overline{A}}{1/\overline{Z}_1 + 1/\overline{Z}_2} = 72{,}4617 + \mathrm{j}76{,}8577 \text{ V}$$

La tensione ai capi del generatore di corrente è calcolabile attraverso la legge di Kirchhoff delle tensioni scritta per la maglia di destra:

$$\overline{V}_A = -\overline{V}_{\mathrm{AB}} - \overline{Z}_3\overline{A} = -312{,}46 - \mathrm{j}76{,}858 = 321{,}7755e^{-\mathrm{j}2{,}9004} \text{ V}$$

Il valore della tensione all'istante t^* si ottiene applicando la trasformata di Kennelly-Steinmetz (cfr. Appendice D). La pulsazione del circuito assegnato vale:

$$\omega = 2\pi f = 314{,}1593 \text{ rad/s}$$

e pertanto la grandezza richiesta vale:

$$v_A(t^*) = \sqrt{2}\,\mathrm{Re}\left\{\overline{V}_A e^{j\omega t^*}\right\} = -441,8876 \text{ V}$$

■

Esercizio 13-5

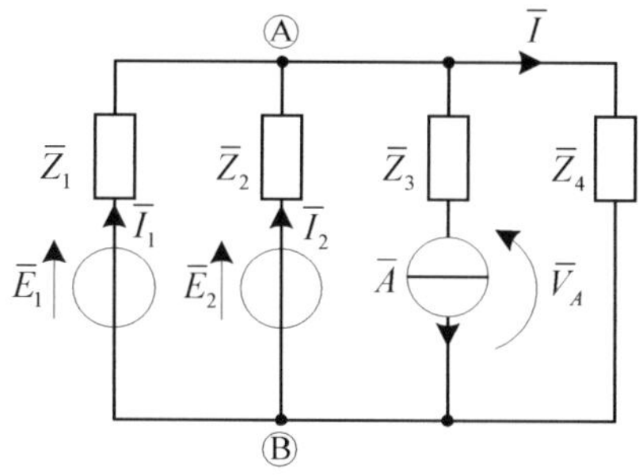

Fig. 13-5.1.

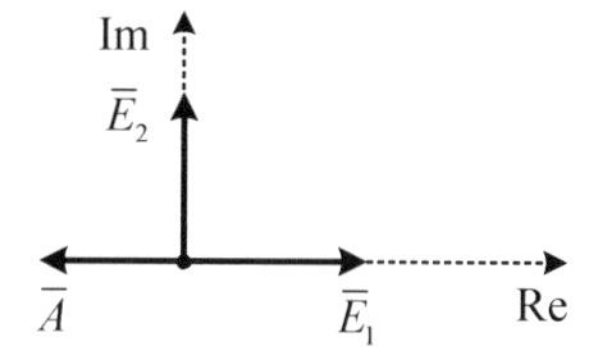

$E_1 = 18$ V $\quad \overline{Z}_1 = 4 + j9\ \Omega$

$E_2 = 20$ V $\quad \overline{Z}_2 = 5 - j4\ \Omega$

$A = 12$ A $\quad \overline{Z}_3 = 3 + j2\ \Omega$

$\overline{Z}_4 = 6 - j9\ \Omega$

Assegnata la configurazione in Fig. 13-5.1, determinare l'angolo tra la tensione $\overline{V}_A$ *e la corrente* $\overline{I}$.

La procedura impiegata per la soluzione del tema proposto è simile a quella impiegata nei precedenti esercizi. In particolare, essendo la rete assegnata di tipo binodale, viene impiegato il corollario di Millmann.

In base al diagramma fasoriale assegnato, che prevede che la grandezza di riferimento sia la tensione impressa $\overline{E}_1$, i fasori corrispondenti alle tensioni ed alla corrente impresse sono i seguenti:

$$\overline{E}_1 = E_1 = 18 \text{ V}$$

$$\overline{E}_2 = jE_2 = j20 \text{ V}$$

$$\overline{A} = -A = -12 \text{ A}$$

Essendo la rete proposta di tipo binodale, il corollario di Millmann consente di determinare la tensione fra i morsetti A e B:

$$\overline{V}_{AB} = \frac{\overline{E}_1 / \overline{Z}_1 + \overline{E}_2 / \overline{Z}_2 - \overline{A}}{1/\overline{Z}_1 + 1/\overline{Z}_2 + 1/\overline{Z}_4} = 47,1380 e^{-j0,2928} \text{ V}$$

La corrente attraverso l'impedenza $\bar{Z}_4$ vale:

$$\bar{I} = \frac{\bar{V}_{AB}}{\bar{Z}_4} = 4{,}3579 e^{j0{,}6900} \text{ A}$$

e la tensione ai capi del generatore di corrente è calcolabile applicando la legge di Kirchhoff delle tensioni alla maglia centrale della rete assegnata:

$$\bar{V}_A = \bar{V}_{AB} - \bar{Z}_3 \bar{A} = 81{,}7943 e^{j0{,}1274} \text{ V}$$

Infine, lo sfasamento richiesto può essere ottenuto come (cfr. appendice D):

$$\vartheta = \arg\{\bar{V}_A \cdot \underline{I}\} = -0{,}5626$$

■

Esercizio 13-6

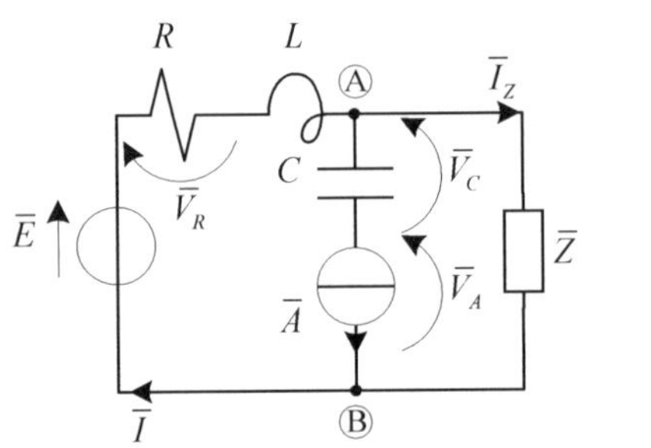

Fig. 13-6.1.

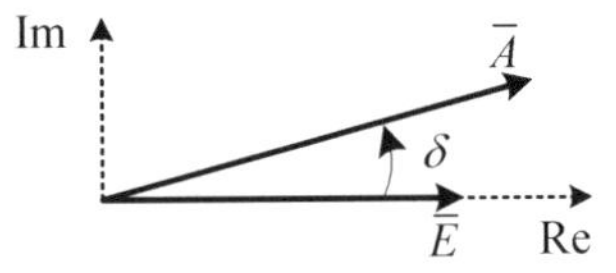

$E = 80$ V $R = 6\ \Omega$

$A = 20$ A $L = 1\ m$H

$f = 50$ Hz $C = 8\ m$F

$t^* = T/4$ $\bar{Z} = 9 + j11\ \Omega$

$\delta = \pi/6$

Assegnata la configurazione di figura, determinare il valore della tensione $v_A(t^*)$ *e l'angolo tra la tensione* $\bar{V}_R$ *e la corrente* $\bar{I}_Z$.

La procedura di risoluzione adottata è simile a quelle proposte per i precedenti esercizi. In particolare, essendo la rete proposta di tipo binodale, verrà impiegato in corollario di Millmann. Il valore della tensione $v_A(t)$ all'istante richiesto viene poi calcolato mediante l'applicazione della trasformata inversa di Kennelly-Steinmetz.

In base al diagramma fasoriale assegnato, il quale prevede che la grandezza di riferimento sia la tensione impressa $\bar{E}$, i fasori corrispondenti alla tensione e alla corrente impresse sono i seguenti:

$$\overline{E} = E = 80 \text{ V}$$

$$\overline{A} = Ae^{j\delta} = 20e^{j\pi/6} \text{ A}$$

Il calcolo delle impedenze induttiva e capacitiva richiede il calcolo preventivo della pulsazione alla quale opera il circuito:

$$\omega = 2\pi f = 314{,}1593 \text{ rad/s} \quad ,$$

da cui si ottengono le reattanze:

$$X_L = \omega L = 0{,}3142 \ \Omega$$

$$X_C = \frac{1}{\omega C} = 0{,}3979 \ \Omega$$

poiché la rete allo studio è di tipo binodale, il corollario di Millmann consente di determinare la tensione fra i morsetti A e B:

$$\overline{V}_{\text{AB}} = \frac{\overline{E}/(R + jX_L) - \overline{A}}{1/(R + jX_L) + 1/\overline{Z}} = -3{,}5630 - j51{,}8171 \text{ V}$$

La tensione ai capi della reattanza capacitiva vale:

$$\overline{V}_C = -jX_C \cdot \overline{A} = 3{,}9789 - j6{,}8916 \text{ V}$$

La tensione ai capi del generatore di corrente è determinabile applicando la legge di Kirchhoff delle tensioni al lato contenente tale generatore:

$$\overline{V}_{\text{A}} = \overline{V}_{\text{AB}} - \overline{V}_{\text{C}} = -7{,}5419 - j44{,}9255 \text{ V}$$

L'istante t^* si calcola a partire dal valore del periodo:

$$T = 1/f = 20 \text{ ms} \ \Rightarrow \ t^* = T/4 = 5 \text{ ms} \quad ,$$

da cui si ottiene, applicando la trasformata inversa di Kennelly-Steinmetz:

$$v_A(t^*) = \sqrt{2}\,\text{Re}\left\{\overline{V}_A e^{j\omega t^*}\right\} = 63{,}5342 \text{ V}$$

La risposta al secondo quesito richiede il calcolo dei fasori $\overline{V}_R$ e $\overline{I}_Z$. Il fasore associato alla corrente $\overline{I}$ è ricavabile applicando la legge di Kirchhoff delle tensioni alla maglia di sinistra della rete proposta:

$$\overline{I} = \frac{\overline{E} - \overline{V}_{\text{AB}}}{R + jX_L} = 14{,}340 + j7{,}8853 \text{ A} \quad ,$$

da cui si ricava il valore della tensione ai capi del resistore di resistenza R:

$$\overline{V}_R = R\overline{I} = 86{,}0402 + j47{,}3120 \text{ A}$$

La corrente $\overline{I}_Z$ è calcolabile a partire dalla tensione $\overline{V}_{\text{AB}}$ e considerando la relazione di

Ohm scritta per l'impedenza $\overline{Z}$:

$$\overline{I}_Z = \frac{\overline{V}_{AB}}{\overline{Z}} = -2,9805 - j2,1147 \text{ A}$$

Noti i fasori $\overline{V}_R$ e $\overline{I}_Z$, lo sfasamento richiesto vale (cfr. appendice D):

$$\vartheta = \arg\{\overline{V}_R \cdot \underline{I}_Z\} = 3,0273$$

■

Esercizio 13-7

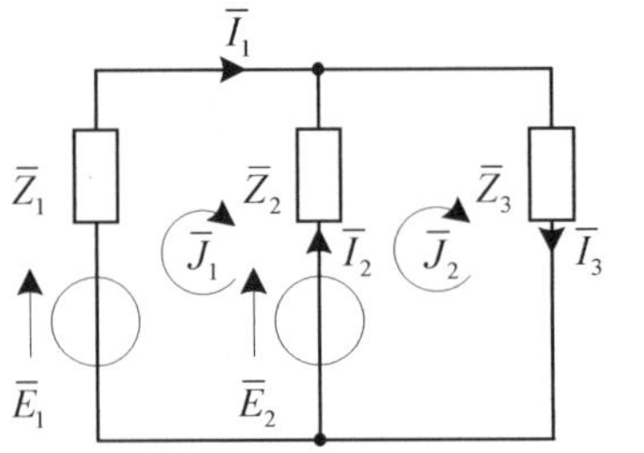

Fig. 13-7.1.

$\overline{E}_1 = 18$ V $\quad \overline{Z}_1 = 100 + j\ \Omega$

$\overline{E}_2 = 20$ V $\quad \overline{Z}_2 = 100 - j2\ \Omega$

$f = 50$ Hz $\quad \overline{Z}_3 = 20 + j2\ \Omega$

$t^* = T/5$

Assegnata la rete di figura, si calcolino i valori assunti dalle correnti $i_1(t)$, $i_2(t)$ *ed* $i_3(t)$ *all'istante* t^* *indicato.*

La rete proposta è di tipo binodale e potrebbe quindi essere risolta, nel dominio fasoriale, impiegando direttamente il corollario di Millmann.

Si procederà invece impiegando l'analisi agli anelli (cfr esercizio 3-3), in modo da mostrare come tale tecnica sia impiegabile anche nel dominio fasoriale.

La rete proposta è di tipo binodale ma, poiché è necessario ricavare i fasori rappresentativi di tutte le correnti di lato presenti, conviene procedere impiegando l'analisi agli anelli (cfr. in proposito l'esercizio 3-3). Si ha dunque:

$$[\overline{I}] = \begin{bmatrix} \overline{I}_1 \\ \overline{I}_2 \\ \overline{I}_3 \end{bmatrix} = \begin{bmatrix} 1 & 0 \\ -1 & 1 \\ 0 & 1 \end{bmatrix} \begin{bmatrix} \overline{J}_1 \\ \overline{J}_2 \end{bmatrix} = [\mathrm{A}][\overline{J}]$$

La matrice delle impedenze può essere ricavata per ispezione come:

$$[\bar{Z}] = \begin{bmatrix} \bar{Z}_1 + \bar{Z}_2 & -\bar{Z}_2 \\ -\bar{Z}_2 & \bar{Z}_2 + \bar{Z}_3 \end{bmatrix} = \begin{bmatrix} 200 - \mathrm{j} & -100 + \mathrm{j}2 \\ -100 + \mathrm{j}2 & 120 \end{bmatrix} \ \Omega$$

ed il vettore delle forze elettromotrici d'anello vale:

$$[\bar{\varepsilon}] = \begin{bmatrix} \bar{\varepsilon}_1 \\ \bar{\varepsilon}_2 \end{bmatrix} = \begin{bmatrix} \bar{E}_1 - \bar{E}_2 \\ \bar{E}_2 \end{bmatrix} = \begin{bmatrix} -2 \\ 20 \end{bmatrix} \ \mathrm{V}$$

Segue dunque il vettore dei fasori delle correnti di lato:

$$\begin{bmatrix} \bar{I}_1 \\ \bar{I}_2 \\ \bar{I}_3 \end{bmatrix} = [\mathrm{A}][\bar{J}] = [\mathrm{A}][Z]^{-1}[\bar{\varepsilon}] =$$

$$= \begin{bmatrix} 0{,}1256 - \mathrm{j}0{,}0054 \\ 0{,}1456 - \mathrm{j}0{,}0012 \\ 0{,}2712 - \mathrm{j}0{,}0066 \end{bmatrix} \ \mathrm{A} = \begin{bmatrix} 0{,}1257 e^{-\mathrm{j}0{,}0427} \\ 0{,}1457 e^{-\mathrm{j}0{,}0082} \\ 0{,}2713 e^{-\mathrm{j}0{,}0242} \end{bmatrix} \ \mathrm{A}$$

L'istante t^* richiede il calcolo preventivo del periodo associato alla frequenza f assegnata, il quale vale:

$$T = 1/f = 20 \ \text{ms} \ \Rightarrow \ t^* = T/5 = 4 \ \text{ms}$$

I valori delle delle correnti in tale istante si ricavano applicando la trasformata inversa di Kennelly-Steinmetz ai relativi fasori ottenuti in precedenza:

$$i_1(t^*) = \sqrt{2}\,\mathrm{Re}\left\{\bar{I}_1 e^{\mathrm{j}\omega t^*}\right\} = 0{,}0621 \ \mathrm{A}$$

$$i_2(t^*) = \sqrt{2}\,\mathrm{Re}\left\{\bar{I}_2 e^{\mathrm{j}\omega t^*}\right\} = 0{,}0653 \ \mathrm{A}$$

$$i_3(t^*) = \sqrt{2}\,\mathrm{Re}\left\{\bar{I}_3 e^{\mathrm{j}\omega t^*}\right\} = 0{,}1274 \ \mathrm{A}$$

in cui risulta:

$$\omega = 2\pi f = 314{,}1593 \ \text{rad/s}$$

■

Esercizio 13-8

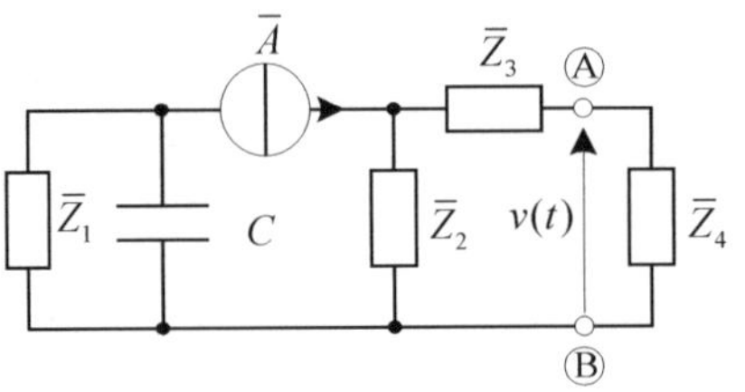

Fig. 13-8.1.

$\bar{A} = 5 + j2$ A $\bar{Z}_1 = 8 + j4$ Ω
$f = 50$ Hz $\bar{Z}_2 = 1 + j$ Ω
$C = 8$ mF $\bar{Z}_3 = 14$ Ω
$\bar{Z}_4 = 5 - j6$ Ω

Assegnata la configurazione in Fig. 13-8.1, determinare l'equivalente di Thévenin ai morsetti A,B *e la tensione* v(t).

Noti i valori delle reattanze e dei fasori associati ai generatori, l'equivalente di Thévenin si ricava seguendo la procedura già richiamata, nel caso di regime stazionario, nelle esercitazioni 5 e 6. La tensione $v(t)$, il cui fasore è facilmente ricavabile una volta noto l'equivalente di Thévenin richiesto, viene ricavata applicando la trasformata inversa di Kennelly-Steinmetz.

La reattanza capacitiva associata al condensatore di capacità C vale:

$$X_C = \frac{1}{\omega C} = 0{,}3979 \ \Omega \quad , \quad \text{con} \quad \omega = 2\pi f = 314{,}1593 \ \text{rad/s}$$

La procedura per il calcolo dell'equivalente di Thévenin viene sintetizzata in Fig. 13-8.2. Con riferimento alla Fig. 13-8.2-a, l'impedenza equivalente di Thévenin ha espressione:

$$\bar{Z}_{TH} = \bar{Z}_2 + \bar{Z}_3 = 15 + j \ \Omega$$

La tensione equivalente di Thévenin è da calcolarsi con riferimento alla Fig. 13-8.2-b; essendo nulla la corrente nell'impedenza $\bar{Z}_3$, la corrente erogata dal generatore $\bar{A}$ scorre interamente nell'impedenza $\bar{Z}_2$. Pertanto la tensione di Thévenin risulta essere:

$$\bar{V}_{TH} = \bar{Z}_2 \bar{A} = 3 + j7 \ \text{V}$$

Una volta noto completamente l'equivalente di Thévenin, è possibile ridisegnare la rete assegnata, ottenendo il circuito di cui alla Fig. 13-8.3.

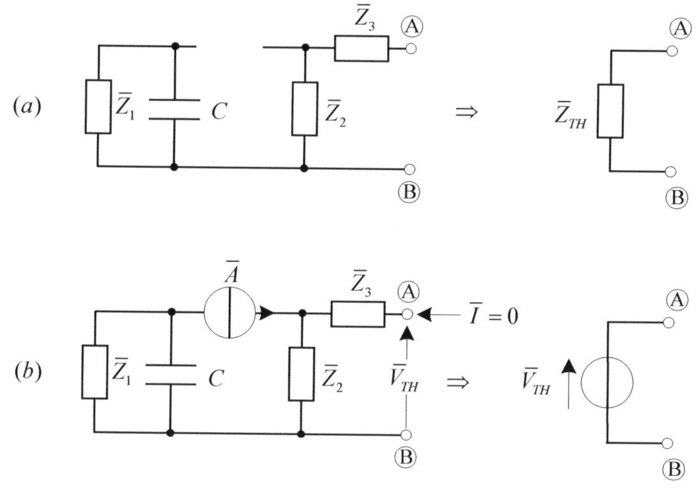

Fig. 13-8.2.

La caduta di tensione $\overline{V}$ può essere direttamente calcolata applicando la regola del partitore di tensione:

$$\overline{V} = \overline{V}_{TH} \frac{\overline{Z}_4}{\overline{Z}_4 + \overline{Z}_{TH}} = 2,8853 e^{j0,5348} \ \text{V}$$

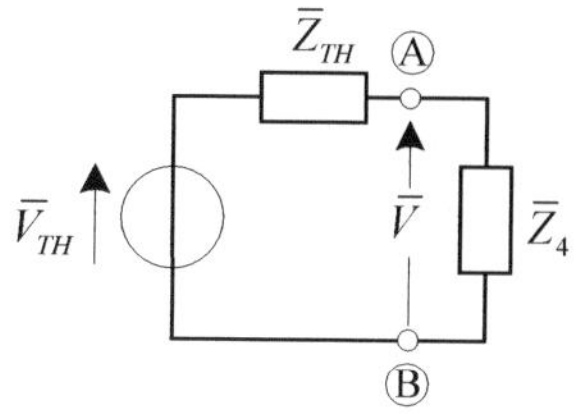

Fig. 13.8-3.

e, applicando la trasformata inversa di Kennelly-Steinmetz, il corrispondente andamento temporale ha espressione:

$$v(t) = \sqrt{2}\,\text{Re}\left\{\overline{V} e^{j\omega t}\right\} = 4,0804 \cos(314,1593 t + 0,5348) \ \text{V}$$

■

Esercizio 13-9

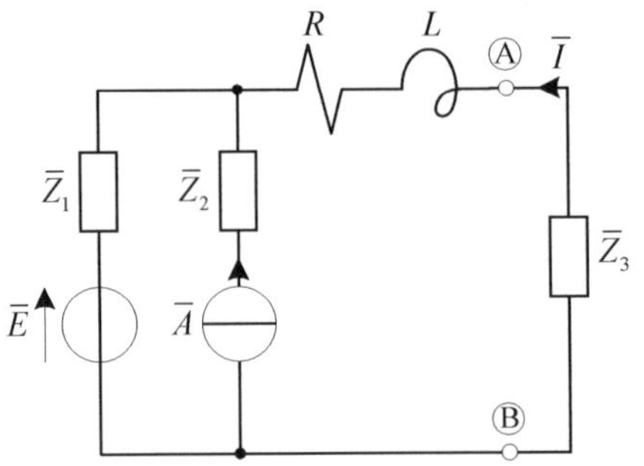

Fig. 13-9.1.

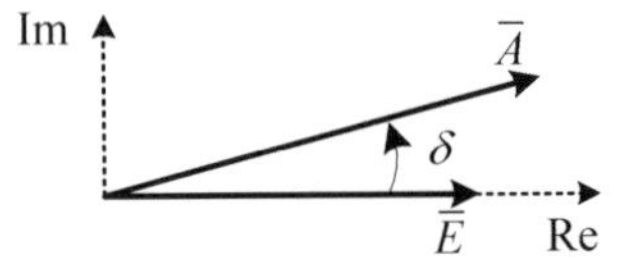

$E = 25$ V $\bar{Z}_1 = 8 + \mathrm{j}3\ \Omega$
$A = 8$ A $\bar{Z}_2 = 4 + \mathrm{j}6\ \Omega$
$f = 50$ Hz $\bar{Z}_3 = -\mathrm{j}5\ \Omega$
$\delta = \pi / 5$ $R = 12\ \Omega$
$L = 1$ mH

Assegnata la configurazione in figura 13-9.1, determinare l'equivalente di Norton ai morsetti A e B *e la corrente* i(t).

Il quesito proposto costituisce, di fatto, un problema duale rispetto a quello analizzato nel precedente esercizio 13-8.

La soluzione procede secondo quanto già richiamato, per il caso di regime stazionario, nelle esercitazioni 5 e 6. La corrente $i(t)$, il cui fasore è facilmente ricavabile una volta noto l'equivalente di Norton richiesto, viene ricavata applicando la trasformata inversa di Kennelly-Steinmetz.

In base al diagramma fasoriale assegnato, i fasori corrispondenti alla tensione ed alla corrente impresse sono:

$$\bar{E} = E = 25 \text{ V}$$

$$\bar{A} = Ae^{\mathrm{j}\delta} = 8e^{\mathrm{j}\pi/5} \text{ A}$$

Il calcolo della reattanza induttiva associata all'induttanza L richiede il calcolo preventivo della pulsazione alla quale opera il circuito:

$$\omega = 2\pi f = 314{,}1593 \text{ rad/s} \quad ,$$

da cui si ottiene:

$$X_L = \omega L = 0{,}3142\ \Omega$$

La procedura per il calcolo dell'equivalente di Norton viene sintetizzata in Fig. 13-9.2. Con riferimento alla Fig. 13-9.2-a, l'ammettenza di Norton può essere calcolata attraverso il calcolo preventivo dell'impedenza di Thévenin:

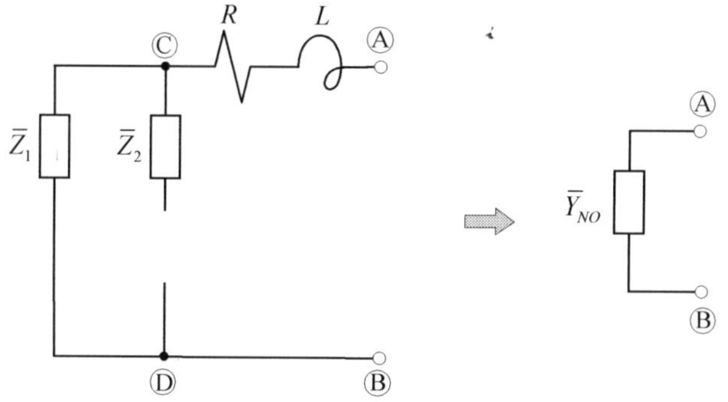

(*a*)

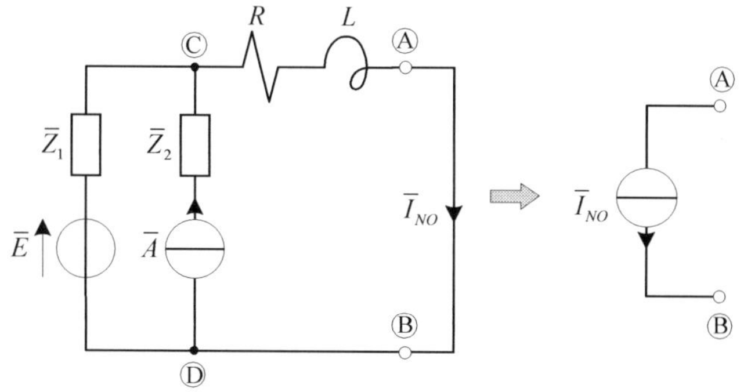

(*b*)

Fig. 13-9.2.

$$\overline{Z}_{Th} = R + jX_L + \overline{Z}_1 = 20 + j3{,}3142 \ \Omega$$

ciò che porge:

$$\overline{Y}_{NO} = \frac{1}{\overline{Z}_{Th}} = 0{,}0487 - j0{,}0081 \ \text{S}$$

La corrente di Norton è da calcolarsi con riferimento alla Fig. 13-9.2-b, in cui i morsetti A e B sono connessi da un corto circuito. Tale connessione rende la rete binodale e la tensione tra i morsetti C e D può dunque essere calcola applicando il corollario di Millmann:

$$\overline{V}_{\text{CD}} = \frac{\overline{E}/\overline{Z}_1 + \overline{A}}{1/\overline{Z}_1 + 1/(R + jX_L)} = 41{,}4031 + j28{,}3444 \ \text{V}$$

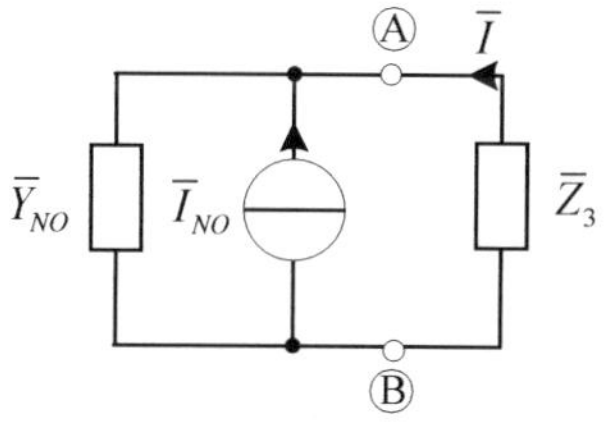

Fig. 13-9.3.

La corrente di Norton coincide con la corrente attraverso la serie della resistenza R e della reattanza X_L; si ha dunque:

$$\bar{I}_{NO} = \frac{\bar{V}_{\mathrm{CD}}}{R + \mathrm{j}X_L} = 3,5097 + \mathrm{j}2,2701 \text{ A}$$

Una volta noto completamente l'equivalente di Norton, è possibile ridisegnare la rete assegnata, ottenendo il circuito di cui alla Fig. 13-9.3.

La corrente attraverso l'impedenza $\bar{Z}_3$ può essere calcolata applicando la regola del partitore di corrente:

$$\bar{I} = -\bar{I}_{NO} \frac{\bar{Y}_3}{\bar{Y}_3 + \bar{Y}_{NO}} = 4,2219 e^{-\mathrm{j}0,319} \text{ A} \quad ,$$

in cui:

$$\bar{Y}_3 = \frac{1}{\bar{Z}_3} = \mathrm{j}0,2 \text{ S} .$$

Infine, applicando la trasformata inversa di Kennelly-Steinmetz è possibile ottenere l'andamento temporale della corrente $i(t)$:

$$i(t) = \sqrt{2}\,\mathrm{Re}\left\{\bar{I}e^{j\omega t}\right\} = 5,9707\cos(314,1593t - 0,319) \text{ A}$$

■

Esercizio 13-10

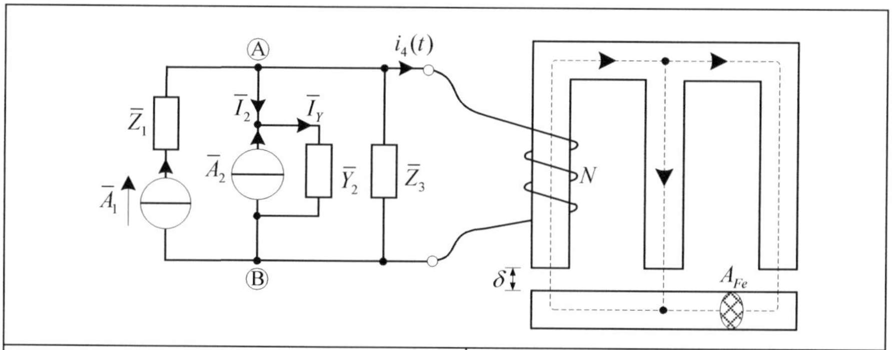

$A_1 = 12$ A	$\overline{Z}_1 = 16\ \Omega$	$N = 100$
$A_2 = 20$ A	$\overline{Y}_2 = -\mathrm{j}0,2$ S	$\delta = 1,5$ mm
$\delta' = \pi / 7$	$\overline{Z}_3 = 9 + \mathrm{j}11\ \Omega$	$A_{Fe} = 70\ \mathrm{cm}^2$
$f = 50$ Hz		$\mu_{Fe} \gg \mu_0$

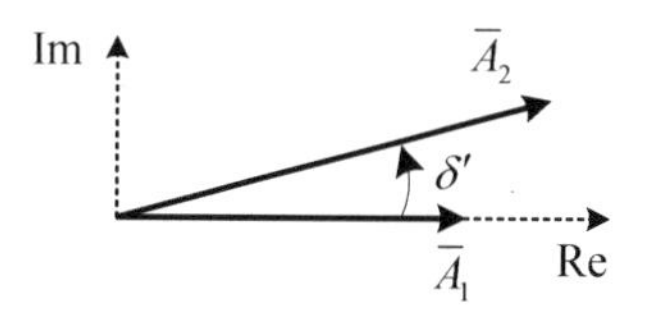

Fig. 13-10.1.

Assegnata la configurazione in Fig. 13-10.1, determinare la corrente $i_4(t)$ *ed il fasore* $\overline{I}_2$.

La rete proposta è di tipo magnetoelettrico e verrà dunque risolta, nel dominio fasoriale, mediante le tecniche richiamate nell'esercitazione 7: infatti, in base alle condizioni assegnate, i tratti in materiale ferromagnetico hanno riluttanza nulla.

Ricavata in tal modo l'induttanza corrispondente all'induttore assegnato, la rete allo studio, di tipo binodale, verrà risolta avvalendosi del corollario di Millmann.

L'induttanza associata al dispositivo magnetico è calcolabile applicando le tecniche illustrate nell'esercitazione 7. Poiché il testo assegna alla permeabilità magnetica dei tratti in ferro un valore molto maggiore di quello μ_0 del vuoto, la rete magnetica è costitutita dalle tre riluttanze associate ai traferri e dal generatore di forza magnetomotrice M, così come mostrato in Fig. 13-10.2. Ciascuna riluttanza vale:

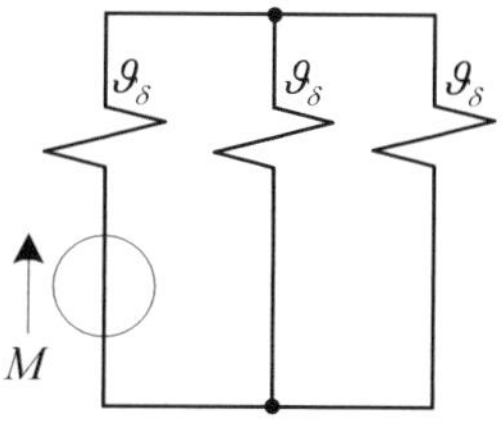

Fig. 13-10.2.

$$\vartheta_\delta = \frac{1}{\mu_0} \cdot \frac{\delta}{A_{Fe}} = 1,7052 \times 10^5\ \ \mathrm{H}^{-1}$$

La riluttanza equivalente "vista" da M è quindi:

$$\vartheta_{eq} = \vartheta_\delta + \frac{\vartheta_\delta}{2} = 2,5578 \times 10^5\ \ \mathrm{H}^{-1}$$

da cui l'induttanza :

$$L = \frac{N^2}{\vartheta_{eq}} = 0,0391 \text{ H}$$

Una volta noto tale parametro, la rete assegnata assume la configurazione binodale mostrata in Fig. 13.10-3, la quale può essere risolta applicando il corollario di Millmann.

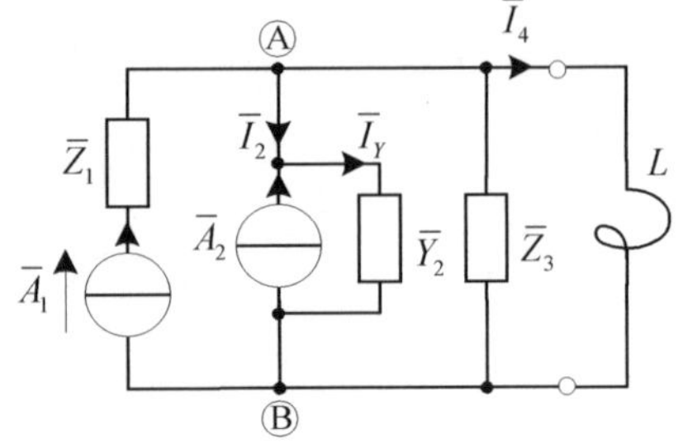

Fig. 13-10.3.

La pulsazione alla quale funziona la rete assegnata vale:

$$\omega = 2\pi f = 314,1593 \text{ rad/s}$$

I fasori associati ai generatori ed alla reattanza induttiva presenti in tale rete equivalente valgono:

$$\overline{A}_1 = A_1 = 12 \text{ A}$$

$$\overline{A}_2 = A_2 = 20e^{j\pi/7} \text{ A}$$

$$X_L = \omega L = 12,2822 \ \Omega$$

In base al corollario di Millmann la tensione fra i morsetti A e B vale:

$$\overline{V}_{AB} = \frac{\overline{A}_1 + \overline{A}_2}{\overline{Y}_2 + 1/\overline{Z}_3 + 1/jX_L} = -13,7388 + j91,1992 \text{ V} \quad ,$$

da cui le correnti $\overline{I}_Y$ e $\overline{I}_4$:

$$\overline{I}_4 = \frac{\overline{V}_{AB}}{jX_L} = 7,5091e^{j0,1495} \text{ A}$$

$$\overline{I}_Y = \overline{Y}_2 \cdot \overline{V}_{AB} = 18,2398 + j2,7477 \text{ A}$$

Applicando la trasformata inversa di Kennelly-Steinmetz, il primo risultato ottenuto consente di determinare l'andamento temporale della corrente $i_4(t)$:

$$i_4(t) = \sqrt{2}\,\text{Re}\left\{\overline{I}_4 e^{j\omega t}\right\} = 10,6195\cos(314,1593t + 0,1495) \text{ A}$$

ed il secondo risultato permette di determinare il fasore rappresentativo della corrente $\overline{I}_2$:

$$\overline{I}_2 = \overline{I}_Y - \overline{A}_2 = 0,2205 - j5,9300 \text{ A}$$

■

Esercitazione 14

Potenze in regime alternato monofase sinusoidale

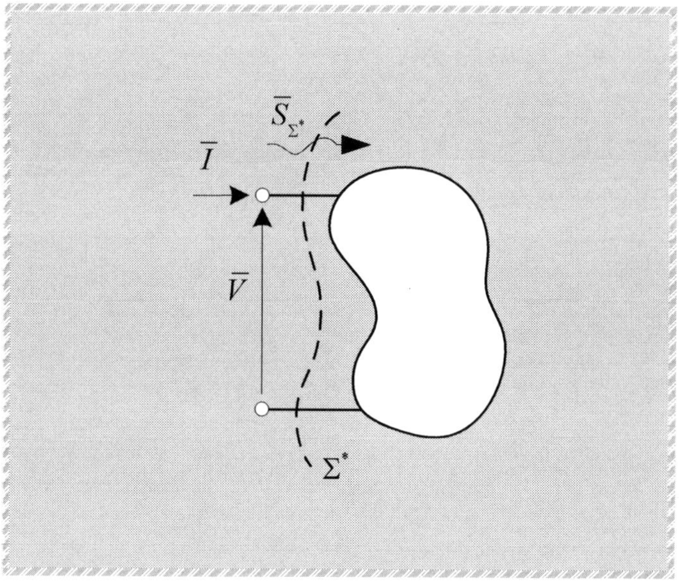

Esercizio 14-1

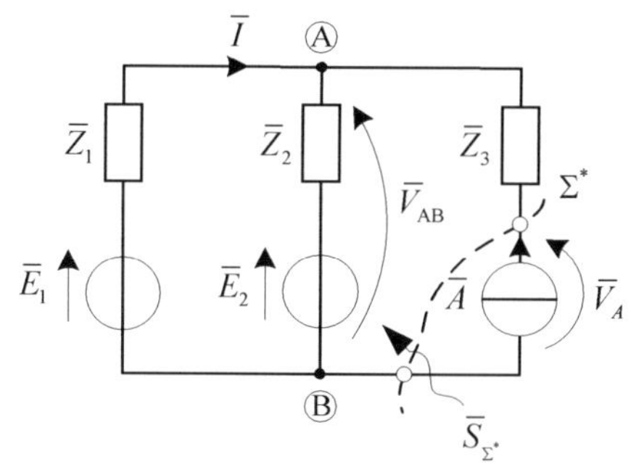

Fig. 14-1.1.

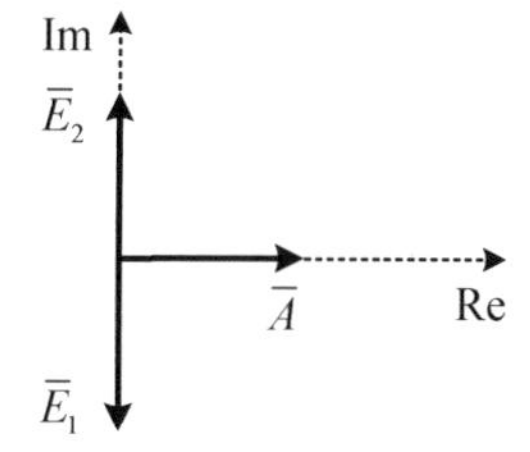

$E_1 = 18$ V	$\overline{Z}_1 = 2 + \mathrm{j}8\ \Omega$
$E_2 = 22$ V	$\overline{Z}_2 = 4 - \mathrm{j}5\ \Omega$
$A = 12$ A	$\overline{Z}_3 = 6 + \mathrm{j}10\ \Omega$
$f = 50$ Hz	$t^* = T/4$

Assegnata la rete in Fig. 14-1.1, determinare il valore della corrente i(t) *all'istante* t* *e la potenza apparente* $\overline{S}_{\Sigma^*}$ *attraverso la superficie* Σ^*.

La corrente viene calcolata in modo analogo agli esercizi proposti nell'esercitazione 13, mentre la potenza apparente richiesta si determina applicando la definizione, in base alla convenzione di segno assegnata.

In base al diagramma fasoriale assegnato, i fasori associati ai generatori risultano essere:

$$\overline{A} = A = 12\ \text{A}$$

$$\overline{E}_1 = -\mathrm{j}E_1 = -\mathrm{j}18\ \text{V}$$

$$\overline{E}_2 = \mathrm{j}E_2 = \mathrm{j}22\ \text{V}$$

La tensione $\overline{V}_{\text{AB}}$ si ottiene applicando il corollario di Millmann:

$$\overline{V}_{\text{AB}} = \frac{\overline{E}_1/\overline{Z}_1 + \overline{E}_2/\overline{Z}_2 + \overline{A}}{1/\overline{Z}_1 + 1/\overline{Z}_2} = 57{,}0667 + \mathrm{j}10{,}8000\ \text{V}$$

mentre tramite la legge delle tensioni alla maglia relativa al generatore $\overline{E}_1$ ed all'impedenza $\overline{Z}_1$ si ha:

$$\overline{E}_1 - \overline{Z}_1\overline{I} - \overline{V}_{\text{AB}} = 0 \quad ,$$

cui segue il fasore della corrente richiesta:

$$\bar{I} = \frac{\bar{E}_1 - \bar{V}_{AB}}{\bar{Z}_1} = -5,0667 + j5,8667 \text{ A}$$

Il periodo delle grandezze alternate presenti nel circuito risulta essere:

$$T = 1/f = 20 \text{ ms} \Rightarrow t^* = T/4 = 5 \text{ ms}$$

pertanto è possibile calcolare l'espressione temporale della corrente richiesta applicando la trasformata inversa di Kennelly-Steinmetz (Appendice D):

$$i(t^*) = \sqrt{2}\,\mathrm{Re}\left\{\bar{I}e^{j\omega t^*}\right\} = \sqrt{2}\,\mathrm{Re}\left\{\bar{I}e^{j2\pi f t^*}\right\} = -8,2967 \text{ A}$$

Per il calcolo della *potenza apparente* $\bar{S}_{\Sigma^*}$ è necessario conoscere la tensione ai capi del generatore di corrente; essa si calcola applicando la legge delle tensioni alla maglia:

$$\bar{V}_A = \bar{V}_{AB} + \bar{Z}_3\bar{A} = 129,0667 + j130,8000 \text{ A}$$

Secondo le convenzioni indicate in Fig. 14-1.1 (potenza richiesta entrante in Σ^*), la potenza $\bar{S}_{\Sigma^*}$ coincide con quella erogata dal generatore di corrente; essa è data dal prodotto tra il fasore associato alla tensione, misurata tra i due morsetti del generatore, ed il coniugato della corrente che attraversa lo stesso:

$$\bar{S}_{\Sigma^*} = \bar{V}_A \underline{A} = 1548,8000 + j1569,6000 \text{ VA}$$

La potenza apparente è rappresentata da un numero complesso; essa è quindi dotata di parte reale ed immaginaria, le quali sono rispettivamente denominate *potenza attiva* e *potenza reattiva*:

$$\bar{S}_{\Sigma^*} = P_{\Sigma^*} + jQ_{\Sigma^*}$$

Per la rete in esame si ha allora:

$$P_{\Sigma^*} = \mathrm{Re}\left\{\bar{V}_A \underline{I}\right\} = 1548,8000 \text{ W (entrante in } \Sigma^*\text{, dunque erogata dal generatore)}$$

$$Q_{\Sigma^*} = \mathrm{Im}\left\{\bar{V}_A \underline{I}\right\} = 1569,6000 \text{ VAr (capacitiva)}$$

La Fig. 14.1.2 riassume le convenzioni di segno per la misura delle potenze in regime alternato monofase sinusoidale. Il simbolo rappresentato nei bipoli indica l'effetto di quel bipolo rispetto alla sola potenza reattiva; ad esempio, se utilizzando la CSU dovesse risultare $Q > 0$, significherebbe che quel bipolo ha comportamento induttivo. Viceversa se, con la medesima convenzione, dovesse risultare $Q < 0$, allora il bipolo in esame avrebbe comportamento capacitivo.

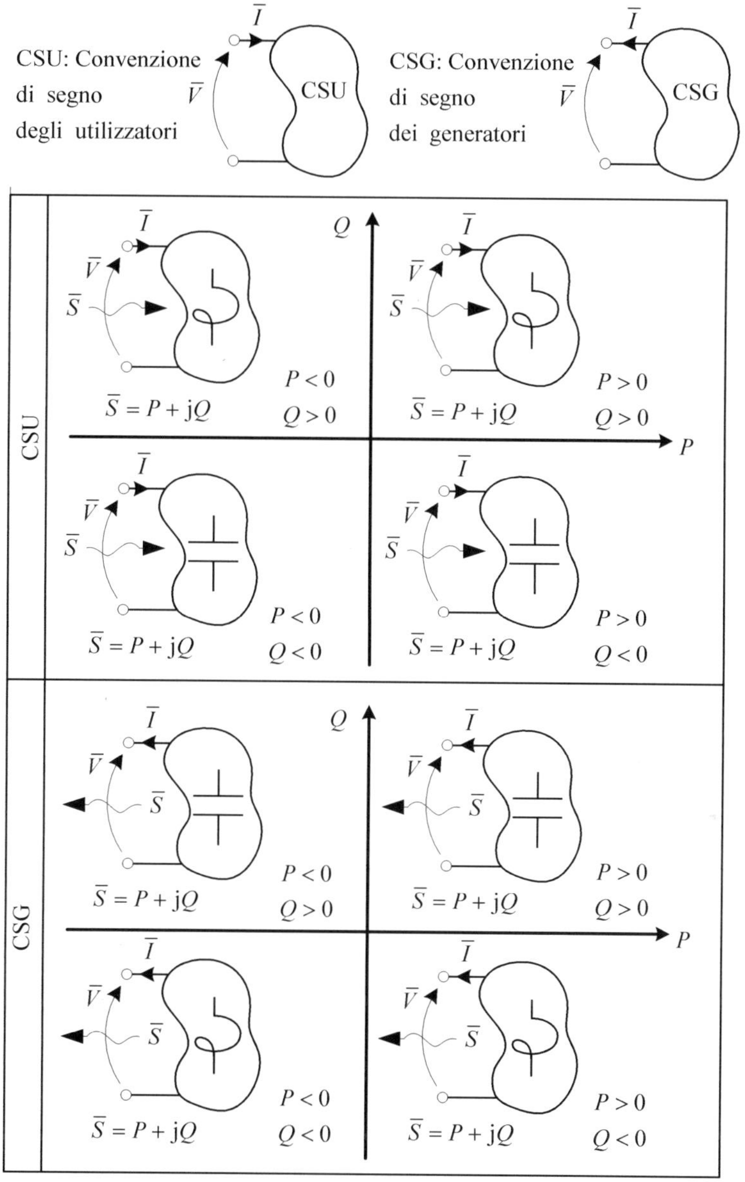

CSU: Convenzione di segno degli utilizzatori
CSU
CSG: Convenzione di segno dei generatori
CSG
$\bar{I}$
$\bar{V}$
$\bar{S}$
Q
P
$P<0$
$Q>0$
$P>0$
$Q>0$
$P<0$
$Q<0$
$P>0$
$Q<0$
$\bar{S} = P + jQ$

Fig. 14-1.2.

Esercizio 14-2

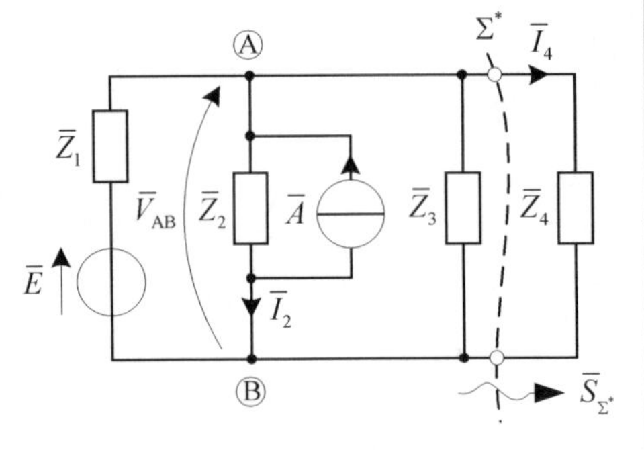

Fig. 14-2.1.

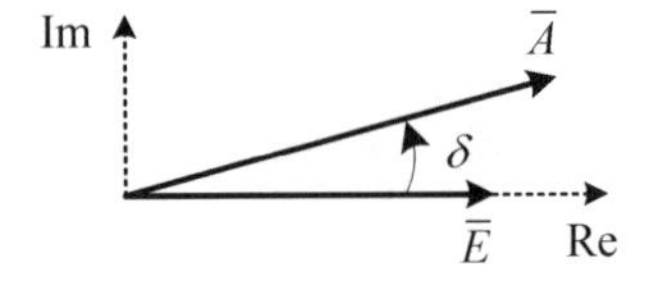

$E = 120$ V $\quad \overline{Z}_1 = 4 + \mathrm{j}3\ \Omega$

$A = 5$ A $\quad \overline{Z}_2 = 8 + \mathrm{j}7\ \Omega$

$\delta = \pi / 3 \quad \overline{Z}_3 = \mathrm{j}5\ \Omega$

$f = 50$ Hz $\quad \overline{Z}_4 = 12 - \mathrm{j}16\ \Omega$

$t^* = T/5$

Assegnata la rete di Fig. 14-2.1, determinare la potenza apparente $\overline{S}_{\Sigma^*}$ *ed il valore della corrente* $i_2(t)$ *all'istante assegnato* t^*.

La soluzione è analoga a quella dell'esercizio precedente, con la differenza che nel presente caso di studio la potenza apparente richiesta è uscente dalla superficie Σ^*, e pertanto si calcola utilizzando la convenzione di segno dei generatori alla superficie stessa.

In base al diagramma fasoriale assegnato, i fasori associati ai generatori risultano:

$$\overline{E} = E = 120 \text{ V}$$

$$\overline{A} = Ae^{\mathrm{j}\delta} = 5e^{\mathrm{j}\pi/3} \text{ A}$$

La tensione tra i nodi A e B si ottiene applicando il corollario di Millmann:

$$\overline{V}_{AB} = \frac{\overline{E}/\overline{Z}_1 + \overline{A}}{1/\overline{Z}_1 + 1/\overline{Z}_2 + 1/\overline{Z}_3 + 1/\overline{Z}_4} = 49{,}2188 + \mathrm{j}25{,}9219 \text{ V}$$

In base alle convenzioni di segno degli utilizzatori mostrate in Fig. 14.1.2, la potenza apparente $\overline{S}_{\Sigma^*}$ vale:

$$\overline{S}_{\Sigma^*} = \overline{V}_{AB}\underline{I}_4 = \overline{V}_{AB}\frac{\underline{V}_{AB}}{\underline{Z}_4} = \frac{V_{AB}^{\ 2}}{\underline{Z}_4} = 92{,}8330 - \mathrm{j}123{,}7773 \text{ VA}$$

le cui componenti reale ed immaginaria risultano:

$$P_{\Sigma^*} = \mathrm{Re}\left\{\overline{S}_{\Sigma^*}\right\} = 92{,}8330 \text{ W (assorbita da } \overline{Z}_4)$$

$$Q_{\Sigma^*} = \mathrm{Im}\left\{\overline{S}_{\Sigma^*}\right\} = -123{,}7773 \text{ VAr (capacitiva)}$$

La corrente $\overline{I}_2$ vale:

$$\overline{I}_2 = \frac{\overline{V}_{AB}}{\overline{Z}_2} - \overline{A} = 2,5903 - j5,5439 \text{ A}$$

mentre l'istante t^* si calcola a partire dal periodo; si ha:

$$T = 1/f = 20 \text{ ms} \Rightarrow t^* = T/5 = 4 \text{ ms}$$

La corrente $i_2(t^*)$ richiesta si ricava applicando la trasformata inversa di Kennelly-Steinmetz al fasore $\overline{I}_2$, ottenendo:

$$i_2(t^*) = \sqrt{2}\,\text{Re}\left\{\overline{I}_2 e^{j\omega t^*}\right\} = \sqrt{2}\,\text{Re}\left\{\overline{I}_2 e^{j2\pi f t^*}\right\} = 8,5885 \text{ A}$$

■

Esercizio 14-3

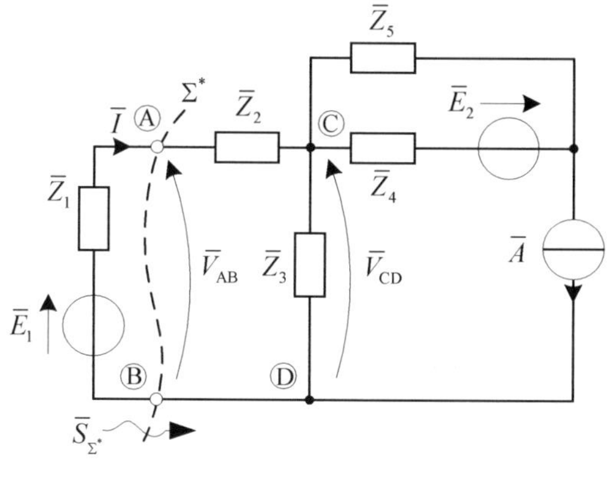

Fig. 14-3.1.

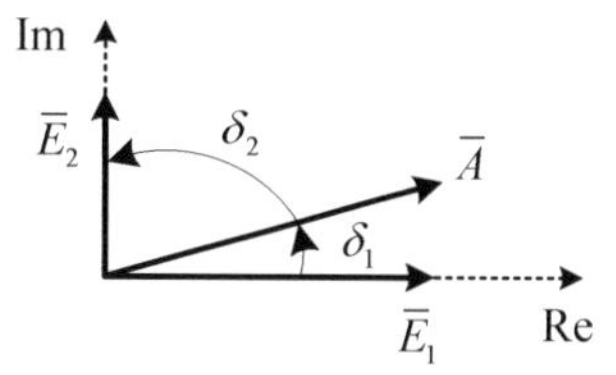

$E_1 = 20$ V	$\overline{Z}_1 = 6 + j8\ \Omega$
$E_2 = 24$ V	$\overline{Z}_2 = 9 + j4\ \Omega$
$A = 12$ A	$\overline{Z}_3 = 6 - j5\ \Omega$
$\delta_1 = \pi/6$	$\overline{Z}_4 = 11 + j9\ \Omega$
$\delta_2 = \pi/3$	$\overline{Z}_5 = 6 + j8\ \Omega$
$t^* = 3$ ms	$f = 50$ Hz

Assegnata la rete di Fig. 14-3.1, determinare il valore della potenza apparente $\overline{S}_{\Sigma^*}$ *ed il valore della corrente* i(t) *all'istante assegnato* t^*.

Per la risoluzione i procederà al calcolo della tensione $\overline{V}_{AB}$ e della corrente $\overline{I}$, dapprima mediante il circuito equivalente di Thévenin e poi mediante il corollario di Millmann. Note queste grandezze si procederà al calcolo della potenza $\overline{S}_{\Sigma^*}$.

In base al diagramma fasoriale assegnato, i fasori corrispondenti ai generatori sono:

$$\overline{E}_1 = E_1 = 20 \text{ V}$$

$$\overline{E}_2 = E_2 e^{j(\delta_1+\delta_2)} = E_2 e^{j\pi/2} = j24 \text{ V}$$

$$\overline{A} = A e^{j\delta_1} = 12 e^{j\pi/6} \text{ A}$$

Soluzione mediante l'impiego del teorema di Thévenin

Il circuito equivalente di Thévenin della rete a destra della superficie Σ^* è mostrato in Fig. 14-3.2; i relativi parametri sono:

$$\overline{E}_{TH} = -\overline{Z}_3 \overline{A} = 93,723 e^{j2,9705} \text{ V}$$

$$\overline{Z}_{TH} = \overline{Z}_2 + \overline{Z}_3 = 15 - j \ \Omega$$

pertanto la corrente attraverso il generatore di tensione $\overline{E}_1$ vale:

$$\overline{I} = \frac{\overline{E}_1 - \overline{E}_{TH}}{\overline{Z}_1 + \overline{Z}_{TH}} = 4,5871 - j2,2891 \text{ A}$$

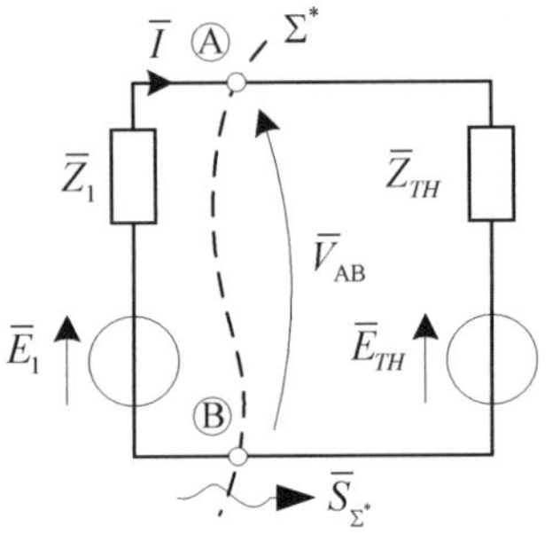

Fig. 14-3.2.

La tensione tra i morsetti A e B risulta quindi essere:

$$\overline{V}_{AB} = \overline{E}_{TH} + \overline{Z}_{TH}\overline{I} = -25,8358 - j22,9624$$

Soluzione mediante l'impiego del corollario di Millmann

Mediante il corollario di Millmann è possibile determinare la tensione tra i nodi C e D; la parte di rete comprendente i bipoli $\overline{E}_2, \overline{Z}_4$ e $\overline{Z}_5$ può essere ignorata in quanto in serie a un generatore di corrente. Tale osservazione consente di semplificare notevolmente l'espressione della tensione $\overline{V}_{CD}$ che risulta essere:

$$\overline{V}_{CD} = \frac{\overline{E}_1 / (\overline{Z}_1 + \overline{Z}_2) - \overline{A}}{1/(\overline{Z}_1 + \overline{Z}_2) + 1/\overline{Z}_3} = -76,2766 - j20,7089 \text{ V}$$

La corrente $\overline{I}$ vale quindi:

$$\overline{I} = \frac{\overline{E}_1 - \overline{V}_{CD}}{\overline{Z}_1 + \overline{Z}_2} = 4,5871 - j2,2891 \text{ A}$$

mentre la tensione $\overline{V}_{AB}$ si ottiene applicando la legge di Kirchhoff delle tensioni:

$$\overline{V}_{AB} = \overline{E}_1 - \overline{Z}_1\overline{I} = -25,8358 - j22,9624$$

Confronto tra i due metodi risolutivi, calcolo della potenza apparente e della corrente $i(t^*)$

Il corollario di Millmann consente una risoluzione rapida, grazie alla particolare configurazione della rete. Il teorema di Thévenin porta allo stesso risultato attraverso un percorso più elaborato.

La potenza richiesta può essere determinata in base alle convenzioni di segno degli utilizzatori, mostrate in Fig. 14.1.2, ed applicate alla superficie Σ^*; si ottiene allora:

$$\bar{S}_{\Sigma^*} = \bar{V}_{AB}\underline{I} = -65,9488 - j164,4732 \text{ VA}$$

Infine le componenti reale ed immaginaria della potenza $\bar{S}_{\Sigma^*}$ valgono:

$$P_{\Sigma^*} = \text{Re}\{\bar{S}_{\Sigma^*}\} = -65,9488 \text{ W (erogata dalla } \Sigma^*)$$

$$Q_{\Sigma^*} = \text{Im}\{\bar{S}_{\Sigma^*}\} = -164,4732 \text{ VAr (capacitiva)}$$

La corrente $i(t^*)$ richiesta si ricava applicando la trasformata inversa di Kennelly-Steinmetz al fasore $\bar{I}$, ottenendo:

$$i(t^*) = \sqrt{2}\,\text{Re}\{\bar{I}e^{j\omega t^*}\} = \sqrt{2}\,\text{Re}\{\bar{I}e^{j2\pi f t^*}\} = 6,4321 \text{ A}$$

■

Esercizio 14-4

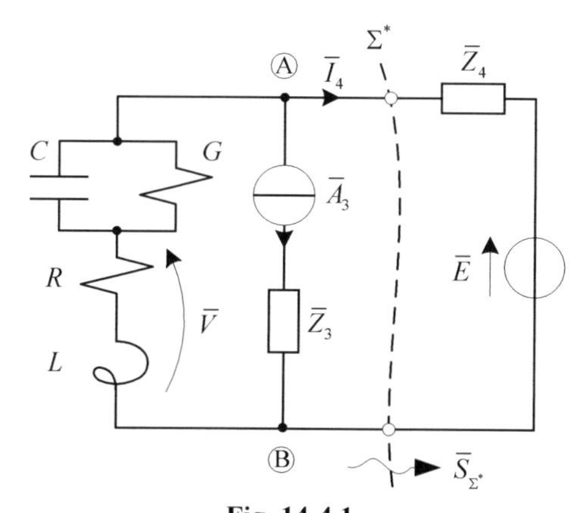

Fig. 14-4.1.

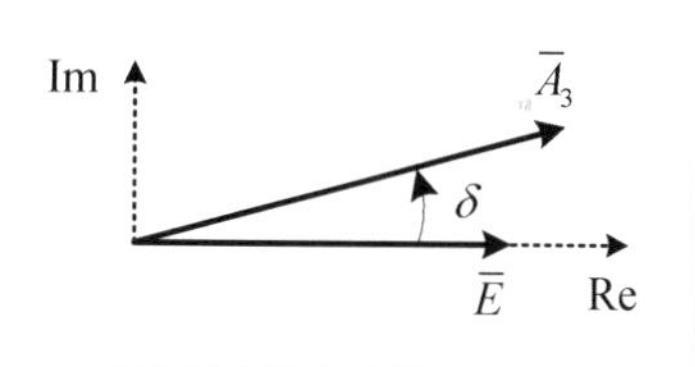

$E = 50$ V	$C = 1$ μF
$A_3 = 10$ A	$R = 10\ \Omega$
$\delta = \pi/3$	$L = 0,1$ H
$f = 50$ Hz	$\bar{Z}_3 = 4 + j2\ \Omega$
$G = 1$ S	$\bar{Z}_4 = j3\ \Omega$

Assegnata la rete di Fig. 14-4.1, si determini l'andamento temporale della tensione v(t) *e la potenza* $\bar{S}_{\Sigma^*}$.

La rete proposta risulta essere binodale, pertanto la sua risoluzione risulta agevole mediante l'impiego del corollario di Millmann.

In base al diagramma fasoriale assegnato, i fasori corrispondenti ai generatori valgono:

$$\bar{E} = 50 \ \text{V}$$

$$\bar{A}_3 = A_3 e^{j\delta} = 10 e^{j\pi/3} \ \text{A}$$

Il ramo di sinistra delle rete può essere rappresentato mediante due impedenze equivalenti poste poi in serie: un'impedenza equivalente $\bar{Z}_1$ data da:

$$\bar{Z}_1 = R + j\omega L = 10 + j31{,}4159 \ \Omega$$

ed un'impedenza equivalente parallelo $\bar{Z}_2$ di valore:

$$\bar{Z}_2 = \frac{1}{\bar{Y}_2} = \frac{1}{G + j\omega C} = 1 - j0{,}0003 \ \Omega$$

Pertanto la tensione tra i nodi A e B, che si ottiene applicando il corollario di Millmann, vale:

$$\bar{V}_{AB} = \frac{\bar{E} / \bar{Z}_4 - \bar{A}_3}{1/(\bar{Z}_1 + \bar{Z}_2) + 1/\bar{Z}_4} = 69{,}5923 - j15{,}7344 \ \text{V}$$

Il fasore $\bar{V}$, associato alla tensione richiesta v(t), si ottiene tramite la regola del partitore di tensione:

$$\bar{V} = \bar{V}_{AB} \frac{\bar{Z}_1}{\bar{Z}_1 + \bar{Z}_2} = 70{,}6701 e^{-j0{,}1937} \ \text{V}$$

ed il corrispondente andamento temporale risulta:

$$v(t) = \sqrt{2}\, \text{Re}\left\{\bar{V} e^{j2\pi f t}\right\} = 99{,}9426 \cos(314{,}1593 t - 0{,}1937) \ \text{V}$$

La corrente $\bar{I}_4$ si determina applicando la legge di Kirchhoff alla maglia:

$$\bar{I}_4 = \frac{\bar{V}_{AB} - \bar{E}}{\bar{Z}_4} = -5{,}2448 - j6{,}5307 \ \text{A}$$

In base alle convenzioni di segno degli utilizzatori mostrate in Fig. 14.1.2, la potenza $\bar{S}_{\Sigma^*}$ vale:

$$\bar{S}_{\Sigma^*} = \bar{V}_{AB} \underline{I}_4 = -262{,}2410 + j537{,}0100 \ \text{VA}$$

e le relative componenti reale ed immaginaria valgono:

$$P_{\Sigma^*} = \mathrm{Re}\left\{\overline{S}_{\Sigma^*}\right\} = -262,2410 \ \text{W (erogata da } \Sigma^*)$$

$$Q_{\Sigma^*} = \mathrm{Im}\left\{\overline{S}_{\Sigma^*}\right\} = 537,0100 \ \text{VAr (induttiva)}$$

■

Esercizio 14-5

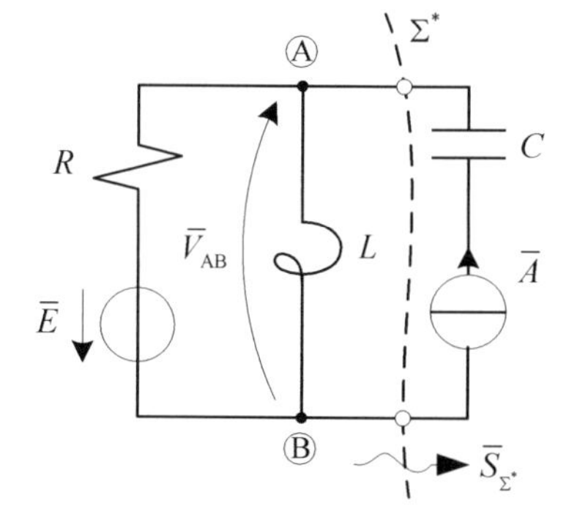

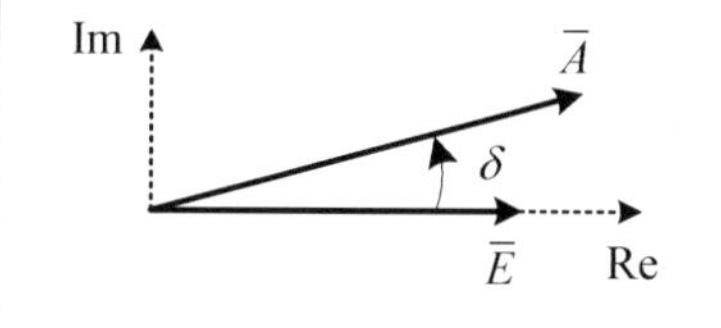

$E = 18$ V $R = 12\ \Omega$

$A = 12$ A $L = 1$ mH

$\delta = \pi/6$ $C = 1\ \mu$F

$f = 50$ Hz

Fig. 14-5.1.

Assegnata la rete di Fig. 13-5.1, determinare l'andamento temporale della tensione $v_{AB}(t)$, *la potenza* $\overline{S}_{\Sigma^*}$ e *l'angolo tra la corrente* $\overline{A}$ *e la tensione* $\overline{V}_{AB}$.

Il presente esercizio si risolve in modo analogo al precedente.

In base al diagramma fasoriale assegnato, i fasori corrispondenti al generatore di tensione ed al generatore di corrente sono:

$$\overline{E} = E = 18 \text{ V}$$

$$\overline{A} = Ae^{j\delta} = 12e^{j\pi/6} \text{ A}$$

mentre le impedenze induttiva e capacitiva valgono rispettivamente:

$$\overline{Z}_L = j\omega L = j0,3142 \ \Omega$$

$$\overline{Z}_C = \frac{1}{j\omega C} = -j3183,0989 \ \Omega$$

Applicando il corollario di Millmann, è possibile ricavare la tensione tra i nodi A e B:

$$\overline{V}_{AB} = \frac{-\overline{E}/R + \overline{A}}{1/R + 1/\overline{Z}_L} = 3,3689e^{j2,1382} \ \text{V}$$

e l'andamento temporale della tensione $v_{AB}(t)$ si ottiene applicando la trasformata inversa di Kennelly-Steinmetz (cfr. Appendice D):

$$v_{AB}(t) = \sqrt{2}\,\mathrm{Re}\left\{\overline{V}_{AB} e^{j\omega t}\right\} = \sqrt{2}\,\mathrm{Re}\left\{\overline{V}_{AB} e^{j2\pi f t}\right\} = 4{,}7643\cos(314{,}1593t + 2{,}1382)\ \ \mathrm{V}$$

La potenza apparente è richiesta entrante nella superficie Σ^*, pertanto in base alle convenzioni di segno degli utilizzatori mostrate in Fig. 14.1.2, applicate alla stessa superficie, si ha:

$$\overline{S}_{\Sigma^*} = -\overline{V}_{AB}\underline{A} = 1{,}7701 - j40{,}3880\ \ \mathrm{VA}$$

Le componenti reale ed immaginaria della potenza complessa valgono:

$$P_{\Sigma^*} = \mathrm{Re}\left\{\overline{S}_{\Sigma^*}\right\} = 1{,}7701\ \ \mathrm{W\ (assorbita\ da\ } \Sigma^*)$$

$$Q_{\Sigma^*} = \mathrm{Im}\left\{\overline{S}_{\Sigma^*}\right\} = -40{,}388\ \ \mathrm{VAr\ (capacitiva)}$$

Infine, l'angolo compreso tra i fasori $\overline{\mathrm{A}}$ e $\overline{\mathrm{V}}_{\mathrm{AB}}$ vale:

$$\vartheta = \arg\{\overline{A} \cdot \underline{V}_{AB}\} = -1{,}6146$$

■

Esercizio 14-6

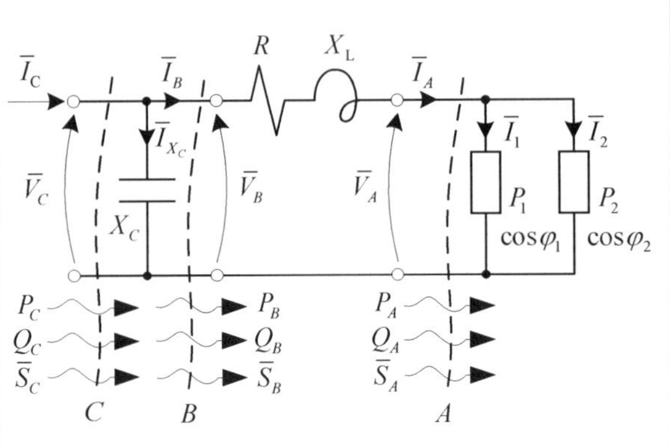

Fig. 14-6.1.

$P_1 = 1200$ W

$\cos\varphi_1 = 0{,}9$

$P_2 = 1000$ W

$\cos\varphi_2 = 0{,}8$

$V_A = 300$ V

$R = 4\ \Omega$

$X_L = 6\ \Omega$

$X_C = 5\ \Omega$

Assegnata la rete di Fig. 14-6.1, determinare i valori efficaci $\mathrm{I_A}$, $\mathrm{V_C}$ *ed* $\mathrm{I_C}$.

Il metodo tipicamente impiegato per la soluzione di reti "a scala" come quella proposta[1] si avvale dell'applicazione del corollario di Boucherot.

---

[1] Il nome deriva dalla particolare configurazione di tale tipologia di rete.

Il corollario di Boucherot si basa sul principio di conservazione delle potenze attive e reattive, e la relativa applicazione non richiede l'utilizzo del calcolo fasoriale; i calcoli vengono infatti eseguiti utilizzando i valori efficaci di tensioni e correnti, ed il modulo delle potenze apparenti. La rete si risolve per *sezioni*, partendo dal carico disposto "a valle" dell'intero circuito. I carichi sono considerati a potenza costante.

Le grandezze calcolabili ai morsetti di ingresso di ogni sezione sono:

- potenza attiva e reattiva
- il fattore di potenza "visto" ai morsetti di ingresso
- potenza apparente
- valore efficace della tensione
- valore efficace della corrente

In particolare, per le potenze, si può scrivere che:

a) La potenza *attiva in ingresso ad una generica sezione X* è data dalla *somma algebrica* delle singole potenze attive entranti nei bipoli presenti nella sezione in esame, e della potenza attiva entrante nella sezione a valle di quella in esame:

$$P_X = \sum P_{bipoli} + \sum P_{sez.valle}$$

b) La potenza *reattiva totale in ingresso ad una generica sezione X* è data dalla *somma algebrica* delle singole potenze attive entranti nei bipoli presenti nella sezione in esame, e della potenza reattiva entrante nella sezione a valle di quella in esame:

$$Q_X = \sum Q_{bipoli} + \sum Q_{sez.valle}$$

c) Il modulo della *potenza apparente in ingresso ad una generica sezione X* è data dalla seguente relazione:

$$S_X = \sqrt{P_X^{\,2} + Q_X^{\,2}}$$

Il *fattore di potenza "visto" all'ingresso di una generica sezione X* è dato dal rapporto tra potenza attiva e apparente entranti nella sezione:

$$\frac{P_X}{S_X} \triangleq \mathrm{FP}_X$$

In regime sinusoidale il fattore di potenza coincide con il coseno dell'angolo compreso tra il fasore della tensione e quello della corrente ai morsetti di ingresso della sezione in esame:

$$\frac{P_X}{S_X} \triangleq \mathrm{FP}_X = \cos\varphi_X$$

La rete assegnata in Fig. 14-6.1 è un tipico esempio di rete *a scala*, in quanto costituita da impedenze serie ed ammettenze parallelo. Sono presenti inoltre bipoli rappresentanti dei carichi; il corollario di Boucherot è il metodo comunemente utilizzato per l'analisi di questo tipo di reti, nel caso in cui si conoscano le condizioni di funzionamento della sezione finale della rete stessa.

Nel presente esercizio i bipoli costituenti i carichi sono contenuti nella sezione A, pertanto l'analisi della rete dovrà iniziare da questa sezione.

Sezione A

Grazie alla conoscenza dei valori delle potenze attive assorbite dai due carichi e dei rispettivi fattori di potenza, è possibile ricavare il valore delle potenze reattive assorbite dai carichi stessi:

$$\varphi_1 = \arccos(\cos\varphi_1) = 0,4510$$

$$\varphi_2 = \arccos(\cos\varphi_2) = 0,6435$$

$$Q_1 = P_1 \tan\varphi_1 = 581,1865 \ \text{VAr}$$

$$Q_2 = P_2 \tan\varphi_2 = 750 \ \text{VAr}$$

In base alle regole prima illustrate, le potenze attiva e reattiva e il modulo della potenza apparente assorbite alla sezione A valgono:

$$P_A = P_1 + P_2 = 2200 \ \text{W}$$

$$Q_A = Q_1 + Q_2 = 1,3312 \ \text{kVAr}$$

$$S_A = \sqrt{P_A^2 + Q_A^2} = 2,5714 \ \text{kVA}$$

mentre il valore efficace della corrente assorbita dalla sezione A risulta:

$$I_A = \frac{S_A}{V_A} = 8,5713 \ \text{A}$$

Sezione B

La corrente in ingresso alla sezione B coincide con la corrente attraverso la sezione A, pertanto per i valori efficaci si può scrivere:

$$I_B = I_A$$

Le potenze assorbite dalla resistenza R e dalla reattanza X_L valgono rispettivamente:

$$\Delta P = R I_B^2 = 293,8692 \ \text{W}$$

$$\Delta Q = X_L I_B^2 = 440,8038 \ \text{VAr}$$

pertanto le potenze entranti nella sezione B risultano:

$$P_B = P_A + \Delta P = 2,4939 \ \text{kW}$$

$$Q_B = Q_A + \Delta Q = 1,7720 \ \text{kVAr}$$

$$S_B = \sqrt{P_B^2 + Q_B^2} = 3,0593 \text{ kVA}$$

La tensione ai capi della sezione B è allora:

$$V_B = \frac{S_B}{I_B} = 356,9237 \text{ V}$$

Sezione C

Data l'assenza di elementi resistivi nella sezione C, la potenza attiva in ingresso coincide con la potenza attiva assorbita dalla sezione B:

$$P_C = P_B = 2,4939 \text{ kW}$$

Inoltre la tensione ai capi della sezione C è la stessa presente alla sezione B:

$$V_C = V_B = 356,9237 \text{ V}$$

La potenza reattiva si ottiene sommando a Q_B la potenza reattiva capacitiva, che in base alle convenzioni illustrate in Fig. 14-1.2 è negativa, e vale:

$$Q_{X_C} = -\frac{V_B^2}{X_C} = -25,4789 \text{ kVAr}$$

dunque:

$$Q_C = Q_B + Q_{X_C} = Q_B - \frac{V_B^2}{X_C} = -23,7070 \text{ kVAr}$$

La potenza apparente in ingresso alla sezione C, la corrente relativa alla capacità e la corrente ai morsetti della sezione C valgono infine:

$$S_C = \sqrt{P_C^2 + Q_C^2} = 23,8380 \text{ kVA}$$

$$I_C = \frac{S_C}{V_B} = 66,7866 \text{ A}$$

■

Esercizio 14-7

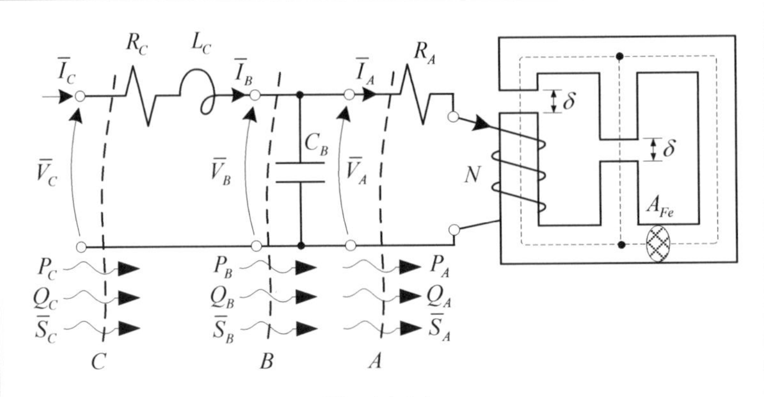

Fig. 14-7.1.

$N = 300$
$A_{Fe} = 80\ \text{cm}^2$
$\delta = 8\ \text{mm}$
$\mu_{\text{Fe}} \rightarrow \infty$
$f = 50\ \text{Hz}$
$I_A = 5\ \text{A}$
$R_A = 40\ \Omega$
$R_C = 10\ \Omega$
$L_C = 5\ \text{mH}$
$C_B = 80\ \mu\text{F}$

Assegnata la rete di Fig. 14-7.1, determinare i valori efficaci V_C *ed* I_C *ed il fattore di potenza "visto" alla sezione* C.

Il quesito si risolve mediante l'applicazione del corollario di Boucherot in modo analogo al precedente esercizio, in seguito alla determinazione dell'induttanza associata alla parte magnetica della rete.

Nella rete proposta, il carico (Sezione A) è rappresentato dall'induttanza associata al circuito magnetico (cfr. esercitazione 7). Essendo la permeabilità del tratto ferromagnetico molto maggiore di quella del vuoto, la rete magnetica è costituita dalle due riluttanze associate ai traferri, e dal generatore di forza magneto motrice, come mostrato in Fig. 14-7.2. Ciascuna riluttanza vale:

$$\vartheta_\delta = \frac{1}{\mu_0} \cdot \frac{\delta}{A_{\text{Fe}}} = 7{,}9577 \times 10^5\ \ \text{H}^{-1}$$

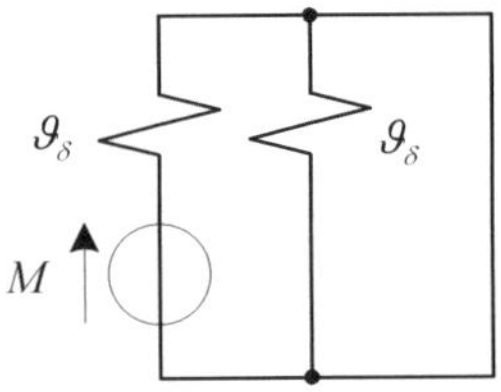

Fig. 14-7.2.

Data la presenza di un corto-circuito magnetico sul ramo a sinistra, l'induttanza "vista" ai morsetti dell'avvolgimento risulta:

$$L_A = \frac{N^2}{\vartheta_\delta} = 0{,}1131\ \ \text{H}$$

La rete assegnata assume allora la configurazione "a scala" mostrata in Fig. 14.7-3 e può essere risolta applicando il corollario di Boucherot. Le reattanze necessarie alla risoluzione del problema sono:

$$X_{LA} = 2\pi f\ L_A = 35{,}5306\ \ \Omega$$

$$X_{LC} = 2\pi f\ L_C = 1{,}5708\ \ \Omega$$

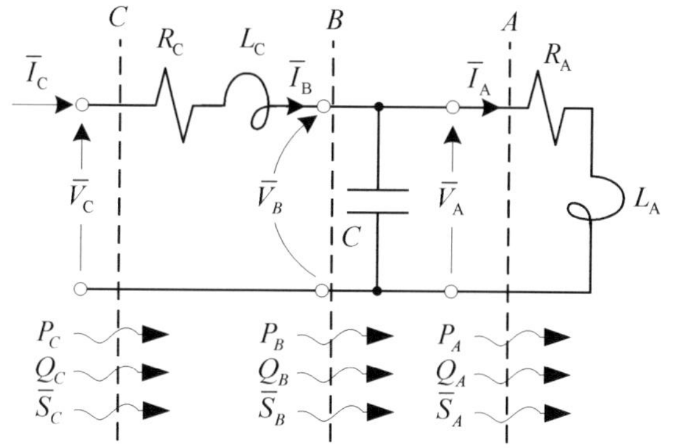

Fig. 14-7.3.

$$X_{CB} = \frac{1}{2\pi f \cdot C_B} = 39{,}7887 \ \Omega$$

Sezione A

Noto il valore efficace della corrente $\overline{I}_A$, il calcolo delle potenze e della tensione è immediato e si svolge come segue:

$$P_A = R_A I_A^2 = 1 \ \text{kW}$$

$$Q_A = X_{LA} I_A^2 = 888{,}2644 \ \text{VAr}$$

$$S_A = \sqrt{P_A^2 + Q_A^2} = 1{,}3375 \ \text{kVA}$$

$$V_A = \frac{S_A}{I_A} = 267{,}5080 \ \text{V}$$

Sezione B

Per tale sezione, la potenza attiva coincide con la potenza assorbita dalla sezione A, e la tensione alla sezione B coincide con la tensione alla sezione A; pertanto si può scrivere:

$$P_B = P_A = 1 \ \text{kW}$$

$$V_B = V_A = 267{,}5090 \ \text{V}$$

mentre la potenza reattiva, la potenza apparente ed il valore efficace della corrente $\overline{I}_B$ risultano essere:

$$Q_B = Q_A - \frac{V_B^2}{X_{CB}} = -910{,}2483 \ \text{VAr}$$

$$S_B = \sqrt{P_B^2 + Q_B^2} = 1{,}3522 \ \text{kVA}$$

$$I_B = \frac{S_B}{V_B} = 5{,}0549 \text{ A}$$

Sezione C

In questo caso la corrente $\overline{I}_C$ coincide con la corrente $\overline{I}_B$ ed il calcolo delle potenze attiva, reattiva e apparente si svolge con le regole precedentemente illustrate:

$$I_C = I_B = 5{,}0549 \text{ A}$$

$$\Delta P = R_C I_C^2 = 255{,}5252 \text{ W}$$

$$\Delta Q = X_{LC} I_C^2 = 40{,}1378 \text{ VAr}$$

$$P_C = P_B + \Delta P = 1{,}2555 \text{ kW}$$

$$Q_C = Q_B + \Delta Q = -870{,}1105 \text{ VAr}$$

$$S_C = \sqrt{P_C^2 + Q_C^2} = 1{,}5276 \text{ kVA}$$

$$V_C = \frac{S_C}{I_C} = 302{,}1907 \text{ V}$$

Infine il fattore di potenza "visto" in ingresso alla sezione C, si ottiene applicando la definizione precedentemente esposta:

$$\cos\varphi_C = \frac{P_C}{S_C} = 0{,}8219$$

■

Reti trifase

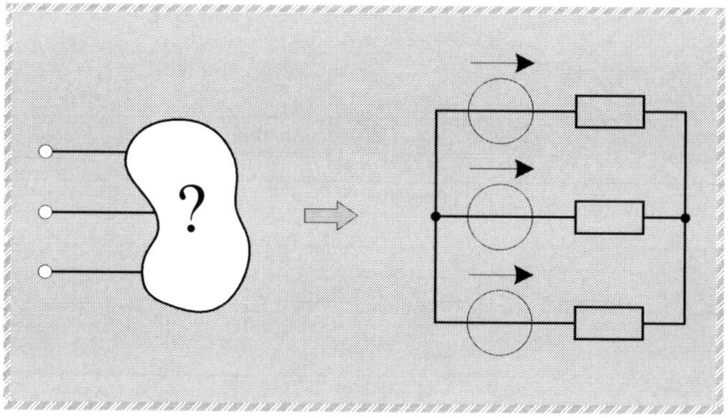

Esercizio 15-1

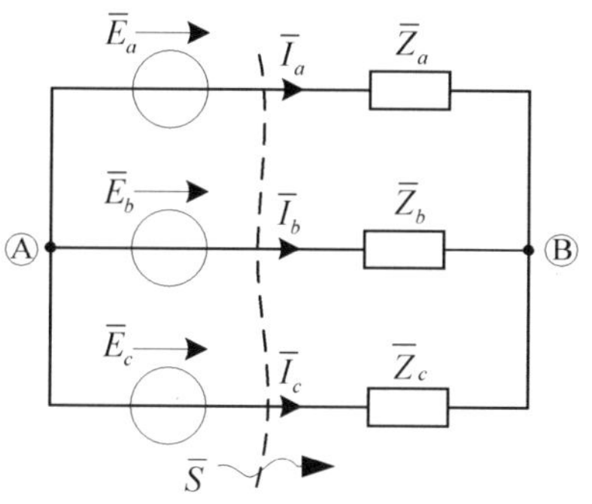

Fig. 15-1.1.

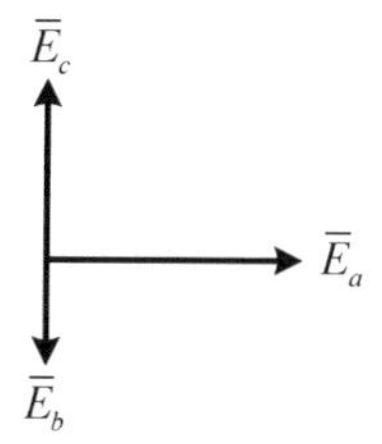

$E_a = 200$ V

$E_b = 30$ V

$E_c = 170$ V

$\overline{Z}_a = 10 + j30$ Ω

$\overline{Z}_b = 50$ Ω

$\overline{Z}_c = j80$ Ω

Assegnata la rete trifase in figura, determinare la potenza complessa $\overline{S}$ *secondo le convenzioni di segno indicate. Ricavare inoltre la potenza attiva, specificando se è assorbita o erogata dal carico, e la potenza reattiva, specificando se è induttiva o capacitiva.*

Le reti trifase possono essere risolte con tecniche analoghe a quelle impiegate, nelle esercitazioni 14 e 15, per le reti monofase

Quanto all'esercizio proposto, essendo la rete di tipo binodale, viene impiegato il corollario di Millmann per ricavare la tensione tra i morsetti A e B e quindi le correnti in ogni fase e le potenze richieste.

La rete trifase proposta costituisce, di fatto, una *maglia primitiva trifase*, il cui significato è analogo a quello della maglia primitiva introdotta per le reti in regime stazionario (cfr. esercitazione 1) ed in regime alternato monofase sinusoidale (cfr. esercitazione 13).

In base a tale considerazione, è evidente che, in particolare per i casi considerati nelle presenti note, le reti trifase possono essere risolte avvalendosi di tutte le tecniche risolutive già considerate ed impiegate nelle precedenti esercitazioni 14 e 15 per le reti monofase.

Il diagramma fasoriale assegnato non specifica quale dei fasori rappresentativi delle tensioni impresse $\overline{E}_a$, $\overline{E}_b$, $\overline{E}_c$ debba essere considerato come grandezza di riferimento. Ciò significa che è possibile scegliere come riferimento uno qualsiasi dei tre generatori; ponendo, ad esempio, il fasore $\overline{E}_a$ sull'asse reale del piano di Gauss, si ha:

$$\overline{E}_a = E_a = 200 \text{ V}$$

$$\overline{E}_b = -jE_b = -j30 \text{ V}$$

$$\bar{E}_c = jE_c = j170 \text{ V}$$

La rete proposta è di tipo binodale; la tensione fra i morsetti A e B è dunque ricavabile applicando il corollario di Millmann:

$$\bar{V}_{BA} = \frac{\bar{E}_a / \bar{Z}_a + \bar{E}_b / \bar{Z}_b + \bar{E}_c / \bar{Z}_c}{1/\bar{Z}_a + 1/\bar{Z}_b + 1/\bar{Z}_c} = 149,376 - j8,3834 \text{ V}$$

La corrente in ogni fase è ora calcolabile applicando la legge di Kirchhoff delle tensioni a ciascuna delle tre maglie presenti, ottenendo:

$$\bar{I}_a = \frac{\bar{E}_a - \bar{V}_{BA}}{\bar{Z}_a} = 0,7577 - j1,4349 \text{ A}$$

$$\bar{I}_b = \frac{\bar{E}_b - \bar{V}_{BA}}{\bar{Z}_b} = -2,9875 - j0,4323 \text{ A}$$

$$\bar{I}_c = \frac{\bar{E}_c - \bar{V}_{BA}}{\bar{Z}_c} = 2,2298 + j1,8672 \text{ A}$$

La potenza complessa relativa a ciascuna fase è calcolabile come prodotto fra la tensione di fase ed il complesso coniugato della relativa corrente (cfr. Esercitazione 14). La potenza complessa totale, secondo le convenzioni indicate in Fig. 15-1.1, è pertanto:

$$\bar{S} = \bar{E}_a \underline{I}_a + \bar{E}_b \underline{I}_b + \bar{E}_c \underline{I}_c = 481,94 + j755,67 \text{ VA}$$

La parte reale della potenza complessa corrisponde alla potenza attiva:

$$P = \text{Re}\{\bar{S}\} = 481,94 \text{ W} \quad ,$$

la quale è positiva e risulta pertanto assorbita dal carico trifase costituito dalle impedenze $\bar{Z}_a$, $\bar{Z}_b$, $\bar{Z}_c$.

La parte immaginaria della potenza complessa corrisponde alla potenza reattiva:

$$Q = \text{Im}\{\bar{S}\} = 755,67 \text{ VAr} \quad ,$$

la quale, anch'essa assorbita dal carico trifase, risulta di tipo induttivo poiché ha segno positivo. Si osservi come, nei casi semplici, il segno della potenza reattiva sia prevedibile per ispezione della rete. Nel presente caso, ad esempio, poiché le parti immaginarie delle impedenze $\bar{Z}_a$, $\bar{Z}_b$, $\bar{Z}_c$ hanno tutte segno positivo, è immediato dedurre come il carico trifase sia di tipo ohmico-induttivo e come dunque esso non possa che assorbire potenza reattiva di tipo induttivo, così come confermato dai calcoli eseguiti in precedenza.

■

Esercizio 15-2

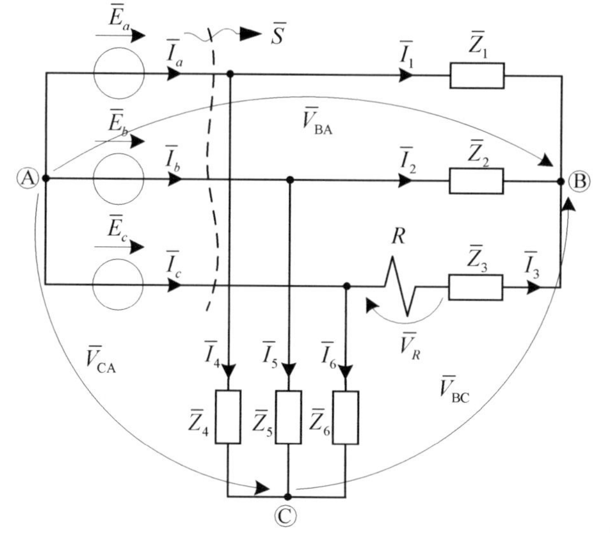

Fig. 15-2.1.

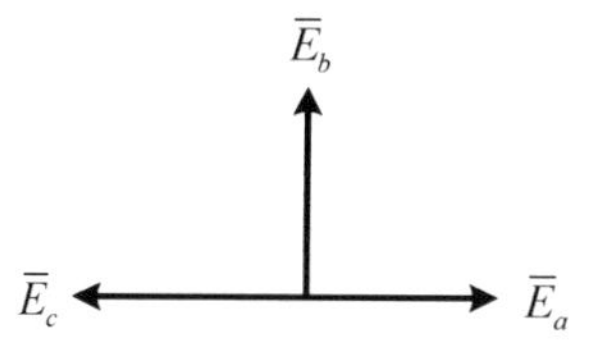

$E_a = 80$ V

$E_b = 100$ V

$E_c = 120$ V

$\overline{Z}_1 = -\mathrm{j}11\ \Omega$

$\overline{Z}_2 = 7 + \mathrm{j}12\ \Omega$

$\overline{Z}_3 = 8 - \mathrm{j}11\ \Omega$

$\overline{Z}_4 = 3 + \mathrm{j}8\ \Omega$

$\overline{Z}_5 = 4 - \mathrm{j}5\ \Omega$

$\overline{Z}_6 = \mathrm{j}9\ \Omega$

$R = 4\ \Omega$

$f = 50$ Hz

$t^* = T/4$

Assegnata la rete trifase in figura, determinare il valore della tensione $\overline{V}_{BC}$, *della tensione* $v_R(t)$ *all'istante* t^* *e della potenza* $\overline{S}$.

Come per il precedente esercizio, anche in questo caso la soluzione si avvale del corollario di Millmann, applicato a ciascuno dei due carichi in parallelo.

Scegliendo come grandezza di riferimento il fasore $\overline{E}_a$, in base al diagramma fasoriale assegnato le forzanti applicate alla rete allo studio possono essere espresse come:

$$\overline{E}_a = E_a = 80\ \text{V}$$

$$\overline{E}_b = \mathrm{j}E_b = \mathrm{j}100\ \text{V}$$

$$\overline{E}_c = -E_c = -120\ \text{V}$$

Le tensioni tra i morsetti A e B e tra i morsetti A e C sono ricavabili applicando il corollario di Millmann:

$$\overline{V}_{BA} = \frac{\overline{E}_a / \overline{Z}_1 + \overline{E}_b / \overline{Z}_2 + \overline{E}_c / \left(\overline{Z}_3 + R\right)}{1/\overline{Z}_1 + 1/\overline{Z}_2 + 1/\left(\overline{Z}_3 + R\right)} = 41,4026 + \mathrm{j}36,9127 \ \ \mathrm{V}$$

$$\overline{V}_{CA} = \frac{\overline{E}_a / \overline{Z}_4 + \overline{E}_b / \overline{Z}_5 + \overline{E}_c / \overline{Z}_6}{1/\overline{Z}_4 + 1/\overline{Z}_5 + 1/\overline{Z}_6} = -73,3541 + \mathrm{j}31,3785 \ \ \mathrm{V}$$

La tensione tra i morsetti B e C è ricavabile poi come differenza tra i due valori precedenti:

$$\overline{V}_{BC} = \overline{V}_{BA} - \overline{V}_{CA} = 147,76 + \mathrm{j}5,5342 \ \ \mathrm{V}$$

Le correnti in ciascuna delle impedenze possono essere ottenute considerando per ognuna di esse la rispettiva relazione di Ohm:

$$\overline{I}_1 = \frac{\overline{E}_a - \overline{V}_{BA}}{\overline{Z}_1} = 3,3557 + \mathrm{j}3,5089 \ \ \mathrm{A}$$

$$\overline{I}_2 = \frac{\overline{E}_b - \overline{V}_{BA}}{\overline{Z}_2} = 2,4209 + \mathrm{j}4,8624 \ \ \mathrm{A}$$

$$\overline{I}_3 = \frac{\overline{E}_c - \overline{V}_{BA}}{\overline{Z}_3 + R} = -5,7766 - \mathrm{j}8,3712 \ \ \mathrm{A}$$

$$\overline{I}_4 = \frac{\overline{E}_a - \overline{V}_{CA}}{\overline{Z}_4} = 2,8635 - \mathrm{j}18,8954 \ \ \mathrm{A}$$

$$\overline{I}_5 = \frac{\overline{E}_b - \overline{V}_{CA}}{\overline{Z}_5} = -1,2120 + \mathrm{j}15,6404 \ \ \mathrm{A}$$

$$\overline{I}_6 = \frac{\overline{E}_c - \overline{V}_{CA}}{\overline{Z}_6} = -1,6515 + \mathrm{j}2,4550 \ \ \mathrm{A}$$

Le correnti di fase, riferendosi alla notazione di Fig. 15-2.1, sono pertanto:

$$\overline{I}_a = \overline{I}_1 + \overline{I}_4 = 6,2192 - \mathrm{j}14,5866 \ \ \mathrm{A}$$

$$\overline{I}_b = \overline{I}_2 + \overline{I}_5 = 1,2089 + \mathrm{j}20,5028 \ \ \mathrm{A}$$

$$\overline{I}_c = \overline{I}_3 + \overline{I}_6 = -7,4281 - \mathrm{j}5,9162 \ \ \mathrm{A}$$

La caduta di tensione sul resistore R vale:

$$\overline{V}_R = R \cdot \overline{I}_3 = -23,1063 - \mathrm{j}33,4850 \ \ \mathrm{V} = 40,6835 e^{-\mathrm{j}2,1748} \ \ \mathrm{V}$$

La frequenza alla quale opera il circuito è 50 Hz ed il periodo è $T = 1/f = 20$ ms. Pertanto, risulta $t^* = T/4 = 5$ ms ed $\omega = 2\pi f = 314,1593$ rad/s . Il valore della tensione $v_R(t^*)$ è ricavabile applicando la trasformata inversa di Kennelly-Steinmetz (cfr. Appendice D):

$$v_R(t^*) = \sqrt{2}\,\mathrm{Re}\left\{\overline{V}_R \mathrm{e}^{\mathrm{j}\omega t^*}\right\} = \sqrt{2}\,\mathrm{Re}\left\{40{,}6835\mathrm{e}^{-\mathrm{j}2{,}1748}\cdot \mathrm{e}^{\mathrm{j}\omega t^*}\right\} = 47{,}3549\ \mathrm{V}$$

La potenza complessa richiesta si ottiene sommando le potenze complesse di ciascuna fase:

$$\overline{S} = \overline{E}_a \underline{I}_a + \overline{E}_b \underline{I}_b + \overline{E}_c \underline{I}_c = 3{,}4392 + \mathrm{j}0{,}5779\ \mathrm{kVA}$$

La parte reale della potenza complessa corrisponde alla potenza attiva:

$$P = \mathrm{Re}\left\{\overline{S}\right\} = 3{,}4392\ \mathrm{kW} \quad ,$$

la quale è positiva e dunque, secondo la convenzione assegnata, effettivamente assorbita dal carico trifase complessivo, costituito dalle impedenze $\overline{Z}_1, \ldots, \overline{Z}_6$ (o, in altri termini, tale potenza risulta erogata dal generatore trifase).

La parte immaginaria della potenza complessa corrisponde alla potenza reattiva:

$$Q = \mathrm{Im}\left\{\overline{S}\right\} = 0{,}5779\ \mathrm{kVAr} \quad ,$$

la quale, avendo segno positivo, risulta, secondo la convenzione adottata, di tipo induttivo.

■

Esercizio 15-3

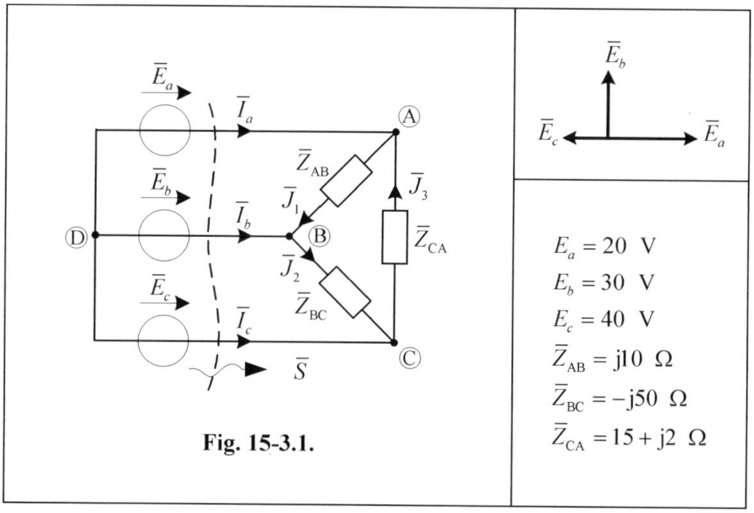

Fig. 15-3.1.

Assegnata la rete trifase in figura, determinare i fasori $\overline{\mathrm{I}}_a$, $\overline{\mathrm{I}}_b$ e $\overline{\mathrm{I}}_c$.

La soluzione del problema è ottenuta tramite due diversi approcci. Il primo si avvale della trasformazione stella-triangolo, il secondo si basa sull'impiego delle leggi di Kirchhoff delle tensioni e delle correnti.

Scegliendo come grandezza di riferimento il fasore $\overline{E}_a$, in base al diagramma fasoriale assegnato le forzanti applicate alla rete allo studio possono essere espresse come:

$$\overline{E}_a = E_a = 20 \text{ V}$$

$$\overline{E}_b = \text{j}E_b = \text{j}30 \text{ V}$$

$$\overline{E}_c = -E_c = -40 \text{ V}$$

Impiego della trasformazione stella-triangolo

Le impedenze equivalenti di ciascuna fase si ricavano in base alle regole di trasformazione stella-triangolo (cfr. esercizio 1-6):

$$\overline{Z}_\text{A} = \frac{\overline{Z}_\text{AB} \cdot \overline{Z}_\text{CA}}{\overline{Z}_\text{AB} + \overline{Z}_\text{BC} + \overline{Z}_\text{CA}} = -3,5950 + \text{j}0,8928 \ \Omega$$

$$\overline{Z}_\text{B} = \frac{\overline{Z}_\text{BC} \cdot \overline{Z}_\text{AB}}{\overline{Z}_\text{AB} + \overline{Z}_\text{BC} + \overline{Z}_\text{CA}} = 4,4937 + \text{j}11,3841 \ \Omega$$

$$\overline{Z}_\text{C} = \frac{\overline{Z}_\text{CA} \cdot \overline{Z}_\text{BC}}{\overline{Z}_\text{AB} + \overline{Z}_\text{BC} + \overline{Z}_\text{CA}} = 17,9748 - \text{j}4,4638 \ \Omega$$

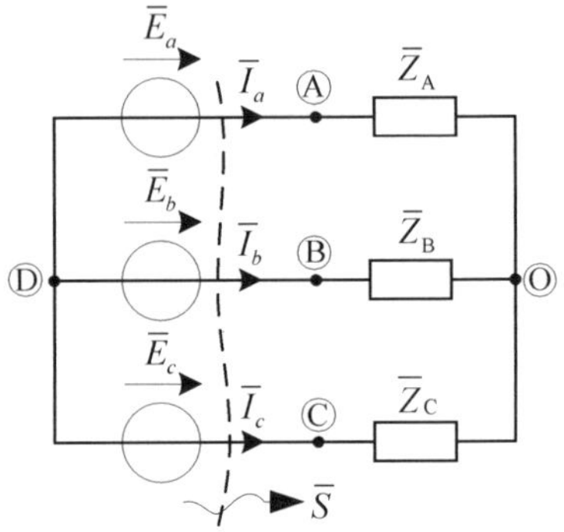

Fig. 15-3.2.

La rete ottenuta applicando tale trasformazione è mostrata in Fig. 15-3.2; si noti che la trasformazione effettutata comporta l'introduzione del nodo "fittizio" O.

Essendo tale rete di tipo binodale (i punti A, B e C non costituiscono, di fatto, dei nodi nella nuova rete considerata), la tensione tra i morsetti A e B è calcolabile applicando il corollario di Millmann:

$$\overline{V}_\text{OD} = \frac{\overline{E}_a / \overline{Z}_A + \overline{E}_b / \overline{Z}_B + \overline{E}_c / \overline{Z}_C}{1/\overline{Z}_A + 1/\overline{Z}_B + 1/\overline{Z}_C} = 21,0905 - \text{j}9,9041 \text{ V}$$

Le correnti di fase si determinano allora come:

$$\overline{I}_a = \frac{\overline{E}_a - \overline{V}_\text{OD}}{\overline{Z}_\text{A}} = 0,9301 - \text{j}2,5240 \text{ A}$$

$$\overline{I}_b = \frac{\overline{E}_b - \overline{V}_\text{OD}}{\overline{Z}_\text{B}} = 2,4 + \text{j}2,8 \text{ A}$$

$$\overline{I}_c = \frac{\overline{E}_c - \overline{V}_\text{OD}}{\overline{Z}_\text{C}} = -3,3301 - \text{j}0,2760 \text{ A}$$

Impiego delle leggi di Kirchhoff delle tensioni e delle correnti

Considerando la scrittura delle leggi di Kirchhoff delle correnti a ciascuno dei nodi A, B, C della rete proposta ed indicando con $\overline{J}_1$, $\overline{J}_2$ e $\overline{J}_3$ le correnti circolanti "all'interno" del carico a triangolo costituito dalle impedenze $\overline{Z}_{AB}$, $\overline{Z}_{BC}$ e $\overline{Z}_{CA}$, si ottiene:

$$\overline{J}_1 = \frac{\overline{E}_a - \overline{E}_b}{\overline{Z}_{AB}} = -3 - j2 \text{ A}$$

$$\overline{J}_2 = \frac{\overline{E}_b - \overline{E}_c}{\overline{Z}_{BC}} = -0,6 + j0,8 \text{ A}$$

$$\overline{J}_3 = \frac{\overline{E}_c - \overline{E}_a}{\overline{Z}_{CA}} = -2,8821 + j1,6157 \text{ A}$$

Riferendosi alla notazione di Fig. 15-2.1, le correnti di ciascuna fase risultano dunque essere:

$$\overline{I}_a = \overline{J}_1 - \overline{J}_3 = 0,9301 - j2,5240 \text{ A}$$

$$\overline{I}_b = \overline{J}_2 - \overline{J}_1 = 2,4 + j2,8 \text{ A}$$

$$\overline{I}_c = \overline{J}_3 - \overline{J}_2 = -3,3301 - j0,2760 \text{ A}$$

correttamente coincidenti con quelle ricavate con il metodo precedente.

Si noti che nel caso del presente esercizio l'applicazione del secondo metodo risolutivo è sicuramente preferibile perchè più immediato.

■

Esercizio 15-4

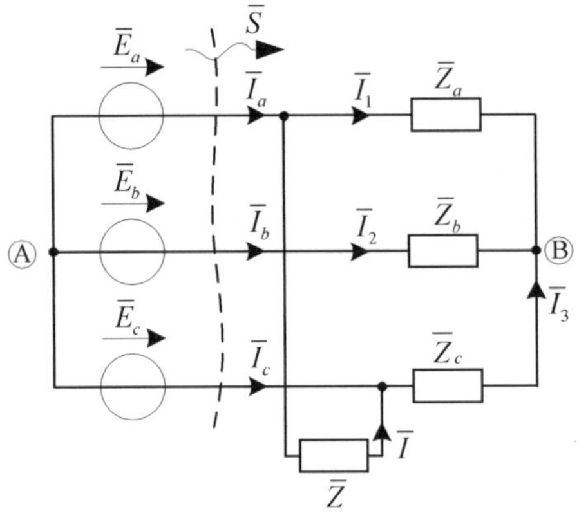

Fig. 15-4.1.

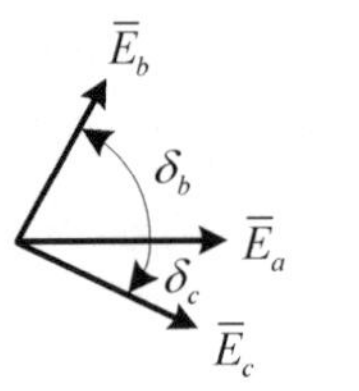

$E_a = E_b = E_c = 80$ V
$\delta_b = \pi/3$
$\delta_c = \pi/6$
$\overline{Z}_a = 4 + \mathrm{j}8\ \Omega$
$\overline{Z}_b = 5 + \mathrm{j}13\ \Omega$
$\overline{Z}_c = 8 - \mathrm{j}2\ \Omega$
$\overline{Z} = 10 - \mathrm{j}20\ \Omega$

Assegnata la rete trifase in figura, determinare le correnti $\overline{I}_a$, $\overline{I}_b$ e $\overline{I}_c$ *e la potenza complessa* $\overline{S}$.

La soluzione ai quesiti proposti viene ottenuta procedendo in modo analogo a quanto fatto per i precedenti esercizi. Tale procedura richiede l'applicazione del corollario di Millmann e, per il calcolo della potenza richiesta, del teorema di Aron.

Scegliendo come grandezza di riferimento il fasore $\overline{E}_a$, in base al diagramma fasoriale assegnato le forzanti applicate alla rete allo studio possono essere espresse come:

$$\overline{E}_a = E_a = 80 \text{ V}$$

$$\overline{E}_b = E_b e^{\mathrm{j}\delta b} = 80 e^{\mathrm{j}\pi/3} \text{ V}$$

$$\overline{E}_c = E_c e^{-\mathrm{j}\delta c} = 80 e^{-\mathrm{j}\pi/6} \text{ V}$$

La tensione tra i morsetti A e B si determina applicando il corollario di Millmann, tenendo conto che, come noto dalla Teoria, tale calcolo non è influenzato dalla presenza dell'impedenza $\overline{Z}$:

$$\overline{V}_{\mathrm{BA}} = \frac{\overline{E}_a / \overline{Z}_a + \overline{E}_b / \overline{Z}_b + \overline{E}_c / \overline{Z}_c}{1/\overline{Z}_a + 1/\overline{Z}_b + 1/\overline{Z}_c} = 93,4638 + \mathrm{j}6,7083 \text{ V}$$

Le correnti in ogni impedenza possono essere ottenute considerando, per ciascuna di esse, la rispettiva relazione di Ohm:

$$\bar{I}_1 = \frac{\bar{E}_a - \bar{V}_{\mathrm{BA}}}{\bar{Z}_a} = -1{,}3440 + \mathrm{j}1{,}0110 \ \ \mathrm{A}$$

$$\bar{I}_2 = \frac{\bar{E}_b - \bar{V}_{\mathrm{BA}}}{\bar{Z}_b} = 2{,}8152 + \mathrm{j}5{,}1954 \ \ \mathrm{A}$$

$$\bar{I}_3 = \frac{\bar{E}_c - \bar{V}_{\mathrm{BA}}}{\bar{Z}_c} = -1{,}4711 - \mathrm{j}6{,}2063 \ \ \mathrm{A}$$

$$\bar{I} = \frac{\bar{E}_a - \bar{E}_c}{\bar{Z}} = -1{,}3856 + \mathrm{j}1{,}2287 \ \mathrm{A}$$

Applicando la legge di Kirchhoff delle correnti, le correnti di fase sono dunque:

$$\bar{I}_a = \bar{I}_1 + \bar{I} = -2{,}7297 + \mathrm{j}2{,}2397 \ \ \mathrm{A}$$

$$\bar{I}_b = \bar{I}_2 = 2{,}8152 + \mathrm{j}5{,}1954 \ \ \mathrm{A}$$

$$\bar{I}_c = \bar{I}_3 - \bar{I} = -0{,}0855 - \mathrm{j}7{,}4350 \ \ \mathrm{A}$$

Il teorema di Aron consente di determinare la potenza complessa indicata in Fig. 15-4.1 in base alla conoscenza di due tensioni concatenate e di due correnti. Nel caso specifico, si sceglie di considerare le correnti $\bar{I}_a$ e $\bar{I}_b$ e le seguenti tensioni concatenate:

$$\bar{V}_{ac} = \bar{E}_a - \bar{E}_c = 10{,}7180 + \mathrm{j}40 \ \ \mathrm{V}$$

$$\bar{V}_{bc} = \bar{E}_b - \bar{E}_c = -29{,}282 + \mathrm{j}109{,}282 \ \ \mathrm{V}$$

La potenza complessa vale dunque:

$$\bar{S} = \bar{V}_{ac}\underline{I}_a + \bar{V}_{bc}\underline{I}_b = 545{,}66 + \mathrm{j}326{,}59 \ \ \mathrm{VA}$$

e le corrispondenti potenze attiva e reattiva risultano essere:

$$P = \mathrm{Re}\{\bar{S}\} = 545{,}66 \ \ \mathrm{W} \ \ \text{(Assorbiti dal carico complessivo)}$$

$$Q = \mathrm{Im}\{\bar{S}\} = 326{,}59 \ \ \mathrm{VAr} \ \ \text{(Induttivi, assorbiti dal carico complessivo)}$$

in cui il carico trifase complessivo è da intendersi come costituito dalle impedenze $\bar{Z}_a$, $\bar{Z}_b$, $\bar{Z}_c$ e $\bar{Z}$.

■

Esercizio 15-5

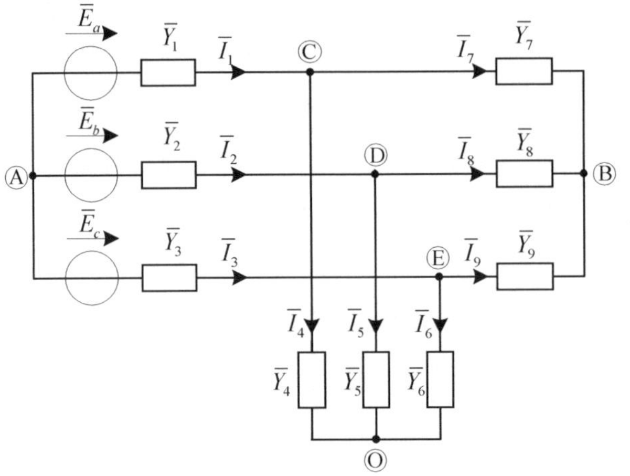

Fig. 15-5.1.

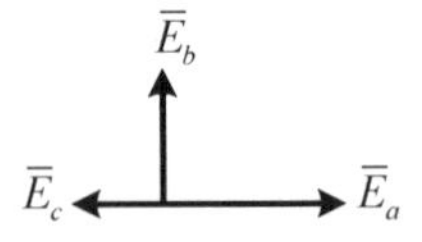

$E_a = E_b = E_c = 150\ \text{V}$

$\overline{Y}_1 = 4 + \text{j}3\ \text{S}$

$\overline{Y}_2 = 8 - \text{j}2\ \text{S}$

$\overline{Y}_3 = \text{j}5\ \text{S}$

$\overline{Y}_4 = -\text{j}5\ \text{S}$

$\overline{Y}_5 = 6 + \text{j}14\ \text{S}$

$\overline{Y}_6 = 3 - \text{j}8\ \text{S}$

$\overline{Y}_7 = 12\ \text{S}$

$\overline{Y}_8 = 1 + \text{j}8\ \text{S}$

$\overline{Y}_9 = 10 + \text{j}10\ \text{S}$

Assegnata la rete trifase di figura, determinare tutti i fasori associati alle correnti indicate.

Poiché viene richiesto il calcolo delle correnti relative a tutti i lati della rete proposta, la soluzione dell'esercizio viene ottenuta applicando uno dei metodi già considerati in precedenza per la soluzione di reti non elementari (cfr esercitazione 3). In particolare, si sceglie di applicare il metodo dei potenziali indipendenti (cfr. esercizio 3-4).

Scegliendo come grandezza di riferimento il fasore $\overline{E}_a$, in base al diagramma fasoriale assegnato le forzanti applicate alla rete allo studio possono essere espresse come:

$$\overline{E}_a = E_a = 150\ \text{V}$$

$$\overline{E}_b = \text{j}E_b = \text{j}150\ \text{V}$$

$$\overline{E}_c = -E_c = -150\ \text{V}$$

Poiché il metodo dei potenziali indipendenti richiede che ciascun lato della rete allo studio venga formulato in formulazione parallelo, i lati di tipo serie costituiti dai generatori di tensione $\overline{E}_a$, $\overline{E}_b$ e $\overline{E}_c$ e dalle ammettenze $\overline{Y}_1$, $\overline{Y}_2$ e $\overline{Y}_3$ vengono sostituiti dai rispettivi equivalenti in formulazione parallelo, come mostrato in Fig. 15-5.2. I generatori di corrente si determinano come:

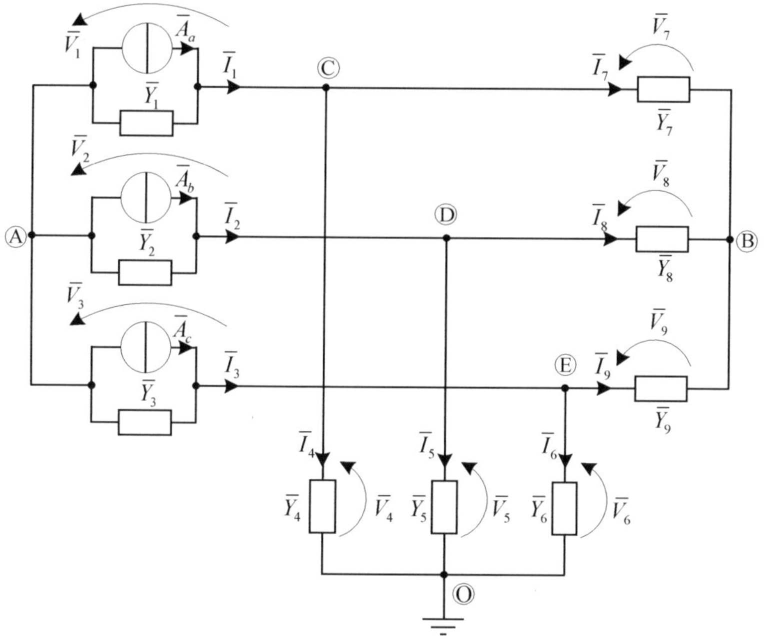

Fig. 15-5.2.

$$\overline{A}_a = \overline{Y}_1 \overline{E}_a = 600 + \text{j}450 \;\; \text{A}$$

$$\overline{A}_b = \overline{Y}_2 \overline{E}_b = 300 + \text{j}1200 \;\; \text{A}$$

$$\overline{A}_c = \overline{Y}_3 \overline{E}_c = -\text{j}750 \;\; \text{A}$$

La rete viene risolta ordinando i nodi come indicato in Fig. 15-5.3. La rete allo studio è caratterizzata da ℓ=9 lati, n=6 nodi, p=n–1=5 nodi indipendenti ed m= ℓ–p=4 maglie indipendenti. Il vettore delle tensioni riscritto in funzione dei potenziali indipendenti porge:

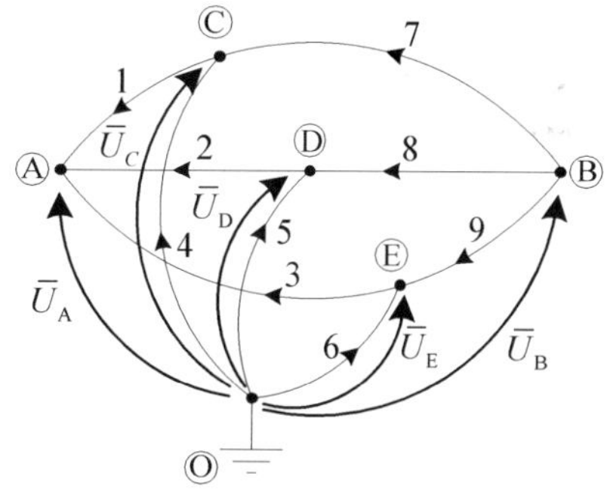

Fig. 15-5.3.

$$\left[\overline{V}\right] = \begin{bmatrix} \overline{V}_1 \\ \overline{V}_2 \\ \overline{V}_3 \\ \overline{V}_4 \\ \overline{V}_5 \\ \overline{V}_6 \\ \overline{V}_7 \\ \overline{V}_8 \\ \overline{V}_9 \end{bmatrix} = \left[\overline{B}\right]\left[\overline{U}\right] = \begin{bmatrix} 1 & 0 & -1 & 0 & 0 \\ 1 & 0 & 0 & -1 & 0 \\ 1 & 0 & 0 & 0 & -1 \\ 0 & 0 & 1 & 0 & 0 \\ 0 & 0 & 0 & 1 & 0 \\ 0 & 0 & 0 & 0 & 1 \\ 0 & -1 & 1 & 0 & 0 \\ 0 & -1 & 0 & 1 & 0 \\ 0 & -1 & 0 & 0 & 1 \end{bmatrix} \begin{bmatrix} \overline{U}_A \\ \overline{U}_B \\ \overline{U}_C \\ \overline{U}_D \\ \overline{U}_E \end{bmatrix}$$

La matrice delle ammettenze, ricavabile per ispezione, vale:

$$[\overline{Y}]=\begin{bmatrix} \overline{Y}_1+\overline{Y}_2+\overline{Y}_3 & 0 & -\overline{Y}_1 & -\overline{Y}_2 & -\overline{Y}_3 \\ 0 & \overline{Y}_7+\overline{Y}_8+\overline{Y}_9 & -\overline{Y}_7 & -\overline{Y}_8 & -\overline{Y}_9 \\ -\overline{Y}_1 & -\overline{Y}_7 & \overline{Y}_1+\overline{Y}_4+\overline{Y}_7 & 0 & 0 \\ -\overline{Y}_2 & -\overline{Y}_8 & 0 & \overline{Y}_2+\overline{Y}_5+\overline{Y}_8 & 0 \\ -\overline{Y}_3 & -\overline{Y}_9 & 0 & 0 & \overline{Y}_3+\overline{Y}_6+\overline{Y}_9 \end{bmatrix}=$$

$$=\begin{bmatrix} 12+\text{j}6 & 0 & -4-\text{j}3 & -8+\text{j}2 & -\text{j}5 \\ 0 & 23+\text{j}18 & -12 & -1-\text{j}8 & -10-\text{j}10 \\ -4-\text{j}3 & -12 & 16-\text{j}2 & 0 & 0 \\ -8+\text{j}2 & -1-\text{j}8 & 0 & 15+\text{j}20 & 0 \\ -\text{j}5 & -10-\text{j}10 & 0 & 0 & 13+\text{j}7 \end{bmatrix}\ \text{S}$$

Le correnti interne valgono:

$$[\overline{\alpha}]=\begin{bmatrix} -\overline{A}_a-\overline{A}_b-\overline{A}_c \\ 0 \\ \overline{A}_a \\ \overline{A}_b \\ \overline{A}_c \end{bmatrix}=\begin{bmatrix} -900-\text{j}900 \\ 0 \\ 600+\text{j}450 \\ 300+\text{j}1200 \\ -\text{j}750 \end{bmatrix}\ \text{A}$$

Si ricavano infine i fasori delle tensioni di lato:

$$[\overline{V}]=\begin{bmatrix} \overline{V}_1 \\ \overline{V}_2 \\ \overline{V}_3 \\ \overline{V}_4 \\ \overline{V}_5 \\ \overline{V}_6 \\ \overline{V}_7 \\ \overline{V}_8 \\ \overline{V}_9 \end{bmatrix}=[\overline{B}][\overline{Y}]^{-1}[\overline{\alpha}]=\begin{bmatrix} -89,2758-\text{j}42,5724 \\ -59,1182-\text{j}41,8753 \\ -49,0235+\text{j}22,7837 \\ 93,0921+\text{j}23,0385 \\ 62,9346+\text{j}22,3414 \\ 52,8398-\text{j}42,3176 \\ 21,2851+\text{j}39,7786 \\ -8,8724+\text{j}39,0815 \\ -18,9672-\text{j}25,5774 \end{bmatrix}\ \text{V}$$

da cui le correnti nelle ammettenze risultano essere:

$$\overline{I}_1=\overline{Y}_1\overline{V}_1+\overline{A}_a=370,61+\text{j}11,88\ \text{A}$$

$$\overline{I}_2=\overline{Y}_2\overline{V}_2+\overline{A}_b=-256,7+\text{j}983,23\ \text{A}$$

$$\overline{I}_3=\overline{Y}_3\overline{V}_3+\overline{A}_c=-113,92-\text{j}995,12\ \text{A}$$

$$\overline{I}_4=\overline{Y}_4\overline{V}_4=115,19-\text{j}465,46\ \text{A}$$

$$\overline{I}_5 = \overline{Y}_5\overline{V}_5 = 64,83 + \mathrm{j}1015,1 \text{ A}$$

$$\overline{I}_6 = \overline{Y}_6\overline{V}_6 = -180,02 - \mathrm{j}549,67 \text{ A}$$

$$\overline{I}_7 = \overline{Y}_7\overline{V}_7 = 255,42 + \mathrm{j}477,34 \text{ A}$$

$$\overline{I}_8 = \overline{Y}_8\overline{V}_8 = -321,52 - \mathrm{j}31,9 \text{ A}$$

$$\overline{I}_9 = \overline{Y}_9\overline{V}_9 = 66,1 - \mathrm{j}445,45 \text{ A}$$

■

Esercizio 15-6

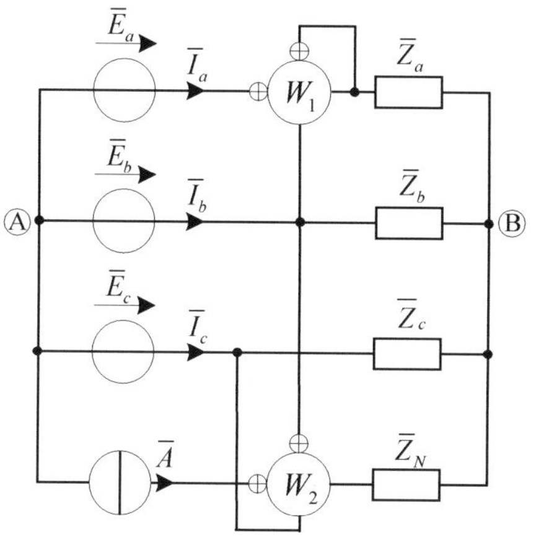

Fig. 15-6.1.

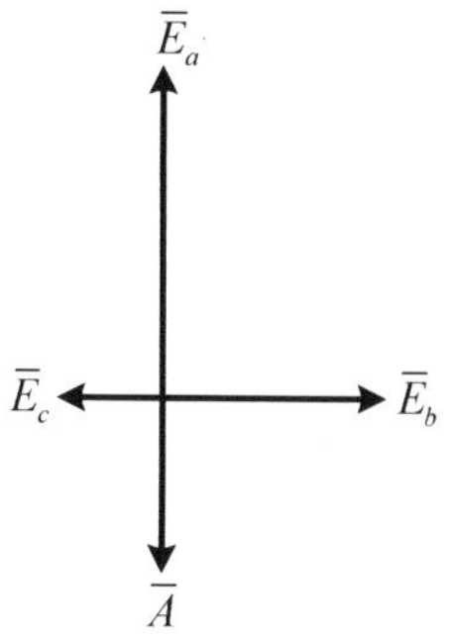

$E_a = 80$ V

$E_b = 12$ V

$E_c = 30$ V

$A = 12$ A

$\overline{Z}_a = 4 + \mathrm{j}16\ \Omega$

$\overline{Z}_b = 8 + \mathrm{j}9\ \Omega$

$\overline{Z}_c = 11 - \mathrm{j}4\ \Omega$

$\overline{Z}_N = \mathrm{j}6\ \Omega$

Assegnata la rete trifase in figura, determinare le potenze P_{w1} *e* P_{w2} *misurate dai wattmetri* W_1 *e* W_2 *rispettivamente.*

La risposta al quesito proposto richiede l'applicazione del corollario di Millmann; in particolare, il calcolo delle correnti e delle tensioni misurate dai wattmetri consente di calcolare le potenze richieste.

Scegliendo come grandezza di riferimento il fasore $\overline{E}_a$, in base al diagramma fasoriale assegnato le forzanti applicate alla rete allo studio possono essere espresse come:

$$\overline{E}_a = \mathrm{j}E_a = \mathrm{j}80 \ \text{V}$$

$$\overline{E}_b = E_b = 12 \ \text{V}$$

$$\overline{E}_c = -E_c = -30 \ \text{V}$$

$$\overline{A} = -\mathrm{j}A = -\mathrm{j}12 \ \text{A}$$

Poiché la rete è di tipo binodale, la tensione tra i morsetti A e B può essere calcolata impiegando il corollario di Millmann:

$$\overline{V}_{\text{BA}} = \frac{\overline{E}_a / \overline{Z}_a + \overline{E}_b / \overline{Z}_b + \overline{E}_c / \overline{Z}_c + \overline{A}}{1/\overline{Z}_a + 1/\overline{Z}_b + 1/\overline{Z}_c} = 51,2155 - \mathrm{j}51,5975 \ \text{V}$$

Il wattmetro W_2 è connesso in serie al generatore di corrente $\overline{A}$. Pertanto, la potenza P_{w2} è immediatamente calcolabile e vale:

$$P_{w2} = \text{Re}\left\{(\overline{E}_b - \overline{E}_c)\underline{A}\right\} = 0 \ \text{W} \quad ,$$

la quale è nulla in quanto la corrente e la tensione misurate sono sfasate fra loro di $\pi/2$ e forniscono pertanto una potenza puramente reattiva.

La corrente attraverso il wattmetro W_1 è:

$$\overline{I}_1 = \frac{\overline{E}_a - \overline{V}_{\text{BA}}}{\overline{Z}_a} = 6,9879 + \mathrm{j}4,9477 \ \text{A}$$

e la potenza attiva da esso misurata vale:

$$P_{w1} = \text{Re}\left\{(\overline{E}_a - \overline{E}_b)\underline{I}_1\right\} = 311,9609 \ \text{W}$$

■

Esercizio 15-7

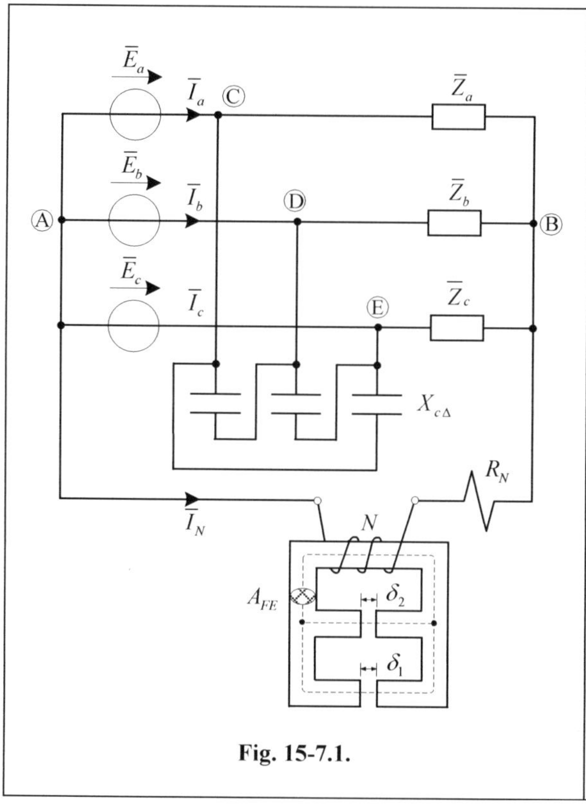

Fig. 15-7.1.

Assegnata la rete trifase in figura, calcolare i fasori delle correnti di fase $\overline{I}_a$, $\overline{I}_b$, $\overline{I}_c$ *e quello della corrente* $\overline{I}_N$ *che circola nel filo neutro.*

Dopo aver calcolato la reattanza corrispondente alla parte magnetica del circuito, la risposta al quesito si ottiene applicando il corollario di Millman, che consente di determinare tutte le grandezze di rete.

Il dispositivo magnetico presente nella rete proposta, posto sul filo neutro, è rivedibile, da parte dell'intera rete, come un carico puramente induttivo, la cui reattanza è da calcolarsi. La rete magnetica ad esso associata è rappresentata in Fig. 15-7.2, in cui, data la condizione assegnata riguardo ai valori di permeabilità magnetica, sono presenti le sole riluttanze di traferro, di valore:

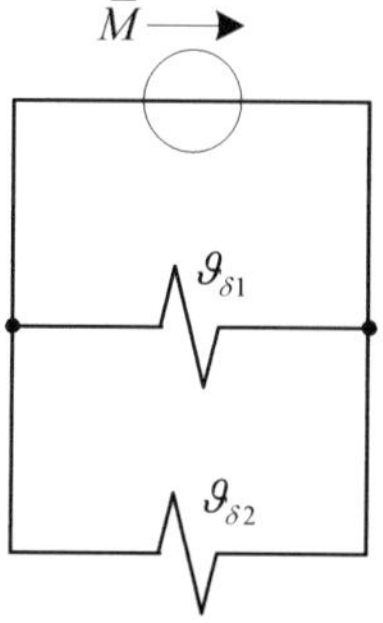

Fig. 15-7.2.

$$\vartheta_{\delta 1} = \frac{1}{\mu_0} \cdot \frac{\delta_1}{A_{Fe}} = 2,3873 \times 10^5\ \ \text{H}^{-1}$$

$$\vartheta_{\delta 2} = \frac{1}{\mu_0} \cdot \frac{\delta_2}{A_{Fe}} = 6,3662 \times 10^5 \ \ \mathrm{H^{-1}}$$

Poiché la riluttanza equivalente vale:

$$\vartheta_{eq} = \frac{\vartheta_{\delta 1} \cdot \vartheta_{\delta 2}}{\vartheta_{\delta 1} + \vartheta_{\delta 2}} = 1,7362 \times 10^5 \ \ \mathrm{H^{-1}} \quad ,$$

l'induttanza equivalente è:

$$L = \frac{N^2}{\vartheta_{eq}} = 0,0576 \ \ \mathrm{H} \quad ,$$

nota la quale è possibile ricavare la reattanza "vista" dall'intera rete trifase come:

$$X_N = \omega L = 2\pi f L = 18,0943 \ \ \Omega$$

L' impedenza totale del filo neutro è quindi:

$$\overline{Z}_N = R_N + \mathrm{j}X_N = 12 + \mathrm{j}18,0943 \ \ \Omega$$

È possibile trasformare il triangolo costituto dalle reattanze capacitive in una stella equivalente. Ne risulta la rete mostrata in Fig. 15-7.3; l'espressione della reattanza di ogni ramo della stella equivalente risulta essere, in base alle regole riportate in Fig. 1-6.2:

$$X_{C\lambda} = \frac{1}{3} X_{C\Delta} = 110 \ \ \Omega$$

Attraverso tale trasformazione la rete iniziale diviene quella riportata in Fig. 15-7.3. Essa è risolvibile applicando la procedura "classica" per le reti trifase.

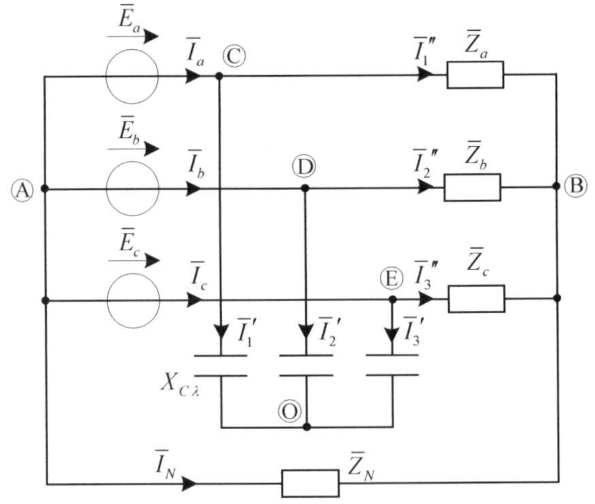

Fig. 15-7.3.

Scegliendo come grandezza di riferimento il fasore $\overline{E}_a$, in base al diagramma fasoriale assegnato le forzanti applicate alla rete allo studio possono essere espresse come:

$$\overline{E}_a = E_a = 230 \ \ \text{V}$$

$$\overline{E}_b = E_b e^{j2/3\pi} = 230 e^{\mathrm{j}2/3\pi} \ \ \text{V}$$

$$\overline{E}_c = E_c e^{-j2/3\pi} = 230 e^{-\mathrm{j}2/3\pi} \ \ \text{V}$$

Essendo la rete equivalente di Fig. 15-7.3 di tipo binodale, la tensione tra i morsetti A e B è calcolabile mediante il corollario di Millmann; si ottiene così:

$$\overline{V}_{\text{BA}} = \frac{\overline{E}_a / \overline{Z}_a + \overline{E}_b / \overline{Z}_b + \overline{E}_c / \overline{Z}_c}{1/\overline{Z}_a + 1/\overline{Z}_b + 1/\overline{Z}_c + 1/\overline{Z}_N} = -25{,}8475 + \mathrm{j}6{,}6124 \ \text{V}$$

Le correnti circolanti nelle impedenze mostrate in Fig. 15-7.3 sono (si noti che, data la simmetria della stella di impedenze $-\mathrm{j}X_{c\lambda}$, si ha $\overline{V}_{\text{OA}} = 0$):

$$\overline{I}_1'' = \frac{\overline{E}_a - \overline{V}_{\text{BA}}}{\overline{Z}_a} = 50{,}5083 - \mathrm{j}26{,}9072 \ \ \text{A}$$

$$\overline{I}_2'' = \frac{\overline{E}_b - \overline{V}_{\text{BA}}}{\overline{Z}_b} = -37{,}0878 + \mathrm{j}29{,}5994 \ \ \text{A}$$

$$\overline{I}_3'' = \frac{\overline{E}_c - \overline{V}_{\text{BA}}}{\overline{Z}_c} = -13{,}8246 - \mathrm{j}1{,}5317 \ \ \text{A}$$

$$\overline{I}_1' = \frac{\overline{E}_a}{-\mathrm{j}X_{c\lambda}} = \mathrm{j}2{,}0909 \ \ \text{A}$$

$$\overline{I}_2' = \frac{\overline{E}_b}{-\mathrm{j}X_{c\lambda}} = -1{,}8108 - \mathrm{j}1{,}0455 \ \ \text{A}$$

$$\overline{I}_3' = \frac{\overline{E}_c}{-\mathrm{j}X_{c\lambda}} = -1{,}8108 + \mathrm{j}1{,}0455 \ \ \text{A}$$

e la corrente di neutro vale:

$$\overline{I}_N = -\frac{\overline{V}_{\text{BA}}}{\overline{Z}_N} = 0{,}4042 - \mathrm{j}1{,}1605 \ \ \text{A}$$

Le correnti attraverso i generatori si ottengono applicando la legge di Kirchhoff delle correnti ai nodi C, D ed E:

$$\overline{I}_a = \overline{I}_1' + \overline{I}_1'' = 50{,}5083 - \mathrm{j}24{,}8163 \ \text{A}$$

$$\overline{I}_b = \overline{I}_2' + \overline{I}_2'' = -38{,}8986 + \mathrm{j}28{,}5540 \ \ \text{A}$$

$$\overline{I}_c = \overline{I}_3' + \overline{I}_3'' = -12,0138 - \text{j}2,5772 \text{ A}$$

La correttezza dei calcoli effettuati si può infine valutare verificando le leggi delle correnti al nodo A:

$$\overline{I}_a + \overline{I}_b + \overline{I}_c = -\overline{I}_N$$

ed al nodo B:

$$\overline{I}_1'' + \overline{I}_2'' + \overline{I}_3'' = -\overline{I}_N$$

■

Esercizio 15-8

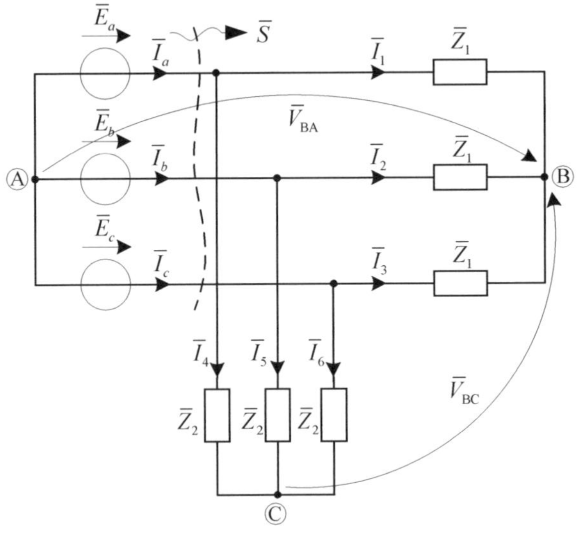

Fig. 15-8.1.

$$\overline{E}_a = 230 \text{ V}$$
$$\overline{E}_b = \overline{\alpha}^2 \cdot \overline{E}_a$$
$$\overline{E}_c = \overline{\alpha} \cdot \overline{E}_a$$
$$\overline{Z}_1 = 20 + \text{j}20 \ \Omega$$
$$\overline{Z}_2 = 30 - \text{j}15 \ \Omega$$

Assegnata la rete trifase in figura, dove con $\overline{\alpha}$ *è stato indicato l'operatore di Fortescue, determinare i valori di tutte le correnti indicate e della potenza* $\overline{S}$.

La rete proposta è simmetrica nelle tensioni ed equilibrata nelle correnti, dunque può essere risolta con il metodo della rete monofase equivalente. Per completezza essa verrà anche risolta avvalendosi del corollario di Millmann, così da poter effettuare un confronto fra i due metodi risolutivi.

Ricordando il significato dell'operatore di Fortescue $\overline{\alpha}$ (cfr. l'Appendice D), si nota come la rete proposta in Fig. 15-8.1 risulti essere simmetrica nelle tensioni. Osservando inoltre che i due carichi trifase sono composti da terne di impedenze identiche fra di loro, si conclude anche che la rete è equilibrata nelle correnti. In base a tali considerazioni essa può dunque essere risolta con il metodo del circuito monofase equivalente.

Risoluzione con la rete monofase equivalente

Per il tracciamento della rete monofase equivalente è necessario ricordare che:

- Le potenze attiva, reattiva ed apparente sono da considerarsi monofase, cioè esse compaiono nel circuito monofase equivalente con valori pari ad 1/3 di quello "reale" (riferito cioè alla rete trifase di partenza).
- Le tensioni e le f.e.m. indotte si considerano *di fase*.
- Indicando con E il modulo delle tensioni di fase e con V il modulo delle tensioni concatenate, vale la relazione $V = \sqrt{3} \cdot E$
- Le correnti si considerano *di linea*, dunque pari a quelle che circolano nei conduttori del sistema trifase.
- Tutte le terne di impedenze devono essere connesse a stella; eventuali terne connesse a triangolo devono essere convertite in stella.

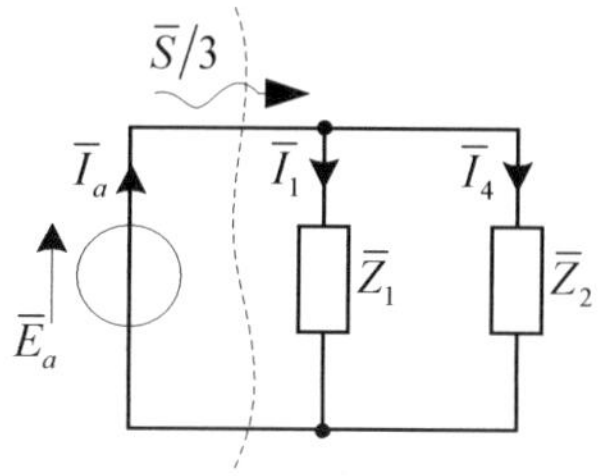

Fig. 15-8.2

Tenendo presente tali considerazioni, è possibile tracciare il circuito monofase equivalente di Fig. 15-8.2. Per esso si ha:

$$\overline{Z}_{eq} = \frac{\overline{Z}_1 \cdot \overline{Z}_2}{\overline{Z}_1 + \overline{Z}_2} = 18,4158 + \mathrm{j}4,1584 \ \ \Omega$$

e dunque le correnti di linea che circolano nel generatore trifase valgono:

$$\overline{I}_a = \frac{\overline{E}_a}{\overline{Z}_{eq}} = 12,1825 \cdot \mathrm{e}^{-\mathrm{j}\,0,223} \ \ \mathrm{A}$$

$$\overline{I}_b = \overline{\alpha}^2 \cdot \overline{I}_a = 12,1825 \cdot \mathrm{e}^{-\mathrm{j}\,2,316} \ \ \mathrm{A}$$

$$\overline{I}_c = \overline{\alpha} \cdot \overline{I}_a = 12,1825 \cdot \mathrm{e}^{\mathrm{j}\,1,872} \ \ \mathrm{A}$$

Quanto alle correnti nei carichi, sono anch'esse di immediata risoluzione. Sempre con riferimento alla rete monofase equivalente, per il carico $\overline{Z}_1$ si ha infatti:

$$\overline{I}_1 = \frac{\overline{E}_a}{\overline{Z}_1} = 8,1317 \cdot \mathrm{e}^{-\mathrm{j}\,0,7856} \ \ \mathrm{A}$$

$$\overline{I}_2 = \overline{\alpha}^2 \cdot \overline{I}_1 = 8,1317 \cdot \mathrm{e}^{-\mathrm{j}\,2,880} \ \ \mathrm{A}$$

$$\overline{I}_3 = \overline{\alpha} \cdot \overline{I}_1 = 8,1317 \cdot \mathrm{e}^{\mathrm{j}\,1,309} \ \ \mathrm{A}$$

mentre per il carico $\overline{Z}_2$ si ottiene:

$$\bar{I}_4 = \frac{\bar{E}_a}{\bar{Z}_2} = 6{,}8573 \cdot \mathrm{e}^{\mathrm{j}\,0{,}4636} \;\; \mathrm{A}$$

$$\bar{I}_5 = \bar{\alpha}^2 \cdot \bar{I}_4 = 6{,}8573 \cdot \mathrm{e}^{-\mathrm{j}\,1{,}6307} \;\; \mathrm{A}$$

$$\bar{I}_6 = \bar{\alpha} \cdot \bar{I}_4 = 6{,}8573 \cdot \mathrm{e}^{\mathrm{j}\,2{,}558} \;\; \mathrm{A}$$

Segue infine la potenza complessa:

$$\bar{S} = 3 \cdot \bar{E}_a \cdot \underline{I}_a = 8{,}19 + \mathrm{j}1{,}85 \;\; \mathrm{kVA}$$

Risoluzione con i corollario di Millmann

Il procedimento di risoluzione ricalca di fatto quello dell'Esercizio 15-2. In questo caso, però, si è avvantaggiati dal fatto che la rete proposta (cfr. Fig. 15-8.1) è simmetrica ed equilibrata.

La tensione tra i morsetti A e B è dunque ricavabile applicando il corollario di Millmann:

$$\bar{V}_{\mathrm{BA}} = \frac{\frac{\bar{E}_a}{\bar{Z}_1} + \frac{\bar{E}_b}{\bar{Z}_1} + \frac{\bar{E}_c}{\bar{Z}_1}}{\frac{1}{\bar{Z}_1} + \frac{1}{\bar{Z}_1} + \frac{1}{\bar{Z}_1}} = \frac{\frac{\bar{E}_a}{\bar{Z}_1} + \frac{\bar{\alpha}^2 \cdot \bar{E}_a}{\bar{Z}_1} + \frac{\bar{\alpha} \cdot \bar{E}_a}{\bar{Z}_1}}{\frac{3}{\bar{Z}_1}} = \frac{\frac{\bar{E}_a}{\bar{Z}_1}\left(1 + \bar{\alpha}^2 + \bar{\alpha}\right)}{\frac{3}{\bar{Z}_1}} = \frac{\frac{\bar{E}_a}{\bar{Z}_1} \cdot 0}{\frac{3}{\bar{Z}_1}} = 0 \;\; \mathrm{V} \quad ,$$

avendo sfruttato le proprietà dell'operatore di Fortescue, per le quali si rimanda all'Appendice D. Allo stesso modo per la tensione fra i nodi A e C si ottiene:

$$\bar{V}_{\mathrm{CA}} = \frac{\frac{\bar{E}_a}{\bar{Z}_2} + \frac{\bar{E}_b}{\bar{Z}_2} + \frac{\bar{E}_c}{\bar{Z}_2}}{\frac{1}{\bar{Z}_2} + \frac{1}{\bar{Z}_2} + \frac{1}{\bar{Z}_2}} = \frac{\frac{\bar{E}_a}{\bar{Z}_2} + \frac{\bar{\alpha}^2 \cdot \bar{E}_a}{\bar{Z}_2} + \frac{\bar{\alpha} \cdot \bar{E}_a}{\bar{Z}_2}}{\frac{3}{\bar{Z}_2}} = \frac{\frac{\bar{E}_a}{\bar{Z}_2}\left(1 + \bar{\alpha}^2 + \bar{\alpha}\right)}{\frac{3}{\bar{Z}_2}} = \frac{\frac{\bar{E}_a}{\bar{Z}_2} \cdot 0}{\frac{3}{\bar{Z}_2}} = 0 \;\; \mathrm{V}$$

Da notare che le ultime due relazioni scritte confermano un aspetto già noto dalla teoria: in un sistema trifase simmetrico ed equilibrato le tensioni fra i centri stella (dei generatori, dei carichi e, più in generale, di impedenze o avvolgimenti trifase, come viene esposto nell'Esercitazione 16) sono univocamente nulle, ulteriore fatto che giustifica l'impiego del circuito monofase equivalente.

Seguono dunque le correnti assorbite dal carico $\bar{Z}_1$:

$$\bar{I}_1 = \frac{\bar{E}_a - \bar{V}_{\mathrm{BA}}}{\bar{Z}_1} = \frac{\bar{E}_a}{\bar{Z}_1} = 8{,}1317 \cdot \mathrm{e}^{-\mathrm{j}\,0{,}7856} \;\; \mathrm{A}$$

$$\bar{I}_2 = \frac{\bar{E}_b - \bar{V}_{\mathrm{BA}}}{\bar{Z}_1} = \frac{\bar{E}_b}{\bar{Z}_1} = 8{,}1317 \cdot \mathrm{e}^{-\mathrm{j}\,2{,}880} \;\; \mathrm{A}$$

$$\bar{I}_3 = \frac{\bar{E}_b - \bar{V}_{\mathrm{BA}}}{\bar{Z}_1} = \frac{\bar{E}_c}{\bar{Z}_1} = 8{,}1317 \cdot \mathrm{e}^{\mathrm{j}\,1{,}309} \;\; \mathrm{A}$$

e quelle assorbite dal carico $\bar{Z}_2$:

$$\overline{I}_4 = \frac{\overline{E}_a - \overline{V}_{CA}}{\overline{Z}_2} = \frac{\overline{E}_a}{\overline{Z}_2} = 6,8573 \cdot e^{j\,0,4636} \text{ A}$$

$$\overline{I}_5 = \frac{\overline{E}_b - \overline{V}_{CA}}{\overline{Z}_2} = \frac{\overline{E}_b}{\overline{Z}_2} = 6,8573 \cdot e^{-j\,1,6307} \text{ A} \quad ,$$

$$\overline{I}_6 = \frac{\overline{E}_c - \overline{V}_{CA}}{\overline{Z}_2} = \frac{\overline{E}_c}{\overline{Z}_2} = 6,8573 \cdot e^{j\,2,558} \text{ A}$$

in perfetta analogia con quanto ottenuto in precedenza mediante la risoluzione della rete monofase equivalente.

Le correnti di linea valgono allora:

$$\overline{I}_a = \overline{I}_1 + \overline{I}_4 = 12,1825 \cdot e^{-j\,0,223} \text{ A}$$

$$\overline{I}_b = \overline{I}_2 + \overline{I}_5 = 12,1825 \cdot e^{-j\,2,316} \text{ A}$$

$$\overline{I}_c = \overline{I}_3 + \overline{I}_6 = 12,1825 \cdot e^{j\,1,872} \text{ A}$$

e la potenza complessa ha espressione:

$$\overline{S} = \overline{E}_a \cdot \underline{I}_a + \overline{E}_b \cdot \underline{I}_b + \overline{E}_c \cdot \underline{I}_c = 8,19 + j1,85 \text{ kVA}$$

La corrispondenza fra il valore appena ricavato e quello calcolato con il metodo della rete monofase equivalente non è, naturalmente, soltanto un fatto numerico. Tale corrispondenza è infatti anche di tipo analitico, risultando:

$$\begin{aligned}\overline{S} &= \overline{E}_a \cdot \underline{I}_a + \overline{E}_b \cdot \underline{I}_b + \overline{E}_c \cdot \underline{I}_c = \overline{E}_a \cdot \underline{I}_a + \overline{\alpha}^2 \overline{E}_a \cdot \underline{\overline{\alpha}^2 \overline{I}_a} + \overline{\alpha} \overline{E}_a \cdot \underline{\overline{\alpha} \overline{I}_a} = \\ &= \overline{E}_a \cdot \underline{I}_a + \overline{\alpha}^2 \overline{E}_a \cdot \overline{\alpha} \underline{I}_a + \overline{\alpha} \overline{E}_a \cdot \overline{\alpha}^2 \underline{I}_a = \\ &= \overline{E}_a \cdot \underline{I}_a + \overline{E}_a \cdot \underline{I}_a + \overline{E}_a \cdot \underline{I}_a = 3\overline{E}_a \cdot \underline{I}_a\end{aligned}$$

Confronto fra i metodi risolutivi

Anche soltanto confrontando il numero di relazioni impiegate per la risoluzione della rete proposta attraverso i due metodi considerati è immediato concludere come nel caso di reti trifase simmetriche ed equilibrate il metodo risolutivo più rapido risulti essere quello del circuito monofase equivalente.

Tale metodo offre inoltre l'indiscutibile vantaggio di consentire una più netta ed immediata "comprensione" della rete trifase allo studio: essa, nel caso simmetrico ed equilibrato, può infatti essere rivista come la "riunione" di tre distinte reti monofasi equivalenti, ciascuna tracciata per le singole fasi del circuito di partenza.

■

Esercizio 15-9

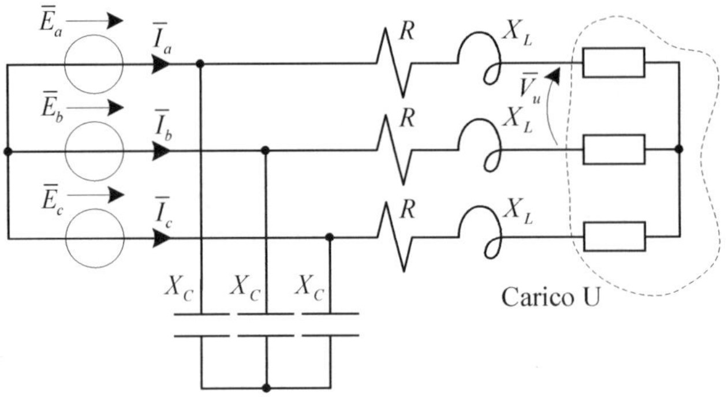

Fig. 15-9.1.

$V_u = 400$ V
$R = 2\ \Omega$
$X_L = 3{,}5\ \Omega$
$X_C = 80\ \Omega$
$P_u = 9{,}3$ kW
$\cos\varphi_u = 0{,}86$

Assegnata la rete trifase in figura, calcolare i valori efficaci delle correnti che circolano nei generatori ed i valori delle f.e.m. applicate dagli stessi.

La rete proposta è simmetrica nelle tensioni ed equilibrata nelle correnti, dunque può essere risolta con il metodo della rete monofase equivalente. Poiché vengono richiesti soltanto i valori efficaci delle correnti e delle f.e.m. ed essendo il circuito monofase equivalente del tipo "a scala", la risoluzione può essere ricavata mediante il corollario di Boucherot, già richiamato nell'Esercizio 14-6.

Il circuito monofase equivalente alla rete proposta può essere costruito avvalendosi delle regole richiamate nel precedente Esercizio 15-8; inoltre esso è del tipo "a scala" e può essere risolto avvalendosi del corollario di Boucherot. In Fig. 15-9.2 è riportato tale circuito, assieme alla suddivisione nelle sezioni A, B e C.

Per la sezione A si può scrivere:

$$P_A = \frac{P_u}{3} = 3{,}1 \text{ kW}$$

$$\cos\varphi_A \equiv \cos\varphi_u = 0{,}86$$

$$Q_A = P_A \cdot \tan\varphi_u = 1{,}839 \text{ kVAr}$$

$$S_A = \sqrt{P_A^2 + Q_A^2} = 3{,}605 \text{ kVA}$$

Tenendo conto che la tensione V_u assegnata per il carico è di tipo concatenato si ha inoltre:

$$V_A = \frac{V_u}{\sqrt{3}} = 230{,}94 \text{ V} \implies I_A = \frac{S_A}{V_A} = 15{,}6101 \text{ A}$$

Le perdite di potenza attiva e reattiva dovute alla resistenza R ed alla reattanza induttiva X_L valgono poi, in termini monofase:

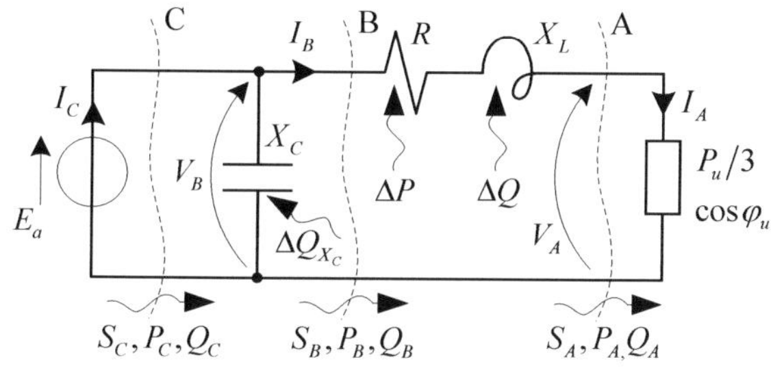

Fig. 15-9.2

$$\Delta P = R \cdot I_A^2 = 0,487 \text{ kW} \quad , \quad \Delta Q = X_L \cdot I_A^2 = 0,853 \text{ kVAr}$$

Per la sezione B si ottiene:

$$P_B = P_A + \Delta P = 3,587 \text{ kW}$$
$$Q_B = Q_A + \Delta Q = 2,692 \text{ kVAr}$$
$$S_B = \sqrt{P_B^2 + Q_B^2} = 4,485 \text{ kVA}$$
$$I_B = I_A = 15,6101 \text{ A}$$
$$V_B = \frac{S_B}{I_B} = 287,314 \text{ V}$$

dove anche la tensione V_B è da intendersi come tensione di fase.

Nel passare dalla sezione B alla sezione iniziale C la potenza attiva rimane invariata, mentre la potenza reattiva cambia a causa della presenza del condensatore di reattanza X_C. Tenendo allora in debito conto del segno negativo della potenza messa in gioco da quest'ultimo, di valore:

$$\Delta Q_{X_C} = -\frac{V_B^2}{X_C} = -1,032 \text{ kVAr} \quad ,$$

per la sezione C si ha:

$$P_C = P_B = 3,587 \text{ kW}$$
$$Q_C = Q_B + Q_{X_C} = 1,66 \text{ kVAr}$$
$$S_C = \sqrt{P_C^2 + Q_C^2} = 3,953 \text{ kVA} \quad ,$$
$$I_C = \frac{S_C}{V_B} = 13,7585 \text{ A}$$

In base alle modalità con le quali è stata ricavata la rete monofase equivalente di Fig. 15-9.2 segue inoltre:

$$I_a = I_b = I_c \equiv I_C = 13,7585 \text{ A}$$
$$E_a = E_b = E_c \equiv V_B = 287,314 \text{ V}$$

■

Esercitazione 16

Trasformatori

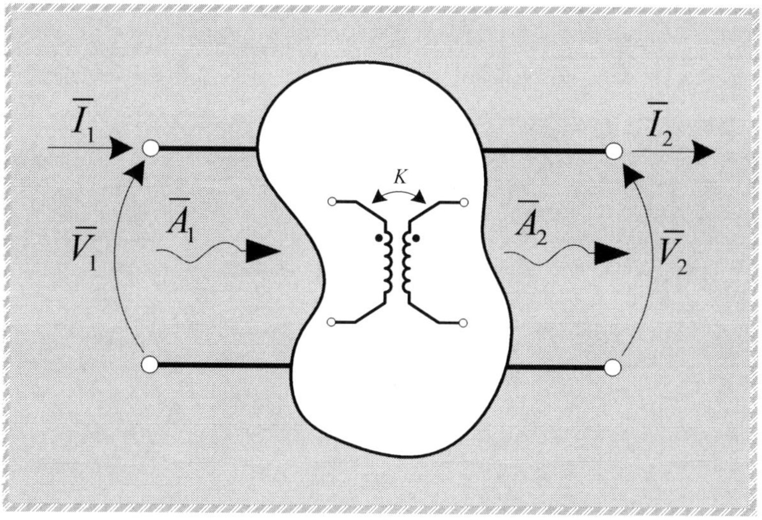

Richiami teorici sui trasformatori

Il trasformatore ideale

Generalità

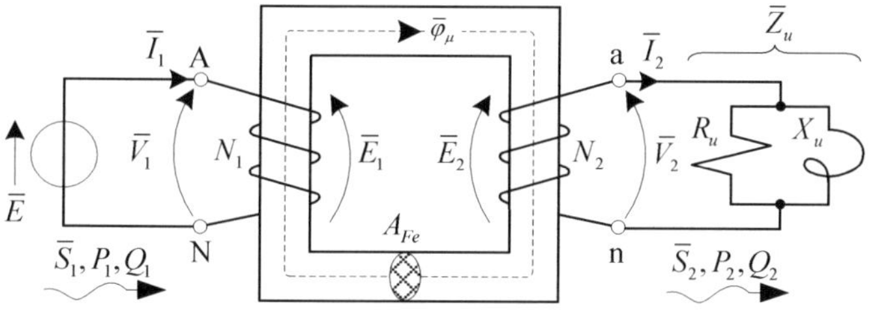

Fig. 16-0.1.

Nella presente trattazione teorica verranno tratti il trasformatore monofase ed il suo circuito elettrico equivalente, a partire dal modello del mutuo induttore a due avvolgimenti già sviluppato nelle precedenti Esercitazioni 7 ed 8. Si inizierà dal caso ideale (nucleo ferromagnetico costituito da materiale il cui legame B-H è di tipo lineare, assenza di flussi dispersi, avvolgimenti privi di resistenza), per poi analizzare la macchina reale.

Il dispositivo rappresentato in Fig. 16-0.1, simile a quello trattato nell'esercizio 8-6, rappresenta un trasformatore monofase. Il circuito elettrico equivalente viene ricavato dalla rete magnetica rappresentativa del dispositivo. Per praticità si considererà uscente la corrente dell'avvolgimento 2, in modo da adottare la convenzione di segno dei generatori ai morsetti di tale avvolgimento.

Il mutuo induttore di Fig. 16-0.1 presenta le seguenti idealità: materiale ferromagnetico lineare, assenza di cadute di tensione magnetica (permeabilità del ferro infinita), assenza di flussi dispersi ed avvolgimenti privi di resistenza. La sua rete magnetica equivalente, identica a quella utilizzata nell'esercizio 8-6 ma valutata in regime alternato sinusoidale, è rappresenta in Fig. 16-0.2, nella quale la corrente dell'avvolgimento 2 è stata considerata uscente. Per tale circuito si ottiene:

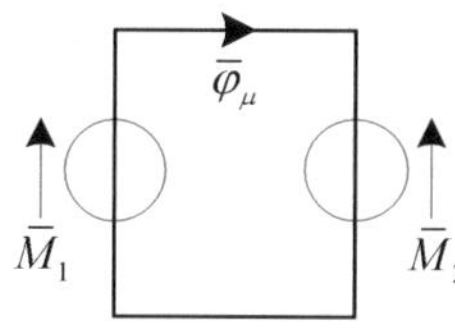

Fig. 16-0.2.

$$m_1(t) = m_2(t) \;\Rightarrow\; \bar{M}_1 - \bar{M}_2 = 0 \;\Rightarrow\; N_1\bar{I}_1 - N_2\bar{I}_2 = 0 \;\Rightarrow\; \frac{\bar{I}_2}{\bar{I}_1} = \frac{N_1}{N_2} = K_S \quad , \qquad (0.1)$$

in cui è stato introdotto il *rapporto spire* $K_S = N_1 / N_2$. La precedente equazione indica il legame costitutivo tra le correnti degli avvolgimenti 1 e 2; essa è identica a quella ricavata nell'esercizio 8-6, salvo il segno della corrente dell'avvolgimento 2. Questo risulta invertito ed indica dunque che il mutuo induttore sta funzionando come trasformatore ideale di corrente; le correnti nei due avvolgimenti sono infatti proporzionali ed in fase, legate fra loro soltanto attraverso il rapporto spire, rappresentato da un numero scalare.

Il legame costitutivo tra le tensioni dei due avvolgimenti si ricava scrivendo la legge di Faraday-Neumann-Felici-Lenz ai due avvolgimenti, tenendo conto del senso di avvolgimento degli stessi e del verso del flusso di magnetizzazione $\overline{\varphi}_\mu$ ("regola del cavatappi", cfr. l'esercizio 7-1) che concatena entrambe le bobine (è grazie a questo flusso che si ha il trasferimento di potenza da un avvolgimento all'altro). Essendo la rete funzionante in regime alternato sinusoidale (dunque risulta p = jω), si ottiene:

$$\begin{cases} v_1(t) = \dfrac{d\psi_1}{dt} = N_1 \dfrac{d\varphi_\mu}{dt} \\ v_2(t) = \dfrac{d\psi_2}{dt} = N_2 \dfrac{d\varphi_\mu}{dt} \end{cases} \Rightarrow \begin{cases} \overline{V}_1 = \overline{E}_1 = \mathrm{p}\overline{\psi}_1 = \mathrm{j}\omega N_1 \overline{\varphi}_\mu \\ \overline{V}_2 = \overline{E}_2 = \mathrm{p}\overline{\psi}_2 = \mathrm{j}\omega N_2 \overline{\varphi}_\mu \end{cases} \Rightarrow \frac{\overline{V}_1}{\overline{V}_2} = K = \frac{\overline{E}_1}{\overline{E}_2} = \frac{N_1}{N_2} = K_S \qquad (0.2)$$

La terza equazione indica il legame costitutivo tra le tensioni dei due avvolgimenti; essa suggerisce inoltre che il mutuo induttore funziona come trasformatore ideale di tensione. Le tensioni dei due avvolgimenti sono infatti proporzionali e legate dal rapporto spire K_S. Il rapporto tra le tensioni si definisce *rapporto di trasformazione* K; la (0.2) dimostra che esso è pari al rapporto spire e dalla (0.1) si deduce il legame con il rapporto tra le correnti:

$$\frac{\overline{I}_2}{\overline{I}_1} = \frac{N_1}{N_2} = K_S = \frac{\overline{V}_1}{\overline{V}_2} = K \qquad (0.3)$$

Dalle (0.2) si conclude che le tensioni sono pari alle forze elettromotrici $\overline{E}_1$ ed $\overline{E}_2$ indotte dal flusso di magnetizzazione $\overline{\varphi}_\mu$, essendo nulli i flussi dispersi. Dalla terza equazione delle (0.2) si deduce inoltre che la tensione più elevata è sempre applicata all'avvolgimento con il più elevato numero di spire. Se, ad esempio, $N_1 > N_2$ allora $V_1 > V_2$. L'avvolgimento con tensione più elevata viene nominato *avvolgimento di alta tensione* (AT); viceversa, l'altro avvolgimento viene chiamato *avvolgimento di bassa tensione* (BT). Con riferimento all'esempio trattato, l'avvolgimento 1 è quello di AT mentre l'avvolgimento 2 è quello di BT.

In sintesi, il mutuo induttore idealizzato funziona come trasformatore ideale di potenza, essendo contemporaneamente trasformatore ideale di corrente e di tensione; esso è quindi in grado di trasferire potenza dall'avvolgimento 1 all'avvolgimento 2 (e viceversa) in assenza di perdite, come verrà ulteriormente approfondito nel seguito.

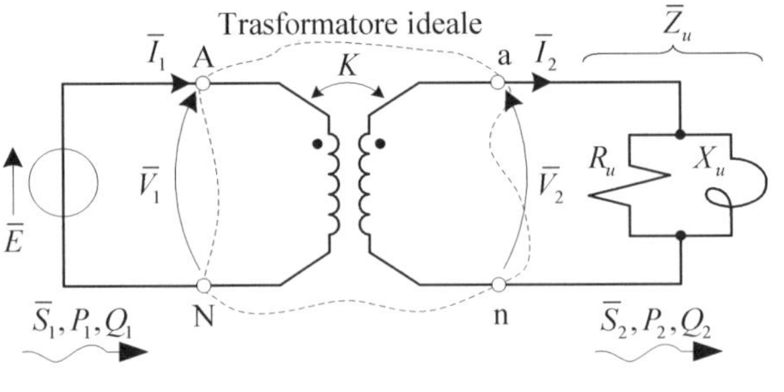

Fig. 16-0.3.

Ai fini dei presenti richiami, come già sottolineato, la corrente dell'avvolgimento 2 è stata espressamente considerata uscente; questo per semplicità di trattazione, ma senza togliere ad essa alcuna generalità. Tipicamente, infatti, nello studio dei trasformatori si considera l'avvolgimento 2 come quello che fornisce energia al carico.

La Fig. 16-0.3 riporta il simbolo circuitale del trasformatore ideale, con gli avvolgimenti connessi alle reti esterne come in Fig. 16-0.1. Si noti che con le convenzioni scelte per le correnti e per le tensioni in Fig. 16-0.1 (tensioni verso i morsetti A e a, corrente 1 entrante in A e corrente 2 uscente da a), rispetto a come sono stati avvolti gli avvolgimenti, le relazioni costitutive date dalla terza delle (0.1) e dalla terza delle (0.2) risultano prive di segno, essendo esse dei semplici rapporti. Ai morsetti che soddisfano questa proprietà (quella cioè di produrre relazioni costitutive prive di segno con le convenzioni sopra riportate) viene dato il nome *di morsetti corrispondenti* (detti anche *morsetti di fase*, dato che essi vengono solitamente connessi ai conduttori di fase degli impianti). Tali morsetti sono evidenziati con dei "pallini", che indicano quindi la "polarità" del trasformatore in quanto, in base alle precedenti osservazioni:

1. Se la corrente dell'avvolgimento 1 è entrante nel morsetto corrispondente 1 e quella dell'avvolgimento 2 è uscente dal morsetto corrispondente 2, la relazione costitutiva delle correnti si scrive come la terza delle (0.1), cioè senza alcun segno negativo. Pertanto le due correnti saranno in fase tra loro e differiranno soltanto in termini di valore efficace in funzione del rapporto K_S.
2. Se entrambe le tensioni puntano a tali morsetti, la relazione costitutiva delle tensioni si scrive come la terza delle (0.2), cioè senza alcun segno negativo. Pertanto le due tensioni saranno in fase tra loro e differiranno soltanto in termini di valore efficace in funzione del rapporto K_S.

I pallini vengono riportati anche sul simbolo circuitale di Fig. 16-0.3, non essendo da esso possibile capire il verso di avvolgimento dei due avvolgimenti. In generale, ogni qualvolta non sia possibile analizzare la struttura fisica del trasformatore e quindi conoscere il verso di avvolgimento degli avvolgimenti, è necessario conoscere la posizione dei morsetti corrispondenti, se si desidera conoscere la "polarità" del trasformatore. Nei trasformatori commerciali, non risultando possibile conoscere tale informazione in quanto la macchina viene fornita già assemblata, i morsetti corrispondenti vengono sempre indicati sulle morsettiere della macchina stessa, tramite un pallino oppure riportando il valore della tensione nominale dell'avvolgimento a lato del morsetto corrispondente.

L'indicazione dei morsetti corrispondenti è fondamentale in tutte le applicazioni nelle quali è necessario rispettare la "polarità" del trasformatore. Un esempio applicativo è il parallelo di due o più trasformatori: in tal caso, per ogni avvolgimento, è necessario che i morsetti corrispondenti siano connessi tra loro per garantire il corretto parallelo tra le macchine.

Di solito, poi, il morsetto opposto a quello corrispondente è chiamato *morsetto di neutro* e viene normalmente indicato con la lettera "N", come in Fig. 16-0.3.

Aspetti energetici del trasformatore ideale

Come già richiamato, il trasformatore idealizzato permette il trasferimento di potenza da un avvolgimento all'altro in modo ideale, cioè senza perdite; il rendimento percentuale della macchina è quindi pari al 100%. Ciò è deducibile scrivendo le equazioni della potenza apparente ed applicando le relazioni costitutive delle tensioni e delle correnti; si ha infatti:

$$\bar{S}_1 = \bar{V}_1 \cdot \underline{I}_1 = K\bar{V}_2 \cdot \frac{\underline{I}_1}{K} = \bar{V}_2 \cdot \underline{I}_2 = \bar{S}_2 \quad \Rightarrow \quad P_1 + \mathrm{j}Q_1 = P_2 + \mathrm{j}Q_2 \quad \Rightarrow \quad \begin{cases} P_1 = P_2 \\ Q_1 = Q_2 \end{cases} , \tag{0.4}$$

relazione che descrive il bilancio energetico della macchina. Pertanto la potenza apparente entrante nell'avvolgimento 1 eguaglia quella uscente dall'avvolgimento 2. Il trasformatore ideale è quindi "trasparente" in potenza e questo vale per la potenza apparente, per la potenza attiva anche per la potenza reattiva.

La terza delle (0.4) indica inoltre che la potenza attiva e la potenza reattiva vengono elaborate dal trasformatore come se fossero indipendenti, anche nel segno. Potrebbe, ad esempio, risultare $P_2 < 0$ ed allo stesso tempo $Q_2 > 0$, ad indicare che all'avvolgimento 2 è connesso un generatore di potenza attiva che durante il suo funzionamento assorbe potenza reattiva (funzionamento "induttivo"). Risulta allora, all'avvolgimento 1, $P_1 < 0$ e $Q_1 > 0$; dunque l'avvolgimento 1 eroga potenza attiva verso la rete a cui è connesso e da essa preleva potenza reattiva. In generale, il trasformatore può funzionare su tutti e quattro i quadranti del piano (P,Q) (cfr. Fig. 14-1.2), come indicato dalla terza delle (0.4). Quanto affermato è vero anche per il trasformatore reale, a meno delle perdite, attive e reattive, interne.

All'avvolgimento che riceve potenza attiva da un circuito viene dato il nome di *avvolgimento primario*; quello che invece eroga potenza attiva verso il circuito viene chiamato *avvolgimento secondario.*

Nell'esempio qui trattato l'avvolgimento primario è il numero 1, mentre il secondario è il numero 2. Spesso, nella pratica, l'avvolgimento primario è quello di AT, dunque quello con il maggiore numero di spire, solitamente coincidente con il numero 1. Un esempio è rappresentato dal caso di Fig. 16-0.1, per il quale le (0.4) divengono:

$$\begin{cases} P_1 = P_2 = \dfrac{V_2^2}{R_u} = \dfrac{V_1^2/K^2}{R_u} = \dfrac{V_1^2}{K^2 R_u} > 0 \\ Q_1 = Q_2 = \dfrac{V_2^2}{X_u} = \dfrac{V_1^2/K^2}{X_u} = \dfrac{V_1^2}{K^2 X_u} > 0 \end{cases} , \tag{0.5}$$

da cui si conclude che l'avvolgimento 1 funziona da primario e l'avvolgimento 2 da secondario.

Il "trasporto" di impedenze da un avvolgimento all'altro

Una impedenza connessa ad un avvolgimento può essere "trasportata" all'altro (ovvero può essere immaginata come connessa a questo ultimo) senza che nulla cambi dal punto di vista delle tensioni e delle correnti. Si consideri il trasformatore di Fig. 16-0.1, che alimenta attraverso l'avvolgimento 2 il carico ohmico-induttivo composto dal parallelo della resistenza R_u e della reattanza X_u induttiva, a formare l'impedenza di carico:

$$\bar{Z}_u = \frac{R_u \cdot \mathrm{j}X_u}{R_u + \mathrm{j}X_u} = \frac{\bar{V}_2}{\bar{I}_2} \tag{0.6}$$

L'impedenza "vista" al primario si ottiene applicando le relazioni costitutive (0.1) e (0.2) alla (0.6), ottenendo così la seguente relazione:

$$\bar{Z}_1 = \frac{\bar{V}_1}{\bar{I}_1} = \frac{K_S \cdot \bar{V}_2}{\bar{I}_2 / K_S} = K_S^2 \cdot \frac{\bar{V}_2}{\bar{I}_2} = K_S^2 \cdot \frac{R_u \cdot \mathrm{j}X_u}{R_u + \mathrm{j}X_u} = K_S^2 \cdot \bar{Z}_u \triangleq \bar{Z}_u' \quad , \tag{0.7}$$

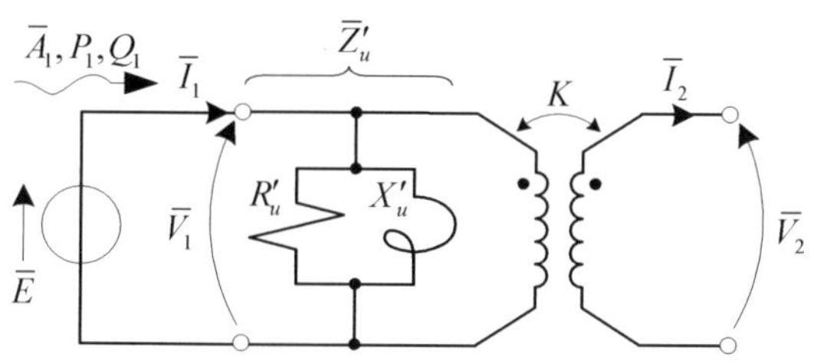

Fig. 16-0.4.

che richiama il circuito di Fig. 16-0.4, in cui l'impedenza $\overline{Z}'_u$ è quella di carico "riportata" all'avvolgimento 1. È importante sottolineare che questa operazione di "trasporto" è valida anche dal punto di vista energetico: l'impedenza $\overline{Z}'_u$ trasportata all'avvolgimento 1 assorbe la stessa potenza apparente (dunque attiva e reattiva) dell'impedenza $\overline{Z}_u$ connessa all'avvolgimento 2; questo fatto è dimostrato anche dalle (0.5), dove $R'_u = K_S^2 R_u$ e $X'_u = K_S^2 X_u$ sono, rispettivamente, la resistenza e la reattanza di carico riportate al primario.

È stato dunque mostrato che una impedenza connessa all'avvolgimento 2 può essere "trasportata" all'avvolgimento 1 moltiplicandola per il rapporto spire K_S^2. Analogamente è semplice dimostrare che una impedenza connessa all'avvolgimento 1 può essere trasportata all'avvolgimento 2 dividendo per il rapporto spire K_S^2. Per le impedenze in serie all'avvolgimento valgono le stesse regole di trasporto. Quando una impedenza viene trasportata da un avvolgimento ad un altro, si dice anche che viene "riferita" a questo ultimo. Ad esempio, se una impedenza viene trasportata dall'avvolgimento 1 al 2, si dice che viene "riferita" all'avvolgimento 2.

Il concetto di trasporto può essere applicato, con accettabile approssimazione, anche al trasformatore reale. Questa pratica è spesso usata in particolari applicazioni per "adattare" un carico ad un generatore. Ad esempio, gli amplificatori audio valvolari necessitano generalmente di altoparlanti ad alta impedenza per funzionare correttamente; tuttavia gli altoparlanti commerciali sono a bassa impedenza, di valore tipico pari a 4-8 Ω. Nell'intermezzo viene allora posto un trasformatore di idoneo rapporto spire (detto "di adattamento"), il quale "fa vedere" all'amplificatore un altoparlante ad impedenza elevata.

Il trasformatore reale

È ora necessario ricavare il circuito equivalente del trasformatore reale. Per fare questo si procede esaminando una per volta le non idealità della macchina reale, considerando quindi che il circuito ferromagnetico non ha riluttanza nulla (ferro lineare), il flusso magnetico non si svolge interamente nel ferro ma esistono i cosiddetti flussi dispersi, gli avvolgimenti hanno resistenza non trascurabile ed il circuito ferromagnetico presenta le perdite di potenza attiva per isteresi e correnti parassite.

Circuito equivalente del trasformatore con ferro lineare

Si consideri la struttura di Fig. 16-0.1, avente il circuito magnetico con riluttanza ϑ_μ costante, essendo il ferro lineare. La rete magnetica equivalente è riportata in Fig. 16-0.5 e per essa si ottiene:

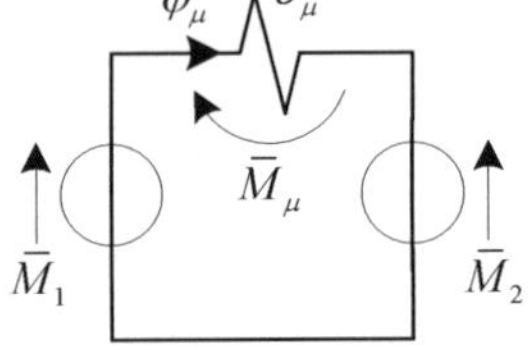

Fig. 16-0.5.

$$\begin{aligned}&\overline{M}_1 - \overline{M}_\mu - \overline{M}_2 = 0 \;\Rightarrow\; N_1\overline{I}_1 - N_2\overline{I}_2 - \vartheta_\mu\overline{\varphi}_\mu = 0\\ &\Rightarrow\; N_1\overline{I}_1 - N_2\overline{I}_2 = \vartheta_\mu\overline{\varphi}_\mu\end{aligned} \tag{0.8}$$

Le tensioni applicate ai due avvolgimenti sono ancora pari alle forze elettromotrici indotte dal flusso $\overline{\varphi}_\mu$, essendo nulli i flussi dispersi. Pertanto:

$$\begin{cases}\overline{V}_1 = \overline{E}_1 = \mathrm{p}\overline{\psi}_1 = \mathrm{j}\omega N_1\overline{\varphi}_\mu\\ \overline{V}_2 = \overline{E}_2 = \mathrm{p}\overline{\psi}_2 = \mathrm{j}\omega N_2\overline{\varphi}_\mu\end{cases} \Rightarrow \frac{\overline{V}_1}{\overline{V}_2} = K = \frac{\overline{E}_1}{\overline{E}_2} = \frac{N_1}{N_2} = K_S \quad , \tag{0.9}$$

equazione che, analogamente a quanto già osservato per il caso del trasformatore ideale, rappresenta la relazione costitutiva per le tensioni.

Ricavando il flusso di magnetizzazione dalla prima delle (0.9):

$$\overline{\varphi}_\mu = \frac{\overline{E}_1}{\mathrm{j}\omega N_1} = \frac{\overline{V}_1}{\mathrm{j}\omega N_1} \tag{0.10}$$

ed inserendolo nella (0.8), si ottiene:

$$N_1\overline{I}_1 - N_2\overline{I}_2 = \vartheta_\mu \frac{\overline{V}_1}{\mathrm{j}\omega N_1} \tag{0.11}$$

Dividendo la precedente relazione per il numero di spire N_1 e riorganizzando il secondo membro dell'equazione si ha inoltre:

$$\overline{I}_1 - \frac{N_2}{N_1}\overline{I}_2 = \frac{\overline{V}_1}{\mathrm{j}\omega \dfrac{N_1^2}{\vartheta_\mu}} \quad , \tag{0.12}$$

relazione che può essere ulteriormente riscritta mettendo il evidenza il rapporto spire K_S e definendo l'*induttanza di magnetizzazione* L_μ e la relativa reattanza X_μ:

$$L_\mu = \frac{N_1^2}{\vartheta_\mu} \quad , \quad X_\mu = \mathrm{j}\omega L_\mu \tag{0.13}$$

L'equazione (0.12) porge dunque:

$$\overline{I}_1 - \frac{1}{K_S}\overline{I}_2 = \frac{\overline{V}_1}{\mathrm{j}\omega L_\mu} \;\Rightarrow\; \overline{I}_1 - \frac{1}{K_S}\overline{I}_2 = \frac{\overline{V}_1}{\mathrm{j}X_\mu} \;\Rightarrow\; \overline{I}_1 - \overline{I}_2' = \frac{\overline{V}_1}{\mathrm{j}X_\mu} \quad , \tag{0.14}$$

la quale, insieme alla seconda delle (0.9) riscritta come:

$$\overline{V}_2 = \overline{E}_2 = \frac{\overline{E}_1}{K_S} = \frac{\overline{V}_1}{K_S} \tag{0.15}$$

richiama il circuito equivalente di Fig. 16-0.6-a, che è valido per un trasformatore con ferro non ideale. La corrente:

$$\overline{I}'_2 = \frac{1}{K_S}\overline{I}_2 \tag{0.16}$$

è detta corrente *di reazione dell'avvolgimento 2 sull'avvolgimento 1*.

La corrente $\overline{I}_\mu$ viene invece chiamata *di magnetizzazione* e risulta espressa come:

$$\overline{I}_\mu = \frac{\overline{V}_1}{\mathrm{j}X_\mu} \quad , \tag{0.17}$$

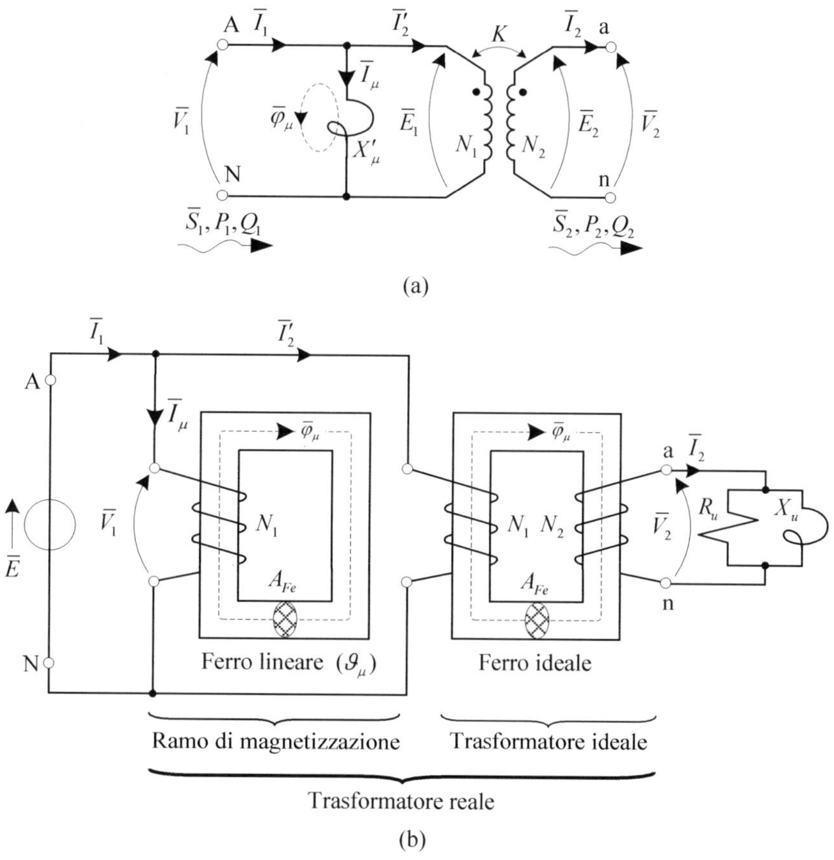

(a)

(b)

Fig. 16-0.6.

essendo assorbita dall'induttanza di magnetizzazione L_μ; il ramo che contiene questa induttanza è detto *derivato*, essendo esso di tipo parallelo. In pratica, la corrente $\overline{I}_\mu$ crea una f.m.m. $N_1\overline{I}_\mu$ che compensa, tramite l'avvolgimento 1, la c.d.t. magnetica sulla riluttanza ϑ_μ, mentre la corrente di reazione $\overline{I}_2'$ genera, sempre tramite l'avvolgimento 1, una f.m.m. $N_1\overline{I}_2'$ che compensa la f.m.m. $N_2\overline{I}_2$ dell'avvolgimento 2.

Osservando le (0.10) e (0.13) si intuisce che l'induttanza di magnetizzazione concatena l'intero flusso di magnetizzazione $\overline{\varphi}_\mu$, dunque la corrente $\overline{I}_\mu$ è quella che sostiene il flusso di magnetizzazione (motivo che ne giustifica il nome). Pertanto il circuito equivalente del trasformatore con ferro lineare è costituito da un trasformatore ideale di rapporto K avente in parallelo al primario l'induttanza di magnetizzazione, a sua volta prodotta da un induttore a ferro reale, con riluttanza ϑ_μ e avvolgimento da N_1 spire (Fig. 16-0.6-b).

La macchina appena descritta risulta ancora essere un trasformatore ideale di tensione, come indicato dalle (0.9). Tuttavia non può essere considerata come un trasformatore ideale di corrente in quanto il secondo membro della (0.8), a differenza di quanto accadeva per la terza delle (0.1), non risulta nullo. In altri termini, le due forze magnetomotrici non si compensano, essendo presente la caduta di tensione magnetica sulla riluttanza ϑ_μ. Si ha dunque:

$$\frac{\overline{V}_1}{\overline{V}_2} = K = \frac{\overline{E}_1}{\overline{E}_2} = \frac{N_1}{N_2} = K_S \quad , \quad \frac{\overline{I}_2}{\overline{I}_1} \neq \frac{N_1}{N_2} = K_S \quad , \tag{0.18}$$

dalla quale si osserva come il rapporto tra le correnti non è pari al rapporto spire, relazione invece valida per le tensioni.

Dal punto di vista energetico si ha che:

$$\overline{S}_1 = \overline{V}_1 \cdot \underline{I}_1 \neq \overline{S}_2 = \overline{V}_2 \cdot \underline{I}_2 \tag{0.19}$$

Tuttavia, osservando il circuito di Fig. 16-06-a, si deduce che l'eguaglianza tra le potenze entranti nell'avvolgimento 1 e quelle uscenti dall'avvolgimento 2 è valida per la sola potenza attiva, non essendo presenti elementi dissipativi all'interno del circuito. La disuguaglianza tra $\overline{S}_1$ ed $\overline{S}_2$ è invece dovuta alla potenza reattiva, a causa della reattanza di magnetizzazione che elabora la potenza reattiva:

$$Q_\mu = \operatorname{Im}\left\{\overline{V}_1 \cdot \underline{I}_\mu\right\} = \frac{V_1^2}{X_\mu} \tag{0.20}$$

detta anch'essa "di magnetizzazione". L'esistenza di tale potenza è legata alla presenza dell'induttanza L_μ e dunque al fatto che il ferro non è ideale; in altri termini, per sostenere il flusso di magnetizzazione nel ferro non ideale è necessario che la macchina assorba la potenza reattiva di magnetizzazione. Il bilancio delle potenze attive e reattive porta infine a scrivere:

$$\begin{cases} P_1 = P_2 \\ Q_1 = Q_2 + Q_\mu = Q_2 + \dfrac{V_1^2}{X_\mu} \end{cases} \tag{0.21}$$

Il trasformatore a ferro lineare, dunque, è trasparente per quanto riguarda la potenza attiva; richiede invece all'avvolgimento 1 una potenza reattiva data dalla somma tra quella erogata dall'avvolgimento 2 e da quella di magnetizzazione.

Da quanto fin qui richiamato si comprende il motivo per il quale risulta necessario l'utilizzo di un nucleo ferromagnetico (e di buona qualità) per costruire il trasformatore. Se si utilizzasse materiale ferromagnetico di bassa qualità, si otterrebbe una ϑ_μ elevata e dunque una I_μ potenzialmente molto elevata, che caricherebbe inutilmente il generatore collegato all'avvolgimento 1; al limite, utilizzando un materiale non ferromagnetico (tipo l'aria il legno o la plastica) ϑ_μ risulterebbe così elevata da produrre una X_μ prossima a zero, creando a tutti gli effetti un corto-circuito ai capi dell'avvolgimento 1. Si vedrà nel seguito, considerando anche le altre non idealità, come una ϑ_μ generalmente alta crea ulteriori problemi al funzionamento della macchina.

Circuito equivalente del trasformatore con ferro lineare e flussi dispersi

Nel caso precedentemente trattato il ferro è stato considerato lineare e con riluttanza non nulla, ma si è ipotizzato che il flusso concatenato da entrambi gli avvolgimenti fosse pari a quello di magnetizzazione. In realtà il flusso non si svolge interamente nel ferro, ma, per ogni avvolgimento, una parte si richiude su sè stessa senza concatenare l'altro avvolgimento. Tale flusso, che si richiude attraverso l'aria, viene chiamato *disperso* (o "di dispersione") ed è già stato richiamato ed introdotto con l'esercizio 8-7.

Per ricavare il circuito equivalente di un trasformatore avente flussi di dispersione $\overline{\varphi}_{\sigma 1}$ e $\overline{\varphi}_{\sigma 2}$ si procede in modo analogo a quanto svolto nel caso precedente ed a quanto mostrato con l'esercizio 8-7, partendo dalla struttura fisica della macchina di Fig. 16-0.7. La corrispondente rete magnetica è rappresentata in Fig. 16-0.8, dalla quale si nota che i flussi che attraversano gli avvolgimenti valgono, rispettivamente:

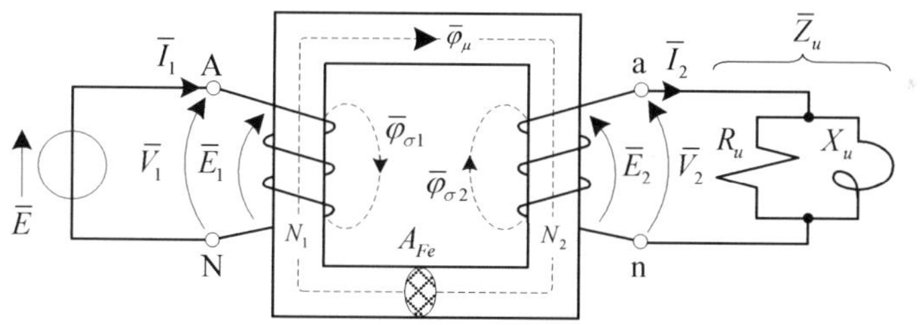

Fig. 16-0.7.

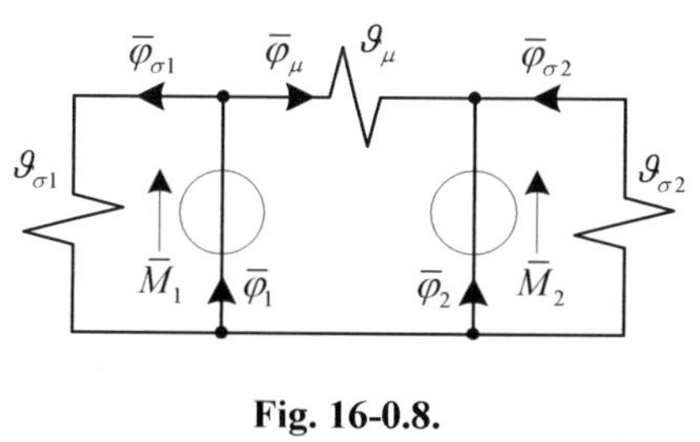

Fig. 16-0.8.

$$\begin{aligned} \overline{\varphi}_1 &= \overline{\varphi}_\mu + \overline{\varphi}_{\sigma 1} \\ \overline{\varphi}_2 &= \overline{\varphi}_\mu - \overline{\varphi}_{\sigma 2} \end{aligned} \tag{0.22}$$

Applicando la legge di Faraday-Neumann-Felici-Lenz agli avvolgimenti 1 e 2, e mettendo in evidenza le f.e.m. indotte dal flusso di magnetizzazione, si ottiene:

$$\overline{V}_1 = \mathrm{p}\overline{\psi}_1 = \mathrm{j}\omega N_1\overline{\varphi}_1 = \mathrm{j}\omega N_1\overline{\varphi}_\mu + \mathrm{j}\omega N_1\overline{\varphi}_{\sigma 1} = \overline{E}_1 + \mathrm{j}\omega N_1\overline{\varphi}_{\sigma 1} \tag{0.23}$$

$$\overline{V}_2 = \mathrm{p}\overline{\psi}_2 = \mathrm{j}\omega N_2\overline{\varphi}_2 = \mathrm{j}\omega N_2\overline{\varphi}_\mu - \mathrm{j}\omega N_2\overline{\varphi}_{\sigma 2} = \overline{E}_2 - \mathrm{j}\omega N_2\overline{\varphi}_{\sigma 2} \tag{0.24}$$

Dunque la tensioni ai capi degli avvolgimenti sono date da due contributi di f.e.m.: uno dovuto al flusso di magnetizzazione ed uno legato al flusso disperso. Inoltre il rapporto tra le f.e.m. indotte vale ancora:

$$\frac{\overline{E}_1}{\overline{E}_2} = \frac{\mathrm{j}\omega N_1\overline{\varphi}_\mu}{\mathrm{j}\omega N_2\overline{\varphi}_\mu} = \frac{N_1}{N_2} = K_S \tag{0.25}$$

e non è quindi influenzato dai flussi dispersi. I flussi dispersi sono dati dalla f.m.m. di avvolgimento applicata alla riluttanza dei rami di dispersione, che, come già richiamato, sono rappresentativi di tubi di flusso che si svolgono in aria:

$$\overline{\varphi}_{\sigma 1} = \frac{\overline{M}_1}{\vartheta_{\sigma 1}} = \frac{N_1\overline{I}_1}{\vartheta_{\sigma 1}} \quad , \quad \overline{\varphi}_{\sigma 2} = \frac{\overline{M}_2}{\vartheta_{\sigma 2}} = \frac{N_2\overline{I}_2}{\vartheta_{\sigma 2}} \quad ; \tag{0.26}$$

dunque le tensioni possono essere così espresse:

$$\overline{V}_1 = \mathrm{j}\omega N_1\overline{\varphi}_\mu + \mathrm{j}\omega N_1\overline{\varphi}_{\sigma 1} = \underbrace{\mathrm{j}\omega N_1\overline{\varphi}_\mu}_{\overline{E}_1} + \mathrm{j}\omega\frac{N_1^2}{\vartheta_{\sigma 1}} = \underbrace{\mathrm{j}\omega N_1\overline{\varphi}_\mu}_{\overline{E}_1} + \mathrm{j}X_{\sigma 1} \tag{0.27}$$

$$\overline{V}_2 = \mathrm{j}\omega N_2\overline{\varphi}_\mu - \mathrm{j}\omega N_2\overline{\varphi}_{\sigma 2} = \underbrace{\mathrm{j}\omega N_2\overline{\varphi}_\mu}_{\overline{E}_2} - \mathrm{j}\omega\frac{N_2^2}{\vartheta_{\sigma 2}} = \frac{\overline{E}_1}{K_S} - \mathrm{j}\omega\frac{N_2^2}{\vartheta_{\sigma 2}} = \frac{\overline{E}_1}{K_S} - \mathrm{j}X_{\sigma 2} \quad , \tag{0.28}$$

nelle quali si sono messe in evidenza le f.e.m. indotte e le reattanze di dispersione, così definite:

$$X_{\sigma 1} = \omega L_{\sigma 1} = \omega\frac{N_1^2}{\vartheta_{\sigma 1}} \quad , \quad X_{\sigma 2} = \omega L_{\sigma 2} = \omega\frac{N_2^2}{\vartheta_{\sigma 2}} \tag{0.29}$$

Dalla rete magnetica di Fig. 16-0.8 risulta inoltre:

$$\overline{M}_1 - \overline{M}_\mu - \overline{M}_2 = 0 \ \Rightarrow \ N_1\overline{I}_1 - N_2\overline{I}_2 = \vartheta_\mu\overline{\varphi}_\mu \ \Rightarrow \ \overline{\varphi}_\mu = \frac{N_1}{\vartheta_\mu}\overline{I}_1 - \frac{N_2}{\vartheta_\mu}\overline{I}_2 \tag{0.30}$$

ed inserendo il flusso magnetizzante nella (0.27) si ottiene:

$$\overline{V}_1 = \underbrace{\mathrm{j}\omega\frac{N_1^2}{\vartheta_\mu}\left(\overline{I}_1 - \frac{N_2}{N_1}\overline{I}_2'\right)}_{\mathrm{j}\omega N_1\varphi_\mu = \overline{E}_1} + \mathrm{j}X_{\sigma 1} = \underbrace{\mathrm{j}\omega\frac{N_1^2}{\vartheta_\mu}\left(\overline{I}_1 - \frac{1}{K_S}\overline{I}_2'\right)}_{\mathrm{j}\omega N_1\varphi_\mu = \overline{E}_1} + \mathrm{j}X_{\sigma 1} \tag{0.31}$$

Le equazioni (0.31) e (0.28) richiamano la rete di Fig. 16-0.9-a, che rappresenta il circuito equivalente del trasformatore con ferro lineare e flussi dispersi. Rispetto al circuito di Fig. 16-0.6-a, quindi, risultano in serie ai morsetti dei due avvolgimenti le cosiddette *reattanze di dispersione*, le quali concatenano i flussi dispersi da ogni avvolgimento. Esse possono essere viste come prodotte da due induttori avvolti in aria, costituiti rispettivamente da N_1 ed N_2 spire ed i cui percorsi in aria hanno riluttanza $\vartheta_{\sigma 1}$ e $\vartheta_{\sigma 2}$, come mostrato in Fig. 16-0.9-b.

Nella realtà è comodo legare i valori efficaci delle f.e.m. indotte con il valore di picco (valore massimo) del flusso di magnetizzazione $\varphi_{\mu,M}$. Quest'ultimo può poi essere legato al valore massimo dell'induzione nel ferro $B_{\mu,M}$, che non dovrebbe mai superare la soglia di 1,6 T per evitare la saturazione del nucleo. Il valore numerico appena citato è tipico degli acciai speciali utilizzati nella costruzione delle macchine elettriche.

I legami richiamati in precedenza si ricavano a partire dalle (0.23) e (0.24) ed ottenendo così:

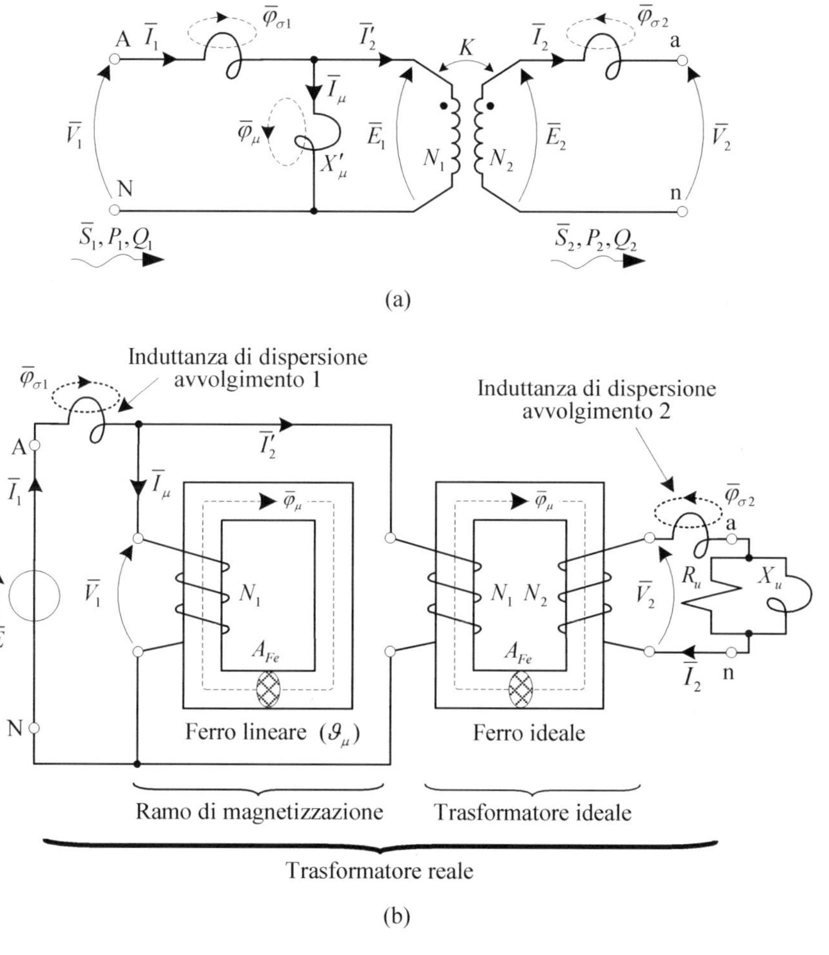

Fig. 16-0.9.

$$\overline{E}_1 = \mathrm{j}\omega N_1 \overline{\varphi}_\mu \quad \Rightarrow \quad E_1 = \omega N_1 \varphi_\mu \quad \Rightarrow \quad E_1 = \frac{2\pi}{\sqrt{2}} f N_1 \varphi_{\mu,M} \quad \Rightarrow \quad E_1 = 4,44 f N_1 \varphi_{\mu,M} \qquad (0.32)$$

$$\overline{E}_2 = \mathrm{j}\omega N_2 \overline{\varphi}_\mu \quad \Rightarrow \quad E_2 = \omega N_2 \varphi_\mu \quad \Rightarrow \quad E_2 = \frac{2\pi}{\sqrt{2}} f N_2 \varphi_{\mu,M} \quad \Rightarrow \quad E_1 = 4,44 f N_2 \varphi_{\mu,M} \qquad (0.33)$$

in cui f è la frequenza di alimentazione. Ricordando che $B_{\mu,M} = \varphi_{\mu,M} / A_{fe}$, si ha poi:

$$E_1 = 4,44 f N_1 B_{\mu,M} A_{fe} \qquad (0.34)$$

$$E_2 = 4,44 f N_2 B_{\mu,M} A_{fe} \qquad (0.35)$$

Dalle precedenti relazioni si deduce che l'induzione dipende dalla frequenza: a parità di f.e.m. indotta, al decrescere della frequenza l'induzione cresce e viceversa. Per evitare problemi di funzionamento e di saturazione del nucleo, è bene alimentare il trasformatore alla sua frequenza nominale.

Si sottolinea però che esistono nella pratica anche dei *trasformatori speciali*, in grado di funzionare in un ampio intervallo di frequenze, come quelli utilizzati per applicazioni audio negli amplificatori valvolari oppure per applicazioni di elettronica di potenza.

Circuito equivalente del trasformatore con ferro lineare, con perdite, flussi dispersi ed avvolgimenti con resistenza non nulla

Si tratta del circuito equivalente "completo", che viene utilizzato per rappresentare il trasformatore reale mettendo in conto tutti i fenomeni fisici all'interno della macchina. Per tenere conto della resistenza degli avvolgimenti è necessario riprendere le (0.23) e (0.24) e riscriverle in modo da evidenziare l'effetto delle c.d.t. resistive degli avvolgimenti; esse si oppongono alla circolazione della corrente, dunque:

$$\overline{V}_1 - R_1\overline{I}_1 = \mathrm{p}\overline{\psi}_1 \Rightarrow \overline{V}_1 = \mathrm{j}\omega N_1\overline{\varphi}_\mu + \mathrm{j}\omega N_1\overline{\varphi}_{\sigma 1} + R_1\overline{I}_1 = \overline{E}_1 + R_1\overline{I}_1 + \mathrm{j}\omega N_1\overline{\varphi}_{\sigma 1} \qquad (0.36)$$

$$\overline{V}_2 + R_2\overline{I}_2 = \mathrm{p}\overline{\psi}_2 \Rightarrow \overline{V}_2 = \mathrm{j}\omega N_2\overline{\varphi}_\mu - R_2\overline{I}_2 - \mathrm{j}\omega N_2\overline{\varphi}_{\sigma 2} = \overline{E}_2 - R_2\overline{I}_2 - \mathrm{j}\omega N_2\overline{\varphi}_{\sigma 2} \qquad (0.37)$$

dove R_1 ed R_2 sono, rispettivamente, le resistenze dell'avvolgimento 1 e 2. Ripetendo la trattazione esposta al paragrafo precedente, si ottiene il circuito di Fig. 16-0.10. Le potenze P_{J1} e P_{J2} perse per effetto Joule negli avvolgimenti (dette anche *perdite nel rame*) valgono allora:

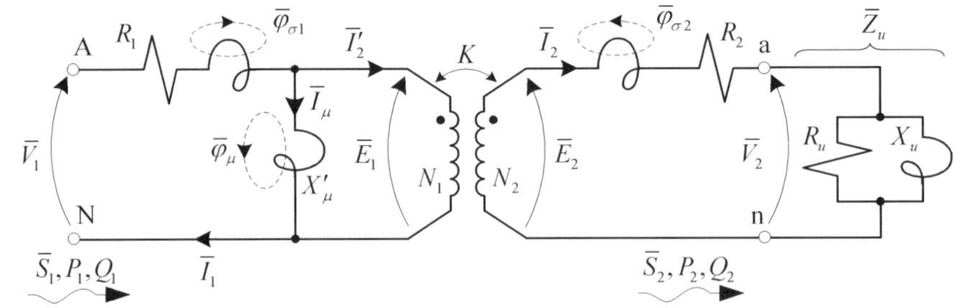

Fig. 16-0.10.

$$
\begin{aligned}
P_{J1} &= R_1 \cdot I_1^2 \\
P_{J2} &= R_2 \cdot I_2^2
\end{aligned}
\tag{0.38}
$$

Esse dipendono dalle correnti di avvolgimento e dunque dal carico della macchina; per questo motivo vengono spesso anche indicate come *perdite a carico*.

Per concludere la trattazione sul trasformatore reale è necessario tenere conto di ulteriori perdite attive che hanno origine all'interno del nucleo ferromagnetico a causa delle *correnti parassite* e dell'*isteresi magnetica*.

Senza entrare nel dettaglio fisico di tali fenomeni, si può semplicemente ricordare che la potenza totale P_{fe} persa nel ferro a causa delle correnti parassite e dell'isteresi magnetica dipende dal flusso di magnetizzazione φ_μ del nucleo e dunque dalle f.e.m. indotte negli avvolgimenti. Si tiene conto di tale potenza persa inserendo un'opportuna resistenza R_0 in parallelo alla reattanza di magnetizzazione, in modo che essa sia alimentata dalla f.e.m. E_1, come mostrato in Fig. 16-0.11. Si ha dunque:

$$
P_{fe} = \frac{E_1^2}{R_0}
\tag{0.39}
$$

Le perdite nel ferro dipendono quindi dal quadrato della f.e.m. indotta, indipendentemente dal carico della macchina. Esse si presentano pure quando il trasformatore funziona a vuoto e per questo motivo vengono anche chiamate *perdite a vuoto*.

La potenza totale persa nella macchina risulta allora:

$$
P_P = P_{J1} + P_{J2} + P_{fe} = R_1 \cdot I_1^2 + R_2 \cdot I_2^2 + \frac{E_1^2}{R_0}
\tag{0.40}
$$

ed è quindi composta da una parte proporzionale al quadrato delle correnti (dunque al carico della macchina) ed una al quadrato delle f.e.m. indotte, circa costante se la macchina è alimentata a tensione costante.

Il bilancio delle potenze attive e reattive porta infine a scrivere:

$$
\begin{cases}
P_1 = P_2 + P_P = P_2 + P_{J1} + P_{J2} + P_{fe} = P_2 + R_1 \cdot I_1^2 + R_2 \cdot I_2^2 + \dfrac{E_1^2}{R_0} \\[2ex]
Q_1 = Q_2 + Q_\mu = Q_1 + \dfrac{E_1^2}{X_\mu}
\end{cases}
\tag{0.41}
$$

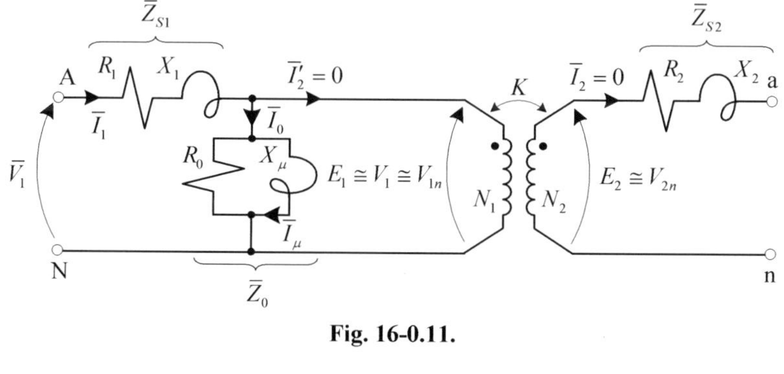

Fig. 16-0.11.

ed il rendimento percentuale della macchina reale ha espressione:

$$\eta_{\%} = \frac{P_2}{P_1} \cdot 100 = \frac{P_1 - P_P}{P_1} \cdot 100 = \frac{P_1 - R_1 \cdot I_1^2 + R_2 \cdot I_2^2 + \frac{E_1^2}{R_0}}{P_1} \cdot 100 \qquad (0.42)$$

Si può dimostrare che il rendimento del trasformatore è massimo per un carico tale per cui le perdite nel rame sono pari a quelle nel ferro.

La presenza delle perdite fa si che il trasformatore reale non abbia rendimento pari al 100%. La potenza degradata in calore per effetto Joule incrementa inoltre la temperatura di funzionamento della macchina.

Considerazioni sulla non linearità del ferro

Come esposto nell'Esercitazione 9, nella realtà il ferro costituente i nuclei ferromagnetici non è lineare, ovvero presenta un legame B-H di tipo non lineare (si rivedano anche le curve riportate in Appendice C). Tuttavia, con buona approssimazione, esso può essere considerato lineare sino al cosiddetto "ginocchio" della curva B-H, che corrisponde ad una induzione massima di circa 1,6 T per gli acciai utilizzati nelle Costruzioni Elettromeccaniche. Ciò giustifica il poter considerare costanti la riluttanza ϑ_μ e l'induttanza L_μ.

L'effetto della non linearità del ferro si traduce in una deformazione della corrente di magnetizzazione quando la macchina è alimentata con tensione sinusoidale, fenomeno che normalmente si trascura nel calcolo del trasformatore in quanto tale corrente è sempre molto inferiore a quella assorbita nominalmente dal carico, ma che può diventare importante se la tensione di alimentazione aumenta considerevolmente.

La tensione di alimentazione non deve dunque aumentare oltre ad una certa soglia, tipicamente pari al 110% della tensione nominale di avvolgimento, valore al quale si fa corrispondere, in fase di progettazione, l'induzione di 1,6 T. Un eccessivo aumento della tensione di alimentazione (e dunque della f.e.m. indotta negli avvolgimenti) incrementerebbe il valore dell'induzione (si veda la (0.34)) e porterebbe il ferro a lavorare ben oltre il ginocchio di saturazione, diminuendo il valore di L_μ ed aumentando in modo pericoloso la corrente di magnetizzazione. Si ricordi, infatti, che dal punto di vista magnetico il ferro saturo assume un comportamento praticamente identico all'aria.

Il materiale ferromagnetico presenta inoltre un legame B-H di tipo isteretico, ciò che causa delle perdite nel ferro per isteresi, tenute in conto tramite la resistenza R_0.

Determinazione sperimentale dei parametri del circuito equivalente: prova a vuoto e prova in corto-circuito

Nei precedenti paragrafi è stato ricavato il circuito equivalente del trasformatore monofase a partire dalla struttura fisica e dalla relativa rete magnetica. Il circuito equivalente di Fig. 16.0-11 è composto da diversi elementi circuitali (resistenze ed induttanze), dei quali è necessario conoscere il valore numerico per lo svolgimento dei calcoli.

Nella pratica tali valori vengono prima calcolati in fase progettuale della macchina (tramite la teoria delle Costruzioni Elettromeccaniche) e poi confermati mediante due prove sperimentali, dette *prova a vuoto* e *prova in corto-circuito*, le quali permettono di conoscere l'intero circuito equivalente. Questa modalità operativa è inoltre descritta dalla Normativa relativa ai trasformatori.

Prova a vuoto di un trasformatore monofase

La prova a vuoto permette di calcolare l'impedenza di magnetizzazione $\overline{Z}_0$, presente sul ramo in derivazione del circuito equivalente. Tale prova si esegue alimentando l'avvolgimento 1 alla propria tensione nominale V_{1n} e mantenendo l'avvolgimento 2 a vuoto, aprendo cioè il circuito ad esso connesso in modo che risulti $\overline{I}_2 = 0$, (Fig. 16-0.11). Tra il generatore che alimenta l'avvolgimento e l'avvolgimento stesso vengono interposti un voltmetro in derivazione per verificare che la tensione sia quella nominale, un amperometro per la misura della corrente ed un wattmetro per la misura della potenza attiva.

Essendo nulla la corrente dell'avvolgimento 2, l'impedenza $\overline{Z}_{S2}$ non gioca alcun ruolo in questa prova, essendo connessa in serie ad un circuito aperto.

Dal lato dell'avvolgimento 1 il generatore alimenta la serie delle impedenze $\overline{Z}_{S1}$ e $\overline{Z}_0$. Tuttavia, nella pratica, risulta $Z_0 \gg Z_{S1}$. Infatti l'impedenza serie è composta dalla resistenza R_{S1} che è mantenuta bassa per rendere minime le perdite per effetto Joule e dalla reattanza X_{S1} che è in generale piccola per requisito di progetto; inoltre il flusso disperso segue un percorso in aria, che risulta dunque ad elevata riluttanza.

Tutto ciò premesso, gli strumenti di misura sopra citati forniscono quindi le seguenti letture:

$$\text{Voltmetro: } V = V_{1n} \quad \text{(Tensione nominale avvolgimento 1)} \tag{0.43}$$

$$\text{Amperometro: } A = I_{10} = \frac{V_{1n}}{Z_0} \quad \text{(Corrente a vuoto avvolgimento 1)} \tag{0.44}$$

$$\text{Wattmetro: } W = P_{10} = \frac{V_{1n}^2}{R_0} \quad \text{(Potenza a vuoto avvolgimento 1)} \tag{0.45}$$

Quindi misurando la corrente a vuoto è possibile calcolare l'impedenza a vuoto; infatti, invertendo la (0.44) ed utilizzando la misura di tensione dalla (0.43), si ottiene:

$$Z_0 = \frac{V_{1n}}{I_{10}} \tag{0.46}$$

Dalla misura della potenza a vuoto è possibile calcolare la resistenza R_0 che tiene conto delle perdite nel ferro; utilizzando la (0.45) con la tensione data dalla (0.43) si ha infatti:

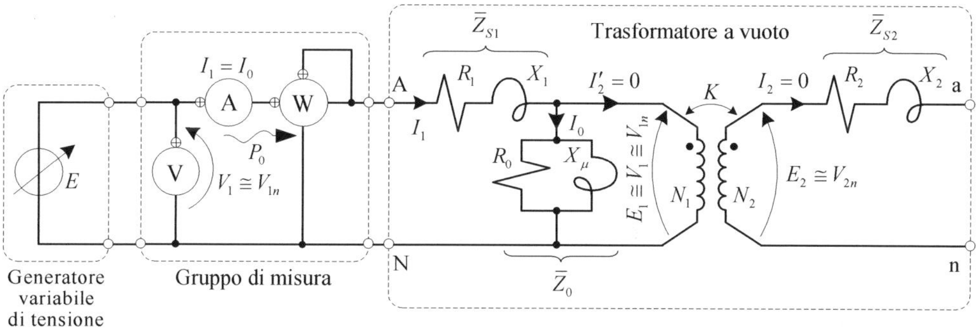

Fig. 16-0.12.

$$R_0 = \frac{V_{1n}^2}{P_{10}} \tag{0.47}$$

È infine possibile calcolare la reattanza di magnetizzazione. Tenendo conto che per l'impedenza $\overline{Z}_0$ risulta:

$$\overline{Z}_0 = \frac{R_0 \cdot \mathrm{j}X_0}{R_0 + \mathrm{j}X_0} \quad \Rightarrow \quad \frac{1}{\overline{Z}_0} = \frac{1}{\mathrm{j}X_0} + \frac{1}{R_0} \quad \Rightarrow \quad \overline{Y}_0 = G_0 + \mathrm{j}B_0 \ , \tag{0.48}$$

si ottiene:

$$Y_0 = \sqrt{G_0^2 + B_0^2} \quad \Rightarrow \quad Y_0^2 = G_0^2 + B_0^2 \quad \Rightarrow \quad \frac{1}{Z_0^2} = G_0^2 + \frac{1}{X_0^2} \quad \Rightarrow \quad X_0 = \frac{1}{\sqrt{\frac{1}{Z_0^2} - \frac{1}{R_0^2}}} \tag{0.49}$$

I parametri del ramo derivato risultano così entrambi ricavati. Normalmente, quando il costruttore del trasformatore esegue la prova a vuoto, non provvede il valore assoluto delle (0.44) e (0.45), ma ne fornisce il valore percentuale (riferito alla corrente nominale di avvolgimento per la corrente a vuoto ed alla potenza nominale di macchina per la potenza a vuoto). Tali valori prendono il nome di corrente a vuoto percentuale e di *potenza a vuoto percentuale* ed entrambi fanno parte dei dati di targa della macchina. La potenza a vuoto percentuale vale:

$$P_{0\%} = \frac{P_{10}}{S_n} \cdot 100 = \frac{V_{1n}^2}{R_0} \cdot \frac{100}{S_n} \quad \text{(Potenza a vuoto percentuale)} \tag{0.50}$$

Per la corrente a vuoto percentuale, tenendo conto che per la corrente nominale di avvolgimento si ha:

$$I_{1n} = \frac{S_n}{V_{1n}} \ , \tag{0.51}$$

si ottiene:

$$I_{0\%} = \frac{I_{10}}{I_{1n}} \cdot 100 = \frac{V_{1n}^2}{Z_0} \cdot \frac{1}{S_n} \cdot 100 \quad \text{(Corrente a vuoto percentuale)} \tag{0.52}$$

I valori di R_0 ed X_0 possono allora essere calcolati in funzione di $P_{0\%}$ e di $I_{0\%}$ come segue:

$$R_0 = \frac{100}{P_{0\%}} \cdot \frac{V_{1n}^2}{S_n} \tag{0.53}$$

$$Z_0 = \frac{100}{I_{0\%}} \cdot \frac{V_{1n}^2}{S_n} \tag{0.54}$$

Si noti che i valori percentuali $P_{0\%}$ e $I_{0\%}$ non sono riferiti ad un avvolgimento in particolare; questo perché si può dimostrare che non dipendono dall'avvolgimento che viene alimentato per eseguire la prova a vuoto. Si può infatti verificare che, volendo calcolare i parametri del lato derivato e trasportato (o meglio: "riferito") all'avvolgimento 2, si può scrivere:

$$R_0'' = \frac{100}{P_{0\%}} \cdot \frac{V_{2n}^2}{S_n} \tag{0.55}$$

$$Z_0'' = \frac{100}{I_{0\%}} \cdot \frac{V_{2n}^2}{S_n} \tag{0.56}$$

$$X_0'' = \frac{1}{\sqrt{\dfrac{1}{(Z_0'')^2} - \dfrac{1}{(R_0'')^2}}} \tag{0.57}$$

anche se questa rappresentazione circuitale è raramente utilizzata nella pratica.

Come richiamato in precedenza, durante il funzionamento a vuoto la c.d.t. su $\overline{Z}_{S1}$ è trascurabile, perciò si può considerare $\overline{E}_1 \cong \overline{V}_1$. La c.d.t. su $\overline{Z}_{S1}$ è nella essendo nulla la corrente dell'avvolgimento 2 dunque $\overline{E}_2 = \overline{V}_2$. Pertanto, durante il funzionamento a vuoto, il trasformatore reale si comporta praticamente da trasformatore ideale di tensione. Considerando di alimentare il trasformatore alla tensione nominale, si ottiene così:

$$\frac{\overline{V}_{1n}}{\overline{V}_{2n}} = K = \frac{\overline{E}_{1n}}{\overline{E}_{2n}} = \frac{N_1}{N_2} = K_S \tag{0.58}$$

Quindi, note le tensioni nominali degli avvolgimenti dai dati di targa, è anche noto il rapporto spire K_S della macchina ed il rapporto di trasformazione K. Dato che la macchina, in queste condizioni, lavora come un trasformatore ideale, è prassi indicare i morsetti corrispondenti (o di fase) anche per il trasformatore reale, in quanto essi indicano la "polarità" (convenzionale) delle tensioni. Ad esempio, per il trasformatore di Fig. 16-0.11 i morsetti di fase sono "A" e "a", che risultano topologicamente connessi ai pallini del trasformatore ideale costituente il circuito equivalente. Questa informazione è fondamentale, ad esempio, per effettuare il parallelo tra due trasformatori reali.

Prova in corto circuito di un trasformatore monofase

La prova in corto circuito è necessaria per determinare i parametri serie del circuito equivalente di Fig. 16.0-11. Per eseguirla si pone in corto circuito l'avvolgimento 2 e si alimenta a tensione ridotta il trasformatore dall'avvolgimento 1. La tensione di alimentazione viene innalzata, partendo da zero, fino al valore tale per cui nell'avvolgimento 2 risulta circolante la corrente nominale I_{2n}, definita sulla targa della macchina; tale tensione ridotta viene detta *tensione di corto circuito* V_{CC} e solitamente vale il 4-10% della tensione nominale V_{1n}.

Per eseguire la prova in corto circuito il gruppo di misura viene allestito come in Fig. 16-0.13-a; per regolare la tensione si usa un trasformatore variatore di tensione (detto "VARIAC"). Il voltmetro V in derivazione misura la tensione di alimentazione, l'amperometro A misura la corrente dell'avvolgimento 2, mentre il wattmetro W misura la potenza attiva assorbita dalla macchina in cto-cto. Si noti che l'amperometro A è considerato ideale e dunque a resistenza interna nulla; nella pratica, tale condizione non è perfettamente verificata e quindi il corto circuito dell'avvolgimento 2 non risulterà mai "perfetto".

Essendo la tensione di alimentazione ridotta rispetto al valore nominale anche la corrente di magnetizzazione risulta essere ridotta; il ramo derivato $\overline{Z}_0$ può quindi essere trascurato durante la prova in corto circuito e vale così la relazione $\overline{E}_1 \cong \overline{V}_1$. L'avvolgimento 1 è percorso quindi dalla corrente:

$$\overline{I}_{1n} = \overline{I}_{2n} \frac{N_2}{N_1} = \frac{\overline{I}_{2n}}{K_S} \qquad (0.59)$$

L'impedenza $\overline{Z}_{S1}$ può essere trasportata all'avvolgimento 2 dividendola per il rapporto spire K_S^2 (Fig. 16-0.13 (b)). L'impedenza riportata:

$$\overline{Z}''_{S1} = R'_1 + jX''_{\sigma 1} = \frac{\overline{Z}_{S1}}{K_S^2} = \frac{R_1 + jX_{\sigma 1}}{K_S^2} \qquad (0.60)$$

si trova così in serie a $\overline{Z}_{S2}$, formando l'impedenza equivalente riferita all'avvolgimento 2 $\overline{Z}''_e$, detta anche *impedenza di corto-circuito* (in questo caso riferita all'avvolgimento 2):

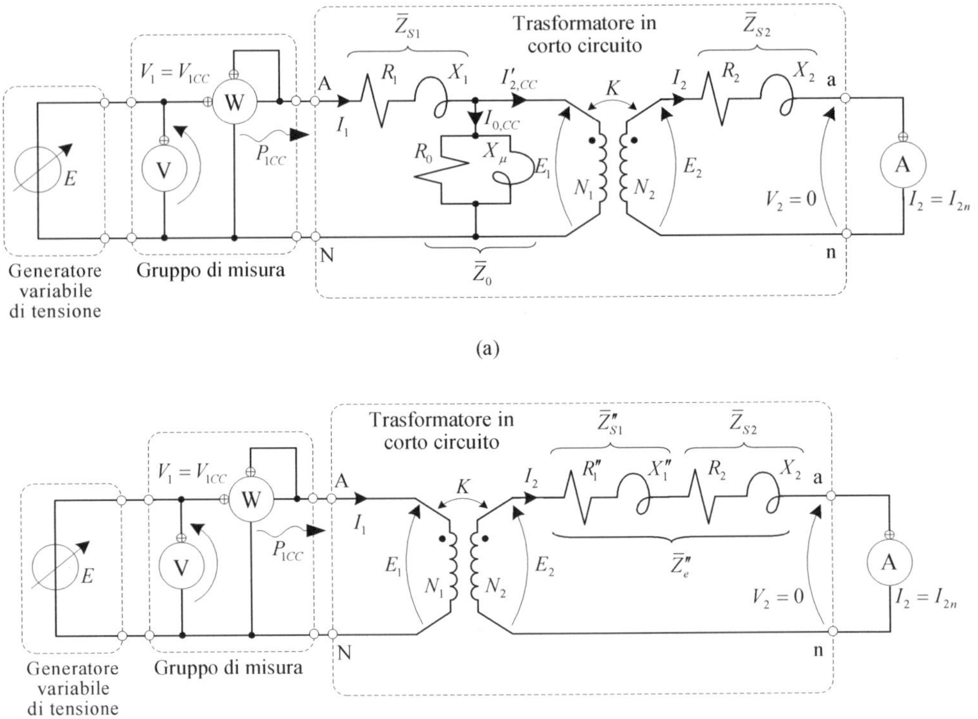

(a)

(b)

Fig. 16-0.13.

$$\bar{Z}''_e = \bar{Z}''_{S1} + \bar{Z}_{S2} = (R''_1 + R_2) + \mathrm{j}(X''_{\sigma 1} + X_{\sigma 2}) = R''_e + \mathrm{j}X''_e \tag{0.61}$$

Gli strumenti di misura forniscono le seguenti letture:

Voltmetro: $V = V_{1CC}$ (Tensione di corto circuito avvolgimento 1) (0.62)

Amperometro: $A = I_{2n}$ (Corrente nominale avvolgimento 2) (0.63)

Wattmetro: $W = P_{1CC} = (R''_1 + R_2) I_{2n}^2$ (Potenza di corto circuito avvolgimento 1) (0.64)

Misurando la tensione di corto circuito, trascurando il ramo derivato, tenendo conto della (0.59) e che risulta $V_1 = V_{1CC}$, è possibile calcolare l'impedenza di corto circuito riferita all'avvolgimento 2 come:

$$Z''_e = \frac{E_2}{I_{2n}} = E_1 \frac{1}{K_S} \cdot \frac{1}{I_{2n}} = V_{1CC} \frac{1}{K_S} \cdot \frac{1}{I_{2n}} = V_{1CC} \frac{V_{2n}}{V_{1n}} \cdot \frac{1}{I_{2n}} = V_{1CC} \frac{V_{2n}}{V_{1n}} \cdot \frac{V_{2n}}{V_{2n} I_{2n}} = \frac{V_{1CC}}{V_{1n}} \cdot \frac{V_{2n}^2}{S_n} \tag{0.65}$$

Dalla potenza di corto circuito si ricava invece la resistenza di corto circuito riferita all'avvolgimento 2:

$$P_{1CC} = R''_e I_{2n}^2 \quad \Rightarrow \quad R''_e = \frac{P_{1CC}}{I_{2n}^2} \tag{0.66}$$

Infine, la reattanza di corto circuito riferita all'avvolgimento 2 si ottiene come:

$$\bar{Z}''_e = R''_e + \mathrm{j}X''_e \quad \Rightarrow \quad Z''_e = \sqrt{(R''_e)^2 + (X''_e)^2} \quad \Rightarrow \quad X''_e = \sqrt{(Z''_e)^2 - (R''_e)^2} \tag{0.67}$$

Normalmente, quando il costruttore del trasformatore esegue la prova a in cortocircuito, non provvede il valore assoluto di V_{CC} e P_{CC}, ma ne fornisce il valore percentuale (riferito alla tensione nominale di avvolgimento per la tensione di corto circuito ed alla potenza nominale di macchina per la potenza di corto circuito). Tali valori prendono il nome di *corrente percentuale di corto circuito* e *potenza percentuale di corto circuito* ed entrambi fanno parte dei dati di targa della macchina. Utilizzando la (0.66), la potenza percentuale di corto circuito è esprimibile come:

$$\begin{aligned} P_{CC\%} &= \frac{P_{1CC}}{S_n} \cdot 100 = R''_e \cdot I_{2n}^2 \cdot \frac{100}{S_n} = \\ &= R''_e \cdot I_{2n}^2 \cdot \frac{100}{V_{2n} I_{2n}} = R''_e \cdot \frac{S_n}{V_{2n}^2} 100 \quad \text{(Potenza percentuale di corto circuito)} \end{aligned} \tag{0.68}$$

La tensione percentuale di corto circuito si ricava invece utilizzando la (0.65):

$$V_{CC\%} = \frac{V_{1CC}}{V_{1n}} \cdot 100 = Z'_e \frac{S_n}{V_{2n}^2} \cdot 100 \quad \text{(Tensione percentuale di corto circuito)} \tag{0.69}$$

I valori di R''_e ed X''_e possono allora essere calcolati in funzione di $P_{CC\%}$ e si $V_{CC\%}$ come:

$$R''_e = \frac{P_{CC\%}}{100} \cdot \frac{V_{2n}^2}{S_n} \tag{0.70}$$

$$Z_e'' = \frac{V_{CC\%}}{100} \cdot \frac{V_{2n}^2}{S_n} \tag{0.71}$$

$$X_e'' = \sqrt{(Z_e'')^2 - (R_e'')^2} \tag{0.72}$$

Si noti che i valori percentuali $P_{CC\%}$ e $V_{CC\%}$ non sono riferiti ad un avvolgimento in particolare; si può infatti dimostrare che essi non dipendono dall'avvolgimento che viene alimentato per eseguire la prova di corto circuito. In effetti si può anche verificare che, volendo calcolare i parametri serie ma trasportati (o meglio: "riferiti") all'avvolgimento 1, si ottiene:

$$R_e' = \frac{P_{CC\%}}{100} \cdot \frac{V_{1n}^2}{S_n} \tag{0.73}$$

$$Z_e' = \frac{V_{CC\%}}{100} \cdot \frac{V_{1n}^2}{S_n} \tag{0.74}$$

$$X_e' = \sqrt{(Z_e')^2 - (R_e')^2} \tag{0.75}$$

anche se questa rappresentazione circuitale è raramente utilizzata nella pratica.

Si tenga presente che con la prova di corto circuito non è possibile scindere le resistenze e le reattanze tra avvolgimento 1 e 2, ma si può calcolare solo l'equivalente serie, come è dimostrato dalle (0.73), (0.74) e (0.67). Nel caso in cui si volessero calcolare i singoli parametri, si può convenzionalmente considerare che l'impedenza serie riferita all'avvolgimento 2 risulti divisa a metà tra quella relativa all'avvolgimento 2 e quella dell'avvolgimento 1 riportata all'avvolgimento 2. Si avrà allora:

$$R_1'' = R_2 = \frac{1}{2} R_e'' = \frac{1}{2} \frac{P_{CC\%}}{100} \cdot \frac{V_{1n}^2}{S_n} \tag{0.76}$$

$$X_{\sigma 1}'' = X_{\sigma 2} = \frac{1}{2} X_e'' = \frac{1}{2} \sqrt{(Z_e'')^2 - (R_e'')^2} \tag{0.77}$$

Semplificazioni del circuito equivalente del trasformatore

Come richiamato in precedenza, la corrente a vuoto può essere trascurata rispetto alle correnti di carico, in quanto la caduta di tensione che essa causa sull'impedenza serie primaria è trascurabile rispetto a quella che è causata dalla corrente di carico. Per questo motivo, nella pratica, è uso comune "modificare" il circuito equivalente del trasformatore "spostando" il ramo derivato a monte dell'impedenza serie dell'avvolgimento 1. Questa operazione, formalmente non corretta, è tecnicamente accettabile, e semplifica notevolmente i calcoli.

Si ottiene allora il circuito di Fig. 16-0.14. Esso permette di trasportare l'impedenza serie dell'avvolgimento 1 all'avvolgimento 2, così come è stato già fatto nel circuito di 16-0.13-b. Tale rappresentazione è molto importante a livello applicativo in quanto, come si vedrà nei successivi esercizi, permette, ad esempio, di calcolare facilmente le variazioni di tensione sul carico alimentato dalla macchina. Questa approssimazione modifica il flusso di magnetizzazione e le f.e.m. indotte rispetto al caso reale. Ad esempio, se la macchina è alimentata a tensione costante, tali grandezze sono costanti, essendo il ramo derivato alimentato a tensione costante; tuttavia, come già evidenziato, tutto questo risulta ingegneristicamente accettabile.

Dati di targa del trasformatore

Nella precedente trattazione sono stati spesso citati i *dati di targa*, ossia quelle informazioni che caratterizzano la macchina dal punto di vista del funzionamento e che, in base alla Normativa vigente, il costruttore deve obbligatoriamente riportare – appunto – sulla targa apposta sulla carcassa della macchina. Tali dati sono riassunti in Tab. 16-0.1.

La Tab. 16-0.2 riassume invece le formule per il calcolo dei parametri del circuito equivalente (con ramo derivato e ramo serie riferiti rispettivamente all'avvolgimento 1 e 2) a partire dalle informazioni ricavate per mezzo delle prove a vuoto ed in corto circuito.

Infine, in Tab. 16-0.3 sono sintetizzate le stesse formule della Tab. 16-0.2 ma riferite ad un trasformatore trifase (non trattato qui dal punto di vista teorico, ma presente nella successiva parte relativa agli esercizi numerici).

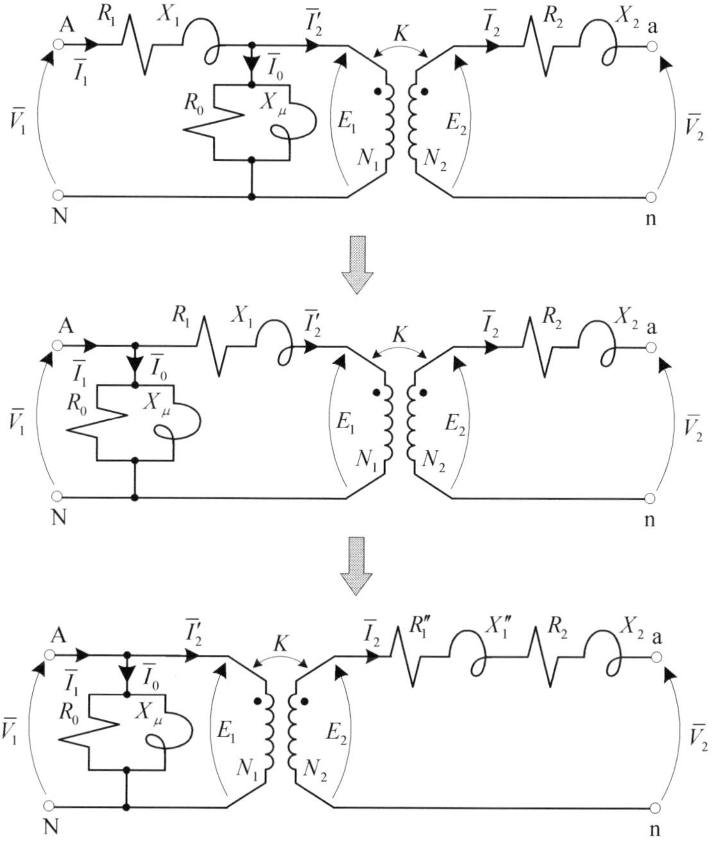

Fig. 16-0.14.

Tab. 16-0.1. Dati di targa di un trasformatore monofase.

Parametro			Descrizione
Simbolo	**Nome**	**Unità di misura**	
S_n	*Potenza apparente nominale*	[VA]	Potenza complessa che la macchina può trasferire da un avvolgimento all'altro in servizio continuativo, senza danneggiarsi.
f_n	*Frequenza nominale*	[Hz]	Frequenza a cui la macchina deve funzionare. Ad essa è legata l'induzione nel nucleo ferromagnetico.
V_{1n}	*Tensione nominale avvolgimento 1*	[V]	Tensione di progetto dell'avvolgimento 1. È bene non superare mai il limite, di solito pari al 110 % di V_{1n}, per evitare malfunzionamenti.
V_{2n}	*Tensione nominale avvolgimento 2*	[V]	Tensione di progetto dell'avvolgimento 2. È bene non superare mai il limite, di solito pari al 110 % di V_{2n} per evitare i malfunzionamenti citati in precedenza.
$V_{CC\%}$	*Tensione percentuale di corto circuito*	[%]	Tensione, in percentuale rispetto alla tensione nominale dell'avvolgimento che si alimenta, che fa scorrere la corrente nominale in quello in cto-cto.
$P_{CC\%}$	*Potenza percentuale di corto circuito*	[%]	Potenza attiva, in percentuale rispetto alla potenza nominale di macchina, che il trasformatore assorbe durante la prova di cto-cto. Delle volte, in sostituzione di questa, viene fornito il valore assoluto di P_{1CC} [W], ottenuto alimentando l'avvolgimento 1.
$I_{0\%}$	*Corrente a vuoto percentuale*	[%]	Corrente, in percentuale rispetto alla corrente nominale dell'avvolgimento che si alimenta, che il trasformatore assorbe durante la prova a vuoto.
$P_{0\%}$	*Potenza a vuoto percentuale*	[%]	Potenza attiva, in percentuale rispetto alla potenza nominale di macchina, che il trasformatore assorbe durante la prova a vuoto. Talvolta, in sostituzione di questa, viene fornito il valore assoluto di P_{10} [W], ottenuto alimentando l'avvolgimento 1.

Tab. 16-0.2. Calcolo del parametri del circuito equivalente di un trasformatore monofase.

Parametro	Calcolo con valori di targa percentuali	Calcolo con valori di targa assoluti	Descrizione
R_0	$R_0 = \frac{100}{P_{0\%}} \cdot \frac{V_{1n}^2}{S_n}$	$R_0 = \frac{V_{1n}^2}{P_{10}}$	Resistenza del ramo derivato riferita all'avvolgimento 1.
Z_0	$Z_0 = \frac{100}{I_{0\%}} \cdot \frac{V_{1n}^2}{S_n}$	$Z_0 = \frac{V_{1n}}{I_{10}}$	Impedenza del ramo derivato riferita all'avvolgimento 1.
X_0	$X_0 = \frac{1}{\sqrt{\frac{1}{Z_0^2} - \frac{1}{R_0^2}}}$	–	Reattanza del ramo derivato riferita all'avvolgimento 1.
R_e''	$R_e'' = \frac{P_{CC\%}}{100} \cdot \frac{V_{2n}^2}{S_n}$	$R_e'' = \frac{P_{1CC}}{I_{2n}^2}$	Resistenza del ramo serie riferita all'avvolgimento 2.
Z_e''	$Z_e'' = \frac{V_{CC\%}}{100} \cdot \frac{V_{2n}^2}{S_n}$	$Z_e'' = \frac{V_{1CC}}{V_{1n}} \cdot \frac{V_{2n}^2}{S_n}$	Impedenza del ramo serie riferita all'avvolgimento 2.
X_e'	$X_e' = \sqrt{(Z_e'')^2 - (R_e'')^2}$	–	Reattanza del ramo serie riferita all'avvolgimento 2.

Riflessioni riassuntive sul funzionamento del trasformatore

Ricavato il circuito equivalente del trasformatore reale, si possono richiamare alcune riflessioni riassuntive riguardanti il suo funzionamento, ipotizzando, ad esempio, che la macchina funzioni alimentando un carico connesso all'avvolgimento 2:

1. Il trasformatore è un particolare mutuo induttore, progettato, ingegnerizzato e costruito in modo da trasferire potenza tra circuiti non metallicamente connessi; in generale ciò avviene cambiando il valore di tensione e corrente e nel modo più efficace possibile. Non avendo parti in movimento, esso viene definito "macchina elettrica statica".
2. Le f.e.m. indotte non sono esattamente uguali alle tensioni ai morsetti degli avvolgimenti; in particolare, differiscono da esse a causa delle c.d.t. sulle impedenze serie. A parità di tensione di alimentazione V_1, passando dal funzionamento a vuoto a quello a carico, la c.d.t. su $\overline{Z}_{S1}$ riduce la f.e.m. E_1 e dunque il flusso φ_μ. Dunque, nella realtà, il flusso nel nucleo ferromagnetico non è esattamente costante ma varia, anche se di poco, in funzione del carico.
3. A causa della variazione delle f.e.m. indotte di cui al punto precedente, si ha una variazione della tensione V_2; la tensione sul carico dipende dunque dal carico stesso, ossia dalla sua tipologia e topologia.

Tab. 16-0.3. Calcolo dei parametri del circuito monofase equivalente di un trasformatore trifase

Parametro	Calcolo con valori di targa percentuali	Calcolo con valori di targa assoluti	Descrizione
R_0	$R_0 = \dfrac{100}{P_{0\%}} \cdot \dfrac{V_{1n}^2}{S_n}$	$R_0 = \dfrac{V_{1n}^2}{P_{10}}$	Resistenza del ramo derivato riferita all'avvolgimento 1.
Z_0	$Z_0 = \dfrac{100}{I_{0\%}} \cdot \dfrac{V_{1n}^2}{S_n}$	$Z_0 = \dfrac{V_{1n}}{\sqrt{3} \cdot I_{10}}$	Impedenza del ramo derivato riferita all'avvolgimento 1.
X_0	$X_0 = \dfrac{1}{\sqrt{\dfrac{1}{Z_0^2} - \dfrac{1}{R_0^2}}}$	–	Reattanza del ramo derivato riferita all'avvolgimento 1.
R''_e	$R'_e = \dfrac{P_{CC\%}}{100} \cdot \dfrac{V_{2n}^2}{S_n}$	$R'_e = \dfrac{P_{1CC}}{3 \cdot I_{2n}^2}$	Resistenza del ramo serie riferita all'avvolgimento 2.
Z'_e	$Z''_e = \dfrac{V_{CC\%}}{100} \cdot \dfrac{V_{2n}^2}{S_n}$	$Z''_e = \dfrac{V_{1CC}}{V_{1n}} \cdot \dfrac{V_{2n}^2}{S_n}$	Impedenza del ramo serie riferita all'avvolgimento 2.
X''_e	$X'_e = \sqrt{(Z''_e)^2 - (R''_e)^2}$	–	Reattanza del ramo serie riferita all'avvolgimento 2.

4. I flussi dispersi sono proporzionali alla corrente che circola nel relativo avvolgimento e generano la c.d.t. induttiva in serie. Le stesse correnti causano anche la c.d.t. resistiva in serie, in quanto gli avvolgimenti hanno resistenza dipendente dal materiale costruttivo.
5. Le perdite nel ferro sono proporzionali al quadrato della f.e.m. indotta E_1, dunque risultano anche circa proporzionali al quadrato della tensione di alimentazione; è bene non superare il 110% della tensione nominale, anche per evitare di evidenziare troppo l'effetto della non linearità del ferro.
6. Le perdite di potenza attiva hanno origine sia negli avvolgimenti (perdite a carico) che nel nucleo ferromagnetico (perdite a vuoto). Le seconde sono sempre presenti, anche quando la macchina non alimenta alcuna utenza. È per questo motivo che conviene sempre disalimentare un trasformatore quando esso non alimenta alcun carico.
7. Il circuito di Fig. 16-0.11 rappresenta tutti i fenomeni (elettrici, magnetici e termici) che accadono all'interno della macchina. Ma non solo: il circuito consente di esplicitare anche tutte le relazioni che esistono tra le correnti e le tensioni ai morsetti degli avvolgimenti. Inoltre esso rappresenta chiaramente il fatto che i due circuiti connessi sono "isolati galvanicamente", in quanto non esistono connessioni metalliche tra di essi. Per questo motivo si dice che il circuito presentato "è valido

sia agli effetti interni che agli effetti esterni". Il circuito "equivalente a T" presentato negli Esercizi 8-6 e 8-7, invece, tiene conto delle sole relazioni che esistono tra le correnti e le tensioni ai morsetti degli avvolgimenti: si dice quindi che esso "è valido ai soli effetti esterni" e viene usato di rado nello studio del trasformatore. Le induttanze che compaiono al suo interno non sono direttamente connesse ai flussi, tantoché la struttura a T del circuito è identica sia che ci siano sia che non ci siano i flussi dispersi (cambia solo il valore numerico delle stesse). Inoltre tale circuito non tiene conto dell'isolamento galvanico tra i due avvolgimenti, essendo i due morsetti inferiori connessi metallicamente.

8. I morsetti corrispondenti vengono indicati anche sul trasformatore reale in quanto danno informazione sulla "polarità" (convenzionali) delle tensioni.
9. Per realizzare una macchina che si comporti il più possibile come un trasformatore ideale di tensione è necessario che le c.d.t. sulle impedenze serie siano trascurabili rispetto a quelle di lavoro. Questo si ottiene riducendo i flussi dispersi (avvolgimenti compatti tra loro) e limitando la corrente a vuoto (dunque diminuendo la riluttanza del ferro e le perdite attive a vuoto). Questa tecnica è utilizzata per la costruzione dei trasformatori voltmetrici (detti "TV") utilizzati per la misure delle tensioni nei sistemi elettrici di potenza.
10. Per realizzare una macchina che si comporti il più possibile come un trasformatore ideale di corrente è necessario che la corrente di magnetizzazione sia molto bassa, mentre minore attenzione può essere posta ai flussi dispersi. Questo si ottiene diminuendo la riluttanza del ferro e le perdite attive a vuoto. Tale tecnica è utilizzata per la costruzione dei trasformatori amperometrici (detti "TA") utilizzati per la misure delle correnti nei sistemi elettrici di potenza. Questi dispositivi vengono spesso costruiti con un nucleo toroidale, proprio perchè, in tal modo, la presenza dei flussi dispersi diviene accettabilmente trascurabile. Altri tipi di sensori di corrente, classificabili come "TA speciali", sono le cosiddette *bobine di Rogowsky*; questi dispositivi, che non vengono qui trattati, sono trasformatori privi di nucleo ferromagnetico in quanto avvolti interamente in aria.

Esercizio 16-1

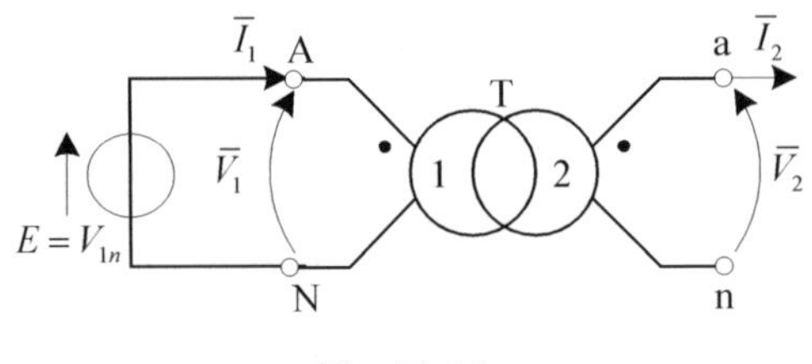

Fig. 16-1.1.

$S_n = 50\ \text{kVA}$	$N_1 = 3300$
$V_{1n} = 20\ \text{kV}$	$V_{CC\%} = 4\%$
$V_{2n} = 400\ \text{V}$	$P_{CC\%} = 1,7\%$
$f_n = 50\ \text{Hz}$	$I_{0\%} = 1,2\%$
$A_{fe} = 170\ \text{cm}^2$	$P_{0\%} = 0,3\%$

Assegnato il trasformatore monofase in Fig. 16-1.1, ricavare:

- *I parametri del circuito equivalente con ramo derivato riferito all'avvolgimento 1. e ramo serie all'avvolgimento 2.*
- *Il circuito equivalente completo.*
- *Il flusso magnetizzante massimo e la corrispondente induzione quando la macchina è alimentata a tensione e frequenza nominali.*
- *Il numero di spire dell'avvolgimento 2.*
- *Le correnti nominali degli avvolgimenti.*
- *Le potenze attiva e reattiva assorbite dalla macchina nel funzionamento a vuoto con alimentazione nominale.*
- *Il fattore di potenza durante la prova a vuoto e durante la prova di corto circuito.*

L'esercizio proposto viene risolto in base a quanto richiamato ed approfondito con la precedente trattazione teorica.

Dai dati assegnati si ricavano direttamente i parametri del ramo derivato riferito all'avvolgimento 1; risulta in particolare:

$$R_0 = \frac{100}{P_{0\%}} \cdot \frac{V_{1n}^2}{S_n} = 2,67\ \text{M}\Omega \quad , \quad Z_0 = \frac{100}{I_{0\%}} \cdot \frac{V_{1n}^2}{S_n} = 0,67\ \text{M}\Omega \quad ,$$

da cui:

$$X_\mu = \frac{1}{\sqrt{\dfrac{1}{Z_0^2} - \dfrac{1}{R_0^2}}} = 0,69\ \text{M}\Omega$$

Per il calcolo dei parametri del ramo serie riferito all'avvolgimento 2 si ha invece:

$$R_e'' = \frac{P_{CC\%}}{100} \cdot \frac{V_{2n}^2}{S_n} = 0,0544\ \Omega \quad , \quad Z_e'' = \frac{V_{CC\%}}{100} \cdot \frac{V_{2n}^2}{S_n} = 0,1280\ \Omega \quad ,$$

cui segue:

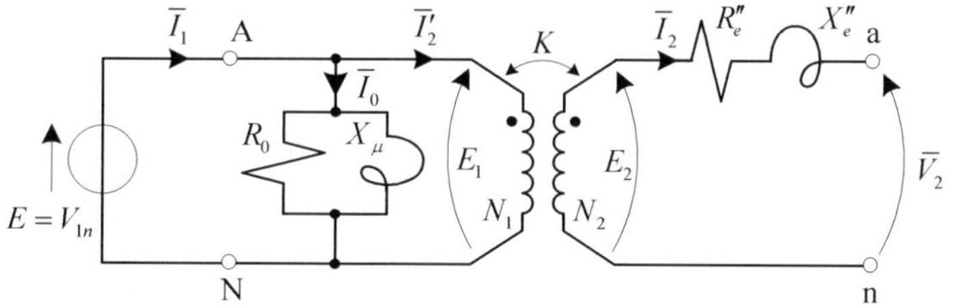

Fig. 16-1.2.

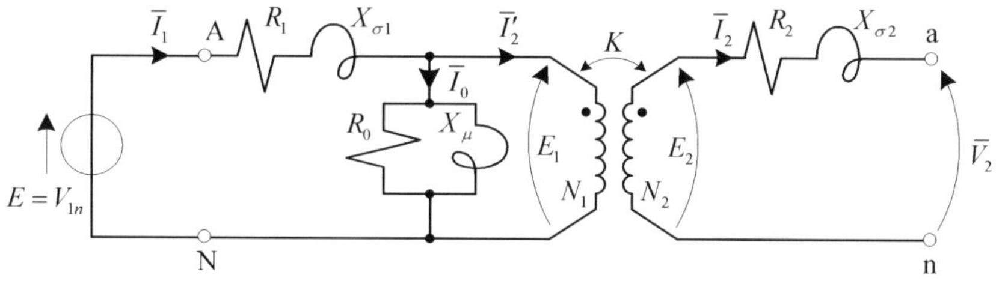

Fig. 16-1.3.

$$X''_e = \sqrt{(Z''_e)^2 - (R''_e)^2} = 0,1159\ \Omega$$

Il circuito equivalente così identificato è rappresentato in Fig. 16-1.2. Per il calcolo del circuito equivalente completo, riportato in Fig. 16-1.3, è necessario "suddividere" i parametri del ramo serie tra l'avvolgimento 1 e l'avvolgimento 2. Si considera l'impedenza serie convenzionalmente suddivisa equamente tra i due avvolgimenti, ottenendo così:

$$R''_1 = R_2 = \frac{1}{2} R''_e = 0,0272\ \Omega$$

$$X''_{\sigma 1} = X_{\sigma 2} = \frac{1}{2} X''_e = 0,0579\ \Omega$$

Riportando all'avvolgimento 1 la resistenza R''_1 e la reattanza $X''_{\sigma 1}$, si ottengono tutti i parametri del circuito completo. Per eseguire tale riporto è però prima necessario conoscere il rapporto spire, che si può calcolare grazie alla conoscenza delle tensioni nominali:

$$K_S = \frac{N_1}{N_2} \cong \frac{V_{1n}}{V_{2n}} = 50$$

Eseguendo il suddetto riporto si ottiene dunque:

$$R_1 = R''_1 \cdot K_S^2 = 68\ \Omega$$

$$X_{\sigma 1} = X''_{\sigma 1} \cdot K_S^2 = 144,83\ \Omega$$

Per calcolare l'induzione massima nel ferro si considera che, durante il funzionamento normale della macchina (qui alimentata alla tensione nominale) si può porre $E_1 \cong V_1 = V_{1n}$, pertanto il flusso e l'induzione massimi valgono:

$$\varphi_{\mu,M} = \frac{E_1}{4,44 f N_1} \cong \frac{V_{1n}}{4,44 f N_1} = 0,0273 \text{ Wb} \Rightarrow B_{\mu,M} = \frac{\varphi_{\mu,M}}{A_{fe}} = 1,6059 \text{ T}$$

Il numero di spire dell'avvolgimento 2 si calcola in base alla relazione del rapporto spire già utilizzata in precedenza:

$$N_2 = \text{int}\left\{\frac{V_{2n}}{V_{1n}} N_1\right\} = 66 \quad ,$$

in cui la funzione int{} ("parte intera") è stata introdotta per imporre che il numero di spire debba risultare, appunto, di tipo non frazionario.

Le correnti nominali degli avvolgimenti si calcolano mediante la definizione di potenza apparente del trasformatore; si ottiene così:

$$I_{1n} = \frac{S_n}{V_{1n}} = 2,5 \text{ A} \quad , \quad I_{2n} = \frac{S_n}{V_{2n}} = 125 \text{ A}$$

Infine, le potenze attiva e reattiva che il trasformatore assorbe durante il funzionamento a vuoto si calcolano in funzione dei parametri del ramo derivato:

$$P_0 = \frac{E_1^2}{R_0} \cong \frac{V_{1n}^2}{R_0} = 150 \text{ W} \quad , \quad Q_\mu = \frac{E_1^2}{X_\mu} \cong \frac{V_{1n}^2}{X_\mu} = 580,95 \text{ VAr}$$

Il fattore di potenza durante la prova a vuoto vale:

$$\cos\varphi_0 = \cos\left\{\tan^{-1}\left(\frac{Q_\mu}{P_0}\right)\right\} = 0,25 \text{ (ind.)}$$

Esso risulta di tipo induttivo in quanto la potenza reattiva Q_μ è positiva con la convenzione di segno degli utilizzatori (cfr. esercizio 14-1); per questo motivo è stata aggiunta la dicitura "ind.".

Per calcolare il fattore di potenza della prova di corto circuito è prima necessario calcolare la potenza reattiva assorbita dalla reattanza serie X_e'' durante tale prova, la quale tiene conto del flusso disperso totale. Si ottiene quindi:

$$Q_\sigma = X_e'' I_{2n}^2 = 1,8104 \text{ kVAr}$$

È inoltre necessario calcolare la potenza attiva dissipata dalla resistenza R_e'' durante la stessa prova:

$$P_{CC} = \frac{P_{CC\%}}{100} \cdot S_n = 850 \text{ W}$$

Quindi il fattore di potenza, ancora una volta induttivo dato che la suddetta reattanza assorbe potenza reattiva, vale:

$$\cos\varphi_{CC} = \cos\left\{\tan^{-1}\left(\frac{Q_\sigma}{P_{CC}}\right)\right\} = 0,425 \text{ (ind.)}$$

Si noti che i fattori di potenza appena calcolati sono bassi; ciò indica che il trasformatore a vuoto ed in corto circuito presenta un comportamento fortemente induttivo.

A volte i valori dei fattori di potenza a vuoto ed in corto circuito vengono forniti dal costruttore in sostituzione, rispettivamente, dei valori di corrente a vuoto (percentuale o in valore assoluto) e di potenza di corto circuito (percentuale o in valore assoluto).

■

Esercizio 16-2

Assegnato il trasformatore monofase del precedente esercizio 16-1 (cfr. nuovamente la Fig. 16.1-1):

1. *Con alimentazione dell'avvolgimento 1 a tensione e frequenza nominali e con l'avvolgimento 2 in corto circuito, calcolare la corrente che circola in quest'ultimo avvolgimento e confrontarla con la corrente nominale dello stesso.*
2. *Alimentando la macchina alla frequenza di 60 Hz, calcolare la tensione di alimentazione necessaria per ottenere la stessa induzione che si ha alla frequenza nominale.*
3. *Riferendosi al circuito equivalente completo, alimentare la macchina in corrente continua mediante una tensione* E_{1DC}=20 kV, *mantenendo in corto circuito l'avvolgimento 2, ed osservarne il funzionamento, calcolando le correnti dell'avvolgimento 1 e 2 e confrontandole poi con le correnti nominali.*

L'esercizio proposto viene risolto in base a quanto richiamato ed approfondito con la precedente trattazione teorica.

Punto 1

La condizione di avvolgimento 2 in corto circuito con alimentazione dell'avvolgimento 1 in condizioni nominali è nella pratica anomala e può accadere in caso di guasto per corto circuito sul circuito connesso all'avvolgimento 2. La corrente che in tali condizioni circola nell'avvolgimento 2 si ricava dal circuito equivalente con ramo serie riferito all'avvolgimento 2, tenendo conto che la f.e.m. E_2 è legata alla E_1 tramite il rapporto spire, cioè:

$$E_2 = \frac{E_1}{K_S} \cong \frac{V_{1n}}{K_S} = 400 \text{ V}$$

La corrente di corto circuito che circola nell'avvolgimento 2, sia in valore efficace che in valore relativo rispetto alla nominale dello stesso avvolgimento (valore espresso in "per-unità" ed indicato con "p.u."), vale quindi:

$$I_{2CC} = \frac{E_2}{Z''_e} = 3125 \text{ A} \quad , \quad \dot{I}_{2CC} = \frac{I_{2CC}}{I_{2n}} = 25 \text{ p.u.} \quad ,$$

mentre per l'avvolgimento 1 si ottiene:

$$I_{1CC} = \frac{I_{2CC}}{K_S} = 62{,}5 \text{ A} \quad , \quad \dot{I}_{1CC} = \frac{I_{1CC}}{I_{1n}} = 25 \text{ p.u.} \quad ,$$

avendo trascurato il ramo derivato, dato che le correnti che impegnano gli avvolgimenti sono, in questa condizione, molto superiori alla corrente a vuoto assorbita dalla macchina.

Si noti che le correnti di corto circuito sono diverse volte maggiori dei valori nominali, essendo limitate dalla sola impedenza serie; da ciò si comprende come la macchina funzionante in queste condizioni rischi il danneggiamento permanente per surriscaldamento degli avvolgimenti. Per tale motivo a monte dell'avvolgimento 1 ed a valle dell'avvolgimento 2 si installano delle adeguate protezioni (fusibili o interruttori automatici di potenza) che aprono il circuito in tempi brevissimi qualora le correnti degli avvolgimenti dovessero superare i valori limite.

Si noti inoltre che entrambi le correnti di avvolgimento risultano essere pari a 25 volte i corrispondenti valori nominali; questo perché, trascurando il ramo derivato, la macchina lavora come trasformatore ideale di corrente, quindi le correnti degli avvolgimenti sono legate solo dal rapporto spire, come espresso dalle precedenti relazioni.

Punto 2

La tensione necessaria ad ottenere con alimentazione a 60 Hz la stessa induzione (cioè lo stesso flusso magnetizzante) che si avrebbe a 50 Hz si calcola imponendo, nella formula della f.e.m. indotta, il flusso a 50 Hz calcolato al precedente punto 1. Si ottiene dunque:

$$V_1\big|_{60\,\text{Hz}} \cong E_1\big|_{60\,\text{Hz}} = 4{,}44\, f\big|_{60\,\text{Hz}}\, N_1\, \varphi_{\mu,M}\big|_{50\,\text{Hz}} = 24 \text{ kV}$$

Pertanto la tensione di alimentazione deve essere aumentata per garantire gli stessi livelli di induzione che si avrebbero a 50 Hz.

Tale calcolo è sostanzialmente didattico, necessario quindi soltanto per comprendere i fenomeni interni del trasformatore; infatti, come già evidenziato nell'introduzione teorica, nella pratica non è solitamente possibile né cambiare la frequenza né variare oltre un certo limite la tensione di alimentazione, salvo per trasformatori di tipo speciale.

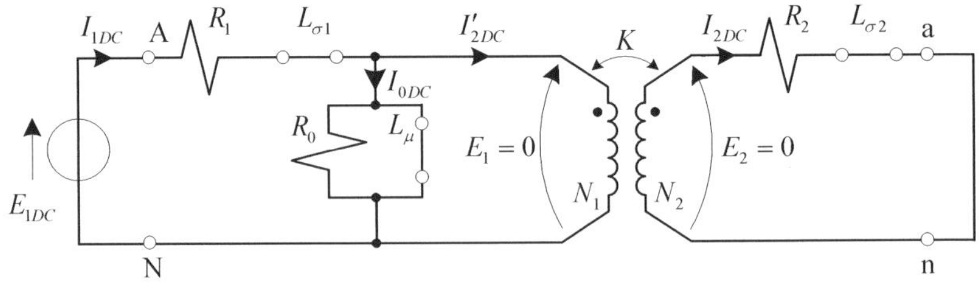

Fig. 16-2.1.

Punto 3

Per lo studio della macchina funzionante in corrente continua (regime stazionario), è necessario considerare che in tali condizioni tutte le induttanze si comportano come lati in corto circuito (cfr l'esercizio 2-1). In queste condizioni, quindi, il circuito completo si presenta come in Fig. 16-2.1. Essendo l'induttanza di magnetizzazione in cto-cto, la f.e.m. indotta E_1 risulta nulla e pertanto lo stesso avviene anche per la f.e.m. E_2 e per la tensione V_2. In altri termini, in corrente continua il trasformatore "non funziona"...

Tenendo conto dell'alimentazione in corrente continua alla tensione di 20 kV, la corrente che circola nell'avvolgimento 1 vale:

$$I_{1DC} = \frac{E_{1DC}}{R_1} = 294{,}12 \text{ A} \quad \Rightarrow \quad \dot{I}_{1DC} = \frac{I_{1DC}}{I_{1n}} = 117{,}65 \text{ p.u.}$$

Si noti che tale valore è molto più elevato di quello nominale (*di ben 117,65 volte!*), essendo tale corrente limitata dalla sola resistenza dell'avvolgimento 1. La corrente nell'avvolgimento 2 è nulla, essendo nulla la f.e.m. indotta E_2. Questo semplice esempio dimostra non solo che in corrente continua il trasformatore "non può funzionare", ma anche che può danneggiarsi in modo irreversibile a causa delle correnti elevate che circolano negli avvolgimenti. Il presente caso di studio non è puramente didattico; in particolari applicazioni, ad esempio nei casi di trasformatori per convertitori elettronici, può capitare che la macchina venga alimentata in corrente alternata ma con delle componenti continue, ossia da tensioni a valore medio non nullo. Queste componenti continue hanno sulla macchina gli effetti appena evidenziati, con il rischio di avere delle correnti indesiderate che possono raggiungere elevati valori.

■

Esercizio 16-3

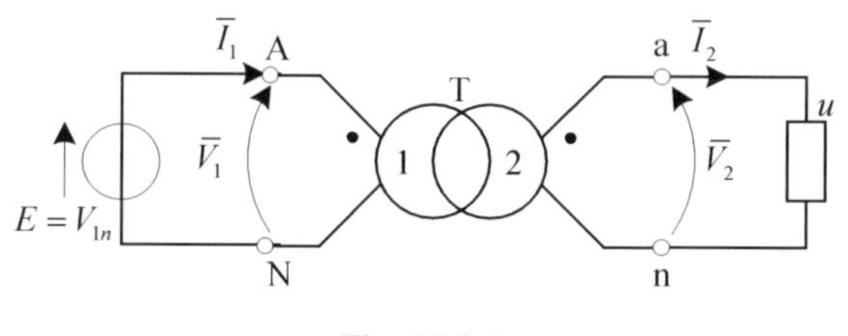

Fig. 16-3.1.

$S_n = 25$ kVA	$I_{10} = 0{,}02$ A
$V_{1n} = 15$ kV	$P_{10} = 180$ W
$V_{2n} = 230$ V	$V_{u,n} = 220$ V
$f_n = 50$ Hz	$P_{u,n} = 18$ kW
$V_{1CC} = 670$ V	$\cos\varphi_{u,n} = 0{,}92$ (ind.)
$P_{1CC} = 620$ W	

Il trasformatore monofase di Fig. 16-3.1 alimenta un carico ad impedenza costante I dati delle prove a vuoto ed in corto circuito, entrambe eseguite alimentando l'avvolgimento 1, sono riportati in valore assoluto. Calcolare:

- *I dati percentuali delle prove a vuoto ed in corto circuito.*
- *Le potenze attiva e reattiva che, a carico, il trasformatore assorbe dalla sorgente di alimentazione connessa all'avvolgimento 1.*
- *Il rendimento percentuale della macchina.*
- *L'impedenza "vista" dall' avvolgimento 1, confrontandola con quella "vista" dallo stesso avvolgimento nel caso si considerasse ideale il trasformatore.*

L'esercizio proposto viene risolto in base a quanto richiamato ed approfondito con la precedente trattazione teorica.

Dai dati assegnati si ricavano i parametri delle prove a vuoto ed in corto circuito, tenendo conto che esse sono state svolte alimentando l'avvolgimento 1:

$$V_{CC\%} = \frac{V_{1CC}}{V_{1n}} \cdot 100 = 4,47\%$$

$$P_{CC\%} = \frac{P_{1CC}}{S_n} \cdot 100 = 2,48\%$$

$$P_{0\%} = \frac{P_{10}}{S_n} \cdot 100 = 0,72\%$$

Per il calcolo della corrente a vuoto percentuale è prima necessario ricavare la corrente nominale dell'avvolgimento 1 della macchina:

$$I_{1n} = \frac{S_n}{V_{1n}} = 1,67 \text{ A} \quad \Rightarrow \quad I_{0\%} = \frac{I_{10}}{I_{1n}} \cdot 100 = 1,2\%$$

Si passa ora al calcolo dei parametri del circuito equivalente, che per il presente esercizio può essere considerato con il ramo derivato riferito all'avvolgimento 1 ed il ramo serie riferito all'avvolgimento 2, come riportato in Fig. 16.3-2:

$$R_0 = \frac{100}{P_{0\%}} \cdot \frac{V_{1n}^2}{S_n} = 1,25 \text{ M}\Omega$$

$$Z_0 = \frac{100}{I_{0\%}} \cdot \frac{V_{1n}^2}{S_n} = 0,75 \text{ M}\Omega$$

$$X_\mu = \frac{1}{\sqrt{\frac{1}{Z_0^2} - \frac{1}{R_0^2}}} = 0,93 \text{ M}\Omega$$

$$R_e'' = \frac{P_{CC\%}}{100} \cdot \frac{V_{2n}^2}{S_n} = 0,0525 \ \Omega$$

$$Z_e'' = \frac{V_{CC\%}}{100} \cdot \frac{V_{2n}^2}{S_n} = 0,0945 \ \Omega$$

$$X_e'' = \sqrt{(Z_e'')^2 - (R_e'')^2} = 0,0786 \ \Omega$$

Il carico è ad impedenza costante e sono assegnati i dati di targa, cioè i dati di funzionamento alle condizioni nominali. In particolare, sono noti la tensione nominale $V_{u,n}$, la potenza attiva nominale $P_{u,n}$ ed il fattore di potenza nominale $\cos\varphi_{u,n}$. Questi parametri indicano che, qualora il carico venga alimentato alla tensione $V_{u,n}$, esso assorbirà una potenza attiva $P_{u,n}$ ed una potenza reattiva dipendente da $\cos\varphi_{u,n}$, che sarà di tipo induttivo (dunque positiva, avendo usato la convenzione di segno degli utilizzatori), essendo il fattore di potenza "induttivo". Dai suddetti dati è possibile calcolare l'impedenza equivalente del carico, che per comodità può essere considerata di tipo "R-L parallelo", composta quindi da una resistenza e da una reattanza induttiva connesse tra loro in parallelo. Per quanto appena evidenziato riguardo i dati nominali, la resistenza di carico R_u è calcolabile come:

$$P_{u,n} = \frac{V_{u,n}^2}{R_u} \Rightarrow R_u = \frac{V_{u,n}^2}{P_{u,n}} = 2,69\ \Omega \quad ,$$

mentre per la reattanza di carico X_u si ha:

$$Q_{u,n} = \frac{V_{u,n}^2}{X_u} \quad , \quad Q_{u,n} = P_{u,n} \tan\varphi_{u,n} = 7,6680 \text{ kVAr} \Rightarrow X_u = \frac{V_{u,n}^2}{Q_{u,n}} = 6,3120\ \Omega$$

Per il calcolo della corrente di carico, che è la stessa che circola nell'avvolgimento 2, è necessario calcolare l'impedenza equivalente $\overline{Z}_{eq}$ data da quella del ramo serie e quella di carico (si veda la Fig. 16-3.2). Quest'ultima vale:

$$\overline{Z}_u = \frac{R_u \cdot jX_u}{R_u + jX_u} = 2,2759 + j0,9695\ \Omega \quad ,$$

quindi:

$$\overline{Z}_{eq} = \overline{Z}_e'' + \overline{Z}_u = R_e'' + jX_e'' + \overline{Z}_u = R_{eq} + jX_{eq} = 2,3284 + j1,0481\ \Omega$$

È ora possibile calcolare la corrente che circola nell'avvolgimento 2. Tenendo conto che per la f.e.m. indotta E_2 si ha:

$$K_S = \frac{V_{1n}}{V_{2n}} = 65,2174 \Rightarrow E_2 = \frac{E_1}{K_S} \cong \frac{V_{1n}}{K_S} = 230 \text{ V} \quad ,$$

ponendo il fasore $\overline{E}_2$ sull'asse reale si ottiene:

$$\overline{I}_2 = \frac{\overline{E}_2}{\overline{Z}_{eq}} = \frac{E_2}{\overline{Z}_{eq}} = 82,1377 - j36,9750 \text{ A}$$

ed in modulo:

$$I_2 = \sqrt{\text{Re}\{\overline{I}_2\}^2 + \text{Im}\{\overline{I}_2\}^2} = 90,0764 \text{ A}$$

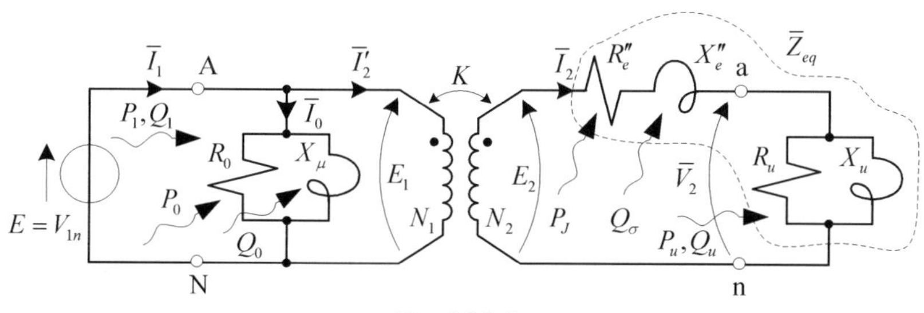

Fig. 16-3.2.

Nota tale corrente è possibile calcolare la potenza attiva persa nel rame del trasformatore (perdite attive a carico P_J) e la potenza reattiva assorbita dal ramo serie del trasformatore (perdite reattive di dispersione Q_σ). Si ottiene quindi:

$$P_J = R_e'' \cdot I_2^2 = 425,7838 \text{ W}$$
$$Q_\sigma = X_e'' \cdot I_2^2 = 637,8053 \text{ VAr}$$

Si noti che le perdite per effetto Joule negli avvolgimenti sono inferiori alla P_{CC}. Questo perché, dalla definizione di "prova di corto circuito", si ha che la P_{CC} è la potenza persa a corrente nominale. Ma, nelle condizioni ora analizzate, la corrente che scorre nell'avvolgimento 2 (pari a 90,0764 A) è inferiore alla nominale dello stesso avvolgimento, che risulta essere:

$$I_{2n} = \frac{S_n}{V_{2n}} = 108,6957 \text{ A}$$

Si passa ora al calcolo della tensione sul carico, sia come fasore che in valore efficace:

$$\overline{V}_2 = \overline{Z}_u \overline{I}_2 = 222,78 - \text{j}4,5163 \text{ V} \quad , \quad V_2 = \sqrt{\text{Re}\{\overline{V}_2\}^2 + \text{Im}\{\overline{V}_2\}^2} = 222,8289 \text{ V}$$

Da notare che tale tensione è leggermente superiore a quella nominale del carico stesso, che vale 220 V: essa è invece leggermente inferiore a quella nominale dell'avvolgimento 2, a causa delle cadute di tensione interne sul ramo serie del trasformatore. Ci si aspetta quindi che il carico assorba una potenza attiva ed una potenza reattiva leggermente superiori rispetto a quelle nominali ed in effetti queste valgono:

$$P_u = \frac{V_2^2}{R_u} = 18,466 \text{ kW}$$
$$Q_u = \frac{V_2^2}{X_u} = 7,8664 \text{ kVAr}$$

Per calcolare le potenze attiva e reattiva assorbite al primario dal trasformatore è necessario conoscere le potenze attiva e reattiva assorbite dal ramo derivato. La potenza attiva assorbita da tale ramo è quella della prova a vuoto, essendo il trasformatore alimentato alla tensione nominale (si ha quindi $P_0 = P_{10}$). La potenza reattiva, invece, si calcola come segue (cfr. la Fig. 16-3.2):

$$Q_\mu = \frac{V_{1n}^2}{X_\mu} = 240 \text{ kVAr}$$

Le potenze attiva e reattiva assorbite dal trasformatore a carico si ricavano quindi dal seguente bilancio (si riveda la Fig. 16-3.2):

$$P_1 = P_{10} + P_J + P_u = 19,072 \text{ kW}$$
$$Q_1 = Q_\mu + Q_\sigma + Q_u = 8,7442 \text{ kVAr}$$

ed è dunque possibile calcolare il rendimento percentuale della macchina come:

$$\eta_{\%} = \frac{P_2}{P_1} \cdot 100 = \frac{P_u}{P_1} \cdot 100 = 96,82\%$$

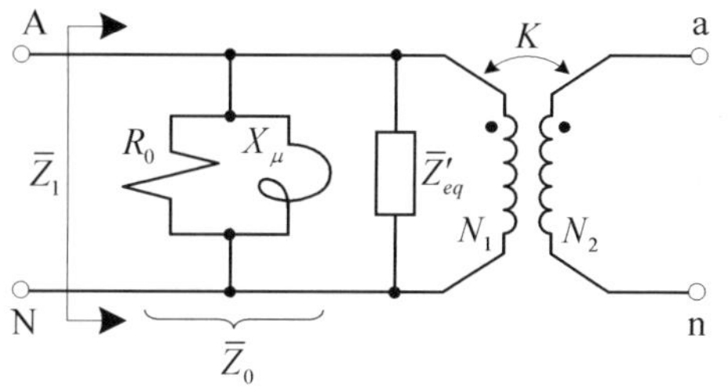

Fig. 16-3.3.

Si noti che la potenza attiva è entrante nell'avvolgimento 1 ed uscente dall'avvolgimento 2, il quale alimenta il carico. Pertanto l'avvolgimento 1 funziona da primario, mentre l'avvolgimento 2 funziona da secondario.

Per calcolare l'impedenza $\overline{Z}_1$ vista all'avvolgimento 1 è necessario riportare l'impedenza equivalente $\overline{Z}_{eq}$ allo stesso avvolgimento e porla in parallelo a quella del ramo derivato (cfr. la Fig. 16-3.3):

$$\overline{Z}'_{eq} = K_S^2 \cdot \overline{Z}_{eq} = 9903,2 + \text{j}4458\ \Omega$$

$$\overline{Z}_0 = \frac{R_0 \cdot \text{j}X_\mu}{R_0 + \text{j}X_\mu} = 0,45 + \text{j}6\ \text{M}\Omega$$

L'impedenza equivalente vista all'avvolgimento 1 vale dunque:

$$\overline{Z}_1 = \frac{\overline{Z}'_{eq} \cdot \overline{Z}_0}{\overline{Z}'_{eq} + \overline{Z}_0} = 9,7483 + \text{j}4,4696\ \text{k}\Omega$$

Se invece il trasformatore fosse ideale, l'impedenza vista all'avvolgimento 1 sarebbe solo quella del carico riportata al primario, non essendo presenti in questo caso quelle proprie del circuito equivalente del trasformatore reale. Si avrebbe allora:

$$\overline{Z}_1\Big|_{Trasf.\ ideale} = K_S^2 \cdot \overline{Z}_u = 9,68 + \text{j}4,1237\ \text{k}\Omega$$

Si osservi che quest'ultima impedenza è molto simile a quella ricavata considerando il trasformatore reale; per tale motivo, spesso nella pratica il trasformatore reale è utilizzato come adattatore di impedenza, ad esempio negli amplificatori audio valvolari.

■

Esercizio 16-4

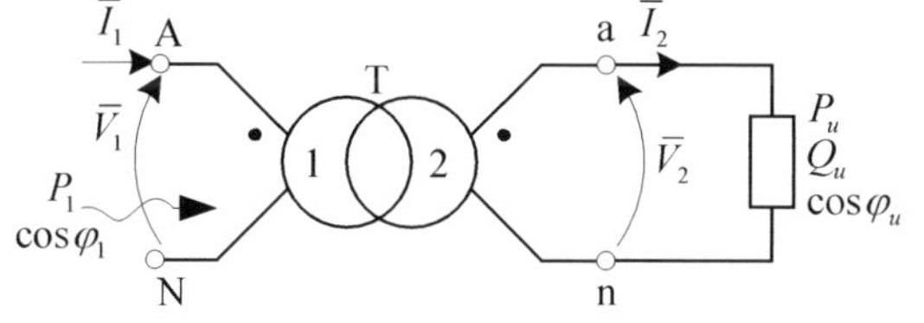

Fig. 16-4.1.

$S_n = 40$ kVA	$I_{0\%} = 1,8\%$
$V_{1n} = 15$ kV	$P_{10} = 160$ W
$V_{2n} = 230$ V	$N_2 = 70$
$f_n = 50$ Hz	$V_1 = 0,98 \cdot V_{1n}$
$V_{CC\%} = 4$ %	$P_1 = 30$ kW
$P_{1CC} = 720$ W	$\cos\varphi_1 = 0,95$ (ind.)

Il trasformatore monofase di Fig. 16-4.1 alimenta un carico connesso all'avvolgimento 2 ed assorbe dall'alimentazione la potenza P_1 *con fattore di potenza* $\cos\varphi_1$ *di tipo induttivo. Calcolare:*

- *Le potenze attiva e reattiva assorbite dal carico.*
- *La tensione ai capi del carico e la corrente da esso assorbita.*
- *La variazione di tensione da vuoto a carico del trasformatore, in valore assoluto e percentuale.*
- *Il coefficiente di carico della macchina ed il suo rendimento.*
- *Il flusso magnetizzante ed il flusso disperso, sia in valori efficaci che in valori percentuali rispetto al flusso magnetizzante.*

L'esercizio proposto viene risolto utilizzando il corollario di Boucherot, essendo noti tutti i parametri ai morsetti di alimentazione del trasformatore. La rete equivalente può essere infatti considerata "a scala", partendo dai morsetti dell'avvolgimento 1 (morsetti di alimentazione), e "scendendo" sino al carico.

Dai dati assegnati si ricavano i parametri del ramo derivato riferito all'avvolgimento 1, ed in particolare:

$$R_0 = \frac{V_{1n}^2}{P_{10}} = 1{,}4063\ \mathrm{M\Omega},\ Z_0 = \frac{100}{I_{0\%}} \cdot \frac{V_{1n}^2}{S_n} = 0{,}3125\ \mathrm{M\Omega}\ \Rightarrow\ X_\mu = \frac{1}{\sqrt{\dfrac{1}{Z_0^2} - \dfrac{1}{R_0^2}}} = 0{,}3205\ \mathrm{M\Omega}$$

Per il calcolo dei parametri del ramo serie è prima necessario ricavare la corrente nominale dell'avvolgimento 2, essendo la potenza di corto circuito assegnata in valore assoluto:

$$I_{2n} = \frac{S_n}{V_{2n}} = 173{,}9130\ \mathrm{A}$$

Si ottiene allora:

$$R_e' = \frac{P_{1CC}}{I_{2n}^2} = 0{,}0238\ \Omega$$

$$Z_e'' = \frac{V_{CC\%}}{100} \cdot \frac{V_{2n}^2}{S_n} = 0{,}0529\ \Omega$$

$$X_e'' = \sqrt{(Z_e'')^2 - (R_e'')^2} = 0{,}0472\ \Omega$$

Il circuito equivalente ricavato è rappresentato in Fig. 16-4.2. Nello stesso circuito sono rappresentate le sezioni A, B, C e D necessarie per l'applicazione del corollario di Boucherot, che verrà qui utilizzato come metodo risolutivo (cfr. l'esercizio 14-6).

Il trasformatore è alimentato alla tensione:

$$V_1 = 0{,}98 \cdot V_{1n} = 14{,}7\ \mathrm{kV} \quad ,$$

più bassa quindi del 2% rispetto al valore nominale. Le potenze attiva e reattiva assorbite dal ramo derivato valgono inoltre:

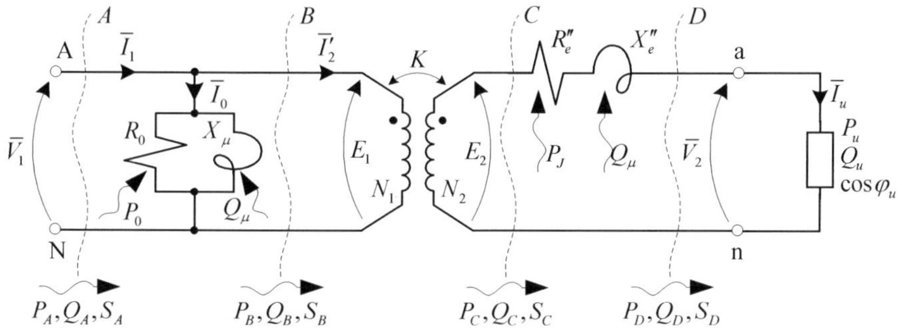

Fig. 16-4.2.

$$P_0 = \frac{E_1^2}{R_0} \cong \frac{V_1^2}{R_0} = 153{,}6640 \text{ W}$$

$$Q_\mu = \frac{E_1^2}{X_\mu} \cong \frac{V_1^2}{X_\mu} = 674{,}1981 \text{ VAr}$$

Si noti che la potenza attiva assorbita dal ramo derivato è inferiore rispetto a quella rilevata durante la prova a vuoto in quanto la tensione di alimentazione è leggermente inferiore rispetto al valore nominale.

Per calcolare le grandezze relative alla sezione B è necessario calcolare la potenza reattiva entrante nella sezione A, che coincide con quella assorbita dal trasformatore dalla sorgente di alimentazione e che vale:

$$Q_A = Q_1 = P_1 \cdot \tan\varphi_1 = P_1 \cdot \tan\left(\cos^{-1}\varphi_1\right) = 9{,}8605 \text{ kVAr} \quad ,$$

mentre per la potenza attiva si ha:

$$P_A = P_1 = 30 \text{ kW}$$

Le potenze attiva, reattiva ed apparente entranti nella superficie B valgono dunque:

$$P_B = P_A - P_0 = 29{,}846 \text{ kW}$$

$$Q_B = Q_A - Q_\mu = 9{,}1863 \text{ kVAr}$$

$$S_B = \sqrt{P_B^2 + Q_B^2} = 31{,}228 \text{ kVA}$$

Poiché tra la sezione B e la sezione C è interposto un trasformatore ideale (che, come chiarito nella parte teorica introduttiva, risulta "trasparente in potenza"), si ha:

$$P_C = P_B = 29{,}846 \text{ kW}$$

$$Q_C = Q_B = 9{,}1863 \text{ kVAr}$$

$$S_C = S_B = 31{,}228 \text{ kVA}$$

La tensione alla sezione C è pari ad E_2, la quale si calcola tenendo conto del rapporto spire e del fatto che $E_1 \cong V_1$; risulta quindi:

$$K_S = \frac{V_{1n}}{V_{2n}} = 65,2174 \quad \Rightarrow \quad E_2 = \frac{E_1}{K_S} \cong \frac{V_{1n}}{K_S} = 225,4 \text{ V}$$

La corrente I_2, che coincide con quella assorbita dal carico, è calcolabile come:

$$I_2 = I_u = \frac{S_C}{E_2} = 138,5451 \text{ A}$$

Le potenze attiva e reattiva assorbite dal ramo serie del circuito equivalente valgono:

$$P_J = R_e'' I_2^2 = 456,931 \text{ W}$$

$$Q_\sigma = X_e'' I_2^2 = 906,7832 \text{ VAr}$$

È ora possibile calcolare le grandezze di alimentazione al carico, che coincidono con quelle alla sezione D. In particolare:

$$P_u = P_D = P_C - P_J = 29,389 \text{ kW}$$

$$Q_u = Q_D = Q_C - Q_\sigma = 8,2795 \text{ kVAr}$$

$$S_u = S_D = \sqrt{P_D^2 + Q_D^2} = 30,533 \text{ kVA}$$

e per la tensione:

$$V_u = V_2 = \frac{S_u}{I_2} = 220,3859 \text{ V}$$

In questo modo si può passare al calcolo della variazione di tensione da vuoto a carico; in particolare, quando il trasformatore funziona a vuoto la tensione V_{20} ai morsetti dell'avvolgimento 2 è pari alla f.e.m. indotta E_2, cioè:

$$V_{20} = E_2 = 225,4 \text{ V}$$

La variazione di tensione da vuoto a carico, intesa come differenza in modulo tra il fasore V_2 a vuoto e quello a carico, vale:

$$\Delta V = V_{20} - V_2 = 5,0141 \text{ V}$$

ed in valore percentuale rispetto alla tensione nominale dell'avvolgimento 2, a cui il carico è connesso, si ottiene:

$$\Delta V_{\%} = \frac{\Delta V}{V_{2n}} \cdot 100 = 2,18\%$$

Come già evidenziato, a vuoto si ha $V_{20} = E_2$; per questo motivo, spesso nel circuito equivalente del trasformatore si indica come V_{20} la f.e.m. indotta E_2.

Il fattore di potenza del carico, induttivo in quanto la potenza reattiva è positiva con la convenzione di segno degli utilizzatori, vale:

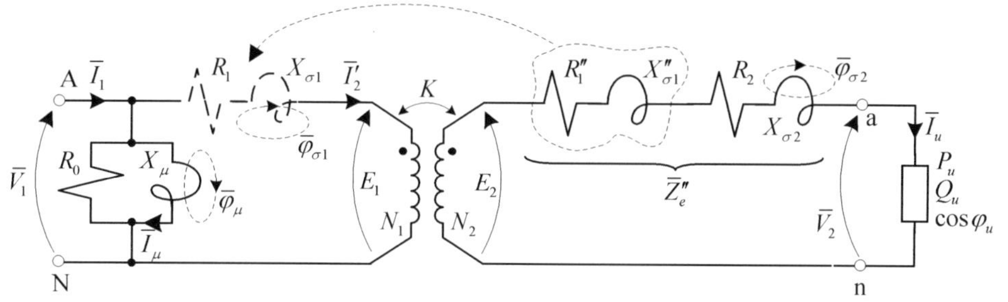

Fig. 16-4.3.

$$\cos\varphi_u = \cos\left\{\tan^{-1}\left(\frac{Q_u}{P_u}\right)\right\} = 0{,}9625 \text{ (ind.)}$$

Il coefficiente di carico della macchina risulta essere:

$$\alpha_{\%} = \frac{S_1}{S_n}\cdot 100 = \frac{P_1/\cos\varphi_1}{S_n}\cdot 100 = 78{,}95\%$$

ed il rendimento percentuale del trasformatore vale:

$$\eta_{\%} = \frac{P_2}{P_1}\cdot 100 = \frac{P_u}{P_1}\cdot 100 = 97{,}96\%$$

Si procede quindi con il calcolo dei flussi dispersi in valore efficace e percentuale; per tale scopo si può considerare il circuito con il ramo derivato spostato a monte dell'impedenza serie dell'avvolgimento 1 (cfr. la Fig. 16-4.3). Come prima cosa è necessario calcolare le induttanze di dispersione dell'avvolgimento 1 e dell'avvolgimento 2, a partire dalla conoscenza della reattanza serie riferita all'avvolgimento 2. Con le ipotesi già utilizzate nei precedenti Esercizi, per le quali si considera che l'impedenza serie è equamente suddivisa tra gli avvolgimenti, si può porre (cfr. Fig. 16-4.3):

$$X''_{\sigma 1} = X_{\sigma 2} = \frac{1}{2}X''_e = 0{,}0236\ \Omega \quad ,$$

Dunque, essendo la pulsazione $\omega = 2\pi f = 2\pi\cdot 50 = 314{,}1592$ rad/s, l'induttanza di dispersione dell'avvolgimento 2 vale:

$$L_{\sigma 2} = \frac{X_{\sigma 2}}{\omega} = 0{,}0236\ \text{H}$$

ed è possibile calcolare il flusso disperso dell'avvolgimento 2:

$$\varphi_{\sigma 2} = \frac{\psi_{\sigma 2}}{N_2} = \frac{L_{\sigma 2} I_2}{N_2} = 0{,}1488\ \text{mWb}$$

Per il calcolo del flusso disperso dall'avvolgimento 1 è necessario riportare ad esso la reattanza $X_{\sigma 1}$ e calcolare poi la corrispondente induttanza di dispersione:

$$X_{\sigma 1} = K_S^2 X''_{\sigma 1} = 100,4657\ \Omega \ \Rightarrow \ L_{\sigma 1} = \frac{X_{\sigma 1}}{\omega} = 0,3198\ \text{H}$$

Il flusso disperso dell'avvolgimento 1 si calcola in base al numero di spire dell'avvolgimento 1 ed alla corrente di reazione dell'avvolgimento 2 sull'avvolgimento 1:

$$N_1 = \text{int}\{K_S N_2\} = 4565$$

$$I''_2 = \frac{I_2}{K_S} = 2,1244\ \text{A}$$

$$\varphi_{\sigma 1} = \frac{\psi_{\sigma 1}}{N_1} = \frac{L_{\sigma 1} I''_2}{N_1} = 0,1488\ \text{mWb}$$

È dunque ora possibile calcolare il flusso disperso totale come:

$$\varphi_{\sigma,tot} = \varphi_{\sigma 1} + \varphi_{\sigma 2} = 0,2976\ \text{mWb}$$

La corrente magnetizzante vale:

$$I_\mu = \frac{V_1}{X_\mu} = 0,0459\ \text{A} \quad ,$$

da cui l'induttanza di magnetizzazione:

$$L_\mu = \frac{X_\mu}{\omega} = 1020,2\ \text{H}$$

e quindi il flusso di magnetizzazione:

$$\varphi_\mu = \frac{\psi_\mu}{N_1} = \frac{L_\mu I_\mu}{N_1} = 0,0103\ \text{Wb}$$

Infine, il valore percentuale del flusso di dispersione totale calcolato rispetto al flusso di magnetizzazione vale:

$$\varphi_{\sigma,tot\%} = \frac{\varphi_{\sigma,tot}}{\varphi_\mu} \cdot 100 = 2,9\%$$

Si noti che il flusso di dispersione rappresenta soltanto una piccola parte del flusso di magnetizzazione presente nel nucleo ferromagnetico della macchina.

■

Esercizio 16-5

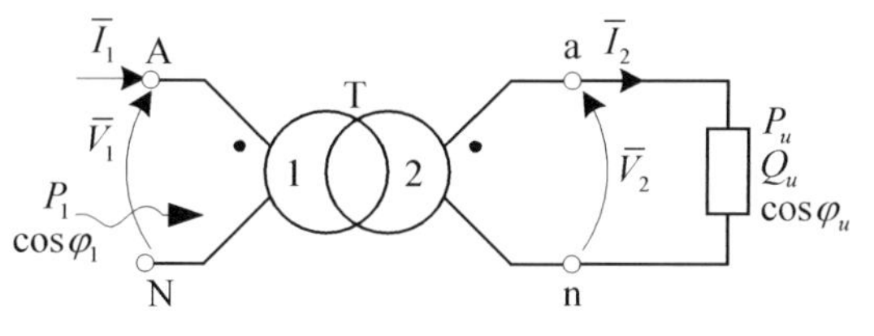

Fig. 16-5.1.

$S_n = 40$ kVA
$V_{1n} = 15$ kV
$V_{2n} = 230$ V
$f_n = 50$ Hz
$V_{CC\%} = 4\%$
$P_{1CC} = 720$ W
$I_{0\%} = 1,8\%$
$P_{10} = 160$ W
$V_u = V_{2n}$
$P_u = 28$ kW
$\cos\varphi_u = 0,92$ (cap.)

Il trasformatore monofase di Fig. 16-5.1, che ha caratteristiche identiche a quello del precedente esercizio 16-4, alimenta un carico alla tensione V_u *connesso all'avvolgimento 2. Il carico assorbe una potenza attiva* P_u *ed ha un fattore di potenza* $\cos\varphi_u$ *di tipo capacitivo. Calcolare:*

- *La tensione di alimentazione dell'avvolgimento 1 del trasformatore.*
- *La corrente che circola nell'avvolgimento 1.*
- *Le potenze attive e reattive assorbite dall'alimentazione.*
- *Il fattore di potenza.*
- *Il coefficiente di carico della macchina ed il suo rendimento.*

L'esercizio proposto viene risolto utilizzando il corollario di Boucherot, essendo noti tutti i parametri ai morsetti del carico. Per la risoluzione, la rete equivalente può essere infatti considerata "a scala", partendo dai morsetti del carico, e "risalendo" sino alla sorgente di alimentazione.

I parametri del circuito equivalente del trasformatore sono quelli già calcolati per l'esercizio precedente.

Conoscendo le potenze attiva e reattiva e la tensione al carico (grandezze che coincidono con quelle della sezione D di Fig. 16-5.2), è possibile calcolare la potenza apparente richiesta da quest'ultimo, per poi calcolare la corrente assorbita:

$$P_D = P_u = 28 \text{ kW}$$

$$Q_D = Q_u = -P_u \cdot \tan\left\{\cos^{-1}\varphi_u\right\} = -11,928 \text{ kVAr}$$

$$S_D = S_u = \sqrt{P_D^2 + Q_D^2} = 30,435 \text{ kVA}$$

$$I_2 = I_u = \frac{S_D}{V_u} = \frac{S_D}{V_{2n}} = 132,3251 \text{ V}$$

Si noti che alla formula della potenza reattiva è stato aggiunto il segno negativo; questo perché il carico assegnato ha un fattore di potenza di tipo "capacitivo", quindi, avendo scelto le convenzioni di segno degli utilizzatori (cfr. Fig. 16-5.2), la potenza reattiva deve risultare negativa. Le potenze attive e reattive assorbite dal ramo serie del trasformatore valgono:

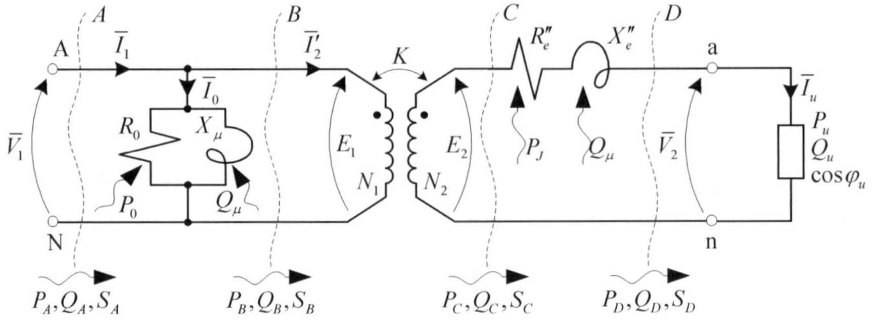

Fig. 16-5.2.

$$P_J = R''_e I_2^2 = 416{,}8242 \text{ W}$$
$$Q_\sigma = X''_e I_2^2 = 827{,}1909 \text{ VAr} \quad ,$$

note le quali è possibile ricavare le potenze alla sezione C e la relativa tensione, che coincide con la f.e.m. indotta E_2:

$$P_C = P_D + P_J = 28{,}417 \text{ kW}$$
$$Q_C = Q_D + Q_\sigma = -11{,}101 \text{ kVAr}$$
$$S_C = \sqrt{P_C^2 + Q_C^2} = 30{,}508 \text{ kVA}$$
$$E_2 = \frac{S_C}{I_2} = 230{,}5539 \text{ V}$$

Si passa ora al calcolo delle potenze alla sezione B; essendo questa connessa alla sezione C mediante un trasformatore ideale (quindi, come richiamato nella trattazione teorica, "trasparente in potenza"), si ottiene:

$$P_B = P_C = 28{,}417 \text{ kW}$$
$$Q_B = Q_C = -11{,}101 \text{ kVAr}$$
$$S_B = S_C = 30{,}508 \text{ kVA}$$

La f.e.m. indotta E_1 si calcola utilizzando il rapporto spire; questa coincide con la tensione di alimentazione dell'avvolgimento 1, avendo utilizzato il circuito equivalente con il ramo serie riportato all'avvolgimento 2:

$$K_S = \frac{V_{1n}}{V_{2n}} = 65{,}2174 \quad \Rightarrow \quad E_1 \cong V_1 = K_S E_2 = 15{,}036 \text{ kV}$$

Si possono ora calcolare le potenze assorbite dal ramo derivato:

$$P_0 = \frac{E_1^2}{R_0} \cong \frac{V_1^2}{R_0} = 160{,}7716 \text{ W} \quad , \quad Q_\mu = \frac{E_1^2}{X_\mu} \cong \frac{V_1^2}{X_\mu} = 705{,}3824 \text{ VAr}$$

e quindi le potenze assorbite dal trasformatore dalla sorgente di alimentazione, la corrente ed il fattore di potenza:

$$P_1 = P_A = P_B + P_0 = 28,578 \text{ kW}$$
$$Q_1 = Q_A = Q_B + Q_\mu = -10,395 \text{ kVAr}$$
$$S_1 = S_A = \sqrt{P_A^2 + Q_A^2} = 30,41 \text{ kVA}$$
$$I_1 = \frac{S_A}{V_1} = 2,0224 \text{ A}$$
$$\cos\varphi_1 = \cos\left\{\tan^{-1}\left(\frac{Q_A}{P_A}\right)\right\} = 0,9398 \text{ (cap.)}$$

Si noti che è stata aggiunta la dicitura "cap." al fattore di potenza, per indicare che il comportamento reattivo è di tipo capacitivo, in quanto la potenza reattiva Q_1 risulta negativa. Il comportamento del trasformatore all'avvolgimento 1 risulta essere "meno capacitivo" del carico, in quanto il fattore di potenza è più alto di quello di quest'ultimo. Ciò si verifica in quanto una quota parte della potenza reattiva prodotta dal carico viene impiegata dalle induttanze serie (effetto del flusso disperso) e derivata (effetto del flusso magnetizzante), dunque non tutta la potenza reattiva richiesta dal carico impatta la sorgente di alimentazione. Ciò è anche confermato dal fatto che, in valore assoluto, risulta $Q_D > Q_1$.

Il coefficiente di carico della macchina risulta essere:

$$\alpha_{\%} = \frac{S_1}{S_n} \cdot 100 = 76,02\%$$

ed il rendimento percentuale del trasformatore vale:

$$\eta_{\%} = \frac{P_2}{P_1} \cdot 100 = \frac{P_u}{P_1} \cdot 100 = 97,98\%$$

■

Esercizio 16-6

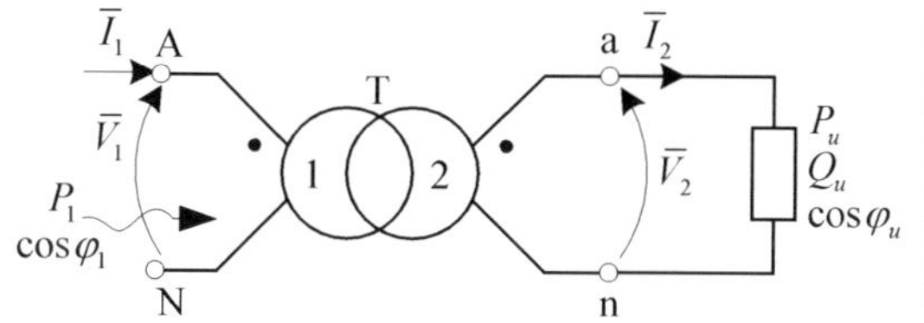

Fig. 16-6.1.

$S_n = 40$ kVA
$V_{1n} = 15$ kV
$V_{2n} = 230$ V
$f_n = 50$ Hz
$V_{CC\%} = 4\%$
$P_{1CC} = 720$ W
$I_{0\%} = 1,8\%$
$P_{10} = 160$ W
$V_1 = V_{1n}$
$P_u = 30$ kW
$\cos\varphi_u = 0,95$ (ind.)

Il trasformatore monofase di Fig. 16-6.1 alimenta un carico connesso all'avvolgimento 2 che assorbe la potenza attiva P_u con fattore di potenza $\cos\varphi_u$. Il trasformatore è alimentato alla tensione V_1 pari alla nominale. Calcolare:

- *La tensione al carico e la variazione di tensione da vuoto a carico in valore assoluto e percentuale.*
- *Le potenze attiva, reattiva ed apparente assorbite all'avvolgimento 1 dalla sorgente di alimentazione.*
- *La corrente che circola nell'avvolgimento 1.*
- *Il fattore di potenza all'avvolgimento 1.*

L'esercizio proposto viene risolto utilizzando il metodo della caduta di tensione industriale applicato al circuito equivalente del trasformatore con ramo serie riferito all'avvolgimento 2; il corollario di Boucherot non è applicabile in quanto all'avvolgimento 1 è nota solo la tensione e del carico sono noti soltanto la potenza ed il fattore di potenza.

I parametri del circuito equivalente del trasformatore sono quelli già calcolati per il precedente esercizio 16-4.

Per calcolare la tensione al carico è necessario applicare il metodo della caduta di tensione (c.d.t.) industriale; il corollario di Boucherot non è applicabile, nonostante la rete di Fig. 16-6.2 abbia una struttura "a scala", in quanto i parametri noti sono "ibridi"; all'avvolgimento 1 è infatti nota la sola tensione di alimentazione, mentre all'avvolgimento 2 è nota la potenza attiva del carico ed il fattore di potenza.

La formula della c.d.t. industriale permette di calcolare la differenza in modulo (cioè in valore efficace) tra la f.e.m. E_2 e la tensione V_2. Il nome "industriale" è derivato dalla semplicità applicativa della formula, solitamente utilizzata per calcolare le c.d.t. su linee elettriche "corte", e dal fatto che tale formula non è rigorosa; applicandola si commette infatti un piccolissimo errore, comunque trascurabile ai fini delle applicazioni industriali.

Questo concetto è rappresentato in Fig. 16-6.3; con la formula della c.d.t. industriale si calcola il valore ΔV che rappresenta la differenza tra la proiezione di $\overline{E}_2$ su $\overline{V}_2$ ed il fasore $\overline{V}_2$, mentre la caduta di tensione "esatta", ΔV_{esatta}, è data dalla differenza tra la rotazione di $\overline{E}_2$ su $\overline{V}_2$ ed il fasore $\overline{V}_2$. L'errore commesso è ε_V. È importante sottolineare che ΔV non è pari al valore assoluto della c.d.t. $\overline{V}_{\overline{Z}''_e}$ sull'impedenza $\overline{Z}''_e$.

Con riferimento alla Fig. 16-6.2, applicando la formula della c.d.t. industriale si ha:

$$E_2 - V_2 = R''_e I_2 \cos\varphi_u + X''_e I_2 \sin\varphi_u$$

La f.e.m. E_2 è nota dalla relazione del rapporto spire:

$$K_S = \frac{V_{1n}}{V_{2n}} = 65,2174 \quad \Rightarrow \quad E_2 = \frac{E_1}{K_S} \cong \frac{V_{1n}}{K_S} = 230 \text{ V}$$

mentre la corrente I_2 e la tensione V_2 sono incognite. La corrente I_2 può però essere scritta in funzione della tensione V_2 in base alla relazione della potenza attiva del carico:

$$I_2 = \frac{P_u}{V_2 \cos\varphi_u}$$

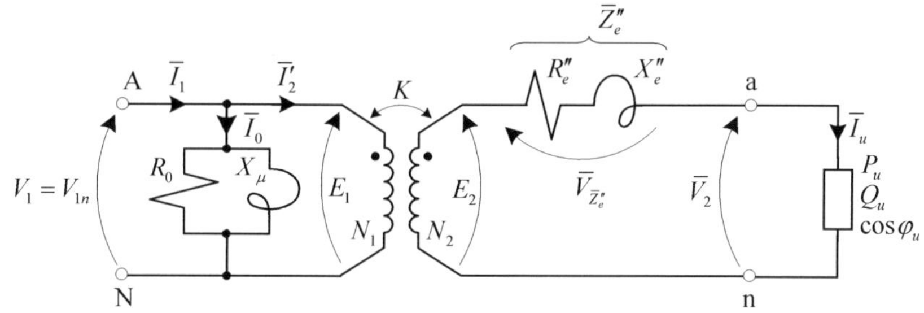

Fig. 16-6.2.

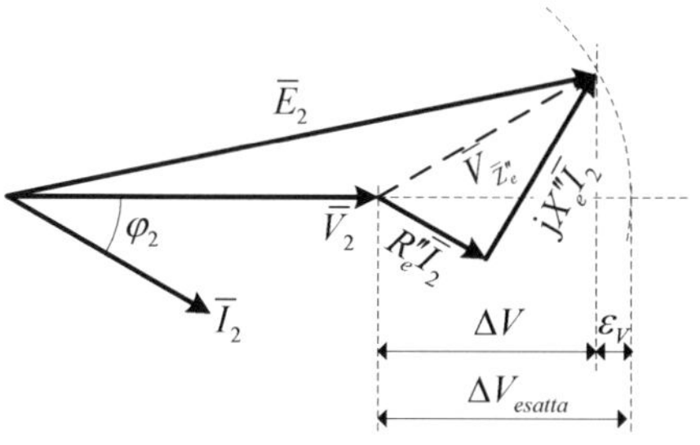

Fig. 16-6.3.

Inserendo tale relazione nella formula della c.d.t. industriale si ottiene:

$$E_2 - V_2 = R_e'' \frac{P_u}{V_2} + X_e'' \frac{P_u}{V_2} \frac{\sin\varphi_u}{\cos\varphi_u} \quad ,$$

che risulta essere un'equazione di secondo grado nella sola incognita V_2. Rielaborando la precedente relazione si ottiene infatti:

$$V_2^2 - E_2 V_2 + R_e'' P_u + X_e'' P_u \frac{\sin\varphi_u}{\cos\varphi_u} = 0$$

La precedente equazione è già risolvibile, tuttavia spesso si preferisce elaborarla ulteriormente per mettere in evidenza anche la potenza reattiva del carico. Riconoscendo dunque che:

$$\frac{\sin\varphi_u}{\cos\varphi_u} = \tan\varphi_u \quad , \quad Q_u = P_u \tan\varphi_u = P_u \cdot \frac{\sin\varphi_u}{\cos\varphi_u}$$

si ottiene:

$$V_2^2 - E_2 V_2 + R_e'' \cdot P_u + X_e'' \cdot Q_u = 0$$

I coefficienti dell'equazione di secondo grado sono:

$$a = 1 \quad , \quad b = -E_2 = -230 \text{ V} \quad , \quad c = R_e'' \cdot P_u + X_e'' \cdot Q_u = 1180 \text{ V}^2$$

e la formula risolutiva, inserendo i dati del problema e tenendo conto che risulta:

$$Q_u = P_u \tan\varphi_u = 9{,}8605 \text{ kVAr}$$

fornisce le seguenti due soluzioni:

$$V_{2,1} = \frac{-b+\sqrt{b^2-4ac}}{2a} = 224{,}7498 \text{ V}$$

$$V_{2,2} = \frac{-b-\sqrt{b^2-4ac}}{2a} = 5{,}2502 \text{ V}$$

Utilizzando tale metodo risolutivo, si ottengono dunque sempre due soluzioni per l'incognita V_2. È possibile dimostrare che il valore più basso rappresenta la variazione di tensione, mentre il valore più elevato rappresenta la variabile V_2 incognita.

Per il presente esercizio si è dunque ottenuto:

$$V_2 = 224{,}7498 \text{ V}$$

$$\Delta V = 5{,}2502 \text{ V}$$

In valore percentuale rispetto alla tensione nominale dell'avvolgimento 2 si ha allora:

$$\Delta V_{\%} = \frac{\Delta V}{V_{2n}}\cdot 100 = \frac{E_2 - V_2}{V_{2n}}\cdot 100 = \frac{V_{20} - V_2}{V_{2n}}\cdot 100 = 2{,}2827\%$$

Si noti che lo stesso valore di ΔV si sarebbe potuto ottenere applicando la differenza tra la tensione a vuoto V_{20} e quella a carico V_2, come svolto nell'esercizio 16-4.

La corrente assorbita dal carico vale:

$$I_2 = \frac{P_u}{V_2 \cos\varphi_u} = 140{,}5071 \text{ A}$$

e le potenze attiva e reattiva assorbite dal ramo serie del trasformatore valgono:

$$P_J = R_e'' I_2^2 = 469{,}9641 \text{ W}$$

$$Q_\sigma = X_e'' I_2^2 = 932{,}6475 \text{ VAr}$$

Si possono ora calcolare le potenze assorbite dal ramo derivato:

$$P_0 = \frac{E_1^2}{R_0} \cong \frac{V_1^2}{R_0} = 160 \text{ W}$$

$$Q_\mu = \frac{E_1^2}{X_\mu} \cong \frac{V_1^2}{X_\mu} = 701{,}9972 \text{ VAr}$$

Le potenze attiva, reattiva ed apparente assorbite all'avvolgimento 1 dalla sorgente di alimentazione valgono:

$$P_1 = P_u + P_0 + P_J = 30{,}63 \text{ kW}$$

$$Q_1 = Q_u + Q_\mu + Q_\sigma = 11{,}495 \text{ kVAr}$$

$$S_1 = \sqrt{P_1^2 + Q_1^2} = 32,716 \text{ kVA} \quad ,$$

cui seguono la corrente dello stesso avvolgimento ed il fattore di potenza:

$$I_1 = \frac{S_1}{V_1} = 2,1811 \text{ A}$$

$$\cos\varphi_1 = \cos\left\{\tan^{-1}\left(\frac{Q_1}{P_1}\right)\right\} = 0,9362 \text{ ind.}$$

Il fattore di carico della macchina risulta essere:

$$\alpha_{\%} = \frac{S_1}{A_n} \cdot 100 = 81,79\%$$

ed il rendimento percentuale del trasformatore vale:

$$\eta_{\%} = \frac{P_2}{P_1} \cdot 100 = \frac{P_u}{P_1} \cdot 100 = 97,94\%$$

■

Esercizio 16-7

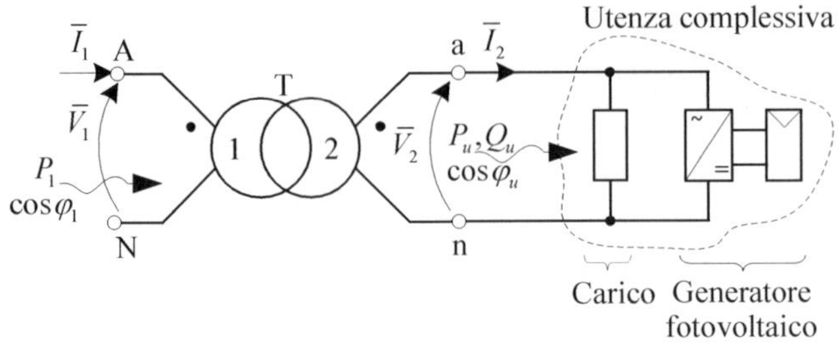

Fig. 16-7.1.

$S_n = 80$ kVA $\quad I_{0\%} = 1,8\%$

$V_{1n} = 20$ kV $\quad P_{0\%} = 0,3\%$

$V_{2n} = 230$ V $\quad V_1 = V_{1n}$

$f_n = 50$ Hz $\quad P_u \rightarrow$ vedere Tab. 16-7.1

$V_{CC\%} = 4\%$ $\quad Q_u \rightarrow$ vedere Tab. 16-7.1

$P_{CC\%} = 1,7\%$

Tab. 16-7.1 Scenari di riferimento per il sistema di Fig. 16-7.1.

Scenario	P_u [kW]	Q_u [kVAr]
1	50	0
2	50	50
3	50	-50
4	-50	0
5	-50	50
6	-50	-50
7	0	50
8	0	-50

Il trasformatore monofase di Fig. 16-7.1 alimenta un'utenza complessiva composta da un generatore fotovoltaico (inverter e campo) in parallelo ad un carico. L'utenza complessiva assorbe, in base allo scenario di funzionamento, le potenze attiva P_u *e reattiva* Q_u *riassunte in Tab. 16-7.1. Calcolare, per ogni scenario:*

- *La potenza apparente assorbita dall'utenza complessiva.*
- *La tensione che alimenta l'utenza stessa e la corrente assorbita.*
- *La variazione di tensione da vuoto a carico in valore assoluto e percentuale.*
- *Le potenze attiva, reattiva ed apparente assorbite all'avvolgimento 1 dalla sorgente di alimentazione e la corrente che scorre nello stesso avvolgimento.*

L'esercizio proposto viene risolto utilizzando il metodo della caduta di tensione industriale applicata al circuito equivalente del trasformatore con ramo serie riferito all'avvolgimento 2, analogamente all'esercizio precedente. Il corollario di Boucherot non è applicabile in quanto all'avvolgimento 1 è nota solo la tensione ed all'utenza sono soltanto noti la potenza ed il fattore di potenza. Il calcolo deve essere ripetuto per ogni scenario, avendo cura di tenere conto del segno delle potenze P_u e Q_u.

La rete comprendente il circuito equivalente del trasformatore è rappresentata in Fig. 16-7.2. Il carico connesso all'avvolgimento 2 è tale in senso generale ed è infatti indicato come "utenza complessiva".

Al suo interno è contenuto un carico vero e proprio, che quindi necessita di potenza per funzionare, ed un generatore fotovoltaico, che invece produce potenza. In alcuni scenari (ad esempio 1, 2 e 3) il carico è maggiore della generazione, dunque P_u risulta positiva, cioè realmente assorbita dall'utenza complessiva (cioè il saldo di potenza attiva è positivo); la sorgente di alimentazione fornisce dunque potenza all'utenza complessiva, tramite il trasformatore. Nei restanti scenari, invece, la generazione supera il carico e P_u risulta negativa, dunque realmente prodotta (cioè il saldo di potenza attiva è negativo); in tal caso la sorgente di alimentazione riceve potenza dall'utenza complessiva, tramite il trasformatore.

L'utenza complessiva, nella pratica, può essere immaginata come un'utenza civile o industriale, oppure un insieme di esse, affiancate da un impianto fotovoltaico. Nelle ore di basso carico la generazione supera il carico stesso e la potenza prodotta localmente viene inviata verso la rete pubblica di distribuzione.

Le medesime considerazioni valgono per la potenza reattiva; quando la potenza reattiva necessaria al carico supera quella eventualmente prodotta dal generatore, Q_u risulta positiva e l'utenza complessiva ha un comportamento di tipo induttivo (saldo di potenza reattiva positivo). Quando invece il saldo di potenza reattiva è negativo l'utenza complessiva ha un comportamento di tipo capacitivo e Q_u risulta negativa.

L'obiettivo del presente esercizio è quello di studiare il comportamento del trasformatore quando si inverte il flusso della potenza attiva o reattiva e far così comprendere che esso è a tutti gli effetti una macchina "reversibile", in grado cioè di invertire il flusso energetico pur garantendo il proprio corretto funzionamento magneto-elettrico.

La potenza apparente assorbita dall'utenza risulta essere, per ogni scenario:

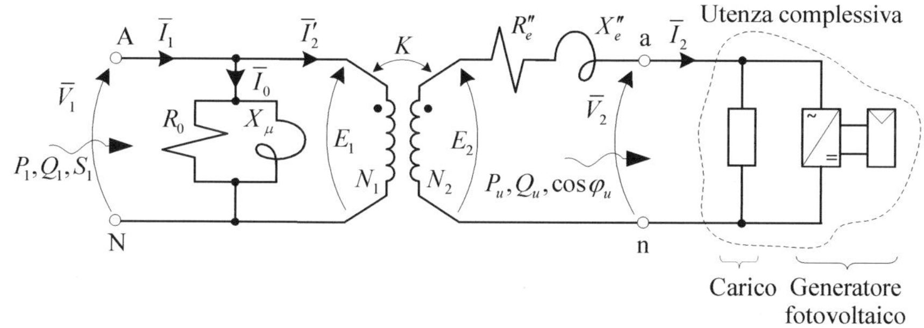

Fig. 16-7.2.

$$S_u = \sqrt{P_u^2 + Q_u^2}$$

I risultati ottenuti per i differenti scenari sono riassunti in Tab. 16-7.1.

Dai dati assegnati si ricavano in modo diretto i parametri del ramo derivato riferito all'avvolgimento 1, ed in particolare:

$$R_0 = \frac{100}{P_{0\%}} \cdot \frac{V_{1n}^2}{S_n} = 1,67\ \text{M}\Omega,\ Z_0 = \frac{100}{I_{0\%}} \cdot \frac{V_{1n}^2}{S_n} = 0,28\ \text{M}\Omega \ \Rightarrow\ X_\mu = \frac{1}{\sqrt{\dfrac{1}{Z_0^2} - \dfrac{1}{R_0^2}}} = 0,28\ \text{M}\Omega$$

Per il calcolo dei parametri del ramo serie riferito all'avvolgimento 2 si ha invece:

$$R_e'' = \frac{P_{CC\%}}{100} \cdot \frac{V_{2n}^2}{S_n} = 0,0112\ \Omega$$

$$Z_e'' = \frac{V_{CC\%}}{100} \cdot \frac{V_{2n}^2}{S_n} = 0,0265\ \Omega$$

$$X_e'' = \sqrt{(Z_e'')^2 - (R_e'')^2} = 0,0239\ \Omega$$

La tensione V_2 che alimenta l'utenza si calcola applicando, ad ogni scenario, la formula della c.d.t. industriale, ricordando di considerare i corretti segni per P_u e Q_u:

$$V_2^2 - E_2 V_2 + R_e'' \cdot P_u + X_e'' \cdot Q_u = 0 \quad ,$$

alla quale corrispondono i seguenti coefficienti:

$$\begin{cases} a = 1 \\ b = -E_2 \\ c = R_e'' \cdot P_u + X_e'' \cdot Q_u \end{cases}$$

e la seguente formula risolutiva:

$$V_{2,1} = \frac{-b + \sqrt{b^2 - 4ac}}{2a}$$

$$V_{2,2} = \frac{-b - \sqrt{b^2 - 4ac}}{2a}$$

Calcolando per ogni scenario la precedente coppia di soluzioni si compilano le colonne dei valori di V_2 e di $\Delta V_\%$ della Tab. 16-7.2, anche ricordando le osservazioni fatte per l'esercizio 16-6 a proposito della precedente formula e che in valore percentuale, rispetto alla tensione nominale dell'avvolgimento 2, si ha:

$$\Delta V_\% = \frac{\Delta V}{V_{2n}} \cdot 100 = \frac{E_2 - V_2}{V_{2n}} \cdot 100 = \frac{V_{20} - V_2}{V_{2n}} \cdot 100 \quad ,$$

nella quale la f.e.m. E_2 è nota dalla relazione del rapporto spire ed è costante per tutti gli scenari:

$$K_S = \frac{V_{1n}}{V_{2n}} = 86,9565 \quad \Rightarrow \quad E_2 = \frac{E_1}{K_S} \cong \frac{V_{1n}}{K_S} = 230 \text{ V}$$

La corrente assorbita dal carico vale:

$$I_2 = \frac{S_u}{V_2}$$

e le potenze attiva e reattiva assorbite dal ramo serie del trasformatore valgono:

$$P_J = R_e'' \cdot I_2^2$$
$$Q_\sigma = X_e'' \cdot I_2^2$$

Si possono ora calcolare le potenze assorbite dal ramo derivato:

$$P_0 = \frac{E_1^2}{R_0} \cong \frac{V_1^2}{R_0} \quad , \quad Q_\mu = \frac{E_1^2}{X_\mu} \cong \frac{V_1^2}{X_\mu}$$

Tab. 16-7.2 Risultati ottenuti per il sistema di Fig. 16-7.1.

Scenario	P_u [kW]	Q_u [kVAr]	S_u [kVA]	V_2 [V]	I_2 [A]	ΔV [V]
1	50	0	50	227,5297	219,7515	2,470
2	50	50	70,7107	222,0786	318,4039	7,921
3	50	-50	70,7107	232,7287	303,8330	-2,729
4	-50	0	50	232,4183	215,1293	-2,418
5	-50	50	70,7107	227,2049	311,2198	2,795
6	-50	-50	70,7107	237,4099	297,8422	-7,410
7	0	50	50	224,6717	222,5469	5,3283
8	0	-50	50	235,0921	212,6826	-5,0921

Scenario	P_1 [kW]	Q_1 [kVAr]	S_1 [kVA]	I_1 [A]	$\Delta V_\%$ [%]
1	50,7828	2,5761	50,8481	2,5424	1,0740
2	51,3796	53,8472	74,4270	3,7214	3,4441
3	51,2777	-46,3699	69,1345	3,4567	-1,1864
4	-49,2397	2,5279	49,3046	2,4652	-1,0514
5	-48,6712	53,7389	72,5035	3,6252	1,2153
6	-48,7628	-46,4562	67,3498	3,3675	-3,2217
7	0,7967	52,6057	52,6117	2,6306	2,3167
8	0,7485	-47,4971	47,5030	2,3752	-2,2140

Le potenze attiva, reattiva ed apparente assorbite all'avvolgimento 1 dalla sorgente di alimentazione e la corrente dello stesso avvolgimento valgono:

$$P_1 = P_u + P_0 + P_J, \quad Q_1 = Q_u + Q_\mu + Q_\sigma$$

$$S_1 = \sqrt{P_1^2 + Q_1^2}$$

$$I_1 = \frac{S_1}{V_1}$$

Ripetendo i calcoli per tutti gli scenari, si compila la Tab. 16-7.2. Vale la pena fare alcune osservazioni sul funzionamento del sistema elettrico analizzato:

1. A parità di potenza reattiva Q_u, un assorbimento di potenza attiva da parte dell'utenza ($P_u > 0$) crea un abbassamento della propria tensione di alimentazione V_2, mentre una produzione di potenza attiva da parte dell'utenza ($P_u < 0$) aumenta la propria tensione di alimentazione V_2; questo fenomeno, che si osserva confrontando gli scenari 1 e 4, è dovuto alla componente resistiva della caduta di tensione, quella cioè che dipende dal prodotto $R_e'' \cdot P_u$ nella formula della c.d.t. industriale. Idealmente, se la resistenza R_e'' fosse nulla (trasformatore senza perdite nel rame), nessuna variazione di tensione si avrebbe al variare della potenza attiva dell'utenza.
2. A parità di potenza attiva P_u, un assorbimento di potenza reattiva da parte dell'utenza ($Q_u > 0$, comportamento induttivo) crea un abbassamento della propria tensione di alimentazione V_2, mentre una produzione di potenza reattiva da parte dell'utenza ($Q_u < 0$, comportamento capacitivo) aumenta la propria tensione di alimentazione V_2; questo fenomeno, che si osserva confrontando gli scenari 7 e 8, è dovuto alla componente reattiva della caduta di tensione, quella cioè che dipende dal prodotto $X_e'' \cdot Q_u$ nella formula della c.d.t. industriale. Idealmente, se la reattanza X_e'' fosse nulla (trasformatore senza flussi di dispersione), nessuna variazione di tensione si avrebbe al variare della potenza reattiva dell'utenza.
3. Le variazioni di potenza reattiva Q_u influenzano molto di più la tensione V_2 rispetto alle variazioni di potenza attiva P_u (a parità di variazione di potenza attiva e reattiva, qui scelte pari a 50 kW e 50 kVAr in valore assoluto). Questo perché la reattanza X_e'' è maggiore della resistenza R_e'' (per il trasformatore assegnato il rapporto tra queste due grandezze vale circa 2 ed infatti la variazione di tensione dovuta alla potenza reattiva degli scenari 7 e 8 è circa il doppio di quella dovuta alla potenza attiva degli scenari 1 e 4).
4. Per quanto evidenziato ai punti precedenti si comprende come mai nei sistemi elettrici di potenza si utilizza la potenza reattiva per regolare (e mantenere entro valori accettabili) la tensione di alimentazione delle utenze al variare della potenza attiva, cioè al variare del carico. In questi ultimi anni tale tecnica è in fase di applicazione anche nelle reti elettriche di distribuzione pubblica in bassa tensione (BT) presso piccole utenze domestiche che adottano impianti di generazione, ad esempio basati su impianti fotovoltaici. Questo è attuabile grazie ai moderni inverter fotovoltaici, i quali possono regolare la potenza reattiva entro certi limiti, ed al concetto di "rete elettrica intelligente" ("smart grid"); si tratta, in sostanza, di un sistema elettrico in grado di funzionare in maniera ottimale (ad esempio dal punto di

vista delle tensioni), in funzione della variazione della generazione da fonte rinnovabile, per sua natura di tipo aleatorio e dunque non prevedibile.

5. Si noti infine che negli scenari di innalzamento della tensione V_2, la variazione di tensione ΔV è negativa (di conseguenza lo è anche il valore di $\Delta V_{\%}$); in altri termini, quando l'utenza cessa di produrre potenza, allora la tensione V_2 si riporta al valore $V_{20} = E_2$, più basso di quello che si ha durante la produzione di potenza.

■

Esercizio 16-8

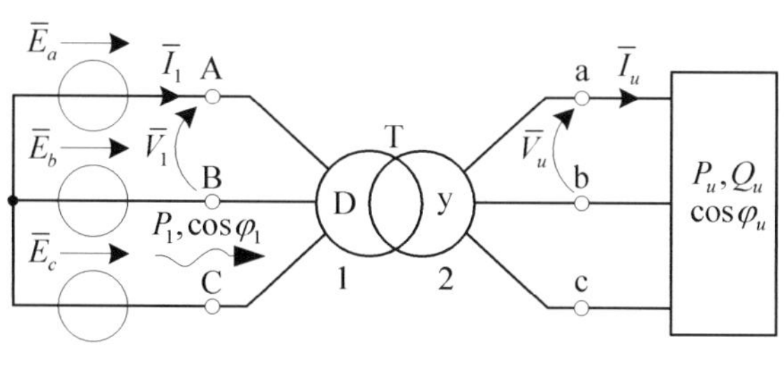

Fig. 16-8.1.

$S_n = 160$ kVA	$I_{0\%} = 1,1$ %
$V_{1n} = 20$ kV	$P_{10} = 355$ W
$V_{2n} = 400$ V	Colleg. avv.: Dy
$f_n = 50$ Hz	$V_1 = V_{1n}$
$V_{CC\%} = 4\%$	$P_1 = 120$ kW
$P_{1CC} = 1860$ W	$\cos\varphi_1 = 0,96$ (ind.)

Il trasformatore trifase di Fig. 16-8.1 alimenta un carico connesso all'avvolgimento 2 ed assorbe dalla sorgente di alimentazione la potenza P_1 *con fattore di potenza* $\cos\varphi_1$ *di tipo induttivo. Calcolare:*

- *Il rapporto di trasformazione ed il rapporto spire.*
- *Le potenze attiva e reattiva assorbite dal carico ed il suo fattore di potenza.*
- *La tensione al carico e la corrente da esso assorbita.*
- *La variazione di tensione da vuoto a carico del trasformatore, in valore assoluto e percentuale.*
- *Il fattore di carico della macchina ed il suo rendimento.*

L'esercizio proposto viene risolto utilizzando il corollario di Boucherot applicato al circuito monofase equivalente del trasformatore trifase assegnato, essendo noti tutti i parametri ai morsetti di alimentazione della macchina. Per la risoluzione, la rete equivalente può essere infatti considerata "a scala", partendo dai morsetti dell'avvolgimento 1 (morsetti di alimentazione), e "scendendo" sino al carico.

Il rapporto di trasformazione del trasformatore trifase si calcola eseguendo il rapporto tra le tensioni nominali dei due avvolgimenti, che si intendono, come da Normativa, in valore concatenato. Tale rapporto è dunque indipendente dal tipo di collegamento degli avvolgimenti (triangolo, stella, zig-zag, ecc.) e vale:

$$K = \frac{V_{1n}}{V_{2n}} = 50$$

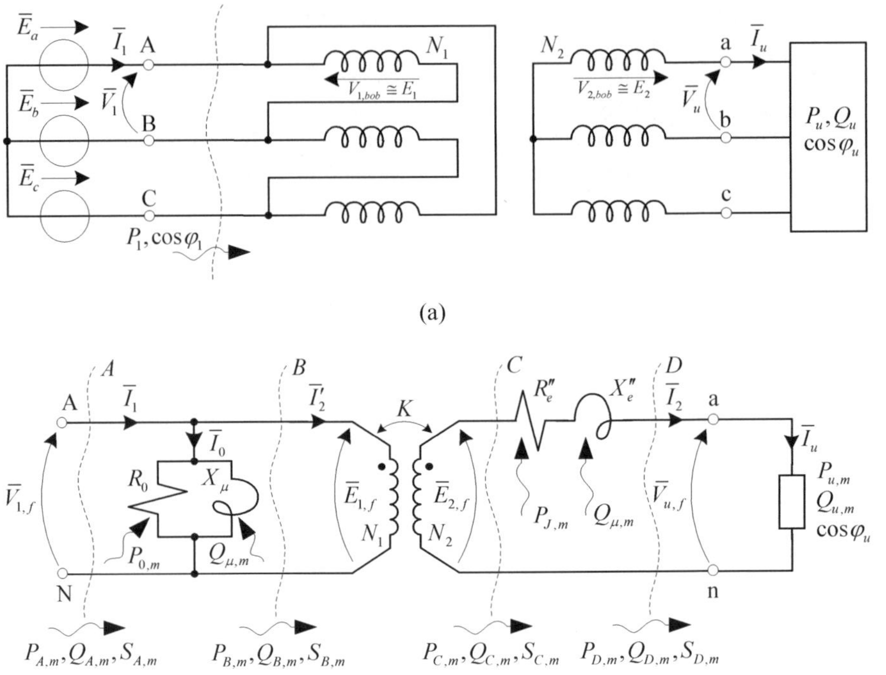

Fig. 16-8.2.

Il rapporto spire della macchina è pari al rapporto tra le f.e.m. indotte. Come per il trasformatore monofase, tali f.e.m. possono essere considerate pari alle tensioni presenti ai capi delle bobine costituenti gli avvolgimenti durante la prova a vuoto, quindi in condizioni di tensioni nominali; è dunque necessario tener conto del collegamento degli avvolgimenti stessi. L'avvolgimento 1 è connesso a triangolo e dunque, durante la prova a vuoto, si ha:

$$E_1 \cong V_{1,bob} = V_{1n} = 20 \text{ kV} \quad ,$$

dove E_1 è la f.e.m. indotta all'avvolgimento 1 e $V_{1,bob}$ è la tensione presente ai capi delle bobine costituenti tale avvolgimento (si veda la Fig. 16-8.2-a).

L'avvolgimento 2 è invece connesso a stella, dunque, durante la prova a vuoto, si ha:

$$E_2 \cong V_{2,bob} = \frac{V_{2n}}{\sqrt{3}} = 230{,}9401 \text{ V} \quad ,$$

dove E_2 è la f.e.m. indotta all'avvolgimento 1 e $V_{2,bob}$ è la tensione presente ai capi delle bobine costituenti tale avvolgimento (si veda la Fig. 16-8.2-a).

Il rapporto spire vale allora:

$$K_S = \frac{E_1}{E_2} = \frac{V_{1n}}{V_{2n}/\sqrt{3}} = \sqrt{3}\frac{V_{1n}}{V_{2n}} = \sqrt{3} \cdot K = 86{,}6025$$

A differenza del trasformatore monofase, il legame tra il rapporto spire ed il rapporto di trasformazione dipende quindi dal collegamento degli avvolgimenti; se il collegamento fosse stato stella-stella (Yy), allora tali rapporti sarebbero risultati identici.

È ora possibile calcolare i parametri del circuito monofase equivalente del trasformatore trifase. Si ricorda che tale calcolo è indipendente dal collegamento degli avvolgimenti del trasformatore trifase, in quanto esso si riferisce sempre ad un circuito monofase equivalente di trasformatore trifase con collegamento degli avvolgimenti stella-stella, a sua volta equivalente al trasformatore di partenza.

Nel circuito monofase equivalente, come già osservato nell'esercizio 15-8:

- Le potenze attiva, reattiva ed apparente sono da considerarsi monofase, pertanto si indicano con la lettera *m* a pedice.
- Le tensioni e le f.e.m. indotte si considerano *di fase* (dette anche " stellate"), pertanto si indicano con la lettera *f* a pedice.
- Le correnti si considerano *di linea*, dunque pari a quelle che circolano nei conduttori del sistema trifase.

Dai dati assegnati si ricavano i parametri del ramo derivato riferito all'avvolgimento 1, ed in particolare:

$$R_0 = 3 \cdot \frac{\left(V_{1n}/\sqrt{3}\right)^2}{P_{10}} = \frac{V_{1n}^2}{P_{10}} = 1{,}1268 \text{ M}\Omega$$

$$Z_0 = \frac{100}{I_{0\%}} \cdot \frac{V_{1n}^2}{S_n} = 0{,}2273 \text{ M}\Omega$$

$$X_\mu = \frac{1}{\sqrt{\dfrac{1}{Z_0^2} - \dfrac{1}{R_0^2}}} = 0{,}232 \text{ M}\Omega$$

Per il calcolo dei parametri del ramo serie è prima necessario ricavare la corrente nominale dell'avvolgimento 2, essendo la potenza di corto circuito assegnata in valore assoluto:

$$I_{2n} = \frac{A_n}{\sqrt{3} \cdot V_{2n}} = 230{,}9401 \text{ A}$$

Si ottiene dunque:

$$R_e'' = \frac{P_{1CC}}{3 \cdot I_{2n}^2} = 0{,}0116 \ \Omega$$

$$Z_e'' = \frac{V_{CC\%}}{100} \cdot \frac{V_{2n}^2}{S_n} = 0{,}04 \ \Omega$$

$$X_e'' = \sqrt{(Z_e'')^2 - (R_e'')^2} = 0{,}0383 \ \Omega$$

Il circuito equivalente ricavato è rappresentato in Fig. 16-8.2-b. Nello stessa figura sono rappresentate le sezioni A, B, C e D necessarie per l'applicazione del corollario di Boucherot. Il trasformatore è alimentato alla tensione:

$$V_1 = V_{1n} = 20 \text{ kV}$$

Le potenze attiva e reattiva assorbite dal ramo derivato valgono:

$$P_{0,m} = \frac{\left(V_{1n}/\sqrt{3}\right)^2}{R_0} = 118{,}3333 \text{ W}, \quad Q_{\mu,m} = \frac{\left(V_{1n}/\sqrt{3}\right)^2}{X_\mu} = 574{,}6086 \text{ VAr}$$

Si noti che la potenza attiva assorbita dal ramo derivato è inferiore rispetto a quella rilevata durante la prova a vuoto in quanto la tensione di alimentazione è leggermente inferiore al valore nominale.

Per calcolare le grandezze relative alla sezione B è necessario calcolare la potenza reattiva entrante nella superficie A, che è quella che il trasformatore assorbe dalla sorgente di alimentazione e che vale:

$$Q_{A,m} = Q_{1,m} = P_{1,m} \cdot \tan\varphi_1 = \frac{P_1}{3} \cdot \tan\varphi_1 = \frac{P_1}{3} \cdot \tan\left(\cos^{-1}\varphi_1\right) = 11{,}667 \text{ kVAr}$$

Per la potenza attiva si ha invece:

$$P_{A,m} = P_{1,m} = \frac{P_1}{3} = 40 \text{ kW}$$

Le potenze attiva, reattiva ed apparente entranti nella superficie B valgono dunque:

$$P_{B,m} = P_{A,m} - P_{0,m} = 39{,}882 \text{ kW}$$
$$Q_{B,m} = Q_{A,m} - Q_{\mu,m} = 11{,}092 \text{ kVAr}$$
$$S_{B,m} = \sqrt{P_{B,m}^2 + Q_{B,m}^2} = 41{,}395 \text{ kVA}$$

Poiché tra la sezione B e la sezione C è interposto il trasformatore ideale, che è "trasparente in potenza", si ha:

$$P_{C,m} = P_{B,m} = 39{,}882 \text{ kW}$$
$$Q_{C,m} = Q_{B,m} = 11{,}092 \text{ kVAr}$$
$$S_{C,m} = S_{B,m} = 41{,}395 \text{ kVA}$$

La tensione alla sezione C è $E_{2,f}$, la quale si calcola tenendo conto del rapporto di trasformazione e del fatto che $E_{1,f} \cong V_{1,f} = V_{1n}/\sqrt{3}$; quindi:

$$E_{2,f} = \frac{E_{1,f}}{K} \cong \frac{V_{1n}/\sqrt{3}}{K} = 230{,}9401 \text{ V}$$

È ora possibile calcolare la corrente I_2, che coincide con quella assorbita dal carico:

$$I_2 = I_u = \frac{S_{C,m}}{E_{2,f}} = 179{,}2474 \text{ A}$$

Le potenze attiva e reattiva assorbite dal ramo serie del circuito equivalente valgono:

$$P_{J,m} = R''_e \cdot I_2^2 = 373,5071 \text{ W}$$

$$Q_{\sigma,m} = X''_e \cdot I_2^2 = 1229,7 \text{ VAr}$$

Si può ora passare al calcolo delle grandezze di alimentazione del carico, che coincidono con quelle alla sezione D. In particolare, per le potenze si ha:

$$P_{u,m} = P_{D,m} = P_{C,m} - P_{J,m} = 39,508 \text{ kW}$$

$$Q_{u,m} = Q_{D,m} = Q_{C,m} - Q_{\sigma,m} = 9,8623 \text{ kVAr}$$

$$S_{u,m} = S_{D,m} = \sqrt{P_{D,m}^2 + Q_{D,m}^2} = 40,721 \text{ kVA} \quad ,$$

che corrispondono alle seguenti potenze trifase:

$$P_u = 3 \cdot P_{u,m} = 118,52 \text{ kW}$$

$$Q_u = 3 \cdot Q_{u,m} = 29,587 \text{ kVAr}$$

$$S_u = 3 \cdot S_{u,m} = 122,16 \text{ kVA}$$

Per la tensione si ottiene inoltre:

$$V_{u,f} = V_{2,f} = \frac{S_{u,m}}{I_2} = 227,1749 \text{ V} \quad ,$$

che corrisponde alla seguente tensione concatenata:

$$V_u = \sqrt{3} \cdot V_{u,f} = 393,4784 \text{ V}$$

Si può quindi calcolare la variazione di tensione da vuoto a carico; in particolare, quando il trasformatore funziona a vuoto, la tensione ai morsetti dell'avvolgimento 2 è pari alla f.e.m. indotta $E_{2,f}$, cioè:

$$V_{20,f} = E_{2,f} = 230,9401 \text{ V}$$

La variazione di tensione da vuoto a carico, intesa come differenza in modulo tra il fasore $V_{2,f}$ a vuoto e quello a carico, vale:

$$\Delta V_f = V_{20,f} - V_{2,f} = 3,7652 \text{ V} \quad ,$$

corrispondente alla seguente variazione di tensione concatenata:

$$\Delta V = \sqrt{3} \cdot \Delta V_f = 6,5216 \text{ V}$$

In valore percentuale rispetto alla tensione nominale dell'avvolgimento 2, a cui il carico è connesso, si ottiene:

$$\Delta V_{\%} = \frac{\Delta V}{V_{2n}} \cdot 100 = 1,6304\%$$

Il fattore di potenza del carico, induttivo in quanto la potenza reattiva è positiva con la convenzione di segno degli utilizzatori, vale:

$$\cos\varphi_u = \cos\left\{\tan^{-1}\left(\frac{Q_u}{P_u}\right)\right\} = 0,9702 \text{ (ind.)}$$

Il fattore di carico della macchina risulta essere:

$$\alpha_{\%} = \frac{S_1}{A_n}\cdot 100 = \frac{P_1/\cos\varphi_1}{A_n}\cdot 100 = 78,125\%$$

ed il rendimento percentuale del trasformatore vale:

$$\eta_{\%} = \frac{P_2}{P_1}\cdot 100 = \frac{P_u}{P_1}\cdot 100 = 98,7704\%$$

Esercizio 16-9

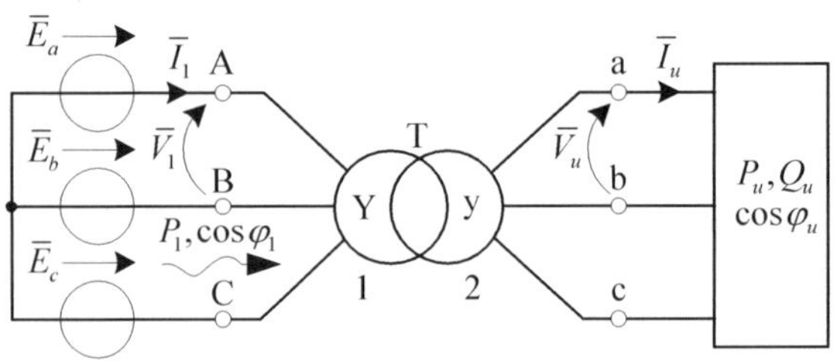

Fig. 16-9.1.

$S_n = 250$ kVA	$I_{0\%} = 1,1\%$
$V_{1n} = 20$ kV	$P_{0\%} = 0,22\%$
$V_{2n} = 400$ V	Colleg. avv.: Yy
$f_n = 50$ Hz	$V_1 = V_{1n}$
$V_{CC\%} = 4\%$	$P_u = 210$ kW
$P_{CC\%} = 1,05$ %	$\cos\varphi_u = 0,92$ (ind.)

Il trasformatore trifase di Fig. 16-9.1 alimenta un carico connesso all'avvolgimento 2 che assorbe la potenza attiva P_u *con fattore di potenza* $\cos\varphi_u$*; il trasformatore è alimentato alla tensione* V_1 *pari alla nominale. Calcolare:*

- *Il rapporto di trasformazione ed il rapporto spire.*
- *La tensione al carico e la variazione di tensione da vuoto a carico in valore assoluto e percentuale.*
- *Le potenze attiva, reattiva ed apparente assorbite all'avvolgimento 1 dalla sorgente di alimentazione.*
- *La corrente che circola nell'avvolgimento 1.*
- *Il fattore di potenza all'avvolgimento 1.*

L'esercizio proposto viene risolto utilizzando il metodo della caduta di tensione industriale applicata al circuito monofase equivalente del trasformatore con ramo serie riferito all'avvolgimento 2. Il corollario di Boucherot non è applicabile in quanto all'avvolgimento 1 è nota solo la tensione ed al carico sono noti soltanto la potenza ed il fattore di potenza.

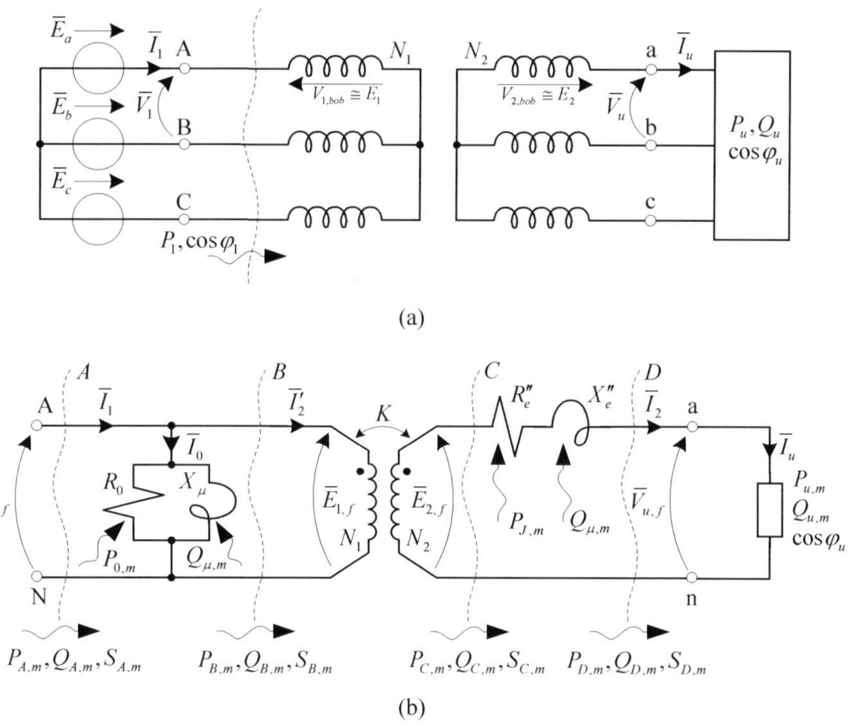

Fig. 16-9.2.

Il rapporto di trasformazione del trasformatore trifase si calcola eseguendo il rapporto tra le tensioni nominali dei due avvolgimenti, che si intendono, come da Normativa, di tipo concatenato. Tale rapporto è dunque indipendente dal collegamento degli avvolgimenti e vale:

$$K = V_{1n} \,/\, V_{2n} = 50$$

Il rapporto spire della macchina è pari al rapporto tra le f.e.m. indotte. Come per il trasformatore monofase, tali f.e.m. possono essere considerate pari alle tensioni presenti ai capi delle bobine costituenti gli avvolgimenti durante la prova a vuoto, quindi in condizioni di tensioni nominali; è dunque necessario tener conto del collegamento degli avvolgimenti stessi. L'avvolgimento 1 è connesso a stella, dunque, durante la prova a vuoto, si ha:

$$E_1 \cong V_{1,bob} = \frac{V_{1n}}{\sqrt{3}} = 11{,}547 \text{ kV} \quad ,$$

dove E_1 è la f.e.m. indotta all'avvolgimento 1, mentre $V_{1,bob}$ è la tensione ai capi delle bobine costituenti il medesimo avvolgimento (si veda la Fig. 16-9.2-a).

L'avvolgimento 2 è anch'esso connesso a stella, dunque, durante la prova a vuoto, si ha:

$$E_2 \cong V_{2,bob} = \frac{V_{2n}}{\sqrt{3}} = 230,9401 \text{ V} \quad ,$$

dove E_2 è la f.e.m. indotta all'avvolgimento 1, mentre $V_{2,bob}$ è la tensione ai capi delle bobine costituenti il medesimo avvolgimento (si veda Fig. la 16-9.2-a).

Il rapporto spire vale allora:

$$K_S = \frac{E_1}{E_2} = \frac{V_{1n}/\sqrt{3}}{V_{2n}/\sqrt{3}} = \frac{V_{1n}}{V_{2n}} = K = 50$$

Come già osservato nel precedente esercizio 16-8, a differenza di quanto accade per il trasformatore monofase il legame tra il rapporto spire ed il rapporto di trasformazione dipende dal collegamento degli avvolgimenti; con il collegamento stella-stella (Yy), i suddetti rapporti risultano identici.

Dai dati assegnati si ricavano in modo diretto i parametri del ramo derivato riferito all'avvolgimento 1, ed in particolare:

$$R_0 = \frac{100}{P_{0\%}} \cdot \frac{V_{1n}^2}{S_n} = 0,727 \text{ M}\Omega$$

$$Z_0 = \frac{100}{I_{0\%}} \cdot \frac{V_{1n}^2}{S_n} = 0,145 \text{ M}\Omega$$

$$X_\mu = \frac{1}{\sqrt{\frac{1}{Z_0^2} - \frac{1}{R_0^2}}} = 0,148 \text{ M}\Omega$$

Per il calcolo dei parametri del ramo serie riferito all'avvolgimento 2 si ha invece:

$$R_e'' = \frac{P_{CC\%}}{100} \cdot \frac{V_{2n}^2}{S_n} = 0,0067 \ \Omega$$

$$Z_e'' = \frac{V_{CC\%}}{100} \cdot \frac{V_{2n}^2}{S_n} = 0,0256 \ \Omega$$

$$X_e'' = \sqrt{(Z_e'')^2 - (R_e'')^2} = 0,0247 \ \Omega$$

Per calcolare la tensione ai capi del carico è necessario applicare il metodo della caduta di tensione industriale al circuito monofase equivalente del trasformatore trifase; il corollario di Boucherot non è applicabile, nonostante la rete di Fig. 16-9.2-b abbia una struttura "a scala", in quanto i parametri noti sono "ibridi"; all'avvolgimento 1 è infatti nota la sola tensione di alimentazione, mentre all'avvolgimento 2 sono noti la potenza attiva del carico ed il fattore di potenza.

Applicando la formula della c.d.t. industriale al circuito monofase equivalente (con riferimento alla Fig. 16-9.2-b) si ha:

$$E_{2,f} - V_{2,f} = R_e'' \cdot I_2 \cos\varphi_u + X_e'' \cdot I_2 \sin\varphi_u$$

La f.e.m. $E_{2,f}$ è calcolabile utilizzando la relazione del rapporto spire ed ottenendo così:

$$E_{2,f} = \frac{E_{1,f}}{K} \cong \frac{V_{1,f}}{K} = \frac{\left(V_{1n}/\sqrt{3}\right)}{K} = 230,9401 \text{ V} \quad ,$$

mentre la corrente I_2 e la tensione $V_{2,f}$ sono incognite. La corrente I_2 può però essere esplicitata in funzione della tensione $V_{2,f}$ in base alla relazione della potenza attiva del carico; tenendo conto che la potenza di fase di quest'ultimo vale:

$$P_{u,m} = \frac{P_u}{3} = 70 \text{ kW}$$

si ha:

$$I_2 = \frac{P_{u,m}}{V_{2,f} \cos\varphi_u}$$

Inserendo tale relazione nella formula della c.d.t. industriale si ottiene:

$$E_{2,f} - V_{2,f} = R_e'' \cdot \frac{P_{u,m}}{V_{2,f}} + X_e'' \cdot \frac{P_{u,m}}{V_{2,f}} \cdot \frac{\sin\varphi_u}{\cos\varphi_u} \quad ,$$

che risulta essere una equazione di secondo grado nella sola incognita $V_{2,f}$. Rielaborando la precedente relazione si ottiene infatti:

$$V_{2,f}^2 - E_{2,f} V_{2,f} + R_e'' \cdot P_{u,m} + X_e'' \cdot P_{u,m} \cdot \frac{\sin\varphi_u}{\cos\varphi_u} = 0$$

La precedente equazione è già risolubile; tuttavia spesso si preferisce elaborarla ulteriormente per mettere in evidenza anche la potenza reattiva del carico. Riconoscendo che:

$$\frac{\sin\varphi_u}{\cos\varphi_u} = \tan\varphi_u \quad , \quad Q_{u,m} = P_{u,m} \tan\varphi_u = P_{u,m} \cdot \frac{\sin\varphi_u}{\cos\varphi_u}$$

si ottiene:

$$V_{2,f}^2 - E_{2,f} V_{2,f} + R_e'' P_{u,m} + X_e'' Q_{u,m} = 0$$

I coefficienti dell'equazione di secondo grado sono:

$$\begin{cases} a = 1 \\ b = -E_{2,f} = -230,9401 \text{ V} \\ c = R_e'' \cdot P_{u,m} + X_e'' \cdot Q_{u,m} = 1207 \text{ V}^2 \end{cases}$$

e la formula risolutiva, inserendo i dati del problema, con:

$$Q_{u,m} = P_{u,m} \tan\varphi_u = 29,82 \text{ kVAr}$$

fornisce le seguenti due soluzioni:

$$V_{2,f,1} = \frac{-b + \sqrt{b^2 - 4ac}}{2a} = 225,5896 \text{ V} \equiv \text{V}_{2,f}$$

$$V_{2,f,2} = \frac{-b - \sqrt{b^2 - 4ac}}{2a} = 5,3505 \text{ V} \equiv \Delta\text{V}_f$$

Come già osservato per il precedente esercizio 16-6, il valore più elevato rappresenta la tensione $V_{2,f}$ mentre il valore più basso fornisce la variazione di tensione di fase. Si noti che lo stesso valore di ΔV_f si sarebbe potuto ottenere applicando la differenza tra la tensione a vuoto $V_{20,f}$ e quella a carico $V_{2,f}$, come svolto nell'esercizio 16-8.

Alla tensione di fase $V_{2,f}$ corrisponde la tensione concatenata:

$$V_2 = \sqrt{3} \cdot V_{2,f} = 390,7327 \text{ V}$$

ed alla variazione di tensione di fase corrisponde la seguente variazione di tensione concatenata:

$$\Delta V = \sqrt{3} \cdot \Delta V_f = 9,2673 \text{ V}$$

In valore percentuale, rispetto alla tensione nominale dell'avvolgimento 2, si ottiene:

$$\Delta V_{\%} = \frac{\Delta V}{V_{2n}} \cdot 100 = 2,3168\%$$

La corrente assorbita dal carico vale poi:

$$I_2 = \frac{P_u}{\sqrt{3} \cdot V_2 \cdot \cos\varphi_u} = 337,2804 \text{ A}$$

e le potenze attiva e reattiva assorbite dal ramo serie del trasformatore valgono:

$$P_{J,m} = R_e'' \cdot I_2^2 = 764,4543 \text{ W}$$

$$Q_{\sigma,m} = X_e'' \cdot I_2^2 = 2810,1 \text{ VAr}$$

Si possono ora calcolare le potenze assorbite dal ramo derivato:

$$P_{0,m} = \frac{\left(V_{1n}/\sqrt{3}\right)^2}{R_0} = 183,3333 \text{ W}$$

$$Q_{\mu,m} = \frac{\left(V_{1n}/\sqrt{3}\right)^2}{X_\mu} = 898,1462 \text{ VAr}$$

Le potenze attiva, reattiva ed apparente assorbite all'avvolgimento 1 dalla sorgente di alimentazione, la corrente dello stesso avvolgimento ed il fattore di potenza valgono:

$$P_1 = 3 \cdot P_{1,m} = 3 \cdot \left(P_{u,m} + P_{0,m} + P_{J,m}\right) = 212,84 \text{ kW}$$

$$Q_1 = 3 \cdot Q_{1,m} = 3 \cdot \left(Q_{u,m} + Q_{\mu,m} + Q_{\sigma,m}\right) = 100,58 \text{ kVAr}$$

$$S_1 = \sqrt{P_1^2 + Q_1^2} = 235,41 \text{ kVA}$$

$$I_1 = \frac{S_1}{\sqrt{3} \cdot V_1} = 6,7958 \text{ A}$$

$$\cos\varphi_1 = \cos\left\{\tan^{-1}\left(\frac{Q_1}{P_1}\right)\right\} = 0,9041 \text{ (ind.)}$$

Il fattore di carico della macchina risulta essere:

$$\alpha_{\%} = \frac{S_1}{S_n} \cdot 100 = 94,17\%$$

ed il rendimento percentuale del trasformatore vale:

$$\eta_{\%} = \frac{P_2}{P_1} \cdot 100 = \frac{P_u}{P_1} \cdot 100 = 98,66\%$$

■

Appendici

Appendice A

Inversione di matrici

Sia data una generica matrice quadrata di ordine N:

$$[A] = \begin{bmatrix} a_{11} & \cdots & a_{1N} \\ \vdots & \ddots & \vdots \\ a_{N1} & \cdots & a_{NN} \end{bmatrix}$$

Indicando con n ed m gli indici, rispettivamente, di riga e colonna ($n = 1, \ldots, N$ e $m = 1, \ldots N$), per tale matrice sono calcolabili i seguenti *complementi algebrici*:

$$A_{nm} = (-1)^{n+m} \det[A_{nm}]$$

in cui $[A_{ij}]$ è la sottomatrice ricavata eliminando dalla matrice $[A]$ la riga n-esima e la colonna m-esima[1]. La sottomatrice $[A_{ij}]$ è detta *minore* della matrice $[A]$.

La *matrice aggiunta* della matrice $[A]$ viene indicata come agg$[A]$, i cui elementi sono ricavati[2] a partire dai complementi algebrici di $[A]$:

$$\text{agg}[A] = \left(\begin{bmatrix} A_{11} & \cdots & A_{1N} \\ \vdots & \ddots & \vdots \\ A_{N1} & \cdots & A_{NN} \end{bmatrix} \right)^T = \begin{bmatrix} A_{11} & \cdots & A_{N1} \\ \vdots & \ddots & \vdots \\ A_{1N} & \cdots & A_{NN} \end{bmatrix}$$

Se la matrice $[A]$ è *non singolare*, ossia se ha determinante non nullo, allora risulta invertibile. La sua inversa viene indicata come $[A]^{-1}$ e risulta:

$$[A][A]^{-1} = [I_N]$$

in cui $[I_N]$ è la matrice unità di ordine N. Supponendo di esprimere la matrice inversa di $[A]$ come:

$$[A]^{-1} \triangleq [B] = \begin{bmatrix} b_{11} & \cdots & b_{1N} \\ \vdots & \ddots & \vdots \\ b_{N1} & \cdots & b_{NN} \end{bmatrix}$$

allora gli elementi di $[B]$ si ricavano come:

$$b_{nm} = \frac{A_{mn}}{\det[A]}$$

---

[1] L'operatore "det" indica il determinante.

[2] Il simbolo "T" posto ad apice indica l'operazione di trasposizione (il quale scambia fra loro le righe e le colonne della matrice alla quale è applicato).

ossia risulta:

$$[A]^{-1} = \frac{\text{agg}[A]}{\det[A]}$$

Se la matrice $[A]$ ha ordine $N = 2$, l'inversione risulta immediata. Formalizzando, infatti, $[A]$ nel modo seguente:

$$[A] = \begin{bmatrix} a_{11} & a_{12} \\ a_{21} & a_{22} \end{bmatrix}$$

la sua inversa è risulta essere:

$$[A]^{-1} = \frac{1}{\det[A]} \begin{bmatrix} a_{22} & -a_{12} \\ -a_{21} & a_{11} \end{bmatrix}$$

Si consideri ora il seguente esempio. Sia:

$$[A] = \begin{bmatrix} 1 & 12 & 5 & 2 \\ 2 & 4 & 9 & 3 \\ 11 & 14 & 1 & 2 \\ 7 & 6 & 5 & 7 \end{bmatrix}$$

essendo $\det[A] = 4378 \neq 0$, la matrice è non singolare e, dunque, invertibile.

I complementi algebrici di tale matrice sono:

$$A_{11} = (-1)^{1+1} \det \begin{bmatrix} 4 & 9 & 3 \\ 14 & 1 & 2 \\ 6 & 5 & 7 \end{bmatrix} = -594$$

$$A_{12} = (-1)^{1+2} \det \begin{bmatrix} 2 & 9 & 3 \\ 11 & 1 & 2 \\ 7 & 5 & 7 \end{bmatrix} = 429$$

$$A_{13} = (-1)^{1+3} \det \begin{bmatrix} 2 & 4 & 3 \\ 11 & 14 & 2 \\ 7 & 6 & 7 \end{bmatrix} = -176$$

$$A_{14} = (-1)^{1+4} \det \begin{bmatrix} 2 & 4 & 9 \\ 11 & 14 & 1 \\ 7 & 6 & 5 \end{bmatrix} = 352$$

$$A_{21} = (-1)^{2+1} \det \begin{bmatrix} 12 & 5 & 2 \\ 14 & 1 & 2 \\ 6 & 5 & 7 \end{bmatrix} = 338$$

$$A_{22} = (-1)^{2+2} \det \begin{bmatrix} 1 & 5 & 2 \\ 11 & 1 & 2 \\ 7 & 5 & 7 \end{bmatrix} = -222$$

$$A_{23} = (-1)^{2+3} \det \begin{bmatrix} 1 & 12 & 2 \\ 11 & 14 & 2 \\ 7 & 6 & 7 \end{bmatrix} = 734$$

$$A_{24} = (-1)^{2+4} \det \begin{bmatrix} 1 & 12 & 5 \\ 11 & 14 & 1 \\ 7 & 6 & 5 \end{bmatrix} = -672$$

$$A_{31} = (-1)^{3+1} \det \begin{bmatrix} 12 & 5 & 2 \\ 4 & 9 & 3 \\ 6 & 5 & 7 \end{bmatrix} = 458$$

$$A_{32} = (-1)^{3+2} \det \begin{bmatrix} 1 & 5 & 2 \\ 2 & 9 & 3 \\ 7 & 5 & 7 \end{bmatrix} = 23$$

$$A_{33} = (-1)^{3+3} \det \begin{bmatrix} 1 & 12 & 2 \\ 2 & 4 & 3 \\ 7 & 6 & 7 \end{bmatrix} = 62$$

$$A_{34} = (-1)^{3+4} \det \begin{bmatrix} 1 & 12 & 5 \\ 2 & 4 & 9 \\ 7 & 6 & 5 \end{bmatrix} = -522$$

$$A_{41} = (-1)^{4+1} \det \begin{bmatrix} 12 & 5 & 2 \\ 4 & 9 & 3 \\ 14 & 1 & 2 \end{bmatrix} = -106$$

$$A_{42} = (-1)^{4+2} \det \begin{bmatrix} 1 & 5 & 2 \\ 2 & 9 & 3 \\ 11 & 1 & 2 \end{bmatrix} = -34$$

$$A_{43} = (-1)^{4+3} \det \begin{bmatrix} 1 & 12 & 2 \\ 2 & 4 & 3 \\ 11 & 14 & 2 \end{bmatrix} = -282$$

$$A_{44} = (-1)^{4+4} \det \begin{bmatrix} 1 & 12 & 5 \\ 2 & 4 & 9 \\ 11 & 14 & 1 \end{bmatrix} = 962$$

La matrice aggiunta di $[A]$ è dunque:

$$\text{agg}[A] = \begin{bmatrix} -594 & 338 & 458 & -106 \\ 429 & -222 & 23 & -34 \\ -176 & 734 & 62 & -282 \\ 352 & -672 & -522 & 962 \end{bmatrix}$$

da cui la matrice inversa:

$$[A]^{-1} = \frac{\text{agg}[A]}{\det[A]} = \begin{bmatrix} -0,1357 & 0,0772 & 0,1046 & -0,0242 \\ 0,0980 & -0,0507 & 0,0053 & -0,0078 \\ -0,0402 & 0,1677 & 0,0142 & -0,0644 \\ 0,0804 & -0,1535 & -0,1192 & 0,2197 \end{bmatrix}$$

L'operazione di inversione di una matrice è necessaria qualora si voglia risolvere una rete (elettrica, magnetica o magnetoelettrica) mediante l'analisi agli anelli e/o l'analisi ai nodi (cfr. esercitazione 5).

■

Appendice B

Metodo di Kramer

Sia dato il *sistema lineare* quadrato:

$$\begin{cases} a_{11}x_1 + a_{12}x_2 + \ldots + a_{1N}x_N = b_1 \\ a_{12}x_1 + a_{22}x_2 + \ldots + a_{2N}x_N = b_2 \\ \vdots \\ a_{N1}x_1 + a_{N2}x_2 + \ldots + a_{NN}x_N = b_N \end{cases}$$

in cui $x_1, \ldots, x_N$ sono le incognite, $b_1, \ldots, b_N$ i termini noti ed a_{nn} (con ($n = 1, \ldots, N$) i coefficienti. Tale sistema è detto "lineare" perché costituito da equazioni lineari nelle incognite ed è detto "quadrato" perché la sua *matrice dei coefficienti* ha dimensioni $N \times N$.

Di tale sistema è pertanto possibile fornire la seguente scrittura matriciale:

$$[A]\cdot[x]=[b],$$

in cui $[A]$ è la matrice dei coefficienti, $[x]$ il vettore delle incognite e $[b]$ il vettore dei termini noti:

$$[A]=\begin{bmatrix} a_{11} & a_{12} & \cdots & a_{1N} \\ a_{12} & a_{22} & \cdots & a_{2N} \\ \vdots & \vdots & \ddots & \vdots \\ a_{N1} & a_{N2} & \cdots & a_{NN} \end{bmatrix}, \quad [x]=\begin{bmatrix} x_1 \\ x_2 \\ \vdots \\ x_N \end{bmatrix}, \quad [b]=\begin{bmatrix} b_1 \\ b_2 \\ \vdots \\ b_N \end{bmatrix}$$

I sistemi lineari di tale tipo possono essere risolti impiegando un metodo estremamente veloce e versatile, detto "metodo di Kramer". Se risulta $\det[A] \neq 0$ (ossia se la matrice dei coefficienti è non singolare), allora la soluzione del sistema esiste ed è unica. Le diverse componenti del vettore $[x]$ vengono calcolate come:

$$x_n = \frac{\det\left[A_b^n\right]}{\det[A]}, \quad n = 1, \ldots, N$$

in cui la matrice $[A_b^n]$ è ottenuta sostituendo alla n-esima colonna di $[A]$ il vettore dei termini noti.

Si abbia, ad esempio, il seguente sistema lineare quadrato:

$$\begin{cases} 10x_1 + 3x_2 + 4x_3 + 7x_4 + 6x_5 = 10 \\ 3x_1 + 8x_2 + 2x_3 + 2x_4 + 3x_5 = 3 \\ 7x_1 + 9x_2 + 12x_3 + 18x_4 + x_5 = 1 \\ x_2 + 3x_4 + 3x_5 = 5 \\ 7x_1 + 6x_2 + 11x_3 + 3x_4 = 9 \end{cases}$$

Esso può essere riscritto nella forma matriciale $[A][x] = [b]$, in cui:

$$[A] = \begin{bmatrix} 10 & 3 & 4 & 7 & 6 \\ 3 & 8 & 2 & 2 & 3 \\ 7 & 9 & 12 & 18 & 1 \\ 0 & 1 & 0 & 3 & 3 \\ 7 & 6 & 11 & 3 & 0 \end{bmatrix}, \quad [b] = \begin{bmatrix} 10 \\ 3 \\ 1 \\ 5 \\ 9 \end{bmatrix}, \quad [x] = \begin{bmatrix} x_1 \\ x_2 \\ x_3 \\ x_4 \\ x_5 \end{bmatrix}$$

Risultando $\det[A] = 21625 \neq 0$, il sistema ammette soluzione, la quale esiste unica. Applicando il metodo di Kramer si ottiene allora:

$$x_1 = \frac{\det\left[A_b^1\right]}{\det[A]} = \frac{1}{\det[A]} \cdot \det \left[\begin{array}{c|cccc} 10 & 3 & 4 & 7 & 6 \\ 3 & 8 & 2 & 2 & 3 \\ 1 & 9 & 12 & 18 & 1 \\ 5 & 1 & 0 & 3 & 3 \\ 9 & 6 & 11 & 3 & 0 \end{array}\right] = -0,5483$$

$$x_2 = \frac{\det\left[A_b^2\right]}{\det[A]} = \frac{1}{\det[A]} \cdot \det \left[\begin{array}{c|c|ccc} 10 & 10 & 4 & 7 & 6 \\ 3 & 3 & 2 & 2 & 3 \\ 7 & 1 & 12 & 18 & 1 \\ 0 & 5 & 0 & 3 & 3 \\ 7 & 9 & 11 & 3 & 0 \end{array}\right] = -0,6358$$

$$x_3 = \frac{\det\left[A_b^3\right]}{\det[A]} = \frac{1}{\det[A]} \cdot \det \left[\begin{array}{cc|c|cc} 10 & 3 & 10 & 7 & 6 \\ 3 & 8 & 3 & 2 & 3 \\ 7 & 9 & 1 & 18 & 1 \\ 0 & 1 & 5 & 3 & 3 \\ 7 & 6 & 9 & 3 & 0 \end{array}\right] = 1,7023$$

$$x_4 = \frac{\det\left[A_b^1\right]}{\det[A]} = \frac{1}{\det[A]} \cdot \det \left[\begin{array}{ccc|c|c} 10 & 3 & 4 & 10 & 6 \\ 3 & 8 & 2 & 3 & 3 \\ 7 & 9 & 12 & 1 & 1 \\ 0 & 1 & 0 & 5 & 3 \\ 7 & 6 & 11 & 9 & 0 \end{array}\right] = -0,6910$$

$$x_5 = \frac{\det\left[A_b^1\right]}{\det[A]} = \frac{1}{\det[A]} \cdot \det\left[\begin{array}{cccc|c} 10 & 3 & 4 & 7 & 10 \\ 3 & 8 & 2 & 2 & 3 \\ 7 & 9 & 12 & 18 & 1 \\ 0 & 1 & 0 & 3 & 5 \\ 7 & 6 & 11 & 3 & 9 \end{array}\right] = 2,5696$$

Se il sistema allo studio ha matrice dei coefficienti non invertibile (ossia singolare) oppure se non è quadrato, allora è necessario impiegare altri metodi risolutivi (ad esempio il teorema di Rouchè-Capelli), per i quali si rimanda alla letteratura specifica.

■

Appendice C

Caratteristiche dei materiali

C.1. Legami costitutivi di alcuni materiali ferromagnetici

Acciaio C45

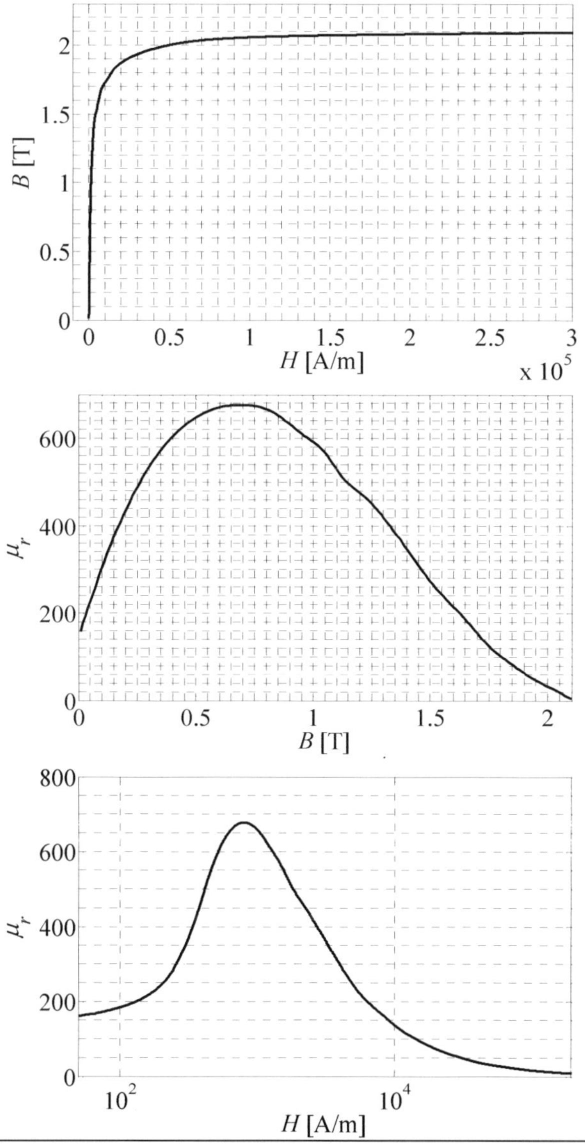

Ferro fucinato ed acciaio fuso

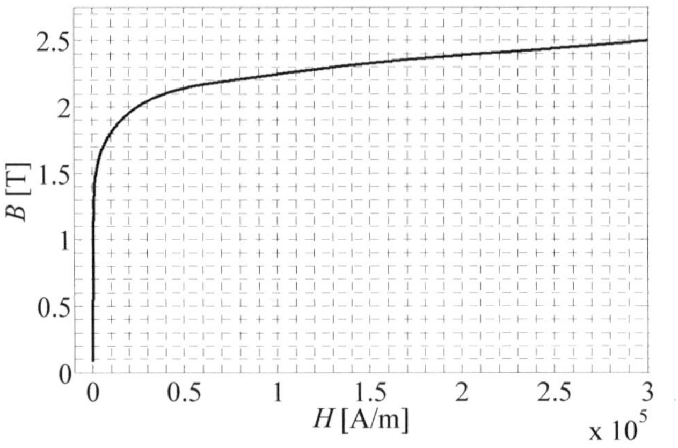

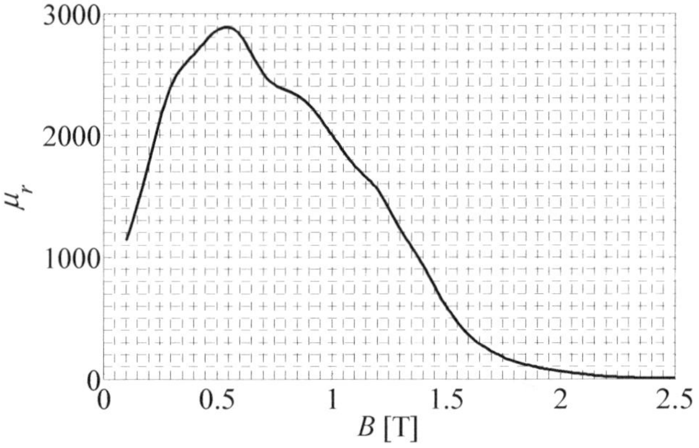

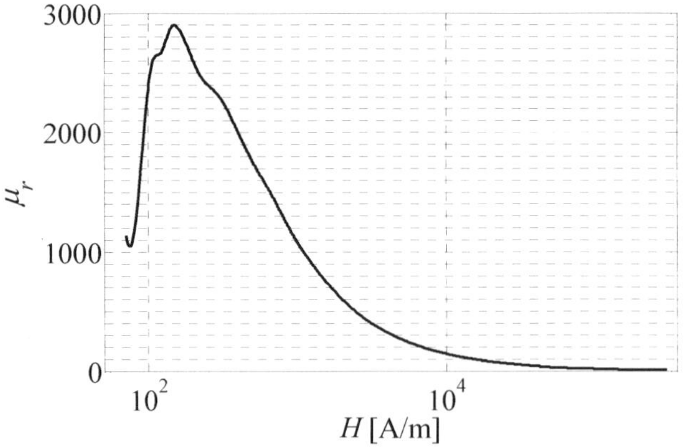

Ghisa

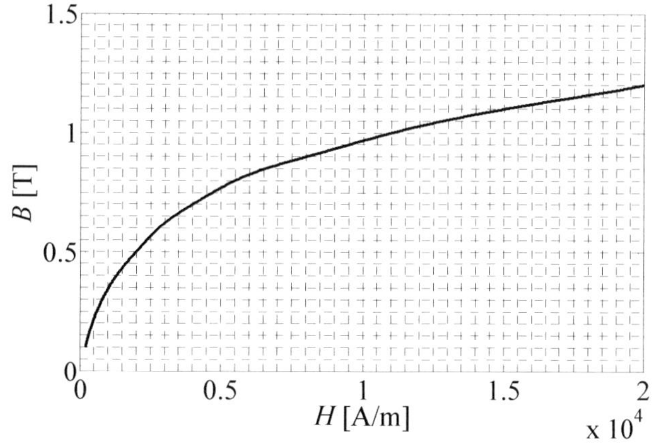
1.5
1
0.5
0
B [T]
0
0.5
1
1.5
2
H [A/m]
x 10^4

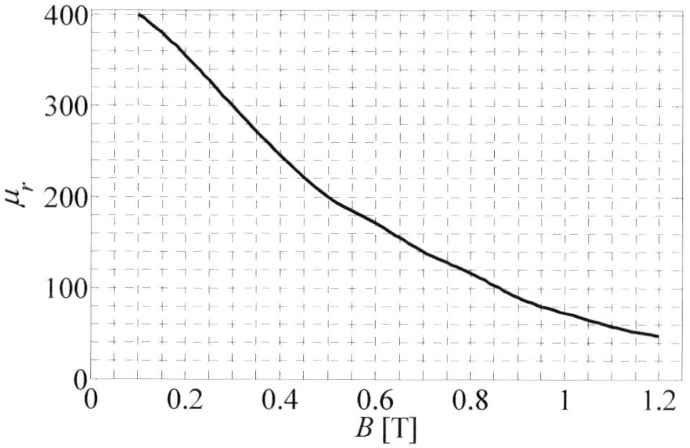
400
300
200
100
0
μ_r
0
0.2
0.4
0.6
0.8
1
1.2
B [T]

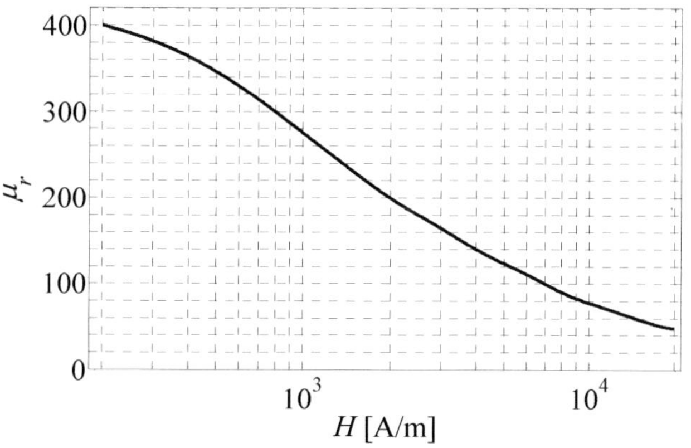
400
300
200
100
0
μ_r
10^3
10^4
H [A/m]

Lamierini normali

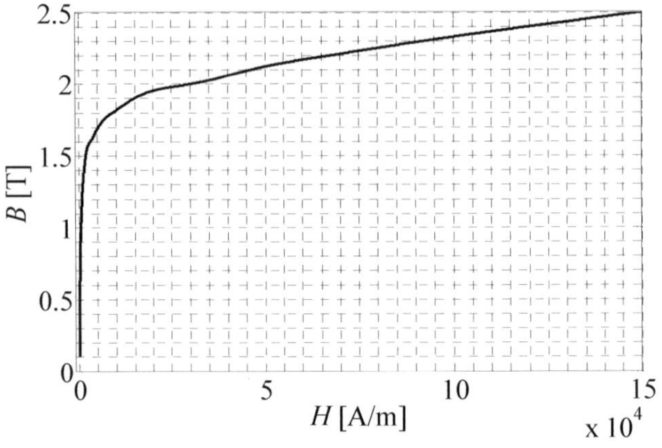

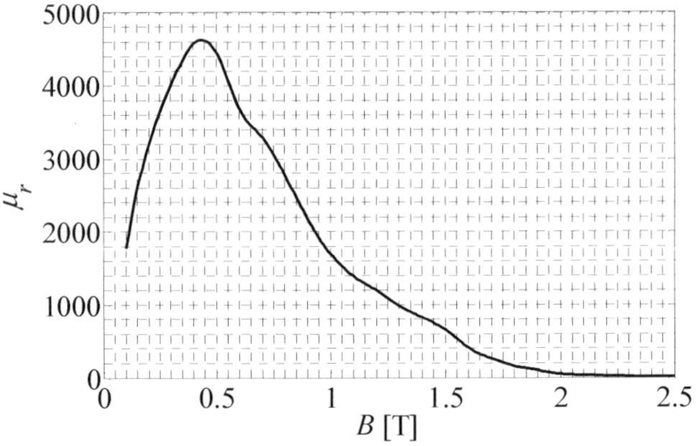

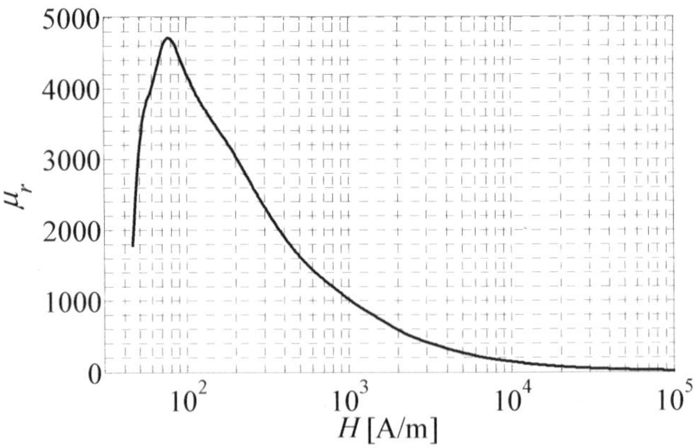

Lamierini al 4% Si

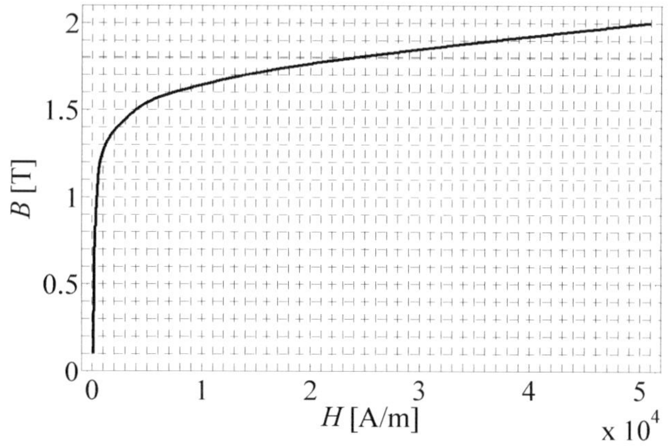

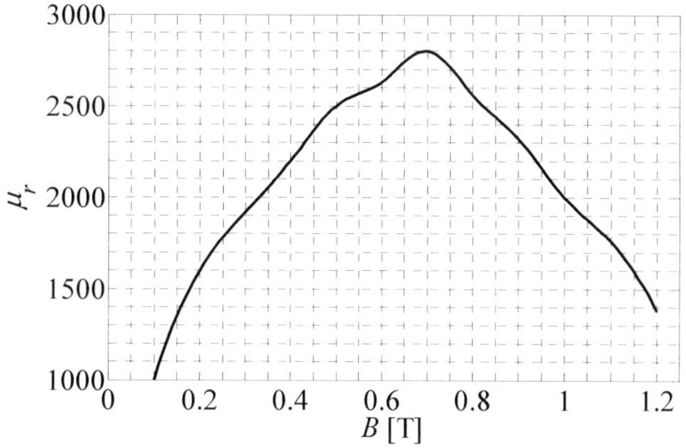

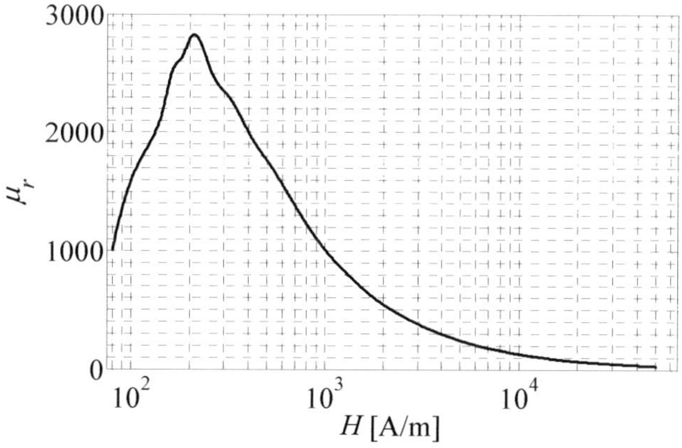

C.2. Caratteristiche elettriche di alcuni materiali conduttori

Materiale	**Resistività a 20°C** ρ_0 **[Ωmm²/m]**	**Coeff. di temperatura a 20°C** α **[°C⁻¹]**
Alluminio	0,028	0,0040
Argento	0,016	0,0038
Ferro	0,101	0,0064
Nichel	0,085	0,0041
Oro	0,024	0,0034
Piombo	0,220	0,0039
Rame	0,018	0,0039
Stagno	0,116	0,0042
Wolframio	0,055	0,0050
Zinco	0,060	0,0037

C.3. Caratteristiche elettriche di alcuni materiali isolanti

Materiale	**Resistività a 20°C** ρ_0 **[$\Omega mm^2/m$]**	**Costante dielettrica relativa** ε_r
Mica	$10^{15} \div 10^{27}$	4,5÷7,5
Materiali ceramici	$10^{13} \div 10^{19}$	6÷80
Vetro	$10^{14} \div 10^{20}$	4÷10
Aria secca a 20°C	0	1
Acqua distillata a 20°C	$10^{9} \div 10^{10}$	80
Olio minerale	$10^{17} \div 10^{20}$	2÷5
Esafluoruro di zolfo (SF_6)	0	1
Resine termoindurenti	$10^{13} \div 10^{20}$	3,5÷1,3
Resine termoplastiche	$10^{14} \div 10^{25}$	2÷9
Gomme	$10^{15} \div 10^{26}$	2÷20

Appendice D

Numeri complessi e trasformata di Kennelly-Steinmetz

D.1. Notazioni preliminari

L'insieme $\mathbb{C}$ dei numeri complessi viene formato ampliando l'insieme $\mathbb{R}$ dei numeri reali. Si definisca l'*unità immaginaria* come:

$$\sqrt{-1} \triangleq \mathrm{j},$$

tale per cui risulta:

$$\begin{aligned} \mathrm{j}^{4n} &= 1 \\ \mathrm{j}^{4n+1} &= \mathrm{j} \\ \mathrm{j}^{4n+2} &= -1 \\ \mathrm{j}^{4n+3} &= -\mathrm{j} \end{aligned}, \quad n \in \mathbb{N}$$

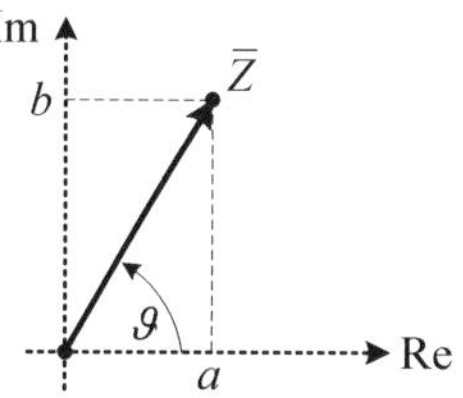

Fig. D-1. Notazioni impiegate.

Un generico numero complesso $\overline{Z}$ può essere espresso attraverso le seguenti notazioni alternative (cfr. Fig. D-1):

$$\begin{aligned} \overline{Z} &= a + \mathrm{j}b & &(\text{aritmetica o cartesiana}) \\ \overline{Z} &= \rho e^{\mathrm{j}\vartheta} & &(\text{esponenziale}) \\ \overline{Z} &= \rho(\cos\vartheta + \mathrm{j}\sin\vartheta) & &(\text{trigonometrica}) \end{aligned}$$

In particolare, $a = \mathrm{Re}\{\overline{Z}\}$ è detta *parte reale* di $\overline{Z}$, $b = \mathrm{Im}\{\overline{Z}\}$ è detta *parte immaginaria* di $\overline{Z}$, $\rho = |\overline{Z}|$ è il *modulo* di $\overline{Z}$ e ϑ la sua *fase*.

Il passaggio da una formulazione all'altra è immediato ed avviene attraverso le seguenti relazioni:

$$e^{\mathrm{j}\vartheta} = \cos\vartheta + \mathrm{j}\sin\vartheta \quad (\text{formula di Eulero})$$

$$\begin{cases} \rho = \sqrt{a^2 + b^2} \\ \vartheta = \mathrm{atan2}(b/a) = \begin{cases} \arccos\left(\dfrac{\mathrm{a}}{\rho}\right) & \text{se } \mathrm{b} \geq o \\ -\arccos\left(\dfrac{\mathrm{a}}{\rho}\right) & \text{se } \mathrm{b} < o \end{cases} \end{cases}$$

$$\begin{cases} a = \rho\cos\vartheta \\ b = \rho\sin\vartheta \end{cases}$$

È opportuno ricordare che, per convenzione, la fase ϑ è sempre espressa in radianti.

D.2. Operazioni con i numeri complessi

Le operazioni di somma, differenza, prodotto e quoziente sono definite all'interno dell'insieme $\mathbb{C}$ dei numeri complessi. Per eseguire le prime due è vantaggioso avvalersi della notazione cartesiana, per le rimanenti la notazione esponenziale.

Si introducano i seguenti due numeri complessi:

$$\bar{Z}_1 = a_1 + \mathrm{j}b_1 = \rho_1 e^{\mathrm{j}\vartheta_1}$$
$$\bar{Z}_2 = a_2 + \mathrm{j}b_2 = \rho_2 e^{\mathrm{j}\vartheta_2}$$

Le operazioni elementari risultano essere:

$$\bar{Z}_1 \pm \bar{Z}_2 = (a_1 + a_2) \pm \mathrm{j}(b_1 + b_2)$$

$$\bar{Z}_1 \cdot \bar{Z}_2 = \rho_1 \rho_2 e^{\mathrm{j}(\vartheta_1 + \vartheta_2)}$$
$$\frac{\bar{Z}_1}{\bar{Z}_2} = \frac{\rho_1}{\rho_2} e^{\mathrm{j}(\vartheta_1 - \vartheta_2)}$$

Vale inoltre la seguente *formula di Moivre* per il calcolo della potenza ennesima del numero complesso $\bar{Z}$:

$$\bar{Z}^n = \rho^n \left[\cos(n\vartheta) + \mathrm{j}\sin(n\vartheta)\right] \quad , \quad n \in \mathbb{Z}$$

Fissato un intero $n \in \mathbb{N}$, le n radici di un generico numero complesso vengono calcolate come:

$$\sqrt[n]{\bar{Z}} = \sqrt[n]{\rho}\left[\cos\left(\frac{\vartheta + 2k\pi}{n}\right) + \mathrm{j}\sin\left(\frac{\vartheta + 2k\pi}{n}\right)\right], \quad k = 0, \ldots, n-1$$

È inoltre opportuno ricordare che l'insieme $\mathbb{C}$ dei numeri complessi non è un insieme ordinato. Vale comunque la seguente *disuguaglianza triangolare*:

$$\left|\bar{Z}_1 \pm \bar{Z}_2\right| \leq \left|\bar{Z}_1\right| \pm \left|\bar{Z}_2\right|$$

Per ciascun numero complesso $\bar{Z}$ viene definito il corrispondente numero *complesso coniugato* $\underline{Z}$ tale per cui risulta:

$$\underline{Z} = a - \mathrm{j}b = \rho e^{-\mathrm{j}\vartheta} = \rho(\cos\vartheta - \mathrm{j}\sin\vartheta)$$

Da tale definizione segue immediatamente:

$$\bar{Z} \cdot \underline{Z} = a^2 + b^2 = \rho^2$$

Si ricorda, infine, che la *fase relativa* fra due numeri complessi $\bar{Z}_1$ e $\bar{Z}_2$ (cfr. Fig. D-2) è calcolabile come:

$$\vartheta_{12} = \vartheta_1 - \vartheta_2 = \arg\left\{\bar{Z}_1 \cdot \underline{Z}_2\right\},$$

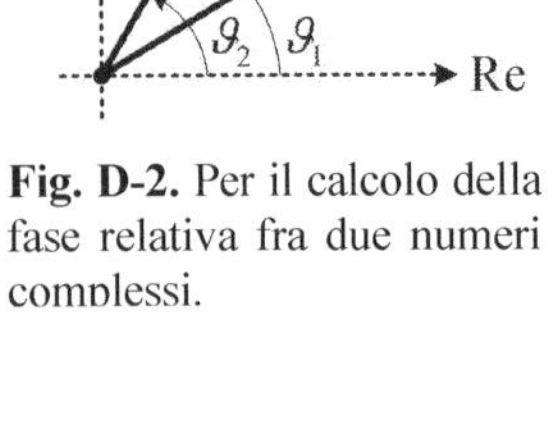

Fig. D-2. Per il calcolo della fase relativa fra due numeri complessi.

in cui la funzione arg{} estrae la fase del proprio argomento. All'angolo ϑ_{12} viene fatto corrispondere, come verrà mostrato fra breve, un opportuno *sfasamento temporale* delle funzioni trigonometriche considerate in elettrotecnica.

D.3. Funzioni trigonometriche di interesse

Le funzioni trigonometriche che compaiono nelle applicazioni dell'elettrotecnica sono, in genere, di tipo $y(t) = \sin(t)$ oppure $y(t) = \cos(t)$.

Si ricorda che, assegnata una generica funzione sinusoidale del tempo t:

$$y(t) = \sqrt{2}Y\cos(\omega t)$$

vengono definite le seguenti grandezze (cfr. Fig. D-3):

Y	(valore efficace)	
$Y_M = \sqrt{2}\,Y$	(ampiezza)	
$\omega = 2\pi f$	(pulsazione)	[rad/s]
f	(frequenza)	[Hz]
$T = 1/f$	(periodo)	[s]

Introdotte ora le due funzioni sinusoidali:

$$y_1(t) = \sqrt{2}Y_1\cos(\omega t)$$
$$y_2(t) = \sqrt{2}Y_2\cos(\omega t \pm \varphi)$$

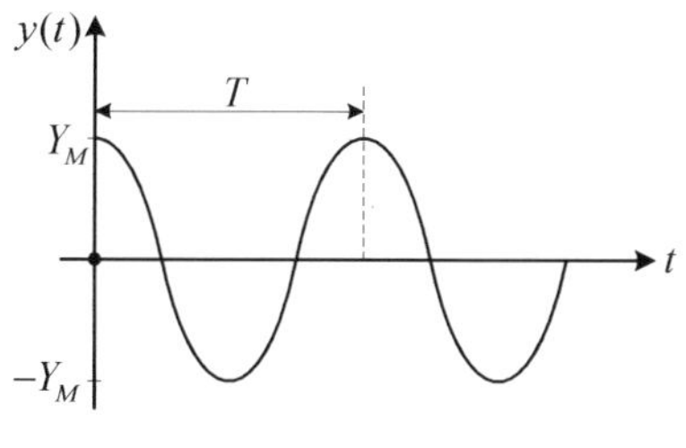

Fig. D-3. Grandezze caratteristiche di una funzione sinusoidale.

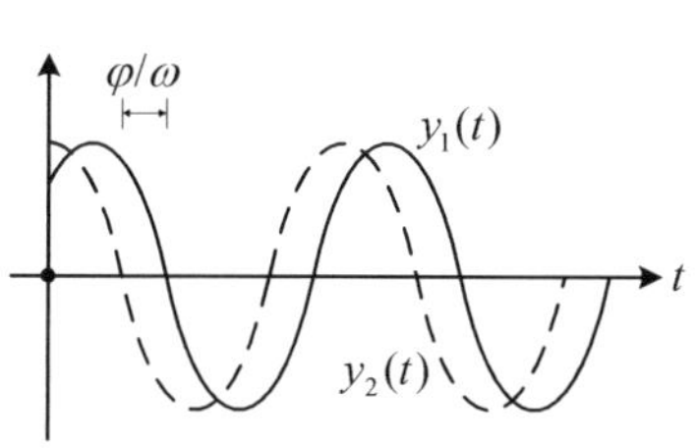

Fig. D-4. Visualizzazione dello sfasamento temporale fra funzioni sinusoidali.

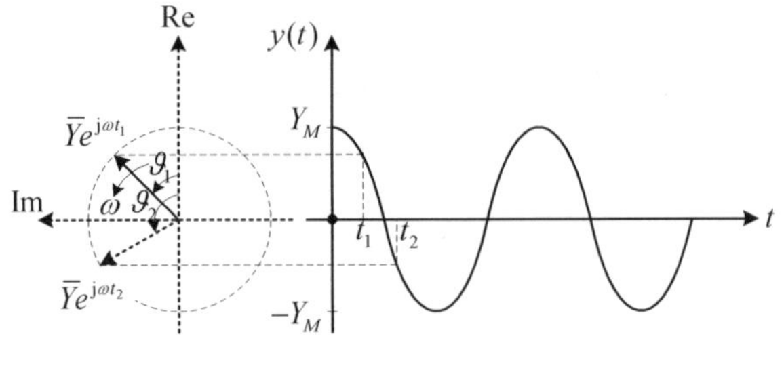

Fig. D-5. Rappresentazione fasoriale delle funzioni sinusoidali.

la funzione $y_2(t)$ risulta *sfasata in anticipo* rispetto ad $y_1(t)$ se il segno dell'angolo di sfasamento φ è positivo, *sfasata in ritardo* se tale segno è negativo In Figura D-4 viene rappresentato il secondo caso; all'angolo di sfasamento φ corrisponde il ritardo (o l'anticipo) temporale:

$$\Delta t = \varphi / \omega$$

D.4. Rappresentazione fasoriale

La classe delle funzioni sinusoidali è *chiusa rispetto a sé stessa*; in elettrotecnica, ciò significa che, impresse una o più forzanti rappresentabili mediante funzioni sinusoidali di frequenza f ad una rete elettrica lineare e tempo-invariante, le grandezze rappresentative della risposta a regime avranno andamenti temporali anch'essi di tipo sinusoidale a frequenza f.

Ne segue che per risolvere la condizione di regime è sufficiente, nota la frequenza f, conoscere tutti i valori efficaci e le fasi delle grandezze elettriche coinvolte. Ciò implica che le relazioni costitutive dei bipoli presenti nella rete allo studio, in generale di tipo algebrico-differenziale, possano divenire di tipo esclusivamente algebrico (anche se complesso).

In particolare, risulta possibile, in base alla rappresentazione di una generica funzione $y(t)$ mediante un opportuno vettore rotante (cfr. Fig. D-5):

$$y(t) = \sqrt{2}Y\cos(\omega t + \varphi) = \mathrm{Re}\left\{\sqrt{2}Ye^{j(\omega t+\varphi)}\right\} =$$
$$= \sqrt{2}\,\mathrm{Re}\left\{Ye^{j\varphi}e^{j\omega t}\right\} = \sqrt{2}\,\mathrm{Re}\left\{\overline{Y}e^{j\omega t}\right\}$$

formalizzare corrispondentemente la *grandezza fasoriale*:

$$\overline{Y} = Ye^{j\varphi}$$

di modulo Y pari al valore efficace della funzione sinusoidale e fase φ.

D.5. L'algebra e la trasformata di Kennelly-Steinmetz

Note le funzioni trigonometriche rappresentative delle forzanti isofrequenziali, calcolare la risposta di regime della rete lineare e tempo-invariante alla quale queste vengono applicate implica la risoluzione di un sistema di equazioni integro-differenziali del tipo:

$$
\begin{cases}
\sum_k i_k(t) = 0 & \text{(Leggi delle correnti)} \\
\sum_k v_k(t) = 0 & \text{(Leggi delle tensioni)} \\
v_k(t) + e_k(t) = z_k(\mathrm{p}) i_k(t) & \text{(Bipoli attivi in formulazione serie)} \\
i_k(t) + a_k(t) = y_k(\mathrm{p}) v_k(t) & \text{(Bipoli attivi in formulazione parallelo)} \\
\left.\begin{array}{l}
z_k(\mathrm{p}) = \begin{cases} R & \text{(resistenze)} \\ \mathrm{Lp} & \text{(induttori in formulazione serie)} \\ 1/(C\mathrm{p}) & \text{(capacitori in formulazione serie)} \end{cases} \\
y_k(\mathrm{p}) = \begin{cases} G & \text{(conduttanze)} \\ 1/(\mathrm{Lp}) & \text{(induttori in formulazione parallelo)} \\ C\mathrm{p} & \text{(capacitori in formulazione parallelo)} \end{cases}
\end{array}\right| \rightarrow \text{Legami costitutivi}
\end{cases}
$$

in cui $e_k(t)$ ed $a_k(t)$ sono le forzanti, $z_k(\mathrm{p})$ e $y_k(\mathrm{p})$ le impedenze e le ammettenze generalizzate.

Tenendo allora conto di quanto introdotto nel paragrafo precedente, è possibile riscrivere tale sistema come:

$$
\begin{cases}
\sum_k \overline{I}_k = 0 & \text{(Leggi delle correnti)} \\
\sum_k \overline{V}_k = 0 & \text{(Leggi delle tensioni)} \\
\overline{V}_k + \overline{E}_k(t) = \overline{Z}_k \overline{I}_k & \text{(Bipoli attivi in formulazione serie)} \\
\overline{I}_k + \overline{A}_k = \overline{Y}_k \overline{V}_k & \text{(Bipoli attivi in formulazione parallelo)} \\
\left.\begin{array}{l}
\overline{Z}_k = \begin{cases} R & \text{(resistenze)} \\ \mathrm{j}\omega \mathrm{L} & \text{(reattanze induttive)} \\ -\mathrm{j}/(\omega C) = -\,\mathrm{j}X_C & \text{(reattanze capacitive)} \end{cases} \\
\overline{Y}_k = \begin{cases} G & \text{(conduttanze)} \\ -\mathrm{j}/(\omega \mathrm{L}) & \text{(suscettanze induttive)} \\ \mathrm{j}\omega C & \text{(suscettanze capacitive)} \end{cases}
\end{array}\right| \rightarrow \text{Legami costitutivi}
\end{cases}
$$

È opportuno notare come, in tal modo, le equazioni integro-differenziali originarie siano divenute di tipo algebrico a variabili complesse. Si nota inoltre come nella formulazione fasoriale il parametro temporale t non sia più presente.

Tutto ciò si traduce nell'applicazione di un ben noto algoritmo matematico, detto *trasformata di Kennelly-Steinmetz*, al quale corrisponde un'algebra, detta *algebra di Kennelly-Steinmetz*, basata sulle regole dei numeri complessi introdotte in precedenza. Tale algoritmo può essere sintetizzato come riportato in Figura D-6. Le relative regole principali vengono riportate in Tabella D-1.

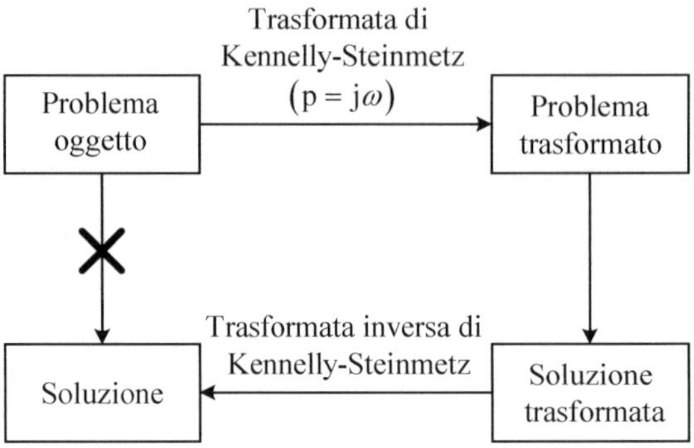

Fig. D-6. Visualizzazione dell'applicazione e dell'utilità della trasformata di Kennelly-Steinmetz.

Dominio originale	**Dominio fasoriale**
$\sqrt{2}Y\cos(\omega t+\varphi)$	$\overline{Y}=Ye^{j\varphi}$
$k\mathrm{p}$	$\mathrm{j}\omega k$
$\dfrac{1}{k\mathrm{p}}$	$-\mathrm{j}\dfrac{1}{\omega k}$
$y_1(t)\pm y_2(t)$	$\overline{Y}_1\pm\overline{Y}_2$
$y_1(t)\cdot y_2(t)$	$\overline{Y}_1\cdot\overline{Y}_2$
$\dfrac{y_1(t)}{y_2(t)}$	$\dfrac{\overline{Y}_1}{\overline{Y}_2}$

Tab. D-1. Tavola sinottica delle principali regole dell'algebra di Kennelly-Steinmetz.

D.6. L'algebra di Fortescue e la trasformata di Kennelly-Steinmetz in regime trifase

La trasformata e l'algebra di Kennelly-Steinmetz possono essere impiegate, con invarianza formale rispetto al caso monofase, anche per la risoluzione di reti trifase in regime alternato sinusoidale. Continuano dunque a valere le regole già richiamate in Tabella D-1.

Nelle reti trifase si ha spesso a che fare con terne dette *simmetriche* nel caso delle tensioni ed *equilibrate* nel caso delle correnti. In entrambe le situazioni con tali dizioni si intende che i tre corrispondenti fasori hanno modulo (dunque valore efficace) identici fra di loro e che essi sono equispaziati nel piano di Gauss di un angolo pari a $2\pi/3$.

In questi casi torna comodo, per compattezza, l'utilizzo dell'operatore di Fortescue; esso è un fasore a tutti gli effetti, di modulo unitario e fase pari a $2\pi/3$, dunque è rappresentato da un numero complesso definito come:

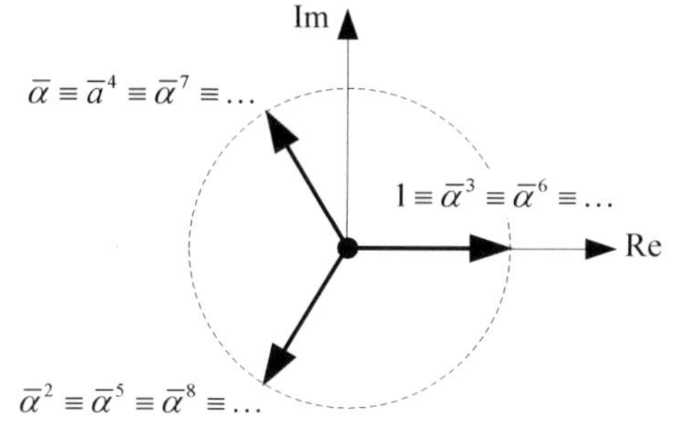

Fig. D-7

$$e^{j\frac{2}{3}\pi} \triangleq \bar{\alpha}$$

Tale operatore può dunque essere rappresentato nel piano di Gauss e gode delle proprietà riportate in Figura D-7. Inoltre, come si intuisce immediatamente dalla medesima figura, risulta anche:

$$1 + \bar{\alpha} + \bar{\alpha}^2 = 0$$

Detta ora $\left\{\bar{\xi}_a, \bar{\xi}_b, \bar{\xi}_c\right\}$ una generica terna simmetrica o equilibrata, impiegando l'operatore di Fortescue è possibile definire due distinte tipologie di terne trifase:

$$\text{Terna diretta} \begin{cases} \bar{\xi}_a = \xi \\ \bar{\xi}_a = \xi e^{j\frac{4}{3}\pi} = \bar{\alpha}^2 \cdot \bar{\xi}_a \\ \bar{\xi}_b = \xi e^{j\frac{2}{3}\pi} = \bar{\alpha} \cdot \bar{\xi}_a \end{cases}, \quad \text{Terna inversa} \begin{cases} \bar{\xi}_a = \xi \\ \bar{\xi}_a = \xi e^{j\frac{2}{3}\pi} = \bar{\alpha} \cdot \bar{\xi}_a \\ \bar{\xi}_b = \xi e^{j\frac{4}{3}\pi} = \bar{\alpha}^2 \cdot \bar{\xi}_a \end{cases}$$

Le due terne così formalizzate corrispondono alle rappresentazioni di Figura D-8.

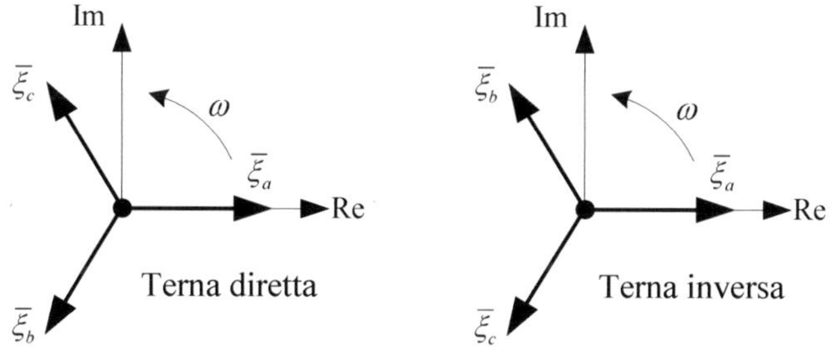

Fig. D-8.

■

Riferimenti bibliografici

Testi di Elettrotecnica

[A-1] A. Gandelli, G. Appiani, "Fondamenti di ingegneria elettrica", Progetto Leonardo, Bologna, 2009

[A-2] A. P Morando, S. leva, "Elettrotecnica – Reti e campi", Progetto Leonardo, Bologna, 2000

[A-3] A. P. Morando, S. Leva, "Elettrotecnica – Analisi di reti in regime permanente", Progetto Leonardo, Bologna, 2002

[A-4] C. A. Desoer, E. S. Kuh, "Fondamenti di teoria dei circuiti", 21ª ed., 8ª rist., Franco Angeli, Milano, 2009

[A-5] E. Carminati, "Elettrotecnica circuitale", Progetto Leonardo, Bologna, 1997

[A-6] E. Carminati, "Materiali e macchine elettriche", Progetto Leonardo, Bologna, 1997

[A-7] F. Ciampolini, "Elettrotecnica generale", Pitagora Editrice, Bologna, 2ª ed., 1990

[A-8] F. Cottignoli, "Elettrotecnica generale", Calderini, Bologna, 1991 (N.B.: esiste anche un'edizione del 2008; gli autori ritengono però più consona alle presenti note l'edizione del 1991)

[A-9] G. Biorci, "Fondamenti di elettrotecnica – Circuiti", UTET, Torino, 1975

[A-10] G. Someda, "Elementi di elettrotecnica generale", Patron, Bologna, 1962

[A-11] M. Mauri, "Introduzione a reti e macchine elettriche", Progetto Leonardo, Bologna, 2006

Eserciziari di Elettrotecnica

[B-1] A. P. Morando, A. Gandelli, S. Leva, "Esercizi di elettrotecnica", Progetto Leonardo, Bologna, 2003

[B-2] E. Carminati, F. Iannone, "Soluzione delle reti elettriche", Progetto Leonardo, Bologna, 2006

[B-3] F. Della Torre, G. Sapienza, "Elettrotecnica generale – Elettronica e Guida ai Laboratori", Progetto Leonardo, Bologna, 2009

[B-4] F. Della Torre, G. Sapienza, "Elettrotecnica generale – Guida alle esercitazioni Numeriche", Progetto Leonardo, Bologna, 2009 (N. B: nel 2010.: è stata pubblicata una ristampa rivista e corretta presso il medesimo Editore)

[B-5] G. Dacquino, M. Crivellini, "Elettrotecnica – Esercizi", CLUP, Milano, 1973

[B-6] G. Edminister, "Circuiti Elettrici", Collana Schaum, ETAS Libri, Milano, 1982

[B-7] J. O'Malley, "Fondamenti di Analisi dei Circuiti", Collana Schaum, ETAS Libri, Milano, 1982

[B-8] Laurentini, A. R. Meo, R. Pomè, "Esercizi di elettrotecnica", Levrotto e Bella, Torino, 1970

[B-9] M. Lazzaroni, F. E. Zocchi, "Problemi di elettrotecnica", Progetto Leonardo, Bologna, 2005

[B-10] M. Mauri, "Esercizi di elettrotecnica e macchine elettriche", Progetto Leonardo, Bologna, 2008

[B-11] M. Miglio, "Quaderni di elettrotecnica", 7 volumi (ciascun volume tratta un argomento specifico), Progetto Leonardo, Bologna

[B-12] M. Panella, A. Rizzi, "Esercizi di elettrotecnica", Progetto Leonardo, Bologna, 2007

[B-13] N. Spennagallo, "Esercizi di elettrotecnica", Progetto Leonardo, Bologna, 2008

[B-14] P. Ghigi, M. Martelli, F. Mastri, "Esercizi di elettrotecnica", Progetto Leonardo, Bologna, 2000

[B-15] S. Bobbio, "Esercizi di elettrotecnica ", Liguori Editore, Napoli, 1992

[B-16] V. Bressi, A. Corticelli, R. Cremonini, M.P. Zerbetto, "Esercizi di elettrotecnica applicata", 2 volumi, Zanichelli, Bologna, 1976

[B-17] V. Piuri, "Problemi di elettrotecnica", CLUP, Milano, 1988

Made in United States
Orlando, FL
04 November 2026

90209887R00221